风力发电

系统设计、安装与运维

都志杰　贾　彦　主编

化学工业出版社

·北京·

本书在介绍离网型风力发电技术的同时，主要介绍了分布式风力并网发电技术及其应用。

本书除绪论外共 20 章，包括风力发电系统相关的资源评估、微观选址、系统主要部件原理及应用、系统设计、安装运维、标准、检测、标识与认证、项目验收、运营管理、安全和政策等环节，本书给出的设计实例详细、真实。

本书还特别介绍了风力发电系统的成本和经济性，包括风力发电系统成本的基本构成、分布式并网与离网发电的经济实例和对比分析等。

本书可作为分布式并网及离网风力发电项目的工程技术人员、管理人员、电站维护人员以及大专院校相关专业师生的参考书。

图书在版编目（CIP）数据

风力发电系统设计、安装与运维/都志杰，贾彦主编 . —北京：化学工业出版社，2019.7（2023.9 重印）
ISBN 978-7-122-34198-3

Ⅰ.①风…　Ⅱ.①都…②贾…　Ⅲ.①风力发电系统-系统设计②风力发电系统-安装③风力发电系统-运行　Ⅳ.①TM614

中国版本图书馆 CIP 数据核字（2019）第 057557 号

责任编辑：戴燕红　卢萌萌　　　　　　　　　　文字编辑：向　东
责任校对：张雨彤　　　　　　　　　　　　　　装帧设计：刘丽华

出版发行：化学工业出版社（北京市东城区青年湖南街 13 号　邮政编码 100011）
印　　装：北京印刷集团有限责任公司
787mm×1092mm　1/16　印张 26　字数 643 千字　　2023 年 9 月北京第 1 版第 2 次印刷

购书咨询：010-64518888　　　　　　　　　　售后服务：010-64518899
网　　址：http://www.cip.com.cn
凡购买本书，如有缺损质量问题，本社销售中心负责调换。

定　价：138.00 元　　　　　　　　　　　　　　　　版权所有　违者必究

前言

　　10 年前我曾经编写了《风力发电》一书，近 10 年的时间中，中国的可再生能源技术得到飞速发展，中国已经成为世界上风力发电机制造和风能应用的第一大国，大型风力发电的装机容量在 2017 年末已达到 188.2GW，居全球首位；同时，在 2015 年末全面解决了无电人口的用电问题，而分布式发电将成为风力发电发展的一个新的方向和重要机遇。

　　我从 2012 年起参加国际能源署风能技术合作计划〔IEA Wind Technology Collaboration Programme's（TCP）〕中的 Task27 研究课题，该课题汇集了来自世界小型风电主要应用国家的专家，包括中国、美国、西班牙、日本、韩国、爱尔兰、奥地利等，专注研究强湍流环境对中小型风力发电机运行的影响以及在强湍流环境下中小型风力发电机的微观选择。在历时 7 年的研究中，我从各国专家那里了解了世界领先的中小型风力发电机运行的研究成果和实践指南，并征得爱尔兰邓多克技术大学（Dundalk Institute of Technology）Raymond Byrne 博士的同意，在本书中引用了他们团队的研究成果；在国内，则征得内蒙古工业大学汪建文教授的同意，在本书中引用了他们团队在湍流影响方面的 CFD 研究和实验研究的结果；同时，我还与自己的导师，美国西得克萨斯农工大学（West Texas A&M University）前研究生院院长、替代能源研究所（Alternative Energy Institute，AEI）所长 Vaughn Nelson 博士有着长期的交流合作，并从他那里获得了很多有益的知识。美国威斯康星州 Sagrillo Power & Light 公司的 Mick Sagrillo，从事小型风电技术应用 33 年，积累了从项目策划、安装、服务、维修到教育、课程开发、咨询等诸方面的实用经验和教训，征得他们的同意，我在本书中引用了他们的很多实践经验。

　　目前中国的风力发电在经历了快速发展的强劲阶段后，进入了一个新的稳定发展时期。在继续发展风电场和农村电力建设的同时，需要：a. 发展和推广风能分布式应用；b. 通过"一带一路"走出国门，开拓国际市场，既包括发达国家的并网分布式，也包括发展中国家的无电地区电力建设。因此本书在编写过程中，着重强调：

　　① 发展可再生能源的必要性；

　　② 针对产业对分布式风力发电知识的需求，在内容上兼顾并网分布式应用和离网应用，尤其是湍流概念和微观选址；

　　③ 根据产业国际化的需求，加入"中小型风力发电系统的相关标准、检测、标识与认证"一章，以便读者了解国际和国内的相关标准、检测和认证，这对于要走向国际市场的企业尤为重要。

　　感谢内蒙古工业大学能源与动力工程学院的贾彦副教授参与了本书的编写工作。贾彦副教授 2008 年获得日本国立三重大学系统工学博士学位，从事可再生能源离网和分布式供电系统的相关研究十余年，主攻风力机气动特性分析、复合储能系统功率平稳化及功率品质优化和风光互补供电系统配置等，她在本书的编写中参与绪论、第 1~8 章、第 13 章的编写以及内容的整理和编排。

感谢爱尔兰邓多克技术大学 Raymond Byrne 博士、美国西得克萨斯农工大学的 Vaughn Nelson 博士和内蒙古工业大学汪建文教授在风能研究和利用领域所做出的贡献和为本书提供的研究成果和信息，他们的贡献极大地丰富了本书的内容；感谢美国 Sagrillo Power & Light 公司的 Mick Sagrillo、中国农业机械工业协会风力机械分会姚修伟高级工程师、上海致远绿色能源股份有限公司、中兴能源有限公司、浙江华鹰风电设备有限公司、宁波锦浪新能源科技股份有限公司、济南德明电源设备有限公司和美国 Bergey Windpower Company（博力风能公司）提供的大量的案例和数据，以及国家发展和改革委员会能源研究所叶东嵘高级工程师提供的太阳能利用方面的信息和资料，使本书内容更加翔实和贴近实际。

都志杰
2018 年 12 月于北京

目录

绪论

0.1 发展可再生能源的必要性 ·································· 2

  0.1.1 全球变暖 ······································· 2

  0.1.2 化石燃料枯竭 ··································· 4

  0.1.3 环境污染 ······································· 5

  0.1.4 无电与贫困 ····································· 6

0.2 我国政府应对气候变化的目标和主要可再生能源产业的现状 ····· 7

  0.2.1 我国政府应对气候变化的目标 ····················· 7

  0.2.2 我国主要可再生能源产业的现状 ··················· 8

第1章 风能和风能资源的测量评估

1.1 风能的描述和特点 ································· 13

  1.1.1 风能的描述 ···································· 13

  1.1.2 风能的特点 ···································· 22

1.2 风能的测量与评估 ································· 24

  1.2.1 风速的测量与描述 ······························ 24

  1.2.2 风向的测量与描述 ······························ 28

1.3 我国的风能资源 ·································· 30

  1.3.1 我国的风能分布 ································· 30

  1.3.2 影响我国风能资源的因素 ························· 31

  1.3.3 我国最新四维风能资源大数据 ······················ 35

1.4 风能资源的测量与评估 ······························ 35

  1.4.1 风能资源评估的重要性 ··························· 35

  1.4.2 风能资源的评估 ································· 36

  1.4.3 风能资源评估程序 ······························ 36

  1.4.4 测风步骤 ······································ 37

  1.4.5 小规模项目的风能资源评估 ······················ 38

第2章 风力发电基础和相关理论

2.1 风力发电基础 ···································· 42

  2.1.1 风力发电 ······································ 42

  2.1.2　风力发电基本原理 ……………………………………………………… 43
2.2　风能的基础理论 …………………………………………………………… 43
  2.2.1　风能公式 …………………………………………………………………… 43
  2.2.2　风频分布与 Weibull 分布特征 …………………………………………… 45
2.3　风力发电的基础理论 ……………………………………………………… 48
  2.3.1　贝茨（Betz）理论 ………………………………………………………… 48
  2.3.2　叶素理论 …………………………………………………………………… 49
  2.3.3　动量理论 …………………………………………………………………… 50
  2.3.4　风能利用系数 ……………………………………………………………… 50
  2.3.5　叶尖速比 …………………………………………………………………… 51
  2.3.6　叶片的攻角 ………………………………………………………………… 51

第 3 章　风力发电机
3.1　风力发电机及其分类 ……………………………………………………… 53
3.2　风力发电机组的构造与特点 ……………………………………………… 60
  3.2.1　风力发电机的基本构造 …………………………………………………… 60
  3.2.2　小型风力发电机的主要结构特征 ………………………………………… 61
  3.2.3　一般中小型风力发电机组的主要组成部分 ……………………………… 65
3.3　风力发电机组的基本特性参数 …………………………………………… 74
  3.3.1　考察风力发电机组性能的最主要技术参数 ……………………………… 74
  3.3.2　其他技术指标 ……………………………………………………………… 76
  3.3.3　中小型风力发电机组的评价 ……………………………………………… 78

第 4 章　可再生能源发电技术基础
4.1　可再生能源的定义和特点 ………………………………………………… 90
4.2　可再生能源发电的基本形式 ……………………………………………… 91
  4.2.1　一次能源和二次能源 ……………………………………………………… 91
  4.2.2　可再生能源发电分类 ……………………………………………………… 92
4.3　可再生能源并网发电与离网发电 ………………………………………… 93
  4.3.1　并网发电 …………………………………………………………………… 93
  4.3.2　可再生能源离网发电 ……………………………………………………… 97
4.4　可再生能源独立供电系统的具体应用和实例 …………………………… 100
  4.4.1　可再生能源独立供电系统的具体应用 …………………………………… 100
  4.4.2　可再生能源发电应用实例 ………………………………………………… 104
4.5　可再生能源发电的环保效益 ……………………………………………… 107
4.6　可再生能源发电的局限性及可行性研究 ………………………………… 107

第 5 章　风力发电系统及其互补系统
5.1　风力发电系统 ……………………………………………………………… 109

5.2　互补发电系统 ………………………………………………………………… 115

第6章　充电控制器

6.1　充电控制器及其基本工作原理 …………………………………………………… 123
6.2　各类型充电控制器工作原理 ……………………………………………………… 125
　　6.2.1　充电控制器分类 …………………………………………………………… 125
　　6.2.2　充电控制器对蓄电池充/放电的机理及其数学模型 ……………………… 126
　　6.2.3　各类型充电控制器具体工作原理 ………………………………………… 131
6.3　充电控制器的基本参数与选择 …………………………………………………… 135

第7章　储能装置

7.1　储能在可再生能源发电系统中的必要性 ………………………………………… 139
　　7.1.1　储能装置的作用 …………………………………………………………… 139
　　7.1.2　储能装置的重要性 ………………………………………………………… 140
7.2　储能装置分类及其特点 …………………………………………………………… 140
　　7.2.1　机械储能 …………………………………………………………………… 140
　　7.2.2　化学储能 …………………………………………………………………… 143
　　7.2.3　电磁储能 …………………………………………………………………… 146
　　7.2.4　氢能储存 …………………………………………………………………… 147
　　7.2.5　其他新型储能装置及其前景——特斯拉"家庭电池能量墙" …………… 148
　　7.2.6　能源存储设备关键技术参数的比较 ……………………………………… 150
7.3　蓄电池 ……………………………………………………………………………… 153
　　7.3.1　蓄电池分类 ………………………………………………………………… 153
　　7.3.2　常用的铅酸蓄电池 ………………………………………………………… 154
　　7.3.3　蓄电池命名 ………………………………………………………………… 155
7.4　主要蓄电池介绍 …………………………………………………………………… 156
　　7.4.1　阀控式密封铅酸蓄电池 …………………………………………………… 156
　　7.4.2　碱性蓄电池 ………………………………………………………………… 157
　　7.4.3　胶体电池 …………………………………………………………………… 157
　　7.4.4　硅能蓄电池 ………………………………………………………………… 158
　　7.4.5　燃料电池 …………………………………………………………………… 158
7.5　铅酸蓄电池的基本组成结构及工作原理 ………………………………………… 159
　　7.5.1　铅酸蓄电池的基本组成及工作原理 ……………………………………… 159
　　7.5.2　阀控式密封铅酸蓄电池的工作原理 ……………………………………… 160
　　7.5.3　阀控式密封铅酸蓄电池的分类及特点 …………………………………… 161
　　7.5.4　使用阀控式密封铅酸蓄电池应遵循的原则 ……………………………… 162
7.6　可再生能源离网发电系统对蓄电池的基本要求 ………………………………… 163
7.7　蓄电池的应用 ……………………………………………………………………… 164
　　7.7.1　蓄电池的基本技术参数 …………………………………………………… 164

7.7.2　影响蓄电池容量的因素 ･･･ 166

7.7.3　蓄电池失效模式及其影响因素 ････････････････････････ 167

7.7.4　影响免维护蓄电池使用寿命的因素 ･･････････････ 168

7.8　正确使用蓄电池作为储能装置 ･････････････････････････････････ 169

7.8.1　蓄电池的工作温度 ･･･････････････････････････････････････ 169

7.8.2　蓄电池寿命的评价方法 ･････････････････････････････････ 169

7.8.3　铅酸蓄电池电解液的密度及其检测 ･･･････････････ 170

7.8.4　蓄电池的均衡充电及其工作原理 ･･･････････････････ 171

7.8.5　蓄电池的温度补偿 ･･･････････････････････････････････････ 172

7.9　蓄电池组 ･･ 172

7.9.1　电池组的串联 ･･ 172

7.9.2　电池组的并联 ･･ 172

7.9.3　蓄电池组 ･･ 173

7.9.4　设计合适的蓄电池组 ･････････････････････････････････････ 173

7.9.5　合理选择蓄电池组中的单个蓄电池规格 ･･･････ 175

7.9.6　使用蓄电池作为储能装置的注意事项 ･･･････････ 175

第8章　逆变器与并网逆变器

8.1　逆变器、逆变器的组成和工作原理 ･･･････････････････････ 177

8.1.1　逆变器 ･･ 177

8.1.2　逆变器的基本组成 ･･･････････････････････････････････････ 177

8.1.3　逆变器基本工作原理 ･････････････････････････････････････ 178

8.2　逆变器的分类 ･･･ 179

8.2.1　逆变器的不同分类方式 ･････････････････････････････････ 179

8.2.2　逆变器的主要应用类型 ･････････････････････････････････ 182

8.3　逆变器的主要电路原理 ･･ 183

8.4　逆变器的基本特性参数 ･･ 186

8.4.1　逆变器常用的技术参数 ･････････････････････････････････ 186

8.4.2　并网型可再生能源供电系统对逆变器的技术要求 ･･･････ 188

8.4.3　离网型可再生能源供电系统对逆变器的技术要求 ･･･････ 188

8.5　逆变器的选择与使用 ･･･ 188

8.5.1　选择逆变器的功率 ･･･････････････････････････････････････ 188

8.5.2　考虑系统中的感性负载 ･････････････････････････････････ 190

8.5.3　选择逆变器的类型 ･･･････････････････････････････････････ 190

8.5.4　考虑系统内逆变器的配置 ･･･････････････････････････････ 191

8.5.5　考虑海拔高度的影响 ･････････････････････････････････････ 191

8.5.6　选择逆变器的一般步骤 ･････････････････････････････････ 192

8.5.7　控制逆变一体机 ･･･ 193

8.5.8　UPS与逆变器 ･･ 194

第9章 支撑结构和地基

9.1 支撑结构及其分类 ·· 195
9.1.1 塔架 ··· 195
9.1.2 塔架基本分类与特点 ··· 195
9.1.3 塔架材料 ·· 199
9.1.4 塔架的高度 ··· 199
9.1.5 塔架的选择与应用 ··· 201
9.2 塔架的地基 ·· 203
9.2.1 不同塔架类型对地基的要求 ···································· 203
9.2.2 地基的制作 ··· 206
9.3 和建筑物相结合的小型风力发电机安装 ····················· 207
9.3.1 建筑物屋顶的类型 ··· 208
9.3.2 建筑物的组合 ··· 209
9.3.3 在建筑物上安装小型风力发电机的注意事项 ··········· 210
9.3.4 案例 ··· 211

第10章 燃油发电机和带燃油发电机的可再生能源发电系统

10.1 可再生能源离网供电系统中引入燃油发电机 ············· 213
10.1.1 源自原有柴油发电系统的需求 ······························ 213
10.1.2 源自新兴可再生能源发电系统的需求 ···················· 213
10.2 燃油发电系统 ··· 214
10.2.1 燃油发电系统基础 ·· 214
10.2.2 燃油发电系统的效率及优化运行 ··························· 214
10.3 柴油发电机简介 ··· 216
10.3.1 柴油发电机的组成 ·· 216
10.3.2 柴油发电机主要技术参数与选型 ··························· 216
10.3.3 柴油发电机工作原理 ··· 217
10.3.4 柴油发电充电机 ··· 217
10.3.5 选择柴油发电机充电控制器的基本参数 ················· 218
10.3.6 柴油发电机基本功能特点 ······································ 218
10.3.7 选择柴油发电机燃料、润滑油或冷却水 ················· 219
10.3.8 使用柴油发电机的基本条件 ·································· 220
10.4 互补系统中的柴油发电机 ·· 220
10.4.1 可再生能源供电系统中柴油发电机的工作方式 ········ 220
10.4.2 在直流母线型系统中的柴油发电机的运行 ·············· 220
10.4.3 在交流母线型系统中的柴油发电机的运行 ·············· 221
10.5 风/光/柴独立发电系统实例 ·· 222

第 11 章　局域电网和控制房

11.1　局域电网 ··· 223
11.1.1　离网可再生能源电站的主要电力设备 ························· 223
11.1.2　局域电网 ··· 224
11.1.3　控制房 ·· 225
11.1.4　微电网 ·· 225
11.1.5　独立风力发电供电系统的局域电网 ························· 226

11.2　局域电网的设计 ··· 226
11.2.1　设计局域电网的一般步骤 ····································· 226
11.2.2　低压配电柜 ··· 226
11.2.3　低压配电柜的形式和结构 ····································· 228
11.2.4　配电盘 ·· 229
11.2.5　低压配电柜的容量及元件的选择 ···························· 230
11.2.6　离网可再生能源供电系统对低压配电柜的基本要求 ····· 230
11.2.7　高海拔对低压电器的影响 ····································· 232

11.3　局域电网基本要求和设计 ·· 234
11.3.1　低压线路的分类和技术要求 ·································· 234
11.3.2　低压配电线路的组成 ··· 235
11.3.3　室内配电的组成 ·· 235
11.3.4　电网电缆线的选择 ··· 235
11.3.5　电杆 ·· 237
11.3.6　可再生能源局域电网的传输半径 ···························· 238

11.4　控制房 ·· 238
11.4.1　可再生能源独立电站的基本土建设施 ······················ 238
11.4.2　土建设施的基本要求 ·· 240
11.4.3　标识和安全警示 ·· 241

第 12 章　风力发电系统及其互补系统的集成设计

12.1　概述 ·· 242
12.2　可再生能源供电系统设计 ·· 245
12.2.1　独立可再生能源集中供电系统设计的基本步骤 ··········· 245
12.2.2　辅助设计工具 ·· 265
12.2.3　独立风/光互补集中供电系统设计案例 ···················· 267
12.3　其他与风能有关的离网系统的设计 ·································· 277
12.4　并网型风力发电系统设计 ·· 279
12.4.1　全额上网型 ··· 279
12.4.2　自发自用余电上网型 ·· 280
12.4.3　完全自发自用型 ·· 280

第13章　湍流与风力发电机安装微选址

13.1　湍流 ·· 282

13.1.1　湍流的概念及成因 ·· 282

13.1.2　国际能源署风能技术合作计划对强湍流环境下风能利用的研究 ········· 283

13.1.3　我国对湍流及其对微选址影响的研究及发现 ····························· 283

13.1.4　国际上对湍流的研究 ·· 291

13.2　风力发电机的安装选址 ··· 295

13.2.1　风力发电机选址的原则——宏观选址 ······································· 296

13.2.2　微观选址 ··· 297

13.3　多台风力发电机组布局 ··· 306

第14章　风力发电系统安装

14.1　系统运输与风力发电机安装 ·· 308

14.1.1　运输 ·· 308

14.1.2　风力发电系统的现场布局 ·· 309

14.1.3　风力发电机安装 ·· 310

14.2　系统中其他部件的安装 ··· 318

14.2.1　蓄电池 ··· 318

14.2.2　系统其他部件和控制房内的安装 ··· 319

第15章　中小型风力发电系统的相关标准、检测、标识与认证

15.1　中小风电的相关标准 ·· 322

15.1.1　国际标准 ··· 322

15.1.2　中国国家标准 ·· 329

15.2　风力发电机的认证 ··· 331

15.2.1　认证的过程 ·· 331

15.2.2　认证机构 ··· 332

15.2.3　认证的标识 ·· 333

15.3　风力发电机的标识 ··· 334

15.3.1　IEA 标识 ··· 335

15.3.2　其他标识 ··· 336

15.4　风力发电机的检测 ··· 337

15.4.1　中国鉴衡认证中心的检测 ·· 337

15.4.2　丹麦的测试 ·· 338

第16章　风力发电系统项目的验收

16.1　项目验收的目的 ··· 339

16.2　项目验收的依据 ··· 339

16.3　风力发电系统的预测试 ··· 340

16.4　项目验收的程序 ·· 340

　　16.4.1　成立验收委员会 ··· 340

　　16.4.2　验收过程 ··· 341

16.5　项目验收的具体内容 ··· 343

　　16.5.1　一般检查与检测内容 ·· 343

　　16.5.2　风/光互补系统的验收和注意点 ······································ 344

　　16.5.3　验收表格 ··· 344

　　16.5.4　风/光互补系统验收的要求 ·· 347

16.6　验收协议 ·· 348

16.7　验收报告 ·· 348

第17章　风力发电系统运行管理

17.1　离网风能电站的运行和管理 ·· 351

　　17.1.1　研究离网电站管理模式的意义 ··· 351

　　17.1.2　离网电站的管理模式 ·· 351

　　17.1.3　离网电站的电价或服务费 ·· 359

　　17.1.4　收取电费的时间 ··· 364

　　17.1.5　离网电站管理人员的一般职责 ··· 365

17.2　并网型分布式风力发电系统的运行和管理 ······························ 365

　　17.2.1　全额上网型 ·· 366

　　17.2.2　自发自用余电上网型 ·· 366

　　17.2.3　完全自发自用型 ··· 367

第18章　风力发电系统的维护保养

18.1　风力发电机维护保养 ··· 369

　　18.1.1　风力发电机组维护保养的基本原则和要求 ······················ 369

　　18.1.2　风力发电机组的维护检查规定和注意事项 ······················ 369

　　18.1.3　风力发电机的例行巡视和检查 ··· 370

　　18.1.4　风力发电机组的定期维护与检修 ····································· 370

　　18.1.5　风力发电机组的定期维护与检修主要检查项目 ·············· 371

　　18.1.6　风力发电机组的常见故障 ·· 372

　　18.1.7　运行环境对风力发电机组的影响 ····································· 375

18.2　蓄电池维护保养 ··· 376

　　18.2.1　蓄电池的一般维护 ··· 376

　　18.2.2　常见故障 ··· 377

18.3　光伏阵列的维护保养 ··· 379

　　18.3.1　对光伏阵列的维护保养 ·· 379

　　18.3.2　光伏组件的巡检周期 ·· 380

18.4　充电控制器和逆变器 ··· 380

18.5 防雷与接地 ·· 381

18.6 柴油发电机的维护保养 ·· 381

18.7 DAS 的维护保养 ·· 382

第 19 章　风力发电系统的安全

19.1 概述 ··· 384

19.2 人身安全 ··· 384

19.3 设备安全 ··· 386

19.4 系统安全 ··· 388

19.5 安全标识和警示 ·· 389

第 20 章　可再生能源发电的成本与经济性

20.1 可再生能源发电成本的基本构成 ······································ 391

20.2 分布式并网发电经济分析 ·· 393

20.2.1 国外风能并网分布式项目实例分析 ····························· 393

20.2.2 国内风能并网分布式项目实例分析 ····························· 396

20.3 分布式离网发电经济分析 ·· 397

20.3.1 风/光互补独立集中供电系统经济分析案例 ····················· 397

20.3.2 各种无电地区通电方案的简单分析比较 ························· 400

参考文献

绪论

人类的发展历史是一部能源利用方式改变的历史。历史上的两次工业革命都是基于应用技术推动能源开发利用方式的变化，进而在能源变革过程中引发新的产业，从而改变人们的生产生活方式，即能源革命推动了工业革命。在已发生的两次世界工业革命中，能源更替是其主要的诱导因素。

第一次工业革命（又称产业革命）是基于蒸汽机的发明，发生在 18 世纪 60 年代~19 世纪中期。在第一次工业革命前，制造业依靠的动力主要来源于大型动物、奴隶和底层劳动力，蒸汽机的诞生使动力来源由最初的动物或者人变成了蒸汽机和煤炭。蒸汽机的发明和使用不仅实现了煤炭大规模利用，还促进了煤炭开发，从而促进了纺织等传统工业升级，并促使铁路、机械制造等新兴产业的诞生。英国在这次工业革命中首先发明了蒸汽机，其纺织业、铁路业、机械制造业迅速发展起来，率先形成了现代工业体系。

第二次工业革命发生在 19 世纪下半叶~20 世纪初，其标志是电力的广泛使用以及内燃机的出现。发电机、电动机等发明实现了电能和机械能之间的转化，且让动力变得可控。更重要的是电力可以远距离传输，让千里之外的电动设备运转起来，从而使电能被广泛地应用到各个工业领域。而内燃机的出现解决了蒸汽机的各种弊端，让世界进入电气化时代，汽车也由于内燃机的出现而诞生。电力的出现，改变了人类原来的生活和生产方式，使生产效率极大地提高，人类跨入了电气时代。在这一过程中，美国首先发现并应用了电力，奠定了其在全球科学发明领域的主导地位。

关于第三次工业革命，说法不一。人们对第三次工业革命的理解仍存在着巨大的分歧，这种分歧与 2012 年在中国出现的有关第三次工业革命定义的两个流行版本密切相关：一个是英国《经济学人》杂志编辑麦基里在 2012 年 4 月发表的《制造和创新：第三次工业革命》"特别报告"中提出的以机器人、3D 打印机和新材料为核心的"第三次工业革命"，是第三次工业革命的"制造业数字化革命的版本"；另一个则是美国学者杰里米·里夫金在《第三次工业革命》一书中提出的由互联网技术与可再生能源革命相结合所产生的"能源互联网"为标志的工业革命，这大致上可以称之为第三次工业革命的"可再生能源革命的版本"。但是，不论哪个版本，怎么定义，用可再生能源逐步替代传统的化石能源必将引起能源利用方式的改变，进而推动产业革命。

每一次工业革命都与能源变革密不可分。从整个工业发展史来看，每次工业革命都是由技术突破引起的。突破的核心在于当时建立在既有能源利用方式基础上的社会生产活动已经难以为继，能源利用和开发方式走到了不得不变革的边缘。

目前，建立在传统化石工业、传统能源利用方式基础上的工业文明已经到了需要变革的阶段。主要原因是：由于大量使用化石能源导致的全球变暖、燃料枯竭、环境污染以及无电地区电力建设的需求。全球还有大量无电人口，而从经济的可行性和有效性来看，很难用传统电网建设的方法来解决全部的无电人口的电力供应问题。

0.1 发展可再生能源的必要性

0.1.1 全球变暖

科学家发现：酸雨、全球气候变暖和温室效应大部分都起因于化石燃料的使用，如煤、石油与天然气等。大量排放二氧化碳是使用化石燃料的主要结果之一。图 0.1 和图 0.2 绘出了公元 1000～2000 年的二氧化碳浓度变化和公元 1000～2100 年地表温度的变化情况。可以看到，两者存在一定的相关性。

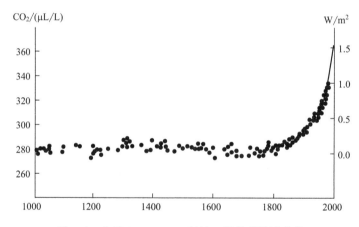

图 0.1 公元 1000～2000 年的二氧化碳浓度变化

全球变暖将带来非常严重的后果，如冰川消退、海平面上升和荒漠化，还给生态系统、农业生产带来严重影响。因此，探求全球变暖的起因成为当前重要的研究课题。人类活动可能是引起大气温室效应增长的主要因素。大气中的二氧化碳浓度增加，阻止地球热量的散失，使地球发生可感觉到的气温升高，这就是"温室效应"。像"温室效应"一样，促使地球气温升高的气体称为"温室气体"。二氧化碳是数量最多的温室气体之一。

世界自然基金会（World Wide Fund for Nature or World Wildlife Fund，WWF）的研究报告指出，到 2005 年，全球平均气温相比 100 年前已经增加了 0.74℃，而且"在有记录以来最热的 12 个年份当中，过去 12 年里的 11 年（1995～2006 年）都位列其中"。科学家们认为气温升高的主要原因是大气中人类活动释放的二氧化碳和其他温室气体（greenhouse gases，GHG）。IPCC 在"气候变化 2014 综合报告"中指出：自从工业化前时代起，人为温室气体的排放就出现了上升，当前已达到最高水平，这主要是由于经济和人口增

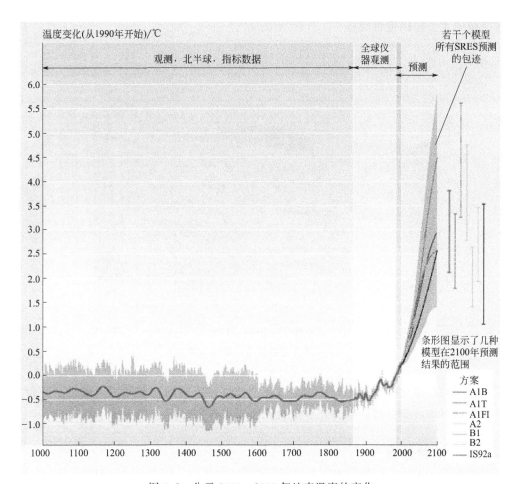

图 0.2　公元 1000～2100 年地表温度的变化

长造成的。其造成的大气二氧化碳、甲烷和一氧化二氮的浓度增加到了至少是过去 80 万年以来前所未有的高度。在整个气候系统中都已经探测到了这类影响以及其他人为驱动因素的影响，而且这些影响极有可能是自 20 世纪中叶以来观测到的全球变暖的主要原因。

世界自然基金会（WWF）的研究显示，如果全球平均气温超过前工业革命时期水平 2℃ 或更多，预期将会导致以下后果：①水资源短缺；②粮食减产；③影响健康；④造成社会经济损失；⑤对生态系统产生影响。亚洲开发银行和德国波茨坦气候影响研究所 2017 年 7 月 14 日在菲律宾首都马尼拉联合发布报告说，若各国对气候变化问题置之不理，到 21 世纪末亚洲大陆气温将上升 6℃，这将对亚太地区的人类生活带来严重危害。笔者 2017 年 8 月赴北极的斯瓦尔巴群岛，听老探险队员介绍，他们在几年中多次到访这里，目睹了北极冰川的不断消融（图 0.3）。

要避免全球平均气温超过前工业革命时期水平的 2℃，就要减少二氧化碳的排放，这需要通过发展可替代能源，减少化石燃料的使用来实现。

当然，也有学者对人类活动导致二氧化碳浓度上升进而导致全球变暖的观点持不同意见，如中国环境科学研究院的杨新兴，俄罗斯科学院普尔科沃中心天文台宇宙研究部主任哈比布拉·阿卜杜萨马托夫和日本东京大学教授丸山茂德等，他们认为二氧化碳是不是导致全球气候变暖的主要原因值得商榷。

图 0.3　北极的冰川和浮冰❶

但是，不论二氧化碳浓度上升是不是导致全球气候变暖的主要原因，出于全方位考虑，尤其是化石燃料的逐步枯竭，减少化石燃料的使用是必要的。

0.1.2　化石燃料枯竭

人们一直认为煤和石油等化石燃料是古代植物和动物埋藏在地下经历了复杂的生物化学和物理化学变化逐渐形成的固体和液体可燃性矿物，即煤炭和石油来源于植物和动物，虽然近年来有学者认为煤不是源自古代有机物（植物和动物），而是来源于无机物的转化，即煤是来自碳酸盐，而非植物，但是煤和石油的蕴藏量在一定的时间段内是相对有限的，随着人们的不断开采，总会有开采完的一天。

这里首先引入"储采比"的概念。储采比又称回采率或回采比，是指年末剩余储量除以当年开采量得出剩余储量按当前生产水平尚可开采的年数。换句话说，储采比可以大致反映某种化石能源按照当前开采节奏还能够维持多少年。公式(0.1) 为：

$$K = \frac{Q - Q_0}{Q_0} \tag{0.1}$$

式中，K 为储采比或回采率；Q 为探明的总储量；Q_0 为当年开采量。

根据英国石油公司（BP）提供的数据，截至 2014 年底，全球石油探明储量为 2398 亿吨，储采比为 52.5，即仅能满足人类 52.5 年的生产需求；全球天然气探明储量为 187 万亿平方米，储采比为 54.1，即仅能满足人类 54 年的生产需求；全球煤炭探明储量为 8915 亿吨，储采比为 110，即还能满足人类 110 年的生产需求，如表 0.1、图 0.4 所示。

---

❶　本书中的照片和图表，除特别说明外，均为作者所摄或制作。

表 0.1　2014 年底全球探明化石燃料的储量和储采比

化石燃料	探明储量	储采比/年
石油/亿吨	2398	52.5
天然气/万亿立方米	187	54.1
煤炭/亿吨	8915	110

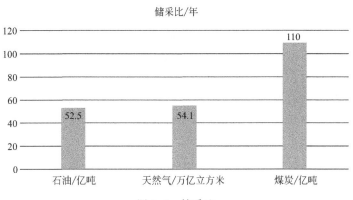

图 0.4　储采比

就目前化石燃料的使用水平和储量，石油和天然气大约还能开采 50 多年，煤炭大约 110 年。不管具体是多少年，人类需要找到替代能源来应对未来可能发生的化石燃料枯竭。

0.1.3　环境污染

空气质量指标（Air Quality Index，AQI，主要是雾霾）是近年来人们越来越关心的问题，尤其是 PM2.5❶ 的浓度。AQI 到了北方冬天的取暖季就变得更为糟糕。根据中国环境监测总站 2017 年 1 月 21 日发布的 2016 年全国环境空气质量状况数据，全国的空气质量优、良、轻度污染、中度污染和重度污染的比例如图 0.5 所示。空气质量问题已经严重威胁到广大人民群众的身体健康，以致有关地方政府制定了严格的环境保护目标，实施有效监管，在必要的时候采取紧急应对措施。

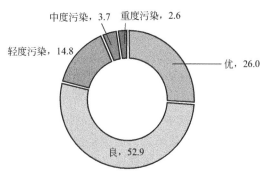

图 0.5　2016 年全国 338 个地级及以上城市 AQI 等级百分比

造成空气污染的主要原因有以下三个：

① 工业：工业生产是大气污染的一个重要来源。生产过程中有大量的污染物被排放到大气中，如硫氧化物、氮氧化物、有机化合物、卤化物和烟尘等。

② 各种炉灶与锅炉：城市中有大量的燃煤炉灶和锅炉。这些炉灶和锅炉需要消耗大量煤炭，煤炭在燃烧过程中要释放大量的二氧化硫、一氧化碳和灰尘等有害物质。特别是冬季

---

❶　PM2.5 就是细颗粒物，又称细粒、细颗粒。细颗粒物指环境空气中空气动力学当量直径小于等于 $2.5\mu m$ 的颗粒物。它能较长时间悬浮于空气中，其在空气中含量浓度越高，就代表空气污染越严重。

采暖季，燃煤锅炉的废气排放往往使污染地区烟雾弥漫，令人无法呼吸。

③ 交通运输：汽车、火车、飞机、轮船是当代的主要运输工具，它们在燃煤或石油取得动力的同时所产生的废气是重要的污染物。特别是城市中的汽车，量大而集中，排放的污染物能直接侵袭人的呼吸器官，对城市的空气污染很严重，成为大城市空气的主要污染源之一。汽车排放的废气主要有一氧化碳、二氧化硫、氮氧化物和碳氢化合物等，前三种物质危害性很大。

显然，空气污染的主要原因之一是在生产和生活过程中使用化石燃料，在获得动力或者某种产品的同时，排放出污染物（废弃物：气体和颗粒物）造成的。

空气污染不是在中国出现的特有现象，发达国家都曾经历过空气严重污染的情况，如美国的洛杉矶、英国的伦敦和日本的四日市市。

其他国家，如德国和意大利，也都曾面临过相对严重的空气污染问题，比如德国以煤、铁重工业著称的鲁尔区和意大利的米兰等等。世界卫生组织就曾把米兰列为世界空气污染最严重的十大城市之一。

上述国家在解决空气质量问题时，主要采取如下战略：①制定空气质量标准，出台相关法律法规及污染防治方案；②用技术等手段限制污染物排放，包括关停污染源；③完善监管机制，针对具体污染物给出排放上限；④促进能源转型，促进清洁能源的开发，减少对传统化石能源的依赖。

0.1.4 无电与贫困

我国在 2000 年时，全国大约有 7141 万无电人口[1]。随着国家不断加大对无电地区电力建设的力度，启动"送电到乡"等惠民项目，制定《全面解决无电人口用电问题三年行动计划（2013—2015 年）》，实施组织电力企业开展无电地区电力建设等，到 2010 年年末，全国大约还有 500 万无电人口[2]。到 2012 年，全国当时还剩 256 个无电乡镇、3817 个无电村、93.6 万户无电户、387 万无电人口，无电人口主要分布在新疆、西藏等 14 个省（自治区）[3]。到 2012年年底还有 273 万无电人口；2013 年年末为 173 万；2014 年基本解决了无电人口用电问题，无电人口只有 23.78 万；到 2015 年年末，最后 3.98 万无电人口告别了无电史[4]（图 0.6）。

在世界范围，根据联合国贸易和发展会议（贸发会议）2011 年 11 月 29 日在日内瓦发布的《2011 年技术和创新报告》，2010 年全球有 14 亿人仍未能用上电；在全球各主要地区中，无电人口数量最大的地区是南亚地区，共约 5.9 亿人；无电人口比例最大的地区是撒哈拉以南非洲地区，占该地区人口的 69.5%。此外，农村无电人口数量显著高于城市，共有近 12 亿无电人口，约占全球无电人口总数的 85%。

根据世界银行发布的"世界用电状况报告"（State of Electricity Access Report），2014年全球通电人口比例达到 85.5%，尚有 10.6 亿无电人口。按照地区分布来看，在 10.6 亿无电人口中，撒哈拉以南的非洲国家占 58%（6.09 亿人）、南亚占 32%（3.43 亿人）、东亚

---

[1] 数据来自于各省计委 2000 年年底的统计数据，由北京计科电可再生能源技术开发中心为联合国开发计划署"社区供电市场调研课题"编制。

[2] 我国到 2015 年将解决最后 500 万无电人口用电问题，北京晨报，2011 年 07 月 11 日。

[3] 据电监会 2012 年发布的初步统计。

[4] 我国全面解决无电人口用电问题，2015 年 12 月 24 日 19：42：17。来源：新华网。

及太平洋岛屿占 7%、其他占 3%（图 0.7）。撒哈拉以南非洲国家的通电率仅为 37.6%，南亚国家达到 80%。

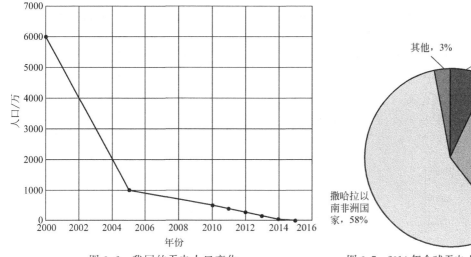

图 0.6　我国的无电人口变化　　　　图 0.7　2014 年全球无电人口分布比例

如果按国别来看，在 10.6 亿无电人口中，印度一国就有 2.70 亿人；其次是尼日利亚（7500 万人）、埃塞俄比亚（7100 万人）。在全球尚未通电的人口中，有 87% 是农村人口，其中相当数量居住在远离电网的偏远地区。

缺乏电力供应是制约农村社区经济发展的主要原因之一，那些在农村中至今还没有用上电的人们的生活显然比能用上电的人们贫困。这就是为什么在全世界范围内解决农村供电问题始终都是各国政府的中心任务之一。

解决这 10.6 亿人口通电的问题，根据与电网的距离和负荷的大小，大致有三种方案：如果需求负荷接近 100kW、与电网的距离在 8km 范围内，基本上都考虑用电网延伸的方案；如果负荷较大，但距离电网较远，可考虑建设独立的微电网（离网可再生能源发电＋储能＋备用燃油发电）；而那些地处偏远地区、负荷较低且散居的村落，则以独立的可再生能源集中供电或户用系统为宜。

上面的种种分析表明，大力推广使用可再生能源，逐步减少对化石燃料的依赖，是各国的共识，这也促成了《巴黎气候变化协定》在 2015 年 12 月 12 日召开的巴黎气候变化大会上的通过。该协定为 2020 年后全球应对气候变化行动作出安排。我国于 2016 年加入了《巴黎气候变化协定》。

0.2　我国政府应对气候变化的目标和主要可再生能源产业的现状

0.2.1　我国政府应对气候变化的目标

为了应对气候变化和减少温室气体的排放，应对化石燃料的逐步枯竭，改善空气质量，我国政府提出到 2020 年、2030 年非化石能源占一次能源消费比重分别达到 15%、20% 的能源发展战略目标，到 2020 年全社会用电量中的非水电可再生能源电量比重达到 9%，碳排放强度下降 45%。2015 年 6 月 30 日我国政府又宣布 2020 年气候目标：在 2005 年基础上，碳排放强度下降 60%～65%。同时，我国的碳排放在 2030 年左右达到峰值。根据国际环保组织绿色和平的测算，我国只有完成并超过这一承诺的上沿，才能够保证排放水平早于 2030 年就达到稳定并出现降低[1]。

图 0.8 显示的是基于不同碳排放强度的不同 CO_2 排放曲线。其中测算的假设包括：在 2020 年之前年均 GDP 增长 6.9%，在 2020 年与 2030 年之间年均 GDP 增速 5.4%。2020 年的排放水平是基于国务院《能源发展战略行动计划（2014—2020 年）》中的总能源消费水平确定的。实际情况是，2015 年我国能源相关的碳排放下降 0.6%[2]，2016 年中国的碳排放与上年相比几乎持平[3]。

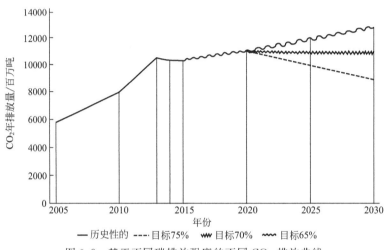

图 0.8　基于不同碳排放强度的不同 CO_2 排放曲线

0.2.2　我国主要可再生能源产业的现状

我国拥有丰富的可再生能源资源，包括风能、太阳能、水能、生物质能、地热能等。进入 21 世纪以来，我国对可再生能源的研究、产业发展和应用取得了长足进步，可再生能源继续保持着稳健的发展态势，可再生能源发电装机量和发电量均得到平稳提升。到目前为止，除大型水力发电站不在本书讨论外，我国已经获得大规模产业化发展的主要可再生能源产业是风力发电和太阳能光伏发电。我国的风力发电和太阳能光伏发电的制造业产能和装机容量都已经占据世界第一的位置。

(1) 我国的风电产业

我国的风力发电产业的大规模发展始于 2005 年。2006 年的装机容量达到 1.29GW，累计装机达到 2.54GW，随后连续三年累计装机翻番。到 2017 年年末，当年新增装机 19.5GW，累计装机达到 188GW[4]，风力发电量为 3057 亿千瓦时。截止到 2017 年年末，全

---

❶ 中国碳交易网，www.tanjiaoyi.com，2015 年 6 月 30 日。
❷ 《2016 年中国碳排放持续下降》，中国经营网，2017 年 7 月 6 日。
❸ 《2016 年中国煤炭消费下降 4.7%，那么碳排放也下降了吗？》，国际能源小数据，2017 年 3 月 2 日。
❹ GWEC，2017 Global Wind Statistics，2018 年 2 月 14 日。

球累计装机 539.581GW，我国累计装机 188.232GW，占世界累计装机的 34.88%。

2006～2017 年全国风力发电新增装机和累计装机如图 0.9 所示。

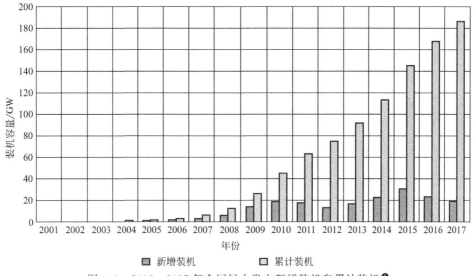

图 0.9　2006～2017 年全国风力发电新增装机和累计装机❶

（2）我国的太阳能光伏产业

2017 年，我国光伏发电新增装机容量 53.06GW，截至 2017 年年底，累计装机容量 130GW，新增和累计装机容量均为全球第一。全年发电量 1182 亿千瓦时。2001～2017 年全国光伏发电新增装机和累计装机如图 0.10 所示。

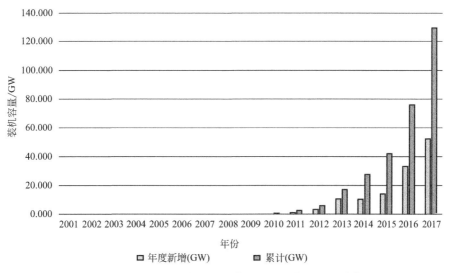

图 0.10　2001～2017 年全国光伏发电新增装机和累计装机

❶ 读者可能在查找数据时发现这个数据与风能学会发布的数据略有不同。需要说明的是：风能学会统计中的"风电装机容量"是指"吊装容量"，指统计期内风电机组制造企业发货到风电场现场，施工单位完成风电机组（包括基础、塔架、叶片等所有部件）吊装后的装机容量，不考虑是否已经调试运行或并网运行，不包括出口数据。而能源局发布的数据是指"并网容量"。一般而言，"并网容量"滞后于"吊装容量"。

　　但是，我们应该看到，虽然我国的风能和太阳能利用得到了长足发展，无论是生产能力还是装机容量都是世界第一，但是至 2017 年，全国共计年发电 64951 亿千瓦时，其中风力发电 2950 亿千瓦时，占到全国发电量的 4.54％，太阳能光伏发电 967 亿千瓦时，仅为我国全年总发电量的 1.49％，两者之和为 6.03％[1]。2017 年，生物质发电 794 亿千瓦时，占 1.22％[2]，其他可再生能源发电进展不大。因此，总共非水非核的可再生能源发电量仅为 7.25％，要实现我国政府承诺的目标，要保护环境，提高人们生活水平，还有很长的路要走！实际上，新一轮能源变革已经出现。2008 年金融危机以来，许多西方国家把新能源发展作为经济支柱之一。在我国，战略性新兴产业应用了大量的新能源相关技术，能源可持续发展基础上的理念正在改变着城乡能源利用方式。

---

[1]　据 2018 年 3 月 19 日国家统计局发布的 2017 年电力生产数据。
[2]　2018 年 1 月 25 日 BBS 生物质能源圈。

第1章

风能和风能资源的测量评估

    风是一种自然现象，是人类最早利用的具有低价、清洁环保、便捷、"取之不尽、用之不竭"等特点的可再生能源之一。

    空气流动的现象称为风，一般指空气相对地面的水平运动。尽管大气运动很复杂，但始终遵循大气动力学和热力学变化的规律。

    风是空气流动产生的结果，空气流动的原因是地球绕太阳运转，且日地距离和方位不同，地球上各纬度所接受的太阳辐射强度也就不同，地表受热不均，使得大气层中产生压力差。在赤道和低纬度地区，太阳高度角大，日照时间长，太阳辐射强度强，地面和大气接受的热量多，温度较高；在高纬度地区，太阳高度角小，日照时间短，地面和大气接受的热量少，温度低。这种高纬度与低纬度之间的温度差异，形成了南北之间的气压梯度，使空气做水平运动。地球在自转，使空气水平运动发生偏向的力，称为地转偏向力，这种力使北半球气流向右偏转，南半球向左偏转。所以地球大气运动除受气压梯度力外，还要受到地转偏向力的影响。大气实际运动是这两种力综合影响的结果，如图1.1所示。除此之外，由于地球

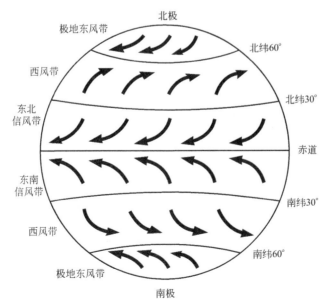

图 1.1　地球表面风的形成和基本风向

上局地环境的不同，区域性的气流也可以改变全球气流的状况，从而产生局地性的气流流动。由地球上局地性气流流动产生的风，常见的有季风、海陆风、山谷风等。图 1.1 显示了地球表面风的形成和基本风向。

空气在流动中所形成的动能就称为风能。

形成风的直接原因，是气压在水平方向分布的不均匀。风受大气环流、地形、水域等不同因素的综合影响，表现形式多种多样。

（1）季风

由于陆地和海洋在一年之中增热和冷却程度不同，在陆地和海洋之间大范围的、风向随季节有规律改变的风，称为季风。季风分为夏季风和冬季风。"季风"一词源于阿拉伯语"mawsim"，译为"季节"，中国古称为"信风"，表明这种风向总是随着季节而改变。

夏季，陆地迅速增热，海洋相对温度较低，因此陆地气压低于海洋，气流从海洋吹向陆地，形成夏季风。冬季情况则正好相反，冬季风从陆地吹向海洋，这种每隔半年冬夏风向相反的环流称为季风环流。较好地掌握季风演变的规律，对风能利用的规划和开发将起到十分重要的作用。

（2）海风、陆风与海陆风

有海陆差异的地区，白昼（夏季）时，陆地上的气流受热膨胀上升至高空流向海洋，到海洋上空冷却下沉，在近地层海洋上的气流吹向陆地，补偿陆地的上升气流，低层风从海洋吹向陆地，称为海风；夜间（冬季）时，情况相反，低层风从陆地吹向海洋，称为陆风。

海陆风的形成与季风类似，也是由于陆地与海洋之间的温度差异的转变引起的。不过海陆风的范围小、周期短、势力较弱。海陆温度差异是一日之内的周期变化，因此在海岸附近造成了以一日为周期的海陆风。在海岸附近，白天等压面向陆地方向倾斜，使地面附近有风自海洋吹向陆地；夜间则相反，由陆地吹向海洋，而距离地面较远的上层的风却与地面相反，从而形成海陆风环流。海陆风的强度在海岸附近最大，海风要比陆风强，白天的海风风速较快，有时可达 4～7m/s，从而成为近海地区风能的重要来源，如图 1.2 所示。

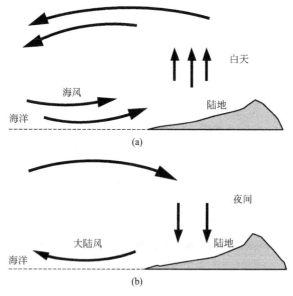

图 1.2　海陆风形成示意图

（3）湖陆风

由于陆地和湖泊的热力性质差异，沿湖地区在夜间风从陆地吹向湖区，昼间风从湖区吹向陆地，这种地方性的气候现象称为湖陆风。

（4）谷风、山风与山谷风

山谷风是由于山地附近山坡与周围空气受热不同造成的。白天，山坡接受太阳光热多，被加热的暖空气不断上升，而谷底上空相对较冷的空气则下沉补充，形成山谷风环流。晚间太阳下山，山顶和山腰空气冷却很快，而集聚在山谷里的空气还是暖的，这时，山顶和山腰的冷空气流向谷底，于是又形成了相反的环境。所以白天风是从山谷吹向山腰、山顶，这样形成的风称之为"谷风"（valley breeze）。晚上，风从山顶、山腰吹向山谷，这样形成的风称之为"山风"（mountain breeze）。山谷风是以 24h 为周期的一种地方性风。

山谷风一般较弱，谷风比山风大，一般也只能达到 2～4m/s 的风速。但在某些地区情况并非如此，有时风速可达 7～10m/s，在隘口风速更大，同样可以作为风能的来源，如图 1.3 所示。这种风在山区多见。

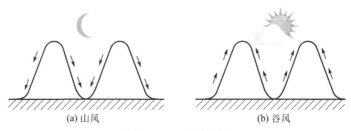

(a) 山风　　　　　　　　　　(b) 谷风

图 1.3　山谷风特征

上述各种风的联系与区别如下。

（1）联系

① 从风向看　四种风的风向，都会在一定时间段内发生有规律的变化，而且方向相反。

② 从成因看　四种风都是热力因素引起的，其中，季风、海陆风、湖陆风都是因陆地与水体之间的热力性质差异导致的。

③ 从发生周期看　海陆风、湖陆风、山谷风的发生周期短，一天；而季风发生周期长，一年。

（2）区别

① 空间尺度差异　季风往往是大范围的大气环流现象，而海陆风、湖陆风、山谷风一般是小范围的热力环流表现。

② 时间尺度差异　季风的周期为一年，海陆风、湖陆风、山谷风的周期为一天。

③ 风力强弱差异　季风风向稳定、强度大，而海陆风、湖陆风、山谷风则在大范围主导风向较弱的情况下才会出现。

1.1　风能的描述和特点

1.1.1　风能的描述

描述风能的参数有风速、风向、风力等级、风能密度（平均风能密度、有效风能密度）、风能、风切变、湍流、风频分布和风扰动等等。

(1) 风速

风速和风向是描述风特性的两个最重要最常用的参数，风速又分瞬时风速和平均风速。这些参数从不同角度描述风能的特性。

(2) 风向

气象上把风吹来的方向定义为风向。因此，风来自北方叫作北风，风来自南方叫作南风。当风向不在某个正方向时，或在某个方位左右摆动不能确定时，则加以"偏"字，如偏北风等。

理论上，风是从高压区吹向低压区的，但是，在中纬度和低纬度地区，风向还受到地球旋转的影响。风平行于等压线而不是垂直于等压线。同时，大气中有很多旋涡，它们随着主流，一面旋转，一面前进。在北半球，空气环绕中心做反时针方向旋转的大型空气旋涡，称为气旋；空气环绕中心做顺时针方向旋转的大型空气旋涡，称为反气旋。在南半球正好相反，气旋按顺时针方向旋转，反气旋按反时针方向旋转。在西风带里，气旋和反气旋随着基本气流由西向东移动；在东风带里，气旋和反气旋则随着基本气流由东向西移动。

风随时随地都不同，风随时间的变化包括每日的变化和各季节的变化。季节不同，太阳和地球的相对位置就不同，造成地球上的季节性温差，形成风向季节性变化。我国大部分地区风的季节性变化情况是，春季最强，冬季次之，夏季最弱。当然也有部分地区例外，如我国沿海的温州地区，夏季季风最强，春季季风最弱。

(3) 风力等级

国家气象局于 2001 年下发《台风业务和服务规定》，以蒲福风力等级为基础，将 12 级以上台风补充到 17 级。12 级台风风速定为 32.4～36.9m/s，13 级为 37.0～41.4m/s，14 级为 41.5～46.1m/s，15 级为 46.2～50.9m/s，16 级为 51.0～56.0m/s，17 级为 56.1～61.2m/s。超过 17 级的称为 18 级，也是国际航海界关于特大台风的普遍说法。具体风力等级在本章后面介绍。

在一些参考书上，尤其是欧美国家的资料中，我们还能看到表 1.1 的风能等级表。这是风能等级，不是风速等级，读者应避免混淆。一般风能等级按风能密度被划分为 7 级。表 1.1 列出了在 10～50m 高度的风能等级及相对应的风速范围。注意，风能等级在不同的离地高度其风能密度是不同的。

表 1.1　风能等级表

在 10m 和 50m[①] 高度的风能密度				
	10m		50m	
风级	风能密度 /(W/m²)	风速[②] /(m/s)	风能密度 /(W/m²)	风速[②] /(m/s,mph[③])
1	<100	<4.4	<200	<5.6
2	100～150	4.4/5.1	200～300	5.6/6.4
3	150～200	5.1/5.6	300～400	6.4/7.0
4	200～250	5.6/6.0	400～500	7.0/7.5
5	250～300	6.0/6.4	500～600	7.5/8.0

| | 在 10m 和 50m^① 高度的风能密度 | | | |

| | 10m | | 50m | |
风级	风能密度 /(W/m²)	风速^② /(m/s)	风能密度 /(W/m²)	风速^② /(m/s,mph^③)
6	300～400	6.4/7.0	600～800	8.0/8.8
7	>400	>7.0	>800	>8.8

① 垂直风切变是基于 1/7 指数规律。

② 平均风速分布采用等值风能密度的 Rayleigh 速度分布。风速为标准海平面高度。为了保持同样的能量密度，每增加海拔高度 1000m，风速增加 3%。（资料源自：Battelle Wind Energy Resource Atlas）

③ 1mph=1.609344km/h。

（4）风能密度

① 风能密度　为了衡量一个地方风能的大小，评价一个地区的风能潜力，风能密度是最方便和有价值的量。风能密度是气流在单位时间内垂直通过单位面积的风能，单位为 W/m^2，即每平方米扫风面积中所包含的能力。

将计算风能的风能公式除以相应的扫风面积，便得到风功率密度公式，即：

$$\omega = \frac{1}{2}\rho v^3 \tag{1.1}$$

式中，ρ 为空气密度，kg/m^3；v 为风速，m/s。

风能密度和空气的密度有直接关系，而空气的密度则取决于气压和温度。因此，不同地方、不同条件的风能密度是不同的。一般来说，海边地势低，气压高，空气密度大，风能密度也就较高。在这种情况下，若有适当的风速，风能潜力就大。高山气压低，空气稀薄，风能密度就小些。但是如果高山风速大，气温低，仍然会有相当的风能潜力。所以说，风能密度大，风速又大，则风能潜力最好。

② 平均风能密度　由于风速是一个随机性很大的量，必须通过一定时间的观测来了解它的平均状况。在一段时间长度 T 内的平均风能密度，可以通过将风功率密度公式对时间积分后取平均值的方法求得，即：

$$\overline{W} = \frac{1}{T}\int_0^t \frac{1}{2}\rho v^3 \mathrm{d}t \tag{1.2}$$

式中，$\overline{W}$ 为该时段 0～T 的平均风能密度，W/m^2；v 为对应 T 时刻的风速，m/s；T 为总时间长度，h。

当知道了在 T 时间长度内风速 v 的概率分布 $P(v)$ 后，平均风能密度便可计算出来。

③ 有效风能密度　有效风能密度就是指有效风能范围内的风能密度。风力工程中，把风力发电机开始运行做功时的风速称为"启动风速"，将风力发电机达到额定功率输出时的风速称为"额定风速"，当风速大到某一极限风速时，风力发电机就有损坏的危险，必须停止运行或者采取其他的保护措施（如空载运行），这一风速称为"停机风速"。因此，在统计风速资料计算风能潜力时，必须综合考虑以上因素。除去这些不可利用的风速后，通常将"启动风速"到"停机风速"之间的风力称为"有效风速"，将这个范围内的风能称为"有效风能"，得出的平均风速所求出的风能密度称之为有效风能密度。常见的有效风速范围为 3～20m/s，也有 3～25m/s 的。

要注意区分风速分布与有效风能密度分布的区别。有些地方全年风速大于 3m/s 的时间并不长，但是有效风能密度分布很高，依然适合发展风能利用。如我国的内蒙古、新疆和东北的一些区域。

根据上述有效风能密度的定义得出计算公式：

$$W = \int_{v_1}^{v_2} \frac{1}{2} \rho v^3 P(v) \mathrm{d}v \tag{1.3}$$

式中，v_1 为启动风速，m/s；v_2 为停机风速，m/s；$P(v)$ 为有效风速范围内的条件概率分布密度函数。

（5）风能

风能的利用形式主要是将大气运动时所具有的动能转化为其他形式的能量。因此计算风能的大小也就是计算气流所具有的动能。

在单位时间内流过某一截面的风能，即为风功率，符号为 W，其计算公式为：

$$W = \frac{1}{2} \rho v^3 F \tag{1.4}$$

式中，W 为风功率，$kg \cdot m^2/s^3$（即 W）；ρ 为空气密度，kg/m^3；v 为风速，m/s；F 为空气流过的截面面积，m^2。

以上常用的风功率公式在风力工程上被称为风能公式。注意，从上式可以看出，风能与风速的关系不是线性关系，风能大小与气流通过的面积、空气密度和气流速度的立方成正比。在风力发电机中，F 即为风轮的扫掠面积。因此，在风能计算中，最重要的因素就是风速，风速增加 1 倍，风能可以增大 8 倍。风速取值准确与否对风能潜力的估算有决定性作用。

另外，从上面公式中可以注意到，风能与空气密度成正比，而空气密度随着海拔高度的升高而降低，因此风能也与具体地理位置的海拔高度相关。随着海拔高度的增加，空气密度越来越稀薄，从而导致风能的利用效率也减小。前面的风能计算公式表明，风能是与海拔高度相对应的空气密度呈线性减少的。高海拔地区与低海拔地区的区别仅是空气密度（标准状态：每立方米重 1.225kg）变化。由于风的密度仅与风能的一次方成正比，在通常情况下，海拔高度每升高 100m，风能约减少 1%。

但是，另一方面，在山地风速是随着海拔高度的增加而增加的。因此，海拔较高地区的风况好于海拔较低的地区，这在某种程度上能弥补因海拔高而损失的风能。

实践表明，在风资源丰富的情况下，高海拔地区同样适合使用风力发电机。在我国的西藏、新疆、甘肃、青海等高海拔地区都有风力发电系统的应用。图 1.4 所示为一些高海拔实

(a) 青海(海拔2000m以上)　　　(b) 新疆(海拔3000m以上)　　　(c) 巴基斯坦(海拔800m以上)

图 1.4　高海拔实际工程案例

际工程案例。

(6) 风切变

① 风切变的描述及应用　风切变（wind shear），又称风剪，是大气现象的一种。它反映了风速随着高度变化而变化的情况。

风切变是指：在垂直于风向的平面内的风速随高度的变化情况，包括气流运动速度的突然变化、气流运动方向的突然变化。地形和地表粗糙度影响一个区域、一个位置点的风切变。通常，由于地面摩擦消耗运动气流的能量，风速是随着离地高度的增加而增加的。

通常采用如下公式计算风切变：

$$\alpha = \frac{\log_{10}[v_2/v_1]}{\log_{10}[Z_2/Z_1]} \quad (1.5)$$

如图 1.5 所示，α 表示风切变指数，Z_1 表示某一个参考高度（如 25m），Z_2 表示某一点关注高度（如 40m），v_1 表示在高度 Z_1 处的风速，v_2 表示在高度 Z_2 处的风速。

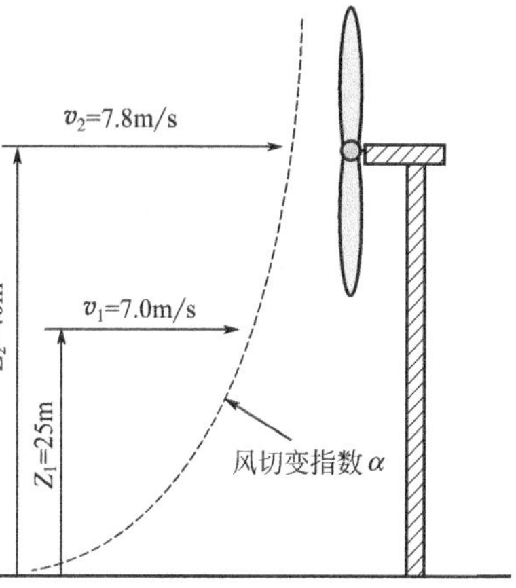

写出幂律公式就是：

$$v_2 = v_1 \left(\frac{Z_2}{Z_1}\right)^{\alpha} \quad (1.6)$$

图 1.5　风切变指数

通常，如果没有不同高度的实测风速数来计算风切变指数 α 值，则 α 取 1/7，人们常常称为"1/7 规律"，即取近似值 0.143 进行计算。就风能利用而言，我们可以换一个角度来理解风切变：同一台风力发电机组在不同的高度（即不同的塔架高度），获得的风能是不同的，如图 1.6 所示。图中表明，当同一台风力发电机组的安装高度从 10m 增加到 20m、30m 和 40m 时所获得的能量的变化。

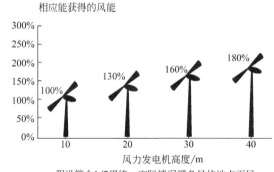
图 1.6　风切变对风力发电机获得风能的影响

根据以上公式和相应的切变指数，就可以计算出同一水平面上的任意高度风速的变化情况。

举例：如果测风高度为 10m，测风高度处的风速为 5m/s，风力发电机水平主轴的中心位置高度为 24m，则根据上述公式可以估算在风力发电机水平主轴的中心位置，高度为 24m 处的风速：

$$v_2 = v_1(Z_2/Z_1)^{\alpha} = 5 \times (24/10)^{1/7} \approx 5 \times 2.4^{0.143} \approx 5 \times 1.133 = 5.665 (\text{m/s})$$

也就是说，对同一台风力发电机，在其他条件相同的情况下，塔架的高度越高，所得到的风速越大。

② 充分理解风切变指数　不同地形、不同地表粗糙度会导致不同的风切变指数 α 值。

上述案例中：测风高度为 10m，测风高度处的风速为 5m/s，塔架上风力发电机水平主轴的中心位置高度为 24m，考虑开阔地，采用风切变指数 $\alpha = 0.143$，则离地 24m 高度处的风速为 5.665m/s。如果地面粗糙度较大，如一般的农田，取 $\alpha = 0.2$，则离地 24m 高度处的风速为 5.96m/s。同样的高度，由于地面粗糙度不一样，适用的风切变指数 α 在同样的 24m 高度，风速增加了 5.3%，风能将增加 16.8%。因此，分析风力发电机安装位置的风切变指数、谨慎选择风切变指数 α 值，在估算风力发电机的发电量时是至关重要的！

表 1.2 是大多数研究文章或一些教科书中给出的风切变指数 α 值，人们用这些 α 值来估算不同地形和粗糙度的安装地点的风速值。

表 1.2　风切变指数 α 值

地形类型	风切变指数 α
冰	0.07
雪覆盖的平地	0.09
平静的海面	0.09
吹陆上风的海岸	0.11
冰雪覆盖的留茬的庄稼地	0.12
割过的草地	0.14
短草的草原	0.16
篱笆	0.21
分散的树木或围栏	0.24
树,篱笆,少量房子	0.29
城市郊区,村庄,分散的树林	0.31
林地	0.43

但是，实际上的风切变指数 α 值并非完全如此。美国威斯康星州 Sagrillo Power & Light 公司的 Mick Sagrillo 先生根据现场获得的大量信息和数据，对不同地貌上的风切变指数 α 值提出了修改，如表 1.3 所示。

表 1.3　美国威斯康星州实测计算的风切变指数 α 值

序号	地形类型	风切变指数 α（教科书）	风切变指数 α（美国威斯康星州实测）
1	冰	0.07	0.20
2	雪覆盖的平地	0.09	0.20
3	平静的海面	0.09	0.20
4	吹陆上风的海岸	0.11	
5	冰雪覆盖的留茬的庄稼地	0.12	
6	平坦开阔的地面(如水泥地)		0.20
7	割过的草地	0.14	0.25
8	短草的草原	0.16	0.25
9	没有围栏的农田		0.30
10	农田、高草的草原		0.30
11	有农舍、篱笆高 1.25m 的农田		0.35
12	篱笆	0.21	
13	分散的树木或围栏	0.24	0.35

续表

序号	地形类型	风切变指数 α（教科书）	风切变指数 α（美国威斯康星州实测）
14	有农舍、篱笆 2.5m 的农田		0.40
15	树,篱笆,少量房子	0.29	0.45
16	城市郊区,村庄,分散的树林	0.31	
17	有高大建筑的大城市		0.60
18	林地	0.43	0.50
19	非常大的城市,摩天大楼		需测量计算

注：数据来源于 Mick Sagrillo，Sagrillo Power & Light，Small Wind（up to 100kW）Issues and Site Assessor Best Practices。

从上表中可以看出，在威斯康星州实测的风切变指数 α 值远远高于教科书所列，也没有一项是低于 0.2 的。因此在风能估算时要非常谨慎地选择风切变指数。

假设一风力发电机叶轮直径 6.8m，安装在 24m 高的塔架上。24m 高度的风速 5m/s，空气密度 1.23g/L，取风切变指数 $\alpha=0.2$。由于叶轮直径 6.8m，则叶轮在旋转时，它的上叶尖将达到约 27.4m 的高度，而下叶尖将处于 20.6m 的位置。按风切变指数 $\alpha=0.2$ 推算，上叶尖在 27.4m 高度位置时的风速为 5.14m/s，下叶尖在 20.6m 高度位置时的风速为 4.85m/s，如图 1.7 所示。

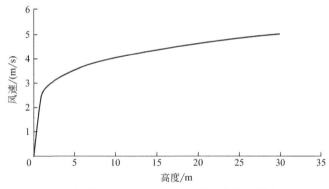

图 1.7　受风切变影响的风速随高度的变化（塔高 24m）

由于风能和风速的立方成正比，在 27.4m 高度风速为 5.14m/s 处，风能为 3.03kW，而在下叶尖 20.6m 高度位置风速为 4.85m/s 时，风能为 2.55kW，两者相差 19%，见表 1.4。也就是说，叶轮在旋转一周的过程中，叶轮上下沿所受到的推力是不一样的，相差 19%，主轴要承受一个前后掰动的力，从而增加主轴的疲劳强度。

表 1.4　塔架 24m 高的风力发电机上下叶尖的受力、塔架高度与风切变的关系分析

条件	塔高	m	24
	参考高度	m	10
	参考风速	m/s	4.2
	风轮直径	m	6.8
	剪切系数		0.2
	空气密度		1.23

	中心高度风速	m/s	5.00
分析结果	风轮上沿高度	m	27.40
	风轮下沿高度	m	20.60
	风轮上沿风速	m/s	5.14
	风轮下沿风速	m/s	4.85
	叶轮扫风面积	m^2	36.30
	风速差	m/s	0.28
	高点风能	kW	3.03
	低点风能	kW	2.55

如果设想这台风力发电机没有安装得这么高，比如安装在仅为 12m 高的塔架上，我们再看一下风速的变化和受力情况。按同样的分析步骤，可以得出，它的上叶尖将达到 15.4m 的高度，而下叶尖将处于 8.6m 的位置。按风切变指数 $\alpha = 0.2$ 推算，上叶尖在 15.4m 高度位置时的风速为 4.58m/s，下叶尖在 8.6m 高度位置时的风速为 4.08m/s，如图 1.8 所示。

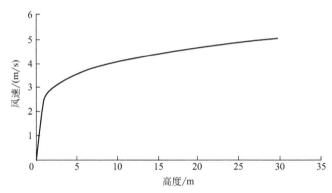

图 1.8 受风切变影响的风速随高度的变化（塔高 12m）

在 15.4m 高度、风速为 4.58m/s 处，风能为 2.14kW，而在下叶尖 8.6m 高度位置、风速为 4.08m/s 时，风能为 1.51kW，两者相差 42%，见表 1.5。也就是说，叶轮在旋转一周的过程中，叶轮上下的推力是不一样的，相差竟然可达 42%。

也就是说，如果这台风力发电机安装在 12m 高的塔架上，风力发电机的主轴要承受一个前后掰动的力，这个力比安装在 24m 高的塔架上要大得多。

因此，把风力发电机安装在较高的塔架上，不仅能够获得较好的风资源，而且能减少风力发电机所受到的径向力。这也是为什么风力发电机不能安装在太低的塔架上的主要原因。

表 1.5 塔架 12m 高的风力发电机上下叶尖的受力、塔架高度与风切变的关系分析

	塔高	m	12
条件	参考高度	m	10
	参考风速	m/s	4.2
	风轮直径	m	6.8
	剪切系数		0.2
	空气密度		1.23

中心高度风速	m/s	4.36
风轮上沿高度	m	15.40
风轮下沿高度	m	8.60
风轮上沿风速	m/s	4.58
风轮下沿风速	m/s	4.08
叶轮扫风面积	m²	36.30
风速差	m/s	0.50
高点风能	kW	2.14
低点风能	kW	1.51

注：分析结果（左侧合并单元格标注）

（7）湍流

湍流是风能的另一个非常重要的特性。由于摩擦、旋涡、热交换以及地形诱导等原因，人们测得的气流速度总是围绕一个平均值摆动，这个平均值代表大气的大体移动，叫作风；而反映了空气局部流动的摆动（或脉动）部分，称为湍流，有时也称为紊流、扰动。平均风速是风速中频率很低的部分，而湍流速度是高频的随机变量（引自《北京航空航天大学学报》，1999 年第 25 卷 第 2 期）。湍流通过削弱风力在叶片上的作用来减少风力发电机的输出，严重时甚至会损坏风力发电机。

湍流用湍流强度来描述。湍流强度（turbulence intensity，TI）定义为脉动速度与平均风速之比，即：

$$TI = \frac{\sigma}{\overline{v}} \tag{1.7}$$

式中，σ 为脉动速度；$\overline{v}$ 为平均风速。

因为 v（velocity）指速度，是矢量，有大小和方向。因此，湍流不仅仅是风速的大小发生了变化，而且对风向也产生了影响。对于目前普遍采用的水平轴风力发电机组，水平入流的方向变化，不仅会影响风力发电机组的发电输出，甚至会产生致命的损坏。

形成湍流的原因，除了时间因素，还受到风力发电机组安装地点的地形、植被和障碍物的影响。障碍物可以是树木、树林，也可以是各种建筑物，而这种障碍物的存在，在大规模风力发电场建设中并不常见，但在分布式应用时就司空见惯了。人们在利用太阳能时，都知道不能把太阳能电池板放在树木、建筑物的影子里，这将影响太阳能电池的正常工作；但是在利用风能时，却会无意中把风力发电机放在湍流环境中，因为影子是可见的，而湍流是不可见的。图 1.9 显示了障碍物对气流的影响。

另外，对于目前普遍采用的水平轴风力发电机，主要通过水平气流来推动风轮而发电，垂直气流不利于水平轴风力发电机的工作，并可能对风力发电机产生致命的损坏，如叶片折断。而紊流和扰动往往会生成垂直气流。

在风能利用中，要特别关注湍流的影响和在强湍流环境中风力发电机的微观选址。具体讨论将在第 13 章中展开。

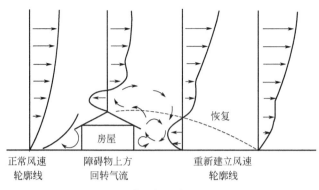

正常风速　　　障碍物上方　　　重新建立风速
轮廓线　　　　回转气流　　　　轮廓线

图 1.9　障碍物对气流的影响

1.1.2　风能的特点

（1）风能的优越性

① 取之不竭，用之不尽。太阳内部由于氢核的聚变热核反应，从而释放出巨大的光和热，这就是太阳能的来源。根据科学家测算，氢核稳定燃烧的时间可在 60 亿年以上，也就是说，太阳至少还可以像现在这样近于无期限地被利用。故人们常以"取之不竭，用之不尽"来形容太阳能利用的长久性。风能是太阳能的一种转化形式，根据有关专家估算，在全球边界层内，风能的总量为 1.3×10^{15}W，一年中约有 1.14×10^{16} kW·h 的能量，这相当于目前全世界每年所燃烧能量的 3000 倍左右。

② 就地可取，无须运输。由于矿物能源煤炭和石油资源地理分布的不均衡，给交通运输带来了压力。电力的传送虽然方便，但为了向人烟稀少的偏远地区送电而架设费用高昂的高压输电线路，在经济上是不合理的。因此，就地取材开发风能和太阳能是解决我国偏远地区和少数民族聚居区能源供应的重要途径。同时，风能本身是免费的，而且不受任何人的控制和垄断。

③ 分布广泛，分散使用。如果将 10m 高处、密度大于 $150 \sim 200$W/m^2 的风能作为有利用价值的风能，则全世界约有 2/3 的地区具有这样有价值的风能。虽然风能分布也有一定的局限性，但是与化石燃料、水能和地热能等相比，仍称得上是分布较广的一种能源。风力发电系统可大可小，因此便于分散使用。

④ 不污染环境，不破坏生态。化石燃料在使用过程中会释放出大量的有害物质，使人类赖以生存的环境受到了破坏和污染。风能在开发利用过程中不会给空气带来污染，也不破坏生态，是一种清洁安全的能源。

（2）风能的弊端

① 能量密度低。空气的密度仅是水的 1/773，因此在风速为 3m/s 时，其能量密度仅为 0.02kW/m^2，而水流速 3m/s 时，能量密度为 20kW/m^2。在相同流速下，要获得与水能同样大的功率，风轮直径要相当于水轮的 27.8 倍。由此看来，风能是一种能量密度极其稀疏的能源，单位面积上只能获得很少的能量。

② 随机性。风能对天气和气候非常敏感，因此它是一种随机能源。虽然各地区的风能特性在一个较长时间内大致有一定的规律可循，但是其强度每时每刻都在变化之中，不仅年度间有变化，而且在很短的时间内还有无规律的脉动变化，风能的这种不稳定性给使用带来了一定的难度。图 1.10～图 1.13 给出了某地风速在一日内、一月内、一年内和十年内随机变化的例子。

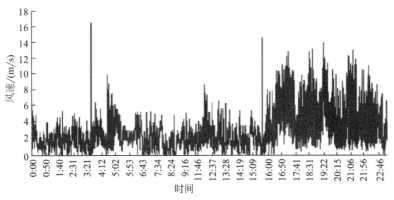

图 1.10　某地风速一日内的随机变化

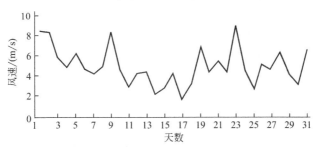

图 1.11　某地风速一个月内的随机变化

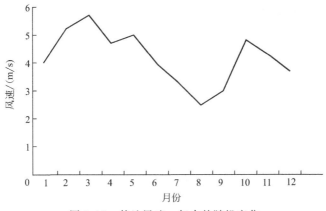

图 1.12　某地风速一年内的随机变化

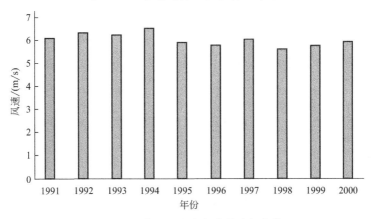

图 1.13　某地风速十年内的随机变化

1.2 风能的测量与评估

1.2.1 风速的测量与描述

（1）风速的测量

测量风速的仪器称为风速计。风速计有旋转式风速计、散热式风速计、超声波风速计、风廓线仪以及近年来发展的激光雷达测风系统。风速测量是通过信号转换的方法来实现的，一般有以下四种转换方式：

① 机械式，当风速感应器旋转时，通过蜗杆带动涡轮转动，再通过齿轮系统带动指针旋转，从刻度盘上直接读出风的行程，再除以时间得到平均风速；

② 电接式，由风杯驱动的蜗杆，通过齿轮系统连接到一个偏心凸轮上，风速旋转一定圈数，凸轮便相当于开关作用，两个接点闭合或打开，完成一次接触，表示一定的风程；

③ 电机式，风速感应器驱动一个小型发电机中的转子，输出与风速感应器转速成正比的交变电流，输送到风速的指示系统；

④ 光电式，风杯旋转轴上装有一圆盘，盘上有等距的孔，孔上面有一红外光源，正下方有一光电半导体，风杯带动圆盘旋转时，由于孔的不连续性，形成光脉冲信号，经光电半导体元件接收放大后变成电脉冲信号输出，每一个脉冲信号表示一定的风的行程。

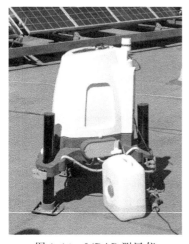

图 1.14　LiDAR 测风仪

目前，不少单位和研究机构开始采用激光雷达测风仪（light detection and ranging，LiDAR，见图 1.14）。激光雷达测风仪具有空间、时间分辨率高，测量精度高（低对流层 <1m/s，中对流层 <3m/s）和覆盖范围大的优点，但它近地面水平作用距离有限。LiDAR 在大型风力发电场开发中的应用正在不断发展，但对于中小型风力发电应用，它的应用成本较高。

风速是一个随机性很大的量，随时间和季节的变化发生变化，甚至瞬息万变。利用测风设备测得的风速是瞬时风速。要想得到平均风速，就要在一定的时间段内测得多次瞬时风速，然后计算它们的平均值，例如：日平均风速、月平均风速、年平均风速等。

计算平均风速有如下的计算公式：

$$v_E = \frac{1}{n}(v_1 + v_2 + v_3 + \cdots + v_i \cdots + v_n) = \frac{1}{n}\sum_{i=0}^{n} v_i \tag{1.8}$$

其中，v_E 为平均风速；v_i 为时间点 i 对应的瞬间风速；n 为所选取的样本点的总数。

（2）风速的描述

常用表示风速的形式有数据表格、柱状图、折线图和曲线图等，如图 1.15 所示。

（3）描述风速的单位及其互相转换

各国表示风速单位的方法不尽相同，如用 m/s（米/秒），n mile/h（海里/小时，其中"n"为"nautical"的缩写），mile/h（mph，英里/小时），km/h（公里/小时），ft/s（英尺/秒），

月	平均风速/(m/s)
一月	7.50
二月	7.30
三月	7.20
四月	7.00
五月	6.90
六月	6.80
七月	6.80
八月	6.50
九月	6.50
十月	7.00
十一月	7.50
十二月	7.30
年	7.03

(a) 数据表格

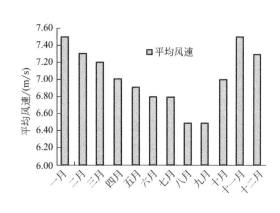

(b) 柱状图

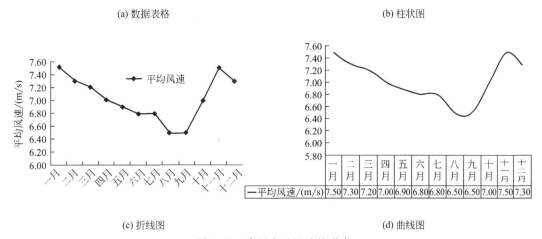

(c) 折线图

(d) 曲线图

图 1.15　常用表示风速的形式

等。其中，m/s 为基本的国际单位。

各种风速单位间的换算见表 1.6。

通常，各国都以 10m 高度处为观测基准，观察时距为 10min。

表 1.6　各种风速单位间的换算

m/s	ft/s	yd/s	km/h	mile/h	n mile/h
1	3.2808	1.0936	3.6000	2.2370	1.9440
0.3048	1	0.3333	1.0973	0.6819	0.5925
0.9144	3	1	3.2919	2.0457	1.7775
0.2778	0.9114	0.3038	1	0.6214	1.5400
0.4470	1.4667	0.4889	1.6093	1	0.8689
0.5144	1.6881	0.5627	1.8520	1.1508	1

注：1n mile 等于 1.852km，1km 等于 1000m，1mile 等于 1609m，1ft 等于 0.3048m，1h 等于 3600s。

从某一渠道获取风速资料时，一定要弄清楚这些风速数据的单位是什么。如果把 mile/h 误当成 m/s，则无意中将风速提高了 1 倍多。

(4) 风级和"蒲福风级"

风级是根据风对地面或海面物体影响而引起的各种现象，按照风力强度等级来估计风力的大小。早在 1805 年（也有人说 1806 年），英国人弗朗西斯•蒲福就拟定了风速的等级，即目前世界气象组织所建议的分级，国际上称为"蒲福风级"（蒲福数即"风级"，Beaufort scale），当时确定的风级数为 13 级。自 1946 年以来，风力等级又做了修订，因为人们发现自然界的风力实际可以大大超过 12 级，所以风力等级由原来的 13 个等级增加为 18 个等级，但常用的还是 0～12 级。

风级、风速以及不同风级在海面、陆地上的表现特征对照如表 1.7 所示。随着全球气候变暖，异常气候频繁出现，如肆虐美国新奥尔良的五级飓风卡特里娜，其最高风速超过了 117m/s；影响我国福建、浙江沿海的桑美台风为 17 级，在福建境内时风速达到 75.8m/s。

风力等级具体分类见表 1.7。

表 1.7 风级、风速以及不同风级在海面、陆地上的表现特征对照

风级	名称	风速		陆地地面物象	海面波浪	浪高/m	最高/m
		m/s	km/h				
0	无风	0.0～0.2	<1	静，烟直上	平静	0	0
1	软风	0.3～1.6	1～5	烟示风向	微波峰无飞沫	0.1	0.1
2	轻风	1.6～3.4	6～11	感觉有风	小波峰未破碎	0.2	0.3
3	微风	3.4～5.5	12～19	旌旗展开	小波峰顶破裂	0.6	1
4	和风	5.5～8.0	20～28	吹起尘土	小浪白沫波峰	1	1.5
5	清风	8.0～10.8	29～38	小树摇摆	中浪折沫峰群	2	2.5
6	强风	10.8～13.9	39～49	电线有声	大浪白沫离峰	3	4
7	劲风(疾风)	13.9～17.2	50～61	步行困难	破峰白沫成条	4	5.5
8	大风	17.2～20.8	62～74	折毁树枝	浪长高有浪花	5.5	7.5
9	烈风	20.8～24.5	75～88	小损房屋	浪峰倒卷	7	10
10	狂风	24.5～28.5	89～102	拔起树木	海浪翻滚咆哮	9	12.5
11	暴风	28.5～32.6	103～117	损毁重大	波峰全呈飞沫	11.5	16
12	台风	32.6～37.0	117～134	摧毁极大	海浪滔天	14	—
13	台风(一级飓风)	37.0～41.4	134～149				
14	强台风(二级飓风)	41.5～46.1	150～166				
15	强台风(三级飓风)	46.2～50.9	167～183				
16	超强台风(三级飓风)	51.0～56.0	184～201				
17	超强台风(四级飓风)	56.1～61.2	202～220				
17级以上	超强台风(四级飓风)	≥61.3	≥221				
	超级台风(五级飓风)		≥250				

注：1. 本表所列风速是指平地上离地 10m 处的风速值。
2. 超级台风（super typhoon）为美国对顶级强度台风的称谓。

(5) 风频分布

风频是用来描述各种不同风速的频率分布的。

风频分布可以用表 1.8 或图 1.16 所示的方法来描述。表 1.8 表明，某地 0～2.5m/s 的风速在全年中占 517h，2.6～3.0m/s 的风速在全年中占 220h，3.1～3.5m/s 的风速在全年中占 370h，3.6～4.0m/s 的风速在全年中占 435h，4.1～4.5m/s 的风速在全年中占 536h，4.6～5.0m/s 的风速在全年中占 612h，余类推。

表 1.8　风频分布（表格式）

风速段/(m/s)	年小时	风速段/(m/s)	年小时
0～2.5	502	11.6～12.0	105
2.6～3.0	220	12.1～12.5	48
3.1～3.5	370	12.6～13.0	31
3.6～4.0	435	13.1～13.5	25
4.1～4.5	536	13.6～14.0	32
4.6～5.0	612	14.1～14.5	14
5.1～5.5	636	14.6～15.0	8
5.6～6.0	756	15.1～15.5	8
6.1～6.5	772	15.6～16.0	8
6.6～7.0	634	16.1～16.5	10
7.1～7.5	533	16.6～17.0	8
7.6～8.0	541	17.1～17.5	6
8.1～8.5	412	17.6～18.0	6
8.6～9.0	371	18.1～18.5	4
9.1～9.5	361	18.6～19.0	4
9.6～10.0	286	19.1～19.5	1
10.1～10.5	214	19.6～20.0	2
10.6～11.0	136	20.1～20.5	2
11.1～11.5	110	20.6～21.0	1
			8760

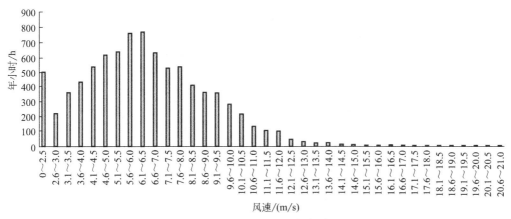

图 1.16　风频分布（曲线图）

由于风能和风速的立方成正比，获得风频信息对决定一个地点是否适合采用风力发电是至关重要的。

（6）风能的"小气候"现象

受地形（如山坡、河流等）、障碍物（建筑物、树林等）以及湍流等大气原因影响，风能的小气候现象非常严重。小气候是在具有相同的大气候背景的范围内，在局部地区，由地面条件影响（如地形方位、土壤条件、植被、障碍物等）而形成与大范围气候不同的贴地层和土壤上层的独特气候，因此常称为小气候。小气候的特点，主要表现在个别气象要素变化剧烈，以及个别天气现象上的差异。

与太阳能资源分布相比，风能的小气候现象要比太阳能严重得多。当一个地方有日照，只要不在阴影底下，移动数公里，日照条件不会有太大变化，但是，风能的小气候现象要明显得多，它具有覆盖范围小、差别大、变化快等特点。当一个地方感觉到有风时，移动数十米，就可能没有风了或者风明显增强了。因此采用风力发电时，必须获得实际风力发电机安装地点的风资源信息，不能简单借用其他邻近地区的数据。

1.2.2　风向的测量与描述

（1）风向的测量

风向可以由风向标、风向风速传感仪等测风设备测定。目前，市面上销售的这些测风仪器在技术及应用方面都已经很成熟。

（2）风向的描述

风向一般用 16 个方位表示，即北东北（NNE）、东北（NE）、东东北（ENE）、东（E）、东东南（ESE）、东南（SE）、南东南（SSE）、南（S）、南西南（SSW）、西南（SW）、西西南（WSW）、西（W）、西西北（WNW）、西北（NW）、北西北（NNW）、北（N），见图 1.17。

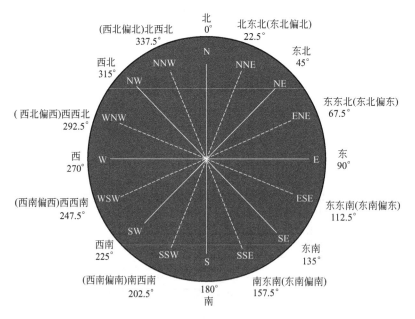

图 1.17　风向的 16 个方位

更精确的风向描述可以用角度来描述，如风向 315°。

（3）风玫瑰图

通常用风玫瑰图表示某一地区某一时间段内的风向、风速等情况。风玫瑰图是根据气象站观测得到的风资源数据绘制而成的图，因该图的形状像玫瑰花朵，所以命名"风玫瑰"。

玫瑰图上所表示风的吹向（即风吹来的风向），是指从外面吹向地区中心的方向。

风玫瑰图分为风向玫瑰图和风速玫瑰图两种。

风向玫瑰图表示风向和风向的频率。风向频率是在一定时间内各种风向出现的次数占所有观察次数的百分比。根据各方向风的出现频率，以相应的比例长度，按风向从外部吹向中心，描述在 8 个或 16 个方位所表示的图上，然后将各相邻方向的端点用直线连接起来绘成的图形就是风向玫瑰图。图中线段最长的，即从外面到中心的距离越大，表示风频率越大，它就是当地的主导风向；外面到中心的距离越小，表示风频率越小，它是当地最小的风频率。

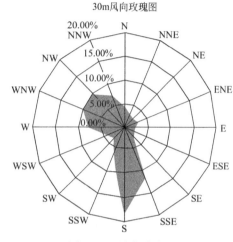

图 1.18 给出一个用风玫瑰图来描述某监测点的年风向的特征，可以看出，当地主要以南风为主，其次是西北风。图 1.18 则用风向玫瑰图来描述该监测点的年风速和风能的特征。图 1.19（a）是风速玫瑰图，图 1.19

图 1.18　风向玫瑰图

（b）是风能玫瑰图，风能玫瑰图展示了包含风向、风速和风频率的综合信息。

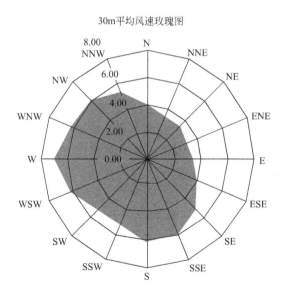

(a)

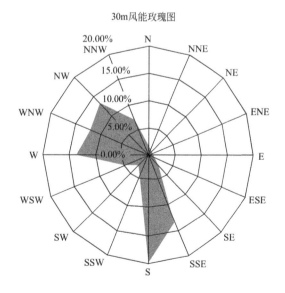

(b)

图 1.19　风速玫瑰图和风能玫瑰图

1.3 我国的风能资源

1.3.1 我国的风能分布

我国幅员辽阔，风资源储量非常丰富。特别是东部沿海及岛屿与东北、西北、华北地区，不仅风能密度大，年平均风速也高。另外，内陆也有个别风能丰富地区，近海风能资源也非常丰富。

根据有效风能密度和有效风速全年累计小时数，我国风能资源分布分为风能丰富区、较丰富区、可利用区和贫乏区。

我国风能丰富区包括东南沿海、辽东半岛和山东半岛沿海区，南海群岛、台湾和海南岛西部沿海区；内蒙古的北部与西部以及松花江下游地区，各地区平均风速大于 3m/s 的时长数处于 5000h 以上，部分地区时长数大于 6000h，可获取的风力资源丰富。年平均风速等值线平行于海岸线，呈南北差异大、由北向南递减之势和由陆地向海洋增大、由东向西递减之势，风能资源的空间分布亦呈现由陆地向海洋增大的特点。

风能较丰富地区包括：东南离海岸 20～50km 的地带；辽宁、河北、山东和江苏的离海岸线较近的地带，以及海南岛和台湾较大部分；东北平原、内蒙古南部、河西走廊和新疆北部；青藏高原。

依据国家气象中心数据，2017 年，全国陆地 70m 高度层平均风速均值约为 5.5m/s。其中，平均风速大于 6m/s 的地区主要分布在东北大部、华北大部、内蒙古大部、宁夏、陕西北部、甘肃大部等地区及云贵高原等山区。2017 年，全国陆地 70m 高度层年平均风功率密度为 233.9W/m^2，多数省份接近于常年均值，偏小的地区仅有江苏省；年平均风速和年平均风功率密度明显增加的有北京、吉林、上海。据此推算出，全国大部分地区的陆地 70m 高度理论年发电量普遍偏大。

我国有效风能密度分布如下。

（1）东南沿海及其岛屿为我国最大风能资源区

以上地区，有效风能密度大于、等于 200W/m^2 的等值线平行于海岸线，沿海岛屿的风能密度在 300W/m^2 以上，有效风力出现时间百分率达 80%～90%，大于、等于 8m/s 的风速全年出现时间 7000～8000h，大于、等于 6m/s 的风速也有 4000h 左右。但从这一地区向内陆则丘陵连绵，冬半年强大冷空气南下，很难长驱直下，夏半年台风在离海岸 50km 时风速便减少到原风速的 68%。所以，东南沿海仅在由海岸向内陆几十公里的地方有较大的风能，再向内陆则风能锐减。在不到 100km 的地带，风能密度降至 50W/m^2 以下，反为全国风能最小区。但在福建的台山、平潭和浙江的南麂、大陈、嵊泗等沿海岛屿上，风能却都很大。其中台山风能密度为 534.4W/m^2，有效风力出现的时间百分率为 90%，大于、等于 3m/s 的风速全年累积出现 7905h。换言之，平均每天大于、等于 3m/s 的风速有 21.3h，是我国平地上有记录的风能资源最大的地方之一。

（2）内蒙古和甘肃北部为我国次大风能资源区

以上地区，终年在西风带控制之下，而且又是冷空气入侵首当其冲的地方，风能密度为 200～300W/m^2，有效风力出现的时间百分率为 70% 左右，大于、等于 3m/s 的风速全年 5000h 以上，大于、等于 6m/s 的风速在 2000h 以上，从北向南逐渐减少，但不像东南沿海梯度那么大。风能资源最大的虎勒盖地区，大于、等于 3m/s 和大于、等于 6m/s 的风速的累计时数，分别可达 7659h 和 4095h。这一地区的风能密度，虽较东南沿海为小，但其分布范围较广，是我国连成一片的最大风能资源区，适于大规模开发利用。

（3）黑龙江和吉林东部以及辽东半岛沿海，风能也较大

风能密度在 200W/m² 以上，大于、等于 3m/s 和 6m/s 的风速全年累计时数分别为 5000～7000h 和 3000h。

（4）青藏高原、三北地区的北部和沿海为风能较大区

以上地区［除去上述（1）～（3）地区范围］，风能密度在 150～200W/m²，大于、等于 3m/s 的风速全年累计为 4000～5000h，大于、等于 6m/s 风速全年累计为 3000h 以上。青藏高原大于、等于 3m/s 的风速全年累计可达 6500h，但由于青藏高原海拔高，空气密度较小，所以风能密度相对较小，在 4000m 的高度，空气密度大致为地面的 67%。也就是说，同样是 8m/s 的风速，在平地为 313.6W/m²，而在 4000m 的高度却只有 209.3W/m²。所以，如果仅按大于、等于 3m/s 和大于、等于 6m/s 的风速的出现小时数计算，青藏高原应属于最大区，而实际上这里的风能却远较东南沿海岛屿为小。从三北北部到沿海，几乎连成一片，包围着我国大陆。大陆上的风能可利用区，也基本上同这一地区的界限相一致。

（5）云、贵、川，甘肃、陕西南部，河南、湖南西部，福建、广东、广西的山区以及塔里木盆地，为我国最小风能区

以上地区有效风能密度在 50W/m² 以下，可利用的风力仅有 20% 左右，大于、等于 3m/s 的风速全年累计时数在 2000h 以下，大于、等于 6m/s 的风速在 150h 以下。在这些地区中，尤以四川盆地和西双版纳地区风能最小，这里全年静风频率在 60% 以上，如绵阳为 67%，巴中为 60%，阿坝为 67%，恩施为 75%，德格为 63%，耿马孟定为 72%，景洪为 79%。大于、等于 3m/s 的风速全年累计仅 300h，大于、等于 6m/s 的风速仅 20h。所以，这一地区除高山顶和峡谷等特殊地形外，风能潜力很低，无利用价值。

（6）除（4）和（5）地区以外的广大地区，为风能季节利用区

有的在冬、春季可以利用，有的在夏、秋季可以利用。这一地区，风能密度在 50～100W/m²，可利用风力为 30%～40%，大于、等于 3m/s 的风速全年在 1000h 左右。

1.3.2 影响我国风能资源的因素

（1）大气环流对我国风能分布的影响

东南沿海及东海、南海诸岛，因受台风的影响，最大年平均风速在 5m/s 以上。东南沿海有效风能密度 ≥200W/m²，有效风能出现的时间百分率可达 80%～90%。风速 ≥3m/s 的风全年出现累计小时数为 7000～8000h，风速 ≥6m/s 的风有 4000h。岛屿上的有效风能密度为 200～500W/m²，风能可以集中利用。福建的台山、东山，台湾的澎湖湾等，有效风能密度都在 500W/m² 左右，风速 ≥3m/s。但在一些大岛，如台湾和海南，又具有独特的风能分布特点。台湾风能南北两端大，中间小；海南西部大于东部。

内蒙古和甘肃北部地区，高空终年在西风带的控制下。冬半年地面在蒙古高原东南缘，冷空气南下，因此，总有 5～6 级以上的风出现在春夏和夏秋之交。气旋活动频繁，每当一气旋过境时，风速也较大。这一地区年平均风速在 4m/s 以上，有效风能密度为 200～300W/m²，风速 ≥3m/s 的风全年累计小时数在 5000h 以上，是中国风能连成一片的最大地区。

云南、贵州、西藏、甘肃、陕南、豫西、鄂西和湘西风能较小。这些地区因受西藏高原的影响，冬半年高空在西风带的死区，冷空气沿东亚大槽南下，很少影响这里。夏半年海上来的空气也很难到这些地区，所以风速较弱，年平均风速约在 2.0m/s 以下，有效风能密度在 50W/m^2 以下，有效风力出现时间仅为 20％左右。风速≥3m/s 的风全年出现累计小时数在 2000h 以下，风速≥6m/s 的风在 150h 以下。在四川盆地和西双版纳最小，年平均风速＜1m/s。这里全年静风频率在 60％以上，有效风能密度仅 30W/m^2 左右。在这些地方，风能没有太多的利用价值。

（2）海陆和水体对风能分布的影响

我国沿海风能都比内陆大，湖泊都比周围湖滨大。这是由于气流流经海面或湖面时摩擦力较小，风速较大。由沿海向内陆或由湖面向湖滨，动能很快消耗，风速急剧减小。故有效风能密度、风速≥3m/s 和风速≥6m/s 的风的全年累计小时数的等值线不但平行于海岸线和湖岸线，而且数值相差很大。福建海滨是中国风能分布丰富地带，而距海 50km 处，风能反变为贫乏地带。若台风登陆时在海岸线上的风速为 100％，而在离海岸 50km 处，台风风速为海岸风速的 68％左右。

（3）地形对风能分布的影响

地形影响风能，可分为山脉、海拔高度和中小范围地形等几个方面。

① 山脉对风能的影响　气流在运行中遇到地形阻碍的影响，不但会改变大形势下的风速，还会改变方向。其变化的特点与地形形状有密切关系。一般范围较大的地形，对气流有屏障作用，使气流出现爬绕运动。所以在天山、祁连山、秦岭、大小兴安岭、太行山和武夷山等地区的风能密度线和可利用小时数曲线大都平行于这些山脉。

在多数情况下，山的迎风面风能是丰富的，然而在山区及其背风面风能密度却很小，特别明显的是东南沿海的几条东北—西南走向的山脉，如武夷山等。所谓华夏式山脉，山的迎风面风能是丰富的，风能密度为 200W/m^2、风速≥3m/s 的风出现的小时数为 7000～8000h；而在山区及其背风面，风能密度在 50W/m^2 以下、风速≥3m/s 的风出现的小时数为 1000～2000h，风能利用价值很低。四川盆地和塔里木盆地由于天山和秦岭山脉的阻挡为风能不能利用区。雅鲁藏布江河谷，也是由于喜马拉雅山脉和冈底斯山的屏障，风能很小，没有利用价值。

② 海拔高度对风能的影响　由于地面摩擦消耗运动气流的能量，在近地，风速是随着海拔高度的增加而增加的。

事实上，在复杂山地，很难分清地形和海拔高度的影响，二者往往交织在一起，如北京和八达岭风力发电试验站同时观测的平均风速分别为 2.8m/s 和 5.8m/s，相差 3.0m/s。后者风大，一是由于它位于燕山山脉的一个南北向的低地，二是由于它海拔比北京高 500 多米，是二者共同作用的结果。

青藏高原海拔在 4000m 以上，所以这里的风速比周围大，但其有效风能密度却较小，在 150W/m^2 左右。这是由于青藏高原海拔高，但空气密度小，因此风能也小，如海拔4000m 的空气密度大约为地面的 67％。也就是说，同样是 8m/s 的风速，在平地海拔 500m以下为 313.6W/m^2，而在 4000m 只有 209.9W/m^2。

③ 中小范围地形对风能的影响　避风地形风速减小，狭管地形风速增大。明显的狭管效应如新疆的阿拉山口、达坂城，甘肃的安西及云南的下关等，这些地方风速都有明显增大。即使在平原上的河谷，如松花江、汾河、黄河和长江等河谷，一般风能也较周围地区大。

海峡也是一种狭管地形，与盛行风向一致时，风速较大，如台湾海峡中的澎湖列岛，年平均风速为 6.5m/s，马祖岛年平均风速为 5.9m/s 等。

局地风对风能的影响也是不可低估的。在一个小山丘前气流受阻，强迫抬升，因此在山顶流线密集，风速加强。山的背风面，因为流线辐散，风速减小。

④ 山口、斜坡、山脊形状对风速的影响　风在经过山口时得到加速，如图 1.20 所示。

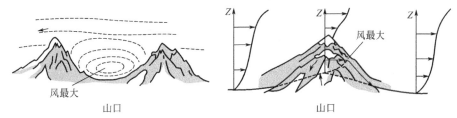

图 1.20　在经过山口时风速加强

斜坡对风速的影响如图 1.21 所示。风在经过陡峭的斜坡时会加速，而在陡峭斜坡的正面会形成无风区域，如图 1.21 中（b）、（d）所示。

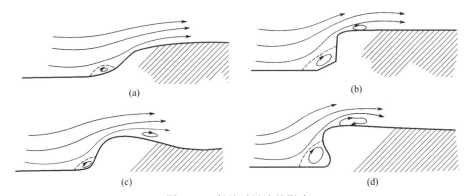

图 1.21　斜坡对风速的影响

山脊形状对风速的影响见图 1.22，不同的山脊形状对风速的影响是不同的。

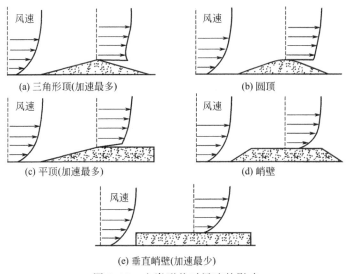

图 1.22　山脊形状对风速的影响

风速在经过山脊时得到加强。图 1.23 表明，在风经过的路上遇到长距离的山脊时，风速增大了。这里的百分比（%）是指 v^3，不是 v。

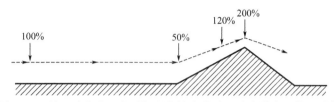

图 1.23 风经过的路上遇到长距离的山脊时，风速增大，能量增加

(4) 障碍物对风能分布的影响

气流在经过障碍物（例如房屋、树木、围墙或者森林等）时，运动速度会减慢，并在障碍物后面形成紊流，如图 1.24 所示。

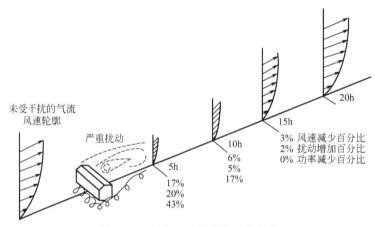

图 1.24 气流经过障碍物后的变化

障碍物对该障碍物后形成背风区的影响跟以下几个方面有关❶：
① 障碍物和后面背风区内参考点的距离（x）；
② 障碍物的高度（h）；
③ 背风区内参考点的高度（H）；
④ 障碍物的长度（L）；
⑤ 障碍物的透风性（P）；
⑥ 障碍物和参考点之间地表的粗糙度（粗糙长度 z_0）。

如图 1.24 所示，当气流通过高度为 h 的障碍物时，在障碍物后面距离为 5h 的地方，风速减少 17%，扰动增加 20%，而功率减少 43%；在距离障碍物后面为 10h 的地方，风速减少 6%，扰动增加 5%，而功率减少 17%。总之，综上所述，障碍物越大、越高、离参考点越近，则对风产生的影响越大。

透风性是用来描述风通过障碍物（比如一棵树或者一截防护栏）的量的一个值。一般来说，建筑物的透风性为 0，而单棵树木的透风性约为 0.5（也就是说，树木允许风总量的一半通过）；冬天，树木的透风性增长为 0.7。一排建筑结构相类似的建筑物，建筑物之间的

---

❶ 引自"风能@中国网，2007 年 10 月 11 日，背风区"。

间隔约为建筑物长度的 1/3，那么这排建筑物的透风性大约为 0.33。更加复杂的地区可以通过专用的软件来计算透风性和地表粗糙度，并绘制索流和粗糙性地图。

1.3.3　我国最新四维风能资源大数据

据国家气候中心 2018 年 2 月 9 日报道，为满足新时代建设美丽中国的需要，国家气候中心联合清华大学、国家超算无锡中心等，历经 13 个月的艰苦工作，基于多源海量观测数据和中尺度数值模式，运用观测资料同化技术，开发了自主知识产权、高时空分辨率、长年代、多要素、精细网格的四维风能资源大数据。成果如下。

全国第四次风能资源普查：

① 3km×3km；

② 四维（XYZT）；

③ 风电发展规划宏观选址。

最新风能资源大数据：

① 1km×1km；

② 三维（XYZ）；

③ 风电发展规划微观选址；

④ 分散式开发。

在全球运算速度最快的"神威·太湖之光"超级计算机上，历时 1 年多，耗费 150 亿核时计算资源完成。经过严格的质量控制和检验，数据具有科学性、精准性和实用性，可替代国外同类产品。中国四维风能资源大数据具有高时空分辨率，水平格点 3km×3km，垂直分层 38 层，其中 200m 以下垂直间隔为 10m，共有 1.6 亿个三维网格，覆盖面积超过 2500 万平方公里，涵盖我国陆地和海域以及"一带一路"主要国家和地区，包含 1995～2016 年、逐小时、30 余种气候要素以及 10 余种能源衍生产品，数据总量达 3PB❶。

全国风能资源专业观测网实测数据检验表明，近 8 成网格点 70m、100m 高度年平均风速相对误差小于 10%，近 5 成测风塔偏差小于 5%，近 8 成测风塔偏差小于 10%。与国外数据相比，最新风能资源大数据与实测风速更接近，最新风能资源大数据在复杂地形区域更有优势；结合海洋地理信息大数据分析技术，能够提供我国离岸 100km 以内近海海域的精细化风场和海浪数据。利用中国四维风能资源大数据直接驱动计算流体力学模型（CFD），实现无塔条件下的风场微观选址和优化设计。鄱阳湖示范个例结果表明，在水陆交界的复杂地形条件下，模拟风速与测风塔实测风速的误差在 2.5%～10%。

大数据还提供覆盖"一带一路"沿线主要国家和地区的网格化风能资源数据，打造开放共赢的风电发展新生态。

1.4　风能资源的测量与评估

1.4.1　风能资源评估的重要性

风能资源的形成受多种自然因素的影响，特别是气候背景及地形和海陆对风能资源的形

---

❶　PB 是数据存储容量的单位，它等于 2 的 50 次方个字节，或者在数值上大约等于 1000 个 TB。

成有着至关重要的影响。由于风能在空间分布上是分散的，在时间分布上也是不稳定和不连续的，也就是说风速对天气气候非常敏感，时有时无，时大时小。尽管如此，风能资源在时间和空间分布上仍存在着很强的地域性和时间性。

风能利用有多大的发展前景，需要对它的总储量有一个科学的估算。要评价一个地区风能的潜力，需要对当地的风能资源情况进行评估。风能资源情况是影响风力发电经济性的一个重要因素。风能资源的测量与评估是建设风力发电供电系统成败的关键所在。随着风力发电技术的不断完善，根据国内外风电开发建设的项目经验，为保证风力发电机组高效、稳定地运行，达到预期目的，风力发电系统所在项目点必须具备较丰富的风能资源。由此，对风能资源进行详细地勘测和研究越来越被人们所重视。

1.4.2 风能资源的评估

资源评估包括收集数据（已有的数据和从现场采集来的新数据）和分析数据。资源的评估要考虑资源的质量和它的季节性以及每日的波动。对于开发大型风力发电场，如果没有现成的数据，则至少要在现场监测一年到两年的数据，从而了解当地资源的大致情形。经验表明，在优化系统的设计中，完全的资源评估绝对是值得的。

风能资源评估方法可分为统计分析方法和数值模拟方法两类，其中统计分析方法又可分为基于气象站历史观测资料的统计分析方法和基于测风塔观测资料的统计分析方法两种。我国目前主要采用基于气象站历史观测资料的统计分析方法和数值模拟方法对风能资源进行评估。

在一个给定的地区内调查风能资源时，可以划分为三种基本的风能资源评估规模或阶段：区域的初步识别、区域风能资源估计和微观风资源评估。

（1）区域的初步识别

这个过程是从一个相对大的区域中筛选合适的风能资源区域，筛选是基于气象站测风资料、地貌、被风吹得倾向一侧的树木和其他标志物等。在这个阶段，可以选择合适的测风位置。

（2）区域风能资源估计

这个阶段要采用测风计划以表征一个指定区域或一组区域的风能资源，这些区域已经考虑要发展风电。在这个规模上测风最基本的目标为：

① 确定和验证该区域内是否存在充足的风能资源，以支持进一步的具体场址调查。

② 比较各区域以辨别相对发展潜力。

③ 获得代表性资料来估计选择的风电机组的性能及经济性。

④ 筛选潜在的风电机组安装场址。

（3）微观风资源评估

风能资源评估的第三步是微观风资源评估。它用来为一台或更多风力发电机组定位，以使风电场的全部电力输出最大，风力发电机组排布最佳。

选址一般分"初步布局设计"和"具体安装地址选择"两步进行，具体内容将在后面有关风力发电机安装选址部分详细介绍。

1.4.3 风能资源评估程序

风能资源评估的目标是确定该区域是否有丰富（或者较好）的风能资源，通过数据估算选择合适的风电机组，提高经济性，并为微观选址提供依据。风能资源评估程序如图 1.25 所示。

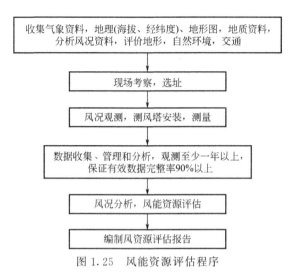

图 1.25　风能资源评估程序

1.4.4　测风步骤

现场测风的目的是获取准确的风电场选址区的风况数据，要求数据具有代表性、精确性和完整性。因此，应制订严格的测风计划和步骤。

（1）制订测风原则

为了能够确定在各种时间和空间条件下风能变化的特性，需要测量风速、风向和湍流特性。测风时间应连续至少一年以上，连续漏测时间不应大于全年的 1%，有效数据不能少于全部测风时间的 90%。

（2）测风设备选定

选用精度高、性能好、功耗低的自动测风设备，并具有抗自然灾害和人为破坏、保护数据安全准确的功能。

（3）确定测风方案

测风方案依测风的目的分为短期临时测风和长期测风方案。对复杂地形，需增设测风塔及测风设备数量。视现场具体情况而定。

（4）测风位置确定

测风应在空旷的开阔地进行，尽量远离高大树木和建筑物，充分考虑地形和障碍物的影响。

（5）测风数据文件的记录

记录内容包括：数据文件名称、采集开始和结束时间、测风塔编号、海拔及经纬度等。

（6）测风数据的提取、存储和保存

数据存储至少备份 2 份保存归档，分别存放在安全地方。

要确保测风系统的正确安装和连接。笔者曾经遇到一个项目，一个数据采集系统安装在偏远的沙漠地带，系统安装完后安装人员就离开了。几个月后去下载数据，发现其中有一根信号线接错了，导致这个信号几个月的数据就这样丢失了。

1.4.5 小规模项目的风能资源评估

风机安装地点的风力资源情况对风力发电是至关重要的，因此，在进行项目建设前，对项目所在地进行风能资源评估是非常有意义的，它将为系统的经济可行性提供科学的参考依据；但是另一方面，建立测风塔进行耗时一年以上的风资源采集在时间和经济上代价又是很大的，尤其是针对分布式风能利用。如何实现较为经济的风资源评估是建设小规模风能系统的关键。风资源评估有"直接风资源评估法"和"间接风资源评估法"两种。

（1）直接风资源评估法

直接风资源监测评估是最可靠的方法。用于监测风力资源的仪器主要包含以下设备。

① 传感器　用来测量指定的环境参数。表 1.9 列出了这些传感器的标准规格。

表 1.9　基本传感器的标准规格

规格	风速计（风速）	风向标（风向）	温度计
测量范围	$0 \sim 50 \text{m/s}$	$0° \sim 360°(\leqslant 8°$死区$)$	$-55 \sim 60℃$
启动下限	$\leqslant 1.0 \text{m/s}$	$\leqslant 1.0 \text{m/s}$	N/A
距离常数	$\leqslant 4.0 \text{m}$	N/A	N/A
运行温度范围	$-50 \sim 60℃$	$-50 \sim 60℃$	$-55 \sim 60℃$
运行湿度范围	$0 \sim 100\%$	$0 \sim 100\%$	$0 \sim 100\%$
系统误差	$\leqslant 3\%$	$\leqslant 5°$	$\leqslant 1℃$
记录分辨率	$\leqslant 0.1 \text{m/s}$	$\leqslant 1°$	$\leqslant 0.1℃$

注：表中"N/A"表示不适用，"not applicable"。

表 1.10 列出了可选传感器测量太阳辐射、垂直风速、温差（ΔT）和大气压力的标准规格。

表 1.10　可选传感器测量太阳辐射、垂直风速、温差、大气压力的标准规格

规格	太阳辐射计（太阳辐射）	W 测风仪（垂直风速）	ΔT 传感器（温差）	气压计（大气压力）
测量范围	$0 \sim 1500 \text{W/m}^2$	$0 \sim 50 \text{m/s}$	$-40 \sim 60℃$	$94 \sim 106 \text{kPa}$(海平面基准)
启动下限	N/A	$\leqslant 1.0 \text{m/s}$	N/A	N/A
距离常数	N/A	$\leqslant 4.0 \text{m}$	N/A	N/A
运行温度范围	$-50 \sim 60℃$	$-50 \sim 60℃$	$-50 \sim 60℃$	$-50 \sim 60℃$
运行湿度范围	$0 \sim 100\%$	$0 \sim 100\%$	$0 \sim 100\%$	$0 \sim 100\%$
系统精度	$\leqslant 5\%$	$\leqslant 3\%$	$\leqslant 0.1℃$	$\leqslant 1 \text{kPa}$
记录分辨率	$\leqslant 1 \text{W/m}^2$	$\leqslant 0.1 \text{m/s}$	$\leqslant 0.01℃$	$\leqslant 0.2 \text{kPa}$

注：表中 N/A 表示不适用，"not applicable"。

② 数据采集器　监测传感器只是采集现场的各种物理量信息，这些信息还必须转换成标准的电信号，由数据采集器进行采集，并进行储存和传输。数据采集器提供包括外围存储和数据传输设备的完整的数据记录系统。数据采集器可以通过数据传输的方式分类为现场或遥控两类。遥控方式拥有远端电话调制解调器和移动电话数据传送器的性能，无须频繁去现场就可获得和检查存储的数据。数据采集器应是电子的，并能与传感器类型、传感器数量、测量参数和要求的取样和记录间隔匹配。它应安装在无腐蚀、防水和封闭的电器箱中，以保

护它与外围设备不受环境影响和破坏。图 1.26 是一种既可以监测气象数据又能监测可再生能源发电系统运行状态的数据采集装置。

图 1.26　数据采集装置

③ 数据存储设备　每种电子数据采集器都有一些运行软件，包括一个小的内部数据缓冲器来临时存储增量（如每秒一次）数据。内部算法利用此缓冲器来计算和记录所要求的数据参数。数据值存储在两个内存中的某一个之中。某些数据采集器有一个不能更换的固定内部程序，其他是人机对话式的，可以为某个特定的目的编程。程序和数据缓冲器通常存储在临时内存中。它们的缺陷是需要一个连续的电源来保留数据，包含内部备用电池或用非临时性内存的数据采集器。

数据存储设备应能对采集到的数据进行长时间保持，至少为半年以上，从而使技术人员无须频繁往返于单位和测风点之间（有些测风点还可能是非常遥远、交通非常不便的）。对于不具备无线自动传输数据的监测站，工作人员可以每半年访问一次测风点，在下载数据（更换储存器）的同时，对测风设备进行检查和维护。

最常用的数据存储设备，参见表 1.11。

表 1.11　数据存储设备

存储设备	描述	内存/存储配置	下载方式/要求
固体静态模块	直接与数据采集器接口的集成电子设备	环形或即满即止，临时	现场读数和删除或更换，需要读数设备和软件
数据卡	程序读写设备，插到特定的数据采集器插座	即满即止临时/非临时	现场读数和删除或更换，需要读数设备和软件
EEPROM 数据芯片	集成电路芯片	即满即止非临时	需要 EEPROM 读数设备和软件
磁性介质	常见软盘或磁带	即满即止临时/非临时	需要软件通过介质读数
便携计算机	便携式计算机	磁性介质型式	特定电缆、接口设备，需要软件

④ 数据传输设备　通常依据用户资金来源和要求来选择数据传输和处理程序及数据采集器型号。数据一般通过手动或遥控方式取出并传送给计算机。

a. 人工数据传输。这种方法需要去现场传输数据，一般需要两步：

ⓐ 取出和更换现有存储设备（如数据卡）或直接把数据传输到便携计算机；

ⓑ 把数据装载到办公室内的中心计算机。

人工方法的优点是促进了对设备的现场检查，缺点是加上了额外的数据处理步骤（导致数据丢失的可能性增加）和频繁的现场检查。

b.远程数据传输。远程数据传输需要通信系统把现场数据采集器与中心计算机连接起来。通信系统包括直接电缆、调制解调器、电话线、移动电话设备或遥测设备以及一些它们的组合。这种方法的优点是可以更频繁地获取和检查数据，不必亲自去现场，而且更快地检查和解决现场问题。远程数据传输相对人工提取数据来说成本较高，但是如果测量问题能被更早检查和迅速纠正，采用远程传输是可取的。

目前远距离数据传输已经相当发达，费用也不高，主要采用三种手段：卫星通信系统、个人移动通信系统和专用无线多媒体传输系统。

⑤ 电源供应设备　所有电子数据采集器系统都需要一个满足整个系统供电要求的主电源系统。为尽量减少因电源失效造成的数据丢失，应包括备用电源。

很多系统提供不同的电池选择，包括长寿命锂电池或不同充电方式（交流电或太阳能）的铅酸蓄电池。镍镉电池在低温下充电不良。现在的测风设备大多数采用太阳能电池。

⑥ 塔架和传感器支撑构件　一般对于小型离网的风力发电系统，10m 塔就足够了；而对于大规模的风力发电场，一般采用 40m 和 70m 高度的塔。在监测风速、风向的同时，通过不同高度的测风仪监测风切变。

⑦ 接地和防雷保护　使用电子数据采集器和传感器时，接地设备特别重要。电子涌流事故，例如静电放电、雷电导致的脉冲或涌流或大地的电位差，在整个监测过程中都可能发生。在每种事故中，由于单个传感器失效或数据采集器熔毁，连续的数据都有中断的危险。塔架和数据采集器制造商可能提供保护他们系统的完整接地组件。牢记不同的地区可能有不同的需要，易于雷击的场址可能需要高水平的防护，对直击雷的防护是不能保证的。

（2）间接风资源评估法

虽然采用测风仪进行资源的直接监测和评估是科学的，但小规模风力发电系统的建设资金有限，而且往往由于：a.大多数气象站离中小型风力发电机离网发电的现场甚远，没有实地的气象数据；b.系统规模不大，在经济上不具备在项目实施前进行实地风资源监测和分析的可能性；c.时间仓促，不允许花 1～2 年时间进行风资源测量。因此在大多数情况下，建设中小型风力发电系统不进行当地风力资源监测，而从临近的气象站以及当地的植被情况获得相关的参考数据。另外，许多国家都编制了风能地图，风能地图能给项目开发者一个大概的资源可利用区的范围。同时，一些国际网站上也能提供局部地区的风资源信息，比如美国 NASA 网站和美国能源部国家可再生能源实验室（National Renewable Energy Laboratory，NREL）的网站。从这些网站的风资源数据可以了解项目地的大致风况。美国 NASA 网站能给出经纬度 1° 的方格内的气象资料信息。

另外还可以通过就地观察的方法来评估资源情况，如图 1.27 所示。当地的植被情况能反映当地的风资源情况，称之为"间接估计风资源"。从图中标号为"Ⅲ"及"Ⅲ"以上所反映的情况可以看出，该地点具有很好的风资源，当地的植被因长时间的风吹而偏向一个方向。

还有一个方法，就是与居住在当地的老百姓进行沟通，从他们关于天气的谚语和顺口溜中获得风资源信息。如在我国新疆巴里坤就流传有这样的顺口溜"大风三六九，小风天天有"，这就很好地说明了当地具备相对丰富的风资源。

有人用手持风速仪在现场测风，可以获得项目地点测风时的瞬时风速，能对当地当时的风况有一个大概的感受。用手持测风仪虽然能获得相应的瞬时风速（或者一个非常短的时间

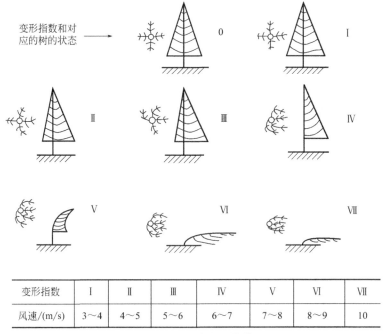

变形指数和对应的树的状态　→

变形指数	I	II	III	IV	V	VI	VII
风速/(m/s)	3~4	4~5	5~6	6~7	7~8	8~9	10

图 1.27　植被变形指数

段内的平均风速），但那只是项目点在一个非常短的时间段内的风速情况，并不能代表项目地点的常年风资源情况，所以意义不是很大。要想获得某一地点的风资源情况，至少需要在该地点测上一年以上的完整风资源数据，进而对这些数据进行统计、分析。

通常情况下，气象站都坐落于城镇周边的位置，在偏远的人烟稀少地区，很少有气象站。所以气象站得到的各种气象资源数据基本上显示的是城镇周边地区的气候数据，而不能反映远离城镇的偏远地区的风资源情况。

另外，气象站的测试现场还可能受到外部干扰，如传感器的磨损或缺乏定期校正等等，尤其是周边环境的变化而造成数据不能正确反映当地的资源情况。比如，当时安装气象监测仪器时周边是空旷地，但是后来周边盖起了高楼，或者树木长高了，影响了测风仪的正常工作，如图 1.28 所示。

所以在风能利用使用气象站数据时要特别谨慎，气象站的风资源数据可以作为小型风力发电机选址时的参考，但不能简单地直接拿来作为偏远地区真实的风资源数据进行风力发电系统的设计。要想获得详细、真实

传感器

图 1.28　被遮挡的气象监测仪

的数据，还是要通过现场建立测风站或者非常仔细地分析各种间接信息，而且还要观察周边的各种障碍物可能引起的湍流。

第2章

风力发电基础和相关理论

2.1 风力发电基础

2.1.1 风力发电

众所周知，风是空气流动的结果，它是由地球自转和太阳辐射共同作用形成的。以风力为动力做功，驱动发电机旋转（风能转换为机械能），产生能量（机械能转换为电能），这种发电方式叫作风力发电。

利用风力为人类服务，是一种古老的能源利用方式。古埃及、古波斯和我国是利用风能最早的国家。早在明朝《天工开物》一书中，就详细记载了我国劳动人民关于制作将风力直线运动转变为圆周运动的风车，使风能利用前进了一大步。然而，数百年来风能技术的发展依旧缓慢，风能利用研究经历了一个漫长曲折的过程，直到1973年西方石油危机的爆发，风能利用才再次受到重视，无论是发达国家还是发展中国家，都加快了对风能利用技术的研究和产品开发的步伐。近十几年来，现代风力发电机技术日臻成熟，市场逐渐扩大，已成为对常规能源最具竞争力的新能源发电方式。

风力发电装置有两种运行方式，即并网发电和离网发电。

并网发电就是把发电机发出的电力馈送到传统电网上。就目前的技术而言，它既可以是大型风力发电场，也可以是并网分布式发电。

相对于并网发电，离网发电就是不把发电机发出的电力馈送到传统电网上，而是自建局域电网，或者直接为用户自己所用，即建立一个局域电网把风力发电机所发的电力传输到局域电网内的各用户，或者直接为某一用户服务，比如风能独立发电系统。

在离网运行时，由于风能是一种不稳定的能源，如果没有储能装置或其他发电装置配合，风力发电装置难以提供可靠而稳定的电能。通常有两个途径来共同解决这一问题：一个是利用电能储能来稳定和储存风能/太阳能发电机的电能输出，另一个是使风力发电与光伏发电或燃油发电等互补运行。由于离网运行的风力发电机组不需要电网的支持，特别适合在交通不发达、建设常规电网成本高的偏远地区使用，因此在发展中国家得到了广泛的应用。

2.1.2 风力发电基本原理

发电的原理是多种多样的，如利用半导体材料直接将光能转化为电能的光伏发电、将温差转换为电能的热能发电等，这一类发电没有原始能量向机械能的转换，实际上只完成了一次能量转换。另一类发电如水轮机发电、燃油发电等，它们存在着两次能量转换，即必须首先完成原始能量（一次能源，如水力和燃油）向机械能的转换，然后再将机械能转换为电能。这一类的发电都利用了导体切割磁力线而发电的原理。风力发电机就属于这一类，它将风的动能经过风机风轮转化为发电机轴的旋转机械能，再带动发电机的转子旋转，从而实现导体切割磁力线发电，如图 2.1 所示。

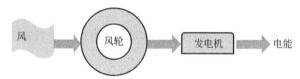

图 2.1 风力发电的能源转换关系

2.2 风能的基础理论

2.2.1 风能公式

在第 1 章中已经给出了风能的计算公式，现在来理解这一计算公式的物理意义。

风功率 W 公式(2.1)表明：风中所含的能量与空气密度 ρ、风速 v、空气流过的截面面积 F 三个物理量相关。

$$W=\frac{1}{2}\rho v^3 F \qquad (2.1)$$

上述公式表明：风能与空气密度成正比。这一点，在第 1 章中已经讨论过，不再赘述。下面详细讨论风能与风速（v）和扫掠面积（F）的关系。

（1）风能与风速 v 的关系

风能与风速的立方（v^3）成正比。如果风速增加 1 倍，则风能增加 8 倍（$2^3=8$），也就是说，平均风速的些微变化能在产生的能量上引起很大的变化。举个例子：如果某地的风切变指数为 0.143，原来风力发电机安装的中心高度为 24m，中心高度平均风速为 5m/s；现在安装的中心高度增加 6m，提高到 30m。则根据风切变理论计算，在 30m 高度的风速为 5.16m/s，风速提高了 3.2%，假设其他条件都不变，风能将增加 9.91%：$\dfrac{W_{30}}{W_{24}}=\dfrac{5.16^3}{5^3}=\dfrac{137.39}{125}=109.91\%$。

显然，较高的塔架对增加风力发电机的输出是有利的。

再举一个例子，说明风中能量的巨大变化。

假设某风力发电机的有效工作风速为 3~20m/s，分别以 3m/s 和 6m/s 为例计算所获得的风能，则对应的风能分别为：

① $v=3\text{m/s}$　此时风能 $W=1/2\times\rho\times A\times3^3$，定义为"式一"。

② $v=6\text{m/s}$　此时风能 $W=1/2\times\rho\times A\times6^3$，定义为"式二"。

用式二除以式一，发现比值为 $6^3/3^3=216/27=8$，即风速从 3m/s 增加到 6m/s 后（增加 2 倍），风能增加了 8 倍。

由此可见，风速的微小变化会引起风中能量的极大变化。进而推算，如果风速从 3m/s 增加到 20m/s，甚至 50m/s，风能的变化将是非常惊人的：$50^3/3^3=125000/27=4629.6$。

也就是说，当风速从 3m/s 增加到 50m/s 时，风能增加了约 4630 倍。

如此惊人的能量变化，从另一个角度来讲，也对风力发电机的可靠性等提出了极高的要求，即要求风力发电机能接受的能量变化范围要在几倍、几十倍甚至几万倍，面对如此周而复始的频繁变化，有人说"做风力发电机难，做出可靠性高的风力发电机更难"。

（2）风速与扫掠面积的关系

风能与扫掠面积（F）成正比。对于水平轴风力发电机，F 就是叶轮叶片在旋转时的面积，即风轮的扫风面积为：

$$F=\pi r^2 \tag{2.2}$$

这里 r 可近似看成叶轮的半径（严格说，r 是叶尖到转轴中的长度，即叶片长度加上叶片根部安装点到转轴中心的距离）。

由风能公式得知，风力发电机获得的风能与风轮的扫风面积成正比，所以增加叶片长度可以有效地提高风能捕捉量，举例说，如果叶片长度增加 1 倍，获得的能量将为 4 倍（$2^2=4$），如图 2.2 所示。

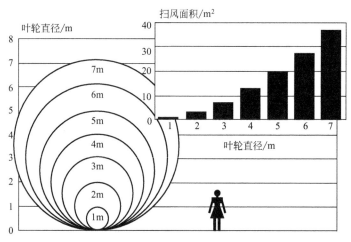

图 2.2　叶片长度和扫风面积的关系

但叶片最大弯曲变形程度（叶片外端极限挠度）正比于叶片长度的 4 次方。叶片最大扭曲变形程度（叶片外端绕自身轴线极限转角）正比于叶片长度的 3 次方。二者均严重影响叶片的升力，因此叶片长度过度增加是无意义的。

风轮通常在 $3\sim50\text{m/s}$ 风速下转动（除非风力发电机在设计时确定在风速达到某一值，比如 25m/s 时切出），这其中包含了许多共振点（物体的共振频率并非只有一个），叶片的共振不仅造成自身损坏而且可能引起其他零部件共振，所以叶片的长度不能仅仅根据空气动力学来计算，还应根据各零部件的振动频率进行修正。单纯根据叶片长度来推算风力发电机的功率是不正确的。

2.2.2 风频分布与 Weibull 分布特征

(1) 平均风速与瞬时风速

描述风速，常用平均风速和瞬时风速。通常我们在说风速时，一般特指为平均风速。

瞬时风速 v 指的是风速的瞬时值。平均风速 $\overline{v}$ 指空间某一点，在给定的时段内各次观测的风速之和除以观测次数：

$$\overline{v} = \sum v_i / N, i = 1, \cdots, n \tag{2.3}$$

这是时间概念上的平均风速。求平均风速所取的时段至少在几分钟以上，如 10min 平均风速、小时平均风速、日平均风速、月平均风速、年平均风速等。在气象科学技术中，除另有约定外，一般所说的风速都是平均风速，如地面观测中的正点风速，实际上是正点前 10min 的平均风速；或是在给定的空间范围内，同一时段到各观测点的风速之和除以观测点个数。

正如平均风速所定义的，平均风速是指一段时间内所测得的风速的平均值。当我们说某地日平均风速为 5m/s，就是说该地某日 0:00～24:00 的平均风速为 5m/s，但事实上该地的瞬时风速不是 5m/s。举例说，如果某地的平均风速是 5m/s，它可以是一天 24h 不停地吹 5m/s 的风，也可以是一半时间吹 4m/s 而另一半时间吹 6m/s 的风（实际不会这么分布的）；或者 8h 吹 4m/s，8h 吹 5m/s，而另 8h 吹 6m/s 的风，如图 2.3(a)～(c)，这三种情况的日平均风速都是 5m/s。

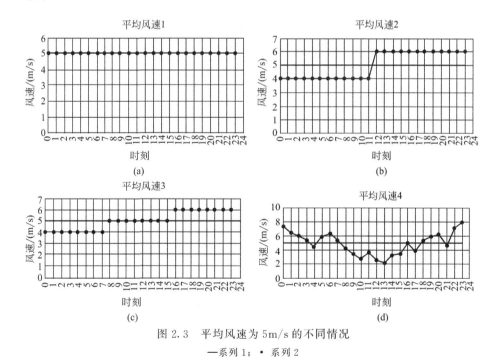

图 2.3 平均风速为 5m/s 的不同情况
—系列 1；• 系列 2

实际生活中，风速在一个周期时间内（比如 24h）的变化更为复杂，比如图 2.3(d)，它在 24h 的周期内平均风速也是 5m/s。

我们知道，风能和风速的立方成正比。上图 24h 的风速，平均风速都是 5m/s，如果按平均风速计算，风能是一样的。但是，如果我们考虑小时平均风速，情况就大不一样。以

图 2.3(a)、(b) 的情况进行分析。对图 2.3(a) 情况，在时间周期 T 内，风能为：

$$W = \frac{1}{2}\rho \times 5^3 \times F \times T$$

对图 2.3(b) 情况，在时间周期 T 内，$\frac{1}{2}T$ 周期吹 4m/s 的风，风能为：

$$W = \frac{1}{2}\rho \times 4^3 \times F \times \frac{1}{2}T$$

另 $\frac{1}{2}T$ 周期吹 6m/s 的风，风能为：

$$W = \frac{1}{2}\rho \times 6^3 \times F \times \frac{1}{2}T$$

整个周期风能相加，得到：

$$W = \left(\frac{1}{2}\rho \times 4^3 \times F \times \frac{1}{2}T\right) + \left(\frac{1}{2}\rho \times 6^3 \times F \times \frac{1}{2}T\right) = \frac{1}{2}\rho FT(4^3 + 6^3) \times \frac{1}{2}$$

图 2.3(a) 情况与图 2.3(b) 情况相比：

$$\frac{\frac{1}{2}\rho FT(4^3 + 6^3) \times \frac{1}{2}}{\frac{1}{2}\rho \times 5^3 \times F \times T} = \frac{(64+216) \times \frac{1}{2}}{125} = \frac{140}{125} = 112\%$$

即平均风速都为 5m/s 时，图 2.3(b) 情况下的能量要比图 2.3(a) 情况多 12%。所以，在了解平均风速对现在的基本情况作出判断外，还需要了解不同风速的概率分布，即分析某一特定地点在一个单位时间段内的风速分布的频率特性。

（2）风速频率分布定义

风速频率分布指的是观测点在某一时间段内，相同的风速发生的时间之和占这一时间段内总时间数的百分比与对应风速的概率分布函数。如果分析的是一年的时间段，所得的风速频率分布特性就是"年风速频率分布"，类似的还有"月风速频率分布"和"日风速频率分布"等。风速频率分布可以用图 2.4 的曲线图来描述，也可以用柱状图来描述，如图 2.5 所示。根据计算平均风速的公式，该地点的年平均风速为 6.67m/s。

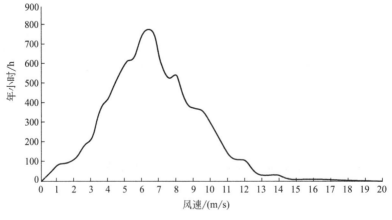

图 2.4　风速频率分布曲线图

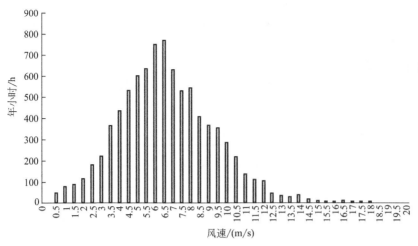

图 2.5　风速频率分布柱状图

（3）风速频率分布的 Weibull 分布特征

风能和风速密切相关。但是由于种种原因，人们在大多数情况下无法得到一个具体地点的具体风速频率分布，需要用间接的方法，通过一两个参数来评估风速的频率分布。研究人员进行了大量的研究，尝试了大量的不同风速分布，最终得到了两个分布能普遍应用：即 Weibull 分布和 Rayleigh 分布。这两种分布都能够对较高的风速进行功率估计。Weibull 分布（Weibull distribution），又翻译成威布尔分布、韦伯分布或韦布尔分布。Weibull 分布由两个参数决定，形状参数 k 和尺度参数 c（m/s）。而 Rayleigh 分布是 Weibull 分布在形状参数 $k=2$ 时的特殊情况。

$$F(v)=\Delta v\,\frac{k}{c}\left(\frac{v}{c}\right)^{k-1}\exp\left[-\left(\frac{v}{c}\right)^{k}\right] \tag{2.4}$$

式中，$F(v)$ 为每种风速的风速概率；Δv 为集合或者方块图的宽度；k 为形状参数，无量纲；c 为尺度参数，m/s。

在大多数地方，如果缺乏风速数据，而仅仅知道日或月的平均风速，那么就可以用这个平均风速以及均方差来估计形状参数和尺度参数。k 值越大就代表风速的峰值越接近平均风速。

（4）理解风频分布和互补系统的关系

理解风频的重要性还有一层含义，即建设风能与其他能源的互补系统。如图 2.6 所示，

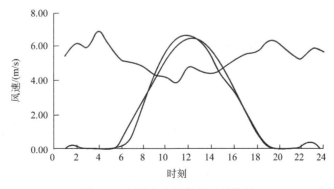

图 2.6　风能与太阳能的互补特性

某地白天的风速较低，而这时太阳能资源很充沛，这样的资源条件就很适合建设风光互补系统。如果换一个地方，风资源也是白天好，晚上不好（太阳能资源不可能晚上好），这样的资源条件就不适合建设风/光互补系统。

（5）月平均风速和年平均风速

前面的章节中介绍过关于描述风能的瞬时风速和平均风速。在考虑风力发电时，一般不考虑瞬时风速，而只关注平均风速。在这里，再次引用平均风速的实例，如表 2.1 所示。

表 2.1　某地月平均风速

项目		平均风速/(m/s)
月	一月	7.50
	二月	7.30
	三月	7.20
	四月	7.00
	五月	6.90
	六月	6.80
	七月	6.80
	八月	6.50
	九月	6.50
	十月	7.00
	十一月	7.50
	十二月	7.30
年		7.03

通常，用该地的年平均风速作为项目建设初步设计的数据参考依据。当年年平均风速较为理想时，如表中的 7.03m/s，可以用年平均风速进行项目的初设计。但是，用年平均风速进行的初步设计，只能反映系统的大致情况。

风速随月份和季节的变化而变化，有的月份平均风速较高，如一月份和十一月份的 7.5m/s，而有的月份则较低，如八月份、九月份的 6.5m/s。通过前面的讨论，我们已经知道，6.5m/s 对 7.5m/s 虽然只减少了约 15%，但是能量却要相差 50% 以上。由此，如果按平均风速 7m/s 来计算，系统能满足负载的需求，不能保证在低风速的月份对负载的供电，要依次根据月平均风速进行逐月核实，也就是说，需要采用当地的月平均风速进行设计。

2.3　风力发电的基础理论

2.3.1　贝茨（Betz）理论

德国哥廷根研究所的 A.贝茨于 1926 年建立了第一个关于风轮的完整理论。

贝茨假定风轮是理想的、没有轮毂的，而且叶片是无穷多的，并且对通过风轮的气流没有阻力，因此这是一个纯粹的能量转换器。此外还进一步假设气流在整个风轮扫掠面上的气流是均匀的，气流速度的方向无论是在风轮前后还是通过风轮时都是沿着风轮轴线的。

质量为 m 的物体，以速度 v 运动时它所具有的动能为：

$$E = mv^2/2 \tag{2.5}$$

在与空气流动方向垂直的某处任取一截面，设该截面的面积为 A，则在单位时间（每秒）内流过该截面的空气体积是：

$$V = vA \tag{2.6}$$

设空气的密度为 ρ，则该体积的空气质量为：

$$m = \rho V = \rho vA \tag{2.7}$$

显然这一质量的空气在这一速度下流动时所具有的动能为：

$$E = (\rho vA)v^2/2 = \rho Av^3/2 \tag{2.8}$$

空气流动时的全部能量几乎都是动能，且上式表达的是单位时间内（每秒）的动能，所以它就是功率即：

$$P = \rho Av^3/2 \tag{2.9}$$

理论证明，风轮后面的风速为风轮前面风速（前后均为未经风轮扰动的风速，即稍远离风轮的风速）的 1/3 时风轮所获得的能量最大（2/3 风速的能量被风轮吸收了），所以有效的单位时间内的空气质量为 $\rho A\left(\dfrac{2}{3}v\right)$。风轮因此能够获得的最大功率为：

$$P_{\max} = (2\rho Av/3)v^2/2 - (2\rho Av/3)(v/3)^2/2 = \rho Av^3/3 - \rho Av^3/27 = 16/27(\rho Av^3/2)$$
$$= 0.593E = 59.3\%E$$

即：风轮在流动空气中所能获得的最大功率为其扫风面积范围内全部风能的 59.3%。这个比例系数是贝茨首先推导出的，所以它也叫贝茨极限或贝茨理论。

要注意的几个问题：

① 贝茨理论与风轮的形状、叶片形状、叶片数量等无关，即无论怎样设计风轮，其吸收的风能都不会超过 59.3% 这个极限值。

② 风的全部能量几乎都是动能，其势能很小，因此通常讲，风能就是指风的动能。

③ 风轮所获得的风能不能等同于发电机轴所获得的旋转机械能。风轮所获得的能量除一部分转化为发电机轴的旋转机械能（升力）外，另一部分转化为发电机塔架和叶片的变形能（阻力）。

贝茨理论提供了获取风能的有效途径，即提高风速、加大叶片扫掠面积。但空气密度的影响微乎其微。

2.3.2　叶素理论

假想把叶片分割成无限多个微元，每个微元都是叶片的一部分，每个微元的长度无限小，这种微元就叫叶素。在分析微元的空气动力学特征时就可以忽略叶片长度的影响，这种理论就叫叶素理论。它是高等数学中微元分析方法在风力发电机风轮设计和分析中的应用。

具体说，叶素理论是把桨叶分成一小段一小段的叶素，先求出每个叶素上的作用力，再用求和的方法求出一片桨叶乃至整个旋翼上的作用力和旋翼的需用功率，它是从微观的立场出发处理问题的。涡流理论的特点是把旋翼对周围空气的扰动作用当作一个涡系对周围空气的作用。旋翼的每片桨叶可用一条附着涡，即很多由桨叶后缘溢出的、顺流而延伸到无限远的自由涡来代替。根据这一理论，可以求得旋翼周围任一点处的诱导速度，从而可以确定作用在叶素上的力，最后算出旋翼的拉力和功率。

2.3.3　动量理论

动量是物体平动的量度。在经典力学中，动量是物体质量 m 和速度 v 的乘积。它是矢量，和速度同向，可以用动量的转移和守恒来解释物体平动的变化。17 世纪中叶，笛卡尔提出运动量概念，并用它来说明运动不灭，但他把运动量看作标量，是物体质量和速率的乘积，因此对运动不灭的解释并不完善，且有错误。1666 年，惠更斯等在向英国皇家学会的报告中，才定义动量为质量和速度矢量的乘积，并完善地分析了在物体的弹性碰撞中运动的转移和守恒问题。在国际单位制中，动量的单位为 kg·m/s。

应用动量定理去研究风力发电机组各部件的运动规律及运动状态的理论叫动量理论。物体所受冲量等于其动量的变化量。动量是守恒的。

2.3.4　风能利用系数

风能利用系数是指：单位时间内，风力发电机所吸收的风能 E 与通过风力发电机旋转面的全部风能 E_{in} 之比，用公式为：

$$C_p = E/E_{in} \tag{2.10}$$

由以上公式可以看出，风力发电机吸收的风能 E 越大，风能利用系数 C_p 就越高。风能利用系数 C_p 不是一个常数，它随风速、风力发电机转速以及风力发电机叶片参数（如攻角、桨距角）的变化而变化。贝茨（A. Betz）证明了理想风力发电机的最大理论效率为：

$$C_{pmax} = 16/27 \tag{2.11}$$

上述结果是对有无限多叶片（阻力为零）的理想风力发电机而言的，实际的风力发电机由于受后部气流的不均匀性、叶尖损失和翼型阻力等因素的影响，减少了可得到的最大理论效率。在实际应用中常用风能利用系数 C_p 与叶尖速比 λ 的变化曲线表示该风轮的空气动力特性，见图 2.7。

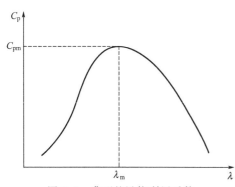

图 2.7　典型的风能利用系数与叶尖速比的关系曲线

风轮的叶尖速比是风轮的叶尖的角速度 ω 与风速 v 之比，即：

$$\lambda = R\omega/v \tag{2.12}$$

式中，ω 为风轮旋转角速度；R 为风轮半径。

从图 2.7 可以看出，风力发电机的风能利用系数亦即风轮将风能转变为机械能的效率与叶尖速比是密切相关的。风能利用系数 C_p 只有在叶尖速比 λ 为某一定值 λ_m 时达到最大值 C_{pm}。

在恒速运行的风力发电机中，由于风力发电机转速不变，而风速经常在变化，因此 λ 不可能经常保持在最佳值（即使是采用变桨距叶片），C_p 值往往与其最大值相差很多，使风力发电机常常在低效率状态下运行。而对于变速运行的风力发电机，通过适当的控制方法，有可能使其在风轮叶尖速度与风速之比为恒定的最佳值的情况下运转，从而使 C_p

在很大的风速变化范围内均能保持最大，风能转换为机械能的效率问题有可能得到最佳解决。

2.3.5　叶尖速比

　　叶尖速比是用来表述风电机特性的一个十分重要的参数，它等于叶片顶端的速度（圆周速度）除以风接触叶片之前很远距离上的速度；叶片越长，或者叶片转速越快，同风速下的叶尖速比就越大。荷兰古老风力磨面机和某些风力水泵的叶尖速比相当低（大约为 1，有些拖动装置的尖速比仅为 0.3），属于叶尖速比很低的慢叶尖速比，所以需要更多的叶片来遮挡风，一般有 20～30 个叶片。

　　提升型风力发电机比拖动型风力发电机具有更高的旋转速度，在转子的最高效率点上，叶尖速比可以达到 7。它的单位材料面积的比电量大约为 75，提升装置在每单位面积上产生相对于拖动装置 100 倍的功率，这就是为什么风力发电机都采用提升型风力发电机。另外，最佳尖速比还取决于转子的充实度。这里的充实度是指叶片面积对于叶轮扫掠面积的比例。

2.3.6　叶片的攻角

　　机翼弦线与飞行方向之间的夹角称为攻角（迎角），攻角对翼型产生的升力有很大的影响。正常运行时气流附着翼型表面流过，靠近翼型上方的气流速度比下面的气流速度快，根据流体力学的伯努利原理，翼型受到一个上升的力，当然翼型也会受到气流的阻力。这是正常的工作状态，有较大的升力且阻力很小。但翼型并不是在任何情况下都能产生大的升力。如果攻角 α 大到一定程度，气体将不再附着翼型表面流过，在翼型上方气流会发生分离，翼型前缘后方会产生涡流，导致阻力急剧上升而升力下降，这种情况称为失速，发生转变的临界角度称之为临界迎角或失速迎角，这就是推进器的效率。通常情况下，攻角可以从 1°到 15°。图 2.8 和图 2.9 显示了不同攻角下气流在叶片上下两侧的变化。随着攻角的增加，升力也跟着增加；但是当攻角过大时，叶片背后的区域会产生湍流和空化，这是不希望看到的情况。湍流和空化会对叶轮的运行产生不利影响。

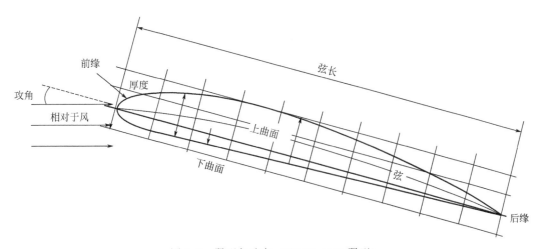

图 2.8　翼型与攻角（NASA 4412 翼型）

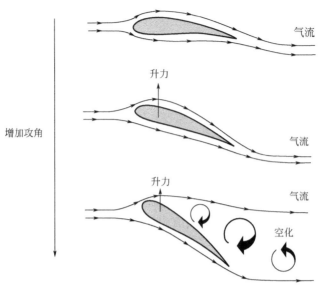

图 2.9 攻角变化产生的影响 （NASA 4412 翼型）

第3章
风力发电机

3.1 风力发电机及其分类

风力发电机是利用风能进行发电的装置。风力发电机的种类和式样很多，按不同的分类方式可将风力发电机分成若干种类，每一种类都有它自己的特点。

（1）根据功率大小分类

通常把风力发电机按功率大小分为大型风力发电机、中型风力发电机和小型风力发电机，还有称为微型风力发电机的；但这种按功率来分类的方式在国际上并没有非常严格的界线。国际电工委员会制定的国家标准 IEC 61400，按叶轮的扫掠面积来划分，把扫掠面积小于等于 $200m^2$、输出交流电压低于 1000V 或者直流电压低于 1500V 的风力发电机定义为小型风力发电机❶。扫掠面积等于 $200m^2$ 的风力发电机单机功率约为 50kW，因此人们也常常把小于等于 50kW 的风力发电机称为小型风力发电机；人们又把大于 1MW 的风力发电机称为大型风力发电机，于是就把大于 50kW 小于 1MW 的风力发电机称为中型风力发电机。而在实际中，各国的定义又不完全一样，有些国家把小型风力发电机的范围扩大到 100kW，我国也习惯于如此。另外，在小型风力发电机中，人们又把小于 1kW 的风力发电机称为微型发电机。

大型风力发电机和小型风力发电机在设计、结构、控制等方面的差别很大。

（2）根据空气动力学原理分类

① 升力型风力发电机 提升型（亦称托举型）装置在叶片上按空气动力学原理设计成一定的翼型，也就是说采用特殊设计的翼型叶片，是采用了与飞机、风筝和鸟飞行同样的原理设计的，叶片可以运动得比风速快。当空气流过叶片时，在叶片的上下表面产生风速和压力差；下表面的压力较大，从而起到"抬起"叶片的作用。当叶片连接到中心轴时，如风力发电机的转子，升力被转化为旋转运动。使用提升装置的叶轮可以做到比风速运动得更快，从而大大提高了空气利用效率，还能大幅度减少用于制造叶片的材料，降低制造成本。一个典型的性能参数是尖速比（tip speed ratio，TSR）。提升型装置的尖速比一般为 4～8，它的单位叶片材料的功率输出比拖动型高 100 倍以上。提升型风力发电机组可以进一步分为水平

---

❶ IEC 61400-2Ed3。

轴风力发电机组和垂直轴风力发电机组两类。

② 拖动型风力发电机 拖动型（亦称拖曳型）机械靠风力推动叶片或叶轮转动，在拖动装置中，风吹在叶片上，风力把叶片推开，叶片绕旋转轴旋转，叶片永远不会比风速运动得快。如一些风车的叶轮和风速仪，这些装置都逆风运行。拖动型风力装置的特点是转速较慢，但转矩能力强。它的典型应用就是早期荷兰农场用来提水、锯木和磨面等操作。农场式的风车必须在启动时产生大转矩，以便从深井中提水。

拖动装置的结构相对简单，制造容易，所以一开始很容易受到青睐。但由于拖动装置的叶片运动不能比风速快，因而效率较低，这就给拖动装置的使用带来很大的局限。同时，拖曳型机械在单位旋转面积中要用很多的材料，典型的拖曳型机械是风力磨面机和提水机，还没有商业化的拖曳型机械用来发电。

图 3.1 是典型的拖动装置。

图 3.1　典型的拖动装置

（3）根据发电机磁场的产生方式分类

① 永磁式风力发电机 永磁式风力发电机采用磁钢产生所需的磁场，磁钢有铁氧体的或钕铁硼的（俗称"稀土磁钢"）。

② 电流励磁式风力发电机 电流励磁式采用线圈通电来产生磁场。

小型风力发电机大多采用磁钢来产生磁场，为永磁式发电。现在大型风力发电机也有采用永磁式发电的。

（4）根据发电机定子的相数（见图 3.2）

根据发电机定子的相数分为单相风力发电机、三相风力发电机。

图 3.2　外转子风力发电机的"定子"❶

---

❶　发电绕组，但不旋转，旋转的是外面粘有磁钢的外壳"磁筒"，照片中没有展示。

（5）根据发电机输出电流的形式

① 直流风力发电机　风力发电机输出为直流电的发电机。

② 交流风力发电机　风力发电机输出为交流电的发电机。

中小型风力发电机大多数为交流发电机，它们发出的交流电的电压和频率往往是随风况而变化的，不是标准的交流电（如 220V/50Hz）。因此，不少中小型风力发电机发出的交流电不能直接接到标准的交流电用电设备上作为电源，必须经过转换。

（6）根据磁场转速与转子转速的关系分类

① 同步风力发电机　同步风力发电机和其他类型的旋转发电机一样，由固定的定子和可旋转的转子两大部分组成，一般分为转场式同步电机和转枢式同步电机。转场式同步电机的定子铁芯的内圆均匀分布着定子槽，槽内嵌放着按一定规律排列的三相对称交流绕组。这种同步电机的定子又称为电枢，定子铁芯和绕组又称为电枢铁芯和电枢绕组。转子铁芯上装有制成一定形状的成对磁极，磁极上绕有励磁绕组，通以直流电流时，将会在电机的气隙中形成极性相间的分布磁场，称为励磁磁场（也称主磁场、转子磁场）。气隙处于电枢内圆和转子磁极之间，气隙层的厚度和形状对电机内部磁场的分布和同步电机的性能有重大影响。除了转场式同步电机外，还有转枢式同步电机，其磁极安装于定子上，而交流绕组分布于转子表面的槽内，这种同步电机的转子充当了电枢。

② 异步风力发电机　异步风力发电机通常由定子、转子、端盖及轴承等部件构成。定子由定子铁芯、线包绕组、机座以及固定这些部分的其他结构件组成。转子由转子铁芯（或磁极、磁轭）绕组、护环、中心环、滑环、风扇及转轴等部件组成。由轴承及端盖将发电机的定子、转子连接组装起来，使转子能在定子中旋转，做切割磁力线的运动，从而产生感应电势；通过接线端子引出，接在回路中，便产生了电流。小型风力发电机多采用同步或异步交流发电机，发出的交流电通过整流装置转换成直流电。

（7）根据发电机的散热形式分类

根据发电机的散热形式可分为主动散热式风力发电机、被动散热式风力发电机。

（8）根据发电机定子与转子的相互位置分类

内转子和外转子风力发电机如图 3.3 所示。

(a) 内转子　　　　　　　　　　　　　(b) 外转子

图 3.3　内转子和外转子风力发电机

① 内转子风力发电机　内转子风力发电机与传统的发电机类似，结构技术较成熟。内转子发电机因转子惯量小而启动风速、切入风速都较低，亦因此使其转速随风速的变化敏感和剧烈，空载极易飞车。转速的快速变化还极易产生振动，所以对内转子发电机的机械结构

强度要求高。

内转子发电机因磁极间的距离小（磁极间的距离与磁隙之比。磁隙即定子与转子之间的距离）而"有效做功"的磁场少（未穿过线圈的磁场相对较多），这就要求磁极的磁场强度提高；磁极体积小减少的成本被提高磁场强度的成本所抵消。内转子发电机可充分利用磁极性能。

内转子式发电机因转子体积小，在同等转速下切割磁力线的速度慢，因此必须提高转速，这可能会带来振动。转速的提高还使叶片所受到的离心力大大增加，对叶片的抗拉强度有很高的要求。外转子发电机则相反。

内转子发电机转速的剧烈变化要求其必须带有可靠的机械刹车装置（电磁刹车在强风中有可能刹不住），因此内转子发电机必须避免在强风中工作。

② 外转子风力发电机　外转子风力发电机的发电机外壳就是安装叶片的轮毂，结构较简单。

外转子发电机能充分利用其"飞轮特性"，有效地对风能削峰填谷，平滑发电机转速，充分吸收强风和强阵风的能量。

内转子发电机如果飞车，则极高的转速所造成的瞬间高电压极易击穿绝缘材料和整流元器件，而外转子发电机平滑的转速有效地克服了这一缺陷。因意外或工作需要是极可能瞬时或较长时间要求发电机是放空的，在这期间发生飞车很正常。

内转子发电机在转子轴的最前端通过轮盘来安装叶片，外转子发电机没有这一装置，而是在转子上直接安装叶片。外转子发电机的转子架在两轴承之间，叶片亦安装在此。而内转子发电机轮盘必须安装在转子轴端、轴承支撑之外。从转子轴支撑强度、刚度及叶片带来的振动这三方面来看，两者的差异极大，外转子有明显的优势。

内转子发电机因线圈在外，散热条件比外转子发电机好，外转子发电机的线圈下线工艺比内转子发电机方便。

内转子发电机在结构上类似于三相笼异步电动机，只不过将笼转子换成永磁转子外加叶轮而已，所以可以利用现成的定子片和大量成熟的工艺，甚至电动机外壳都可利用，而外转子发电机则做不到。所以内转子发电机比外转子发电机成本低一些。

(9) 按风力发电机主轴的空间布局分类

根据风力机轴的空间位置布局可将风力发电机组分为水平轴风力发电机和垂直轴风力发电机（见图3.4、图3.5）。

图 3.4　水平轴风力发电机

图 3.5　垂直轴风力发电机

　　水平轴风力发电机的主轴呈水平布局，而垂直轴风力发电机的主轴呈垂直布局。我国原来基本上都是水平轴风力发电机，近年来垂直轴风力发电机得到发展（垂直轴的大型风力发电机组较少见）。

　　关于水平轴风力发电机和垂直轴风力发电机各自特点的具体分析见下一节。

（10）按迎风面分类

　　根据叶轮的迎风方式可将风力发电机组分为上风型风力发电机和下风型风力发电机（见图 3.6、图 3.7）。上风型风力发电机一般都有尾翼，它依靠尾翼来跟踪风向；下风型风力发电机一般没有尾翼，它依靠叶轮上叶片布局的锥度来跟踪风向。在中小型风力发电机组的设计结构中，采用带尾翼的上风型结构是偏航方式设计的一个方法；大型风力发电机组一般都采用主动型跟踪风向。

图 3.6　上风型风力发电机　　　　　　　　图 3.7　下风型风力发电机

（11）按叶轮机的转速分类

　　根据叶轮机的转速可将风力发电机分为低速型风力发电机和高速型风力发电机（见图 3.8）。

　　风力磨面机和提水机因具有非常低的转子速度（r/min）而不适宜用来发电，但是它们有很大的力矩，非常适合于磨面、提水。拥有好翼型的"托举型"风力发电机组有很高的转子速度和很高的效率。风力磨面机转子的效率大约为 30%，提水时的转换效率约为 18%。

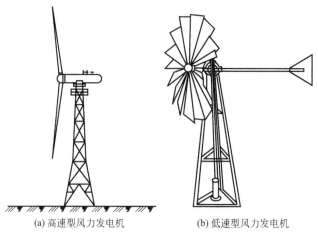

(a) 高速型风力发电机　　　　　(b) 低速型风力发电机

图 3.8　按转速分类的风力发电机

（12）按驱动链方式分类

根据叶轮机与发电机之间的连接方式可将风力发电机组分为变速式和直驱式。大多数大型风力发电机都采用变速式，即叶轮和发电机之间通过变速箱连接，发电机转轴的转速经过变速箱后得到提升，以满足发电的需要；直驱式风力发电机（direct-driven wind turbine generators），是一种由风力直接驱动的发电机，亦称无齿轮风力发动机，这种发电机采用多极电机与叶轮直接连接进行驱动的方式，免去齿轮箱这一传统部件。由于齿轮箱是目前在兆瓦级风力发电机中易过载和损坏率较高的部件，因此，没有齿轮箱的直驱式风力发动机，具备低风速时高效率、低噪声、高寿命、减小机组体积、降低运行维护成本等诸多优点。

后来，为了兼顾变速箱连接和直驱式连接的优点，人们又开发了半直驱式风力发电机。半直驱概念是由直驱与双馈风电机组在向大型化发展的过程中遇到的问题而产生的，兼顾二者的特点。从结构上说，半直驱与双馈是类似的，具有布局形式多样的特点，同时目前研究中的无主轴结构还具有与直驱相似的外形。区别在于：一是与双馈机型相比，半直驱齿轮箱的传动比低；二是与直驱机型相比，半直驱的发电机转速高。这个特点决定了半直驱一方面能够提高齿轮箱的可靠性与使用寿命，同时相对直驱发电机而言，能够兼顾对应的发电机设计，改善大功率直驱发电机设计与制造条件。

对于大多数中小型风力发电机，大多采用直驱式以简化结构。

（13）按叶片多少分类

根据叶片的数量可将风力发电机组分为单叶片风力发电机、二叶片风力发电机、三叶片风力发电机和多叶片风力发电机（见图 3.9～图 3.14）。

图 3.9　单叶片风力发电机　　　　　图 3.10　二叶片风力发电机

图 3.11　三叶片风力发电机

图 3.12　四叶片风力发电机

图 3.13　五叶片风力发电机

图 3.14　六叶片风力发电机

从计算风能的公式可以看出，风能与风力发电机组叶轮的扫风面积成正比，而与叶片的数量无关，因此理论上说，叶片数量的多少与风力发电机组获得的风能无关，风力发电机的发电量也与叶片数量无关，甚至有采用 1 个叶片的风力发电机，如图 3.9 所示，也有采用 4 个叶片的，如图 3.12 所示。但大多数风力发电机从技术和经济考虑，采用 2~3 个叶片，如图 3.10 和图 3.11 所示。

从风能利用角度看，3~5 个叶片都有较高的风能利用系数，但 4 个叶片和 5 个叶片在最大风能利用系数时的尖速比范围较小（即可用风速变化范围小）。由于风力发电机希望叶轮转速高，还要在较宽的风速范围内获得高的风能利用系数，通常用 2~4 个叶片。另外，低实度叶轮叶片少、造价低，所以选择低实度叶轮，再考虑到风力发电机的结构强度和外观，大多数中小型风力发电机采用三叶片。

高实度的多叶片大多用于低风速、需要力矩输出的地区。

（14）按叶片桨距控制方式分类

根据叶片是否变形（桨距调节）可将风力发电机组分为变桨距式和定桨距式。桨距角是指风机叶片与叶轮平面的夹角。变桨控制技术简单来说，就是通过调节桨叶的桨距角，改变气流对桨叶的攻角，进而控制叶轮捕获的气动转矩和气动功率。对风力发电机，就是利用调整叶片桨距角来改变叶片上升阻力，调节风电机组输出功率。变桨距风电机组以其能最大限度地捕获风能、输出功率平稳、机组受力小等优点，已成为当前风电机组的主流机型。但是变桨距结构复杂，造价较高，而且容易出现故障，为了降低成本，小型风力发电机大多采用定桨距结构。定桨距风叶工艺简单，重量轻，价格便宜。叶片本身在大风时无法保护发电机，但是定桨距的风力发电机有其他功能来保护发电机，尾翼摆动，使发电机转动避开强风。

（15）按过载保护方式分类

当风速超过正常工作范围时，风力发电机组就需要进行自我保护。根据过载保护形式可将风力发电机组分为主动保护式和被动保护式两种。

主动保护式是指风力发电机组的控制系统通过对工况的检测，通过主动控制或调解装置对风力发电机组进行保护的运行方式。大型风力发电机都采用主动保护方式。

非人为干预或控制的保护机构称为被动式保护结构，为降低成本，小型风力发电机大都采用被动保护方式。例如小型风力发电机组的偏航系统利用偏心距平衡风力机与尾翼的角度使风力发电机组不至于过载，这就是典型的被动式保护机构。

（16）按并网与否分类

根据发电机组的负载形式可将风力发电机组分为并网型风力发电机和离网型风力发电机。风力发电机发出的电力通过电力装置直接输送到电网上的称为并网型风力发电机；风力发电机发出的电力通过充电控制器对储能装置充电的称为离网型风力发电机。

并网型风力发电系统采用并网逆变器和最大功率点跟踪（MPPT）技术将能量直接输送到电网上，它的负载是并网逆变器，而电网可以看成是一个无穷大的负载；而离网型风力发电机的负载是充电控制器，充电控制器的负载是随时可能变化的系统负载和储能装置。由于阻抗匹配的需要，用于并网和离网的风力发电机在绕组结构上是有所不同的。

3.2 风力发电机组的构造与特点

3.2.1 风力发电机的基本构造

大型风力发电机通常由以下主要部件组成：发电机、叶片和轮毂、变速箱、传动轴、偏航机构、机舱、测风仪、塔架以及电控设备等，如图 3.15 所示。

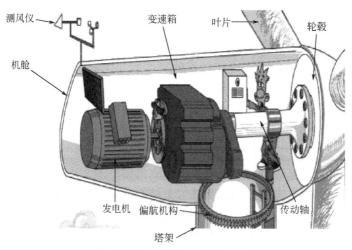

图 3.15 大型风力发电机结构

① 机舱：机舱包容着风电机的关键设备，包括齿轮箱、发电机。
② 叶片和轮毂：捉获风，并将风力传送到转子轴心。

③ 主轴：转子轴心附着在风电机的低速轴上。

④ 低速轴：风电机的低速轴将转子轴心与齿轮箱连接在一起。

⑤ 齿轮箱：齿轮箱左边是低速轴，它可以将高速轴的转速提高至低速轴的 50 倍。

⑥ 高速轴及其机械闸：高速轴以 1500r/min 运转，并驱动发电机。装备有紧急机械闸。

⑦ 发电机：通常被称为感应电机或异步发电机。

⑧ 偏航机构：借助电动机转动机舱，以使转子正对着风。

⑨ 电子控制器：包含一台不断监控风电机状态的计算机，并控制偏航机构。

⑩ 冷却元件。

⑪ 塔架。

⑫ 风速计及风向标：用于测量风速及风向。

小型风力发电机的结构相对比较简单，虽然小型风力发电机的形式多种多样，但总的来说其原理和结构还是大同小异的，图 3.16 是典型的小型风力发电机的基本构造。本章主要介绍小型风力发电机的结构特点。

图 3.16　典型小型风力发电机的基本构造

3.2.2　小型风力发电机的主要结构特征

(1) 水平轴风力发电机

水平轴风力发电机叶轮的旋转主轴与风向平行，图 3.17(a) 是水平轴高速风力发电机，图 3.17(b) 是水平轴低速风力发电机，图 3.18 是一台实际的三叶片水平轴风力发电机。

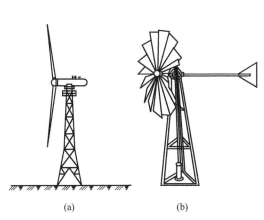

(a)　　　　　　(b)

图 3.17　各种水平轴风力发电机的结构示意

图 3.18　三叶片水平轴风力发电机

叶轮上的叶片径向安置与旋转轴相垂直，并与叶轮的旋转平面成一角度 ϕ（安装角）。叶轮叶片数目的多少视风力机的用途而定，用于风力发电的风力机叶片数一般取 1～4 片（多数为 3 片或 2 片），而用于风力提水的风力机一般取叶片数为 12～24 片。不同水平轴风力机叶轮的布局结构见图 3.19。风力机叶轮的转速与叶片的多少有关，叶片越多，转得越慢。叶片数多的风力机通常称为低速风力机，它在低速运行时，有较高的风能利用系数和较大的转矩。它的启动力矩大，启动风速低，因而适用于提水。叶片数目少的风力机通常称为高速风力机，它在高速运行时有较高的风能利用系数，但启动风速较高。由于其叶片数很少，在输出同样功率的条件下比低速叶轮要轻得多，因此适用于发电。这类具有水平旋转轴的风力发电机称为水平轴风力发电机。

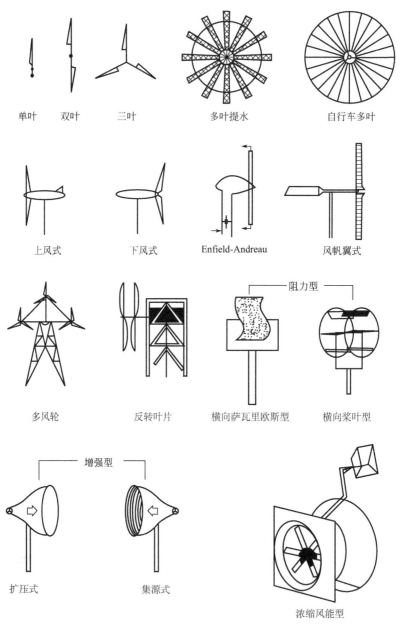

图 3.19　不同水平轴风力机叶轮的布局结构

（2）垂直轴风力发电机

垂直轴风力发电机叶轮的旋转轴垂直于地面或气流方向，如图 3.20 和图 3.21 所示。垂直轴风力发电机的叶轮围绕一个垂直轴旋转，如图 3.21 所示。

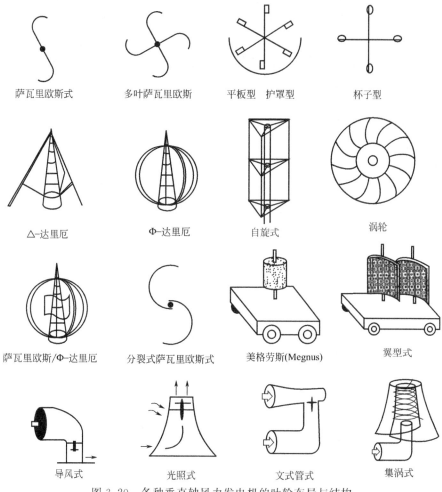

| 萨瓦里欧斯式 | 多叶萨瓦里欧斯 | 平板型 护罩型 | 杯子型 |

| △—达里厄 | Φ—达里厄 | 自旋式 | 涡轮 |

| 萨瓦里欧斯/Φ—达里厄 | 分裂式萨瓦里欧斯式 | 美格劳斯(Megnus) | 翼型式 |

| 导风式 | 光照式 | 文式管式 | 集涡式 |

图 3.20 各种垂直轴风力发电机的叶轮布局与结构

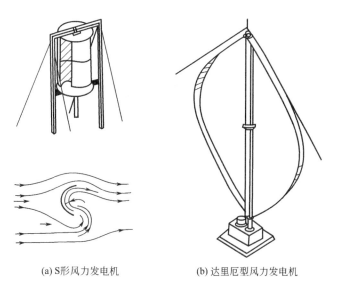

(a) S形风力发电机   (b) 达里厄型风力发电机

图 3.21 垂直轴风力发电机

垂直轴风力发电机的主要优点是可以接受来自任何方向的风，因而当风向改变时，无须对风。由于不需要调向装置，它们的结构设计比较简化。垂直轴风力发电机的另一个优点是齿轮箱和发电机可以安装在地面上，这对于为一台离地面几十米高的水平轴风力发电机进行维护的人员来说，无疑是一个值得高度评价的特点。但是垂直轴风力发电机的效率一般较低，目前占主导位置的小型风力发电机组还是水平轴风力发电机。但垂直轴风力发电机近年来发展较快。

(3) 水平轴和垂直轴风力发电机组优缺点

① 水平轴风力发电机组优缺点

a.优点

ⓐ 可以使用较高的塔架。水平轴风力发电机可以使用较高的塔架，从而由于风切变的原因在高空获得更强的风资源。在某些风切变较大的地方，风力发电机叶轮每升高 10m，风速能提高 20%，而发电量能增加 34%。

ⓑ 效率高。因为叶片始终垂直于风，所以可通过整个旋转接收功率。与此相反，所有垂直轴风力发电机涉及各种类型的往复行动，要求翼型在叶片的返回阶段做与风向相反的回溯运动，这会导致较低的效率。

b.缺点

ⓐ 为了支撑重型叶片、变速箱和发电机，需要建造很高很大很结实的塔架；风力发电机（变速箱、转子轴和制动器总成）被安装在很高的位置，高耸的塔架有人会认为破坏了景观。

ⓑ 如果采用下风型结构，叶轮在经过塔架背后时会因为塔架对风的阻挡产生疲劳（所以大多数风力发电机采用上风型结构）。

ⓒ 需要一个额外的偏航控制机构使叶轮始终迎着风；在大风时，水平轴风力发电机一般需要制动或偏航装置来停止风力发电机的运转，以避免损坏。

② 垂直轴风力发电机组优缺点

a.优点

ⓐ 发电机和变速箱能安装在地上，易于维护和维修；

ⓑ 不需尾翼和偏航系统来驱动叶轮；

ⓒ 塔架设计简单；

ⓓ 具有较低的风启动速度；

ⓔ 对有些对安装物高度有规定的地方，水平轴风力发电机由于高度限制不能安装的，有可能选择安装垂直轴风力发电机；

ⓕ 能安装在靠近地面的地方，比如屋顶、台地、山顶等；

ⓖ 较小的振动。

b.缺点

ⓐ 由于垂直轴风力发电机叶轮在旋转时大约半个周期中叶片要遇到风的阻力，大多数垂直轴风力发电机平均效率较低；

ⓑ 叶轮靠近地面，风速较低，不利于利用上面较高的风速；

ⓒ 过速时的速度控制困难；

ⓓ 难以自动启动。

由于上述原因，水平轴风力发电机组的发展历史较长，已经完全达到工业化生产，结构简单，效率比垂直轴风力发电机组高，从而得到广泛的应用。

（4）小型风力发电机的迎风方式

水平轴风力发电机的迎风方式有两种，即上风型和下风型。根据风-叶轮-塔架三者相对位置的不同，水平轴风力发电机分为上风型和下风型。

① 上风型风力发电机　叶轮安装在塔架的上风位置迎风旋转的（风首先通过叶轮再穿过塔架），即风力发电机的叶轮总是面对风来的方向，叶轮在塔架"前面"，叫作上风向（上风型）风力发电机。

② 下风型风力发电机　叶轮安装在塔架的下风位置的（风首先通过塔架再穿过叶轮），即风力发电机的转子总是与风向相反，风力发电机的叶轮在塔架"后面"，则称为下风向（下风型）风力发电机。

上风型风力发电机必须有某种调向装置来保持叶轮迎风，通常是尾翼；下风型风力发电机则通过叶轮叶片安装的适当锥度来实现自动对准风向，从而免除了调向装置。但对于下风向风力发电机，由于一部分空气通过塔架后再吹向叶轮，塔架干扰了流经叶片的气流，形成所谓的塔影效应，使风力发电机性能有所降低，如图 3.22 所示。上风型风力发电机组在偏航系统（机构）失效时可能会转化为下风型风力发电机组。

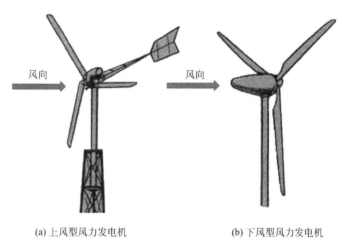

(a) 上风型风力发电机　　　　　　　　(b) 下风型风力发电机

图 3.22　上风型和下风型风力发电机组

（5）小型风力发电机组的保护

当风速超出正常工作范围时，风力发电机组就需要进行自我保护。过载保护形式分为主动保护式和被动保护式两种。

主动保护式是指风力发电机组的控制系统通过对工况的监测，通过主动控制或调节装置对风力发电机组进行保护的运行方式。

非人为干预或控制的保护机构称为被动式保护机构。例如小型或微型风力发电机组的偏航系统利用偏心距平衡叶轮机与尾翼的受力，使风力发电机组不至于过载，这就是典型的被动式保护机构。

3.2.3　一般中小型风力发电机组的主要组成部分

一般小型风力发电机组（见图 3.23）主要由以下部分组成：

图 3.23   小型风力发电机组

① 叶轮（2～5 个叶片）；

② 发电机；

③ 调速器或限速器；

④ 调向装置；

⑤ 机座；

⑥ 刹车制动系统（电子刹车或机械刹车）；

⑦ 控制器；

⑧ 塔架（塔架在下一章中讨论）。

对于小型风力发电机组，为了简化结构、降低成本，一般都没有变速箱，也没有主动偏航机构，而是采用被动式偏航。

（1）叶轮与叶片

叶轮由叶片、连接叶片和发电机的轮毂部分组成，把风力中的能量转换成机械能。叶片的材料和翼型决定了叶轮转换风能的效率和寿命。

叶片是风力发电机中最基础和最关键的部件，其良好的设计、可靠的质量和优越的性能是保证机组正常、稳定运行的决定因素，保证风力发电机能在恶劣的环境中长期不停地运转。

风力发电机的叶片并不是越多越好。从计算风能的公式可以看出，风能与风力发电机组叶轮的扫风面积成正比，而与叶片的数量无关，因此从理论上说，叶片数量的多少与风力发电机组获得的风能无关，风力发电机的发电量也与叶片数量无关，甚至有采用 1 个叶片的风力发电机，也有采用 4 个叶片的。但大多数风力发电机从技术和经济考虑，采用 2～3 个叶片。有些产品从安全性考虑出发，为了降低转速，把风力发电机的叶片由原来的 3 叶片增加到 5 叶片。

① 对叶片的要求

对叶片的要求有：

a. 翼型设计应有良好的空气动力学特性，材料应具有密度小且最佳的疲劳强度和机械性能，能经受暴风等极端恶劣条件和随机负载的考验；

b. 叶片的弹性、旋转时的惯性及其振动频率特性曲线都正常，传递给整个发电系统的负载稳定性好，不得在失控（飞车）的情况下在离心力的作用下拉断并飞出，亦不得在风压的作用下折断，也不得在飞车转速范围内引起整个风力发电机组的强烈共振；

c. 叶片的材料必须保证表面光滑以减小风阻，粗糙的表面亦会被风"撕裂"；

d. 不得产生强烈的电磁波干扰和光反射；

e. 不允许产生过大噪声；

f. 耐腐蚀、紫外线照射和雷击的性能好；

g. 成本较低，维护费用低。

② 叶片的形状（翼型）   叶片的形状（翼型）主要有变截面叶片和等截面叶片两种。

变截面叶片在叶片全长上各处的截面形状及面积都是不同的，等截面叶片则在其全长上各处的截面形状和面积都是相同的。

作用在叶片上风矢量的方向是空气流动的主方向和叶片旋转方向的矢量和。

叶片旋转方向的风速不仅与叶片的转速有关，还与叶素的位置有关（$v = \omega r$）。可见叶片上各处风矢量的方向和大小都是不同的。

在某一转速下通过改变叶片全长上各处的截面形状及面积，使叶片全长上各处的攻角相同，这就是变截面叶片设计的初衷。可见变截面叶片在某一风速下及其附近区域具有最高的风能利用效率，脱离这一区域风能利用效率就会显著下降。

等截面叶片在任何风速下总有一段叶片的攻角处于最佳状态，因此在可利用的风速范围内，等截面叶片的风能利用效率几乎是一致的。

一段叶片的效率总不如叶片全长的效率高，所以在变截面叶片的最高效率风速点及附近区域的风能利用率要远高于等截面叶片。

等截面叶片的制造工艺远优于变截面叶片，特别是在发电机组功率较大时；变截面叶片几乎是很难制作的。

还有一种带变桨器的叶片。这种叶片在其全长上各处的截面形状及面积都是固定的，在不同的风速下通过变桨器给予叶片不同的扭曲度以实现攻角的优化，它的效率介于上述两种叶片之间。但这种叶片需要很好地优化韧性与强度的关系，此叶片至今没有得到大面积推广。

③ 叶片的材料　用于加工叶片的材料有木头、金属、工程塑料、玻璃钢等。

a. 木制叶片及布蒙皮叶片。大、中型风力发电机很少用木制叶片，采用木制叶片的也是用强度很好的整体木方做叶片纵梁来承担叶片在工作时所必须承担的力和弯矩。近代的微、小型风力发电机也有采用木制叶片的，但木制叶片不易做成扭曲型。

b. 钢梁玻璃纤维蒙皮叶片。叶片在近代采用钢管或 D 型型钢做纵梁，钢板做肋梁，内填泡沫塑料、外覆玻璃钢蒙皮的结构形式，一般在大型风力发电机上使用。叶片纵梁的钢管及 D 型型钢从叶根至叶尖的截面应逐渐变小，以满足扭曲叶片的要求并减轻叶片重量，即做成等强度梁。

c. 铝合金等弦长挤压成型叶片。用铝合金挤压成型的等弦长叶片易于制造，可连续生产，又可按设计要求的扭曲进行扭曲加工，叶根与轮毂连接的轴及法兰可通过焊接或螺栓连接来实现。铝合金叶片重量轻、易于加工，但不能做成从叶根至叶尖渐缩的叶片，因为目前世界各国尚未解决这种挤压工艺。另外，铝合金材料在空气中的氧化和老化问题也值得研究。

d. 玻璃钢叶片。所谓玻璃钢（glass fiber reinforced plastic，GFRP）就是环氧树脂、不饱和树脂等塑料渗入长度不同的玻璃纤维或碳纤维而做成的增强塑料。增强塑料强度高、重量轻、耐老化，表面可再缠玻璃纤维及涂环氧树脂，其他部分填充泡沫塑料。玻璃纤维的质量还可以通过表面改性、上浆和涂覆加以改进，其单位成本较低，如图 3.24 所示。

BBWC XL.10型玻璃钢拉丝挤压成型叶片

图 3.24　玻璃钢叶片截面图

e.碳纤维复合叶片。随着风力发电产业的发展，对叶片的要求越来越高。对叶片来讲，刚度也是一个十分重要的指标。研究表明，碳纤维（carbon fiber，CF）复合材料叶片刚度是玻璃钢复合叶片刚度的2～3倍。虽然碳纤维复合材料的性能大大优于玻璃纤维复合材料，但其价格昂贵，影响了它在风力发电上的大范围应用。因此，全球各大复合材料公司正在从原材料、工艺技术、质量控制等各方面深入研究，以求降低成本。

叶片的翼型是根据空气动力学原理设计的，它是叶轮效率和工作情况的决定性因素。

图3.25 玻璃钢叶片挤压成型过程

④ 叶片的加工 微型风力发电机的叶片一般用木头手工、金属冷冲压成型或注塑成型的工艺方法制作。

小型风力发电机的叶片一般用金属或玻璃钢挤压成型。图3.25所示为玻璃钢叶片挤压成型的过程。

大型风力发电机的叶片一般用模具手工制作。

（2）发电机

标准的（传统的）发电机要求较高的转速，风力发电机的转子达不到这个速度，可以用皮带或链轮等方法来增速，但由于可靠性极低，必须避免使用。用变速齿轮箱可以增速，但是导致结构复杂，成本上升，故障率也相应提高，因此小型风力发电机一般都不带齿轮变速箱。

永磁同步发电机由于结构简单、无须励磁绕组、效率高的特点而在中小型风力发电机中应用广泛，随着高性能永磁材料制造工艺的提高，大容量的风力发电系统也倾向于使用永磁同步发电机。永磁风力发电机通常用于变速恒频的风力发电系统中，风力发电机转子由风力机直接拖动，所以转速很低。由于去掉了增速齿轮箱，所以增加了机组的可靠性和寿命；利用许多高性能的永磁磁钢组成磁极，不像电励磁同步电机那样需要结构复杂、体积庞大的励磁绕组，提高了气隙磁密和功率密度，在同功率等级下，减小了电机体积。

永磁同步发电机从结构上有外转子和内转子之分。

对于典型的外转子永磁同步发电机结构，外转子内圆上有高磁能积永磁材料拼贴而成的磁极，内定子嵌有三相绕组。外转子设计，使得能有更多的空间安置永磁磁极，同时转子旋转时的离心力，使得磁极的固定更加牢固。

由于转子直接暴露在外部，所以转子的冷却条件较好。外转子存在的问题主要是发热部件定子的冷却和大尺寸电机的运输问题。

内转子永磁同步发电机内部为带有永磁磁极、随风力机旋转的转子，外部为定子铁芯。除具有通常永磁电机所具有的优点外，内转子永磁同步电机能够利用机座外的自然风条件，使定子铁芯和绕组的冷却条件得到了有效改善，转子转动带来的气流对定子也有一定的冷却作用。另外，电机的外径如果大于4m，往往会给运输带来一些困难。很多风电场都是设计在偏远的地区，从电机出厂到安装地，很可能会经过一些桥梁和涵洞，如果电机外径太大，往往不能顺利通过。内转子结构降低了电机的尺寸，给运输带来了方便。

内转子永磁同步发电机中，常见有3种形式的转子磁路，分别为径向式、切向式、轴向式。相对其他转子磁路结构而言，径向式磁化结构因为磁极直接面对气隙，具有小的漏磁系数，且其磁轭为一整块导磁体，工艺实现方便；而且径向磁化结构中，气隙磁感应强度接近永磁体的工作点磁感应强度，虽然没有切向结构那么大的气隙磁密，但也不会太低，所以径向结构具有明显的优越性，也是大型风力发电机设计中应用较多的转子磁路结构。

大部分小型风力发电机制造商都开发出他们自己的低速发电机，外转子和内转子两种方式都有采用，大部分发电机为永磁电机。过去主要采用铁氧体磁钢，目前小型风力发电机行业正从采用铁氧体磁钢向采用稀土磁钢过渡，以减小体积，提高效率。

小型风力发电机的可靠性是一个值得高度关注的问题。一方面小型风力发电机工作环境相对恶劣，高温、严寒、台风、沙尘暴、高海拔和沿海地区的腐蚀，非常容易造成发电机烧毁；另一方面，当地对小型风力发电机的维护保养能力非常差。因此，如何提高小型风力发电机的可靠性是小型风力发电机产业面临的极大挑战。

（3）传动机构

在现代大型风力发电机上，叶轮转速相当慢，为每分钟 19～30 转，需要通过变速箱使其转速达到发电机的额定转速，以便发电机能正常发电。因此转速齿轮箱的设计和制造相当关键。

传动机构由齿轮箱（见图 3.26）和轴组成。增速齿轮箱作为传递系统起到动力传输的作用，使叶片的转速通过转速齿轮箱增速，风力发电机的低速轴将转子轴芯与齿轮箱连接在一起。轴中有用于液压系统的导管，来激发空气动力闸的运行。

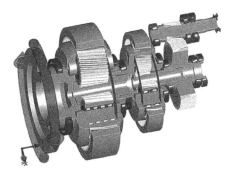

图 3.26　齿轮箱

转子通过低速轴连接到齿轮箱，通过齿轮箱，旋转的速度提高至低速轴的 50 倍，通过高速轴连接到发电机。

高速轴以 1500r/min 运转，并驱动发电机。它装备有紧急机械闸，用于在空气动力闸失效时或风力发电机需要维修时使用。

同时风力发电机的转速齿轮箱由于使用条件的限制，要求体积小，重量轻，性能优良，运行可靠，故障率低。据彭博新能源财经报道，根据型号的不同，风机每年因齿轮箱故障而停止运行的天数通常占总天数的 17%～48%[1]。

中小型风力发电机出于结构和成本的考虑，一般不采用齿轮箱，它的输出为变频变压（variable voltage variable frequency，VVVF）。

（4）调速器或限速器

风力发电机组工作在一定的风速范围内，通常为 3～20m/s。在很多情况下，要求风力机不论风速如何变化，转速总保持恒定或不超过某一限定值，为此采用了调速或限速装置。当风速过高时，这些装置还用来限制功率，从而减小作用在叶片上的力。调速或限速装置有各种各样的类型，但从原理上来看大致有三类：第一类是使叶轮偏离主风向；第二类是利用气动阻力；第三类是改变叶片的桨距角。

① 偏离风向超速保护　对小型风力发电机，为了简化结构，其叶片一般固定在轮毂上。为了避免在超过设计风速的强风时叶轮超速甚至叶片被吹毁，常采用使叶轮水平或垂直旋转

---

❶　论风机齿轮箱的可靠性，来源：彭博新能源财经，2016 年 8 月 23 日。

的办法，以便偏离风向，达到超速保护的目的。目前大部分小型风力发电机采用的都是水平偏离的方法，如图 3.27 所示，也称"被动式偏航保护"。

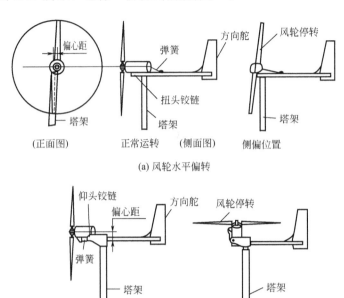

图 3.27　偏心距超速保护

这种装置的关键是把叶轮轴设计成偏离轴心一个水平或垂直的距离，从而产生一个偏心距。相对的一侧安装一副弹簧，一端系在与叶轮构成一体的偏转体上，一端固定在机座底盘或尾杆上。预调弹簧力，使设计风速内叶轮偏转力矩小于或等于弹簧力矩。当风速超过设计风速时，叶轮偏转力矩大于弹簧力矩，使叶轮向偏心距一侧水平或垂直旋转，直到叶轮受力力矩与弹簧力矩相平衡。在遇到强风时，风力发电机的机头偏离主风向，尾翼仍然对准风向（平行于风向），这样当机头偏离主风向后，相当于将风力发电机接收的风速分解，从而有效保护风力发电机。这个结构甚至可以使叶轮转到几乎与风向相平行，以达到停转。当风速减小时，依靠重力和弹力的作用又使叶轮逐步回到原来的位置。

这类小型风力发电机中常采用的保护方式为"自动偏航保护"。

② 利用气动阻力制动　图 3.28 展示了一种利用减速板产生空气动力制动的装置。将减速板铰接在叶片端部，与弹簧相连。在正常情况下，减速板保持在与叶轮轴同心的位置；当叶轮超速时，减速板因所受的离心力对铰接轴的力矩大于弹簧张力的力矩，从而绕轴转动成

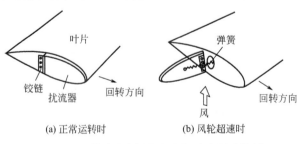

图 3.28　利用减速板产生空气动力制动装置

为扰流器,增加叶轮阻力,起到减速作用。风速降低后它们又回到原来位置。

利用空气动力制动的另一种结构是将叶片端部(约为叶片总面积的 1/10)设计成可绕径向轴转动的活动部件。正常运行时叶尖与其他部分方向一致,并对输出转矩起重要作用。当叶轮超速时,叶尖可绕控制轴转 60°或 90°,从而产生空气阻力对叶轮起制动作用,如图 3.29 所示。叶尖的旋转可利用螺旋槽和弹簧机构来完成,也可由伺服电动机驱动。

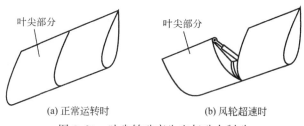

(a) 正常运转时　　　　　　(b) 风轮超速时

图 3.29　叶尖转动产生空气动力制动

③ 变桨距调速　利用改变桨距来调整风力发电机叶轮的转速。采用桨距控制除可控制转速外,还可减小转子和驱动链中各部件的压力,并允许风力发电机在很大的风速下运行,因而应用相当广泛。在小型风力发电机中,采用离心调速方式比较普遍,利用桨叶或安装在叶轮上的配重所受的离心力来进行控制。叶轮转速增加时,旋转配重或桨叶的离心力随之增加并压缩弹簧,使叶片的桨距角改变,从而使受到的风力减小,以降低转速。当离心力等于弹簧张力时,即达到平衡位置。采用这种原理的实际装置有多种多样,图 3.30 展示了小型风力发电机两种常用的变桨距装置。

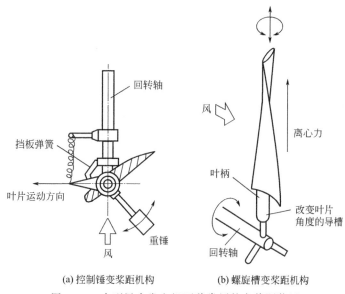

(a) 控制锤变桨距机构　　　　　(b) 螺旋槽变桨距机构

图 3.30　小型风力发电机两种常用的变桨距装置

上述气动阻力制动和变桨距调速,都要求机械构件有很好的可靠性和一致性。如果安装在 3 个叶片上的某 1 个调速构件未能与另外 2 个同步行动,就有可能影响风力发电机的正常运行。

图 3.31 不带偏航保护功能的小型风力发电机

有些简单的小型风力发电机没有偏航保护机构，而是在尾翼上系一根绳，绳另一端下垂到地面。当风大时，业主自己用绳把机身转离风向，然后把绳的另一端固定拴好，如图 3.31 所示。这种结构以前在草原牧民的蒙古包前很多见。

在大型风力发电机中，常采用电子控制的液压机构来控制叶片的桨距。

（5）调向装置

下风向风力发电机的叶轮能自然地对准风向，因此一般不需要进行调向控制。上风向风力发电机则必须采用调向装置，小型风力发电机组最常用的是尾舵结构。

尾舵结构的优点是能自然地对准风向，不需要特殊控制（见图 3.32）。为了获得满意的效果，尾舵面积 A' 与叶轮扫掠面积 F 需要满足一定的关系。

由于尾舵调向装置结构笨重，因此很少用于中型以上的风力发电机。对大型风力发电机组，一般采用电动机驱动的风向跟踪系统。整个偏航系统由电动机及减速机构、偏航调节系统和扭缆保护装置等部分组成。

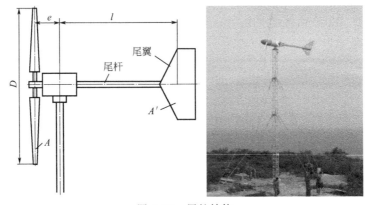

图 3.32 尾舵结构

（6）机座

风力发电机通过塔架配合器和塔架的顶部结合。不同厂家的风力发电机机座结构都不相同。风力发电机制造商提供的塔架是能和风力发电机的底部吻合安装的。对于中小型风力发电机的用户，如果自己制造塔架，则需要向风力发电机制造商索取塔架配合工程的要求资料，以确保购置的中小型风力发电机能和自己制造的塔架正确配合安装。图 3.33 以塔架配合器为例，介绍机身、机座、塔架的配合方式。

（7）刹车制动系统

风力发电机组实现风力发电机制动的方法有多种，按供能方式分为：人力制动系统、动力制动系统和伺服制动系统；按传动方式分为：气压制动系统、液压制动系统、电磁制动系

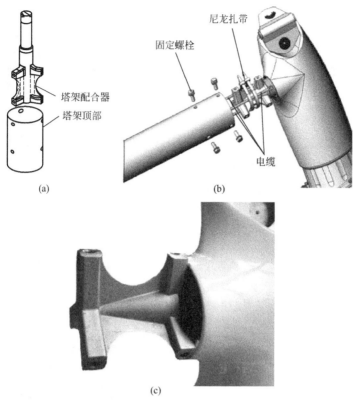

图 3.33 风力发电机机座

统、机械制动系统及组合制动系统等。

无论哪种型式的制动系统都应满足下述要求：制动功能可靠、制动反应灵活、制动过程平稳和制动时限应在风力发电机系统可接受的范围内。

大多数小型风力发电机组都采用以上这些制动方式中的某一种。

（8）控制器

控制器是风力发电系统中另一个非常重要的部件。并网型风力发电机组需要通过并网型控制器把风力发电机发出的电输送到电网上，并且具有功率最优控制策略，电网电压异常、过载、过速、过热以及防雷等保护功能。

离网型控制器的基本作用是把风力发电机发出的不稳定的、不标准的三相交流电转换成直流电并储存在蓄电池内。除此之外，风力发电的电控器还有一些其他的保护功能，至少应具备对蓄电池的过充保护。有关控制器的基本原理将在后面的章节详细介绍。

由于各厂家生产的风力发电机的特性不同，为了使系统能获得最佳工作状态，一般专业的小型风力发电机制造商都配有自己的电控器。所以与太阳能光伏发电的控制器不同，风力发电系统的电控器一般都与风力发电机配套销售，用户切忌买不同厂商的风力发电机和控制器进行组合。

在直流总线上，并行的独立控制器能够很好地工作，这为多台风力发电机组组成一个机群、成为较大的系统提供了可能性。图 3.34（b）是由 12 台 10kW 风力发电机组组成的小型风力发电机组机群，控制器往往是系统中较薄弱的环节。

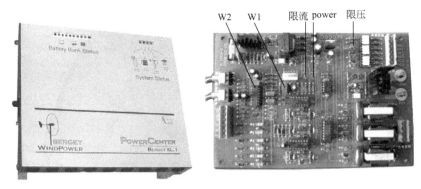

(a) 单台风力发电机控制器外观图及控制板图

(b) 多台风力发电机控制器外观图及控制板图

图 3.34　单、多风力发电机控制器外观图及控制板图

3.3　风力发电机组的基本特性参数

风力发电机组的性能不仅取决于设计制造的水平和质量，而且还与机组使用地区的气候条件和运动方式紧密相关。风力发电机组通常由若干主要技术性能指标来描述，深刻了解这些指标的含义，并应用到风力发电机组的选择中去，是十分重要的。下面就一些常用的风力发电机组性能参数做一个简要介绍。

3.3.1　考察风力发电机组性能的最主要技术参数

IEC 关于小风电的国际标准 61400-2 以及一些国家的国家标准，如中国的 GB/T 17646 小型风力发电机组，美国的 AWEA 9.2-2009 （AWEA Small Wind Turbine Performance and Safety Standard）和英国 RenewableUK 的小型风力机的性能和安全标准（Small Wind Turbine Performance and Safety Standard-2008），都明确提出了几个衡量小型风力发电机的技术指标。

（1）年发电量（annual energy production，AEP）

年发电量是指在年平均风速为 5m/s 的条件下，按瑞利风速分布概率计算的一个整年周期内的发电量，运行时间 100%，功率曲线按 GB/T 18451.2（IEC 61400-12）规定的方法获得。年发电量是衡量一台风力发电机运行结果的最重要指标，是由有资质的第三方检测得出的，年发电量是用户最应该关心的。

（2）噪声水平

额定噪声等级：假定平均风速是 5m/s，风速分布为瑞利分布，数据有效性 100%，观测点距风机轮毂中心距离为 60m，这个噪声等级在 95% 的时间都不会被超过。

（3）测试等级（turbine test class）

小型风力发电机的等级按照风速和湍流参数来定义，湍流强度 $I_{15}=0.18$。分级的意图是涵盖大多数应用，分级的目的是实现基于受风况支配的、明显变化的鲁棒性的小型风力发电机的分级。表 3.1 中详细列出了定义小型风力发电机等级的基本参数。

表 3.1　小型风力发电机等级的基本参数

SWT 等级	I	II	III	IV	S
v_{ref}/(m/s)	50	42.5	37.5	30	参数由设计者确定
v_{ave}/(m/s)	10	8.5	7.5	6	
I_{15}（—）	0.18	0.18	0.18	0.18	
a（—）	2	2	2	2	

注：这些值适用于风力发电机轮廓中心的高度，I_{15} 是平均风速为 15m/s 的湍流强度无量纲的特征值，a 是公式中用到的无量纲的斜率。

小型风力发电机除了按照风速和湍流强度定义了四级（I、II、III 和 IV）外，还定义了 S 级。S 级小型风力发电机的设计值将由设计者选择，并在设计文件中详细说明。对于这种特殊的设计，选为设计工况的值应能反映出一种比这个小型风力发电机预期使用的环境更为严酷的环境。等级 I、II、III 和 IV 定义的外部条件，既不包含海面上的条件，也不包括在热带风暴中所经历的风力条件，例如飓风、暴风和台风。这样的条件应该要求风力发电机按 S 级设计。

如上所述，IEC 61400-2 中规定的湍流强度 $I_{15}=0.18$，即风速在 15m/s 时的湍流强度不大于 18%。但是，实际上小型风力发电机的工作风速远小于 15m/s，而湍流强度则很大。国际能源署（International Energy Agency，IEA）风能协议委员会的研究课题 Task 27 是研究强湍流环境下小型风力发电机的微选址。研究结果表明，I_{15} 不能恰当地反映小型风力发电机的工作环境，考虑在 IEC 61400-2 下一次修订时（目前的是 IEC 61400-2 Ed3，将修订为 IEC 61400-2 Ed4），调整为 I_5 或者 I_{10}。

（4）额定功率

额定功率是指在额定风速下风力发电机输出的最大电功率，美国风能协会（AWEA）的《小型风力发电运行和安全标准》、英国风能协会（BWEA）制定的《小型风力发电运行和安全标准》中规定的额定风速为 11m/s，我国关于小型风力发电机额定风速的标准见表 3.2。

风力发电机的额定风速定得高一点可以扩大风机运行的风速范围，比较容易实现风机抗大风能力，提高风力发电机的可靠性和耐久性。

表 3.2　我国关于小型风力发电机额定风速的标准

机组额定功率/kW	0.05	0.1	0.2	0.3	0.5	1	2	3
额定风速/(m/s)	6,7,8				7,8		8,9,10	
切入风速(不大于)/(m/s)	3.5,3.7,4				3.7,4		4,4.5	
机组额定功率/kW	5	10	15	20	30	50	100	200
额定风速/(m/s)	8,9,10	8,10			10,12		12	
切入风速(不大于)/(m/s)	4,4.5	4,4.5			4.5,5		5	

3.3.2　其他技术指标

(1) 切入风速与切出风速

在低风速下，风力发电机的叶轮虽然可以转动，但由于发电机转子的转速很低，并不能有效地输出电能，当风速上升到"切入风速"时，风力发电机才能正常发电。随着风速的不断升高，发电机也不断加大输出功率，当风速上升到"切出风速"、风力发电机输出功率超过额定功率时，在控制系统的作用下机组停止发电。目前有些离网型风力发电机组不设定切出风速，而是当发电功率超过额定值时，机组采用限速方式降低机组输出功率。

目前风力发电机生产厂将切入风速与切出风速之间的风速段称为"工作风速"，从字面可以看出，切入风速与切出风速之间是风力发电机组实际发电的有效风速区间，这个风速区间越大，风力发电机组发电吸收的风能也越多。因此，风力发电机组的切入风速越低、切出风速越高越好，这样的机组在相同的风况条件下可发出更多的电能。

(2) 最大输出功率与安全风速

最大输出功率是风力发电机组运行在额定风速以上时，发电机可能发出的最高功率值。最大输出功率值高一些，说明风力发电机组的发电机容量具有一定的安全系数。值得注意的是，最大输出功率值过高，虽然发电机组更安全，但设计这样的风力发电机却有些浪费。而且，大风下的风力发电机组，若无止境地增加输出功率，还将给系统的保护带来不必要的负担或损坏。

安全风速是风力发电机组在保证安全的前提下，所能承受的最大风速。安全风速高，说明该机组强度高，安全性好（一般不要求机组在安全风速下发电）。

(3) 风能利用系数与整机效率

有关"风能利用系数"的定义，在本书前面已有详述。风能利用系数越高，说明叶轮吸收的风能越大，该风力机的空气动力性能越好。

风能利用系数高，只是叶轮的效率高，并不代表风力机效率高，更不能说明风力发电机组整机效率的水平。表征风力发电机组将风能转换为电能水平高低的参数是"整机效率"。风力发电机组的整机效率就是风力机（叶轮）的风能利用效率、变速箱的传动效率、发电机的机电转化效率、偏航滞后效率等各效率之积。整机效率指标考虑了风力机的机械损失、发电机的电能损失和机组的其他内部损失。因此，风力发电机组的整机效率远远低于叶轮的风能利用系数，即气动力效率。同一般的机械设备或电气设备一样，风力发电机组的整机效率越高越好。

(4) 调向方式

如前所述，为保证风力发电机在允许风速范围内风力发电机叶轮的中轴线始终与风向保持一致，风力发电机都必须有一定的调向机构。下风型的水平轴风力发电机利用叶轮的锥度来定向，没有尾翼；而上风型的水平轴风力发电机采用尾翼定向，尾翼的作用是为风力发电机组导向（使叶片迎风）。有尾翼的风力发电机组其功率一般不会大于 15kW［低成本考虑，如图 3.35(a) 所示］。更大的风力发电机组很少有尾翼，尾翼的作用被其他结构所代替，如图 3.35(b) 所示。

(a) 带有尾翼的风力发电机(1kW)　　　　　　　　(b) 不带尾翼的风力发电机

图 3.35　小型风力发电机的调向方式

（5）调速机构和制动系统

评价风力发电机组的质量水平，系统可靠性始终是最重要的。与风力发电机组可靠性密切相关的是风力机的调速机构和制动系统。

① 调速机构　风力发电机组在高风速下的安全平稳运行，主要依靠调速机构的限速功能。实现小型风力发电机组调速功能的方法有多种，无论哪种型式的调速机构都应满足下述要求：调速功能可靠、调速反应灵活、调速过程平稳和调速误差应在风力发电机系统可接受的范围内。

② 制动系统　在超过安全风速运行或发生紧急情况时，小型风力发电机组必须紧急停车，此项功能由风力发电机制动系统来实现。

（6）风力发电机的风速工作范围

一般来说，当风速达到 2.5～3.0m/s 时，小型风力发电机就可以启动，当风速持续增加，约 3.5m/s 及以上时达到切入风速，此时风力发电机开始发电。

一般在 3～20m/s 风速范围内，风力发电机均可以正常工作，这一点可以从不同型号风力发电机的功率曲线上观看得到。我国有效风能密度所对应的风速是 3～20m/s，目前条件下，对低于 5m/s 风速中的风能量利用是非常有限的，因为在目前的技术水平下，利用如此低的风能从经济上讲是很不合算的，所以 4～8 级风才是应充分利用的（5.5～20.7m/s）。

小型风力发电机的瞬时抗风强度一般可以达到 50m/s 左右，但是这并不说明在台风中损坏的风力发电机就一定有质量问题，台风经过风力发电机所在地的情况是千变万化的，如当时的实际风力强度、持续时间、瞬间最大风力等等。因为我们不能在台风过后，树木折断（甚至连根拔起）、房屋倒塌、渔船掀翻等情况下，还要求风力发电机完好无损地正常工作，这是不现实的。图 3.36 为被桑美台风损坏的大型风力发电机组。能在台风中仍然完好工作的风力发电机，只能说明其超强的抗风能力及可靠性。

(a)　　　　　　　　　　　　(b)

图 3.36　被桑美台风损坏的大型风力发电机组

当风速高出正常风速工作范围时，风力发电机组就进入保护状态，有些类型的风力发电机组就停止工作了，而另一些类型的风力发电机组则努力减少风力发电机叶片吸收风能的效率，比如让叶轮偏离风向（自动偏航保护），直至叶片旋转平面基本平行于风向；或启动变桨器（对有此结构的风力发电机组而言），人为扭曲叶片；或者接入卸荷器以限制发电机输出电流的最大值。但这要确保各相关机构或零部件工作可靠，否则会造成飞车。对不具备可以飞车工作的风力发电机组而言，非常容易产生机械损坏，转速的急剧增加还将使发电机的电压迅速大幅度升高而击穿绝缘材料或整流元件，这时应该机械刹车（无人值守机站不可使用）。注意：靠发电机短路的电磁刹车是不可靠的。

从另一个角度讲，可以对叶片的"刚度-韧性"进行特殊设计，在高出正常工作风速后让叶片变形量显著增加以减少对风能的吸收。

通常发电机应能承受的是 50m/s 的风速，相当于 15 级大风的上限风速（46.2～50.9m/s）。

注意这个风速是风力发电机轮毂中心处的风速，不是气象局公布的风速，即不是 10m 高处的风速。还要注意这个风速是瞬时风速，或称为最大阵风风速，而气象局公布的风速都是采集的一段时间以内的平均风速，平均风速与瞬时风速的能量差别是非常大的，所以往往产生的影响是不一样的。

（7）对环境的适应能力

我国地域辽阔，各地气候差异很大，因此风力发电机对恶劣天气和环境的适应能力，也是评价风力发电机组的重要条件之一。例如：风沙、盐雾、严寒、高温、雷电区和长期阴雨天气等，对风力发电机组都会提出特殊的防护要求。

（8）安装和维护的简易性

我国发展独立离网型风能系统的地区，大多数处于偏远、多山地带，经济欠发达，交通运输不便。使用在上述地区的风力发电机组必须做到便于安装，维护简单，否则不仅给用户带来麻烦，而且也给厂家的售后服务带来很大困难。

3.3.3　中小型风力发电机组的评价

评价中小型风力发电机组，就是对它的主要技术指标（参数），如额定功率、功率曲线等进行检测和评价。

（1）额定功率

额定功率是表征风力发电机（组）最重要的参数之一。通常风力发电机组的功率用额定风速下的额定功率来表征。

根据《小型风力发电机组》（GB/T 17646—2017）中的定义，额定风速（rated wind speed）是"由设计和制造部门给出的，使机组达到规定输出功率的最低风速"。

额定功率（rated power out-put）是指"空气在标准状态下，对应于机组额定风速时的输出功率值"。

比如 1 台 1kW 的风力发电机的额定风速是 11m/s，在风速达到 11m/s 时，该台风力发电机的输出功率达到 1kW。在实际风速低于额定风速时，发电机的输出功率低于 1kW，而高于额定风速时，如果不加限制，则输出功率会超过 1kW。从风能公式可以看出，由于能量与风速的立方成正比，这种输出功率的增加是非常可观的。假设额定风速为 11m/s，实际风速达到 12m/s，则根据立方原理，能量将增加 30%。而任何一台风力发电机都不可能在无限宽的范围内工作。因此，当风速达到额定风速时，风力发电机组就要采取一定的措施来限制和保护风力发电机，这就是调速或限速装置的作用。

依据 IEC 61400-121 的功率曲线，额定功率是风力发电机在风速 11m/s 下的风机输出功率。

① 额定风速下额定功率的检测。风力发电机（组）额定风速下额定功率的检测实际包含三部分，即：发电机在额定风速下的效率、发电机在额定功率下的效率和发电机的额定功率（净电输出功率）。

根据国标定义，风力发电机（组）的额定功率是指"设计要达到的最大连续输出电功率"。风是不连续的，要达到此项检测要求，发电机的额定功率检测数据只能在试验台上获得。

在整流器件后、充电控制器前接入纯阻性负载（负载模拟器），按设计的额定功率和额定电压（或额定电流）计算出"临时电阻"：

$$R = v^2 / P_e \ 或 \ R = P_e / I^2$$

发电机的实际功率为：

$$P = v^2 / R \ 或 \ P = I^2 R$$

发电机的额定功率为"在额定电压下达到额定温度时输出的电流与该电压的乘积"。

用原动机拖动发电机达到额定电压，并在此电压下持续工作至发电机温升平衡（每小时温升不超过 3℃），比较此平衡温度与发电机绝缘材料允许最高工作温度 90% 值间的差异量，根据其量调节"临时电阻"阻值，直至发电机的平衡温度接近或等于其绝缘材料允许最高工作温度的 90% 值，此时的输出电流就是"额定电流"。额定电压与额定电流的乘积就是额定功率，此时的"临时电阻"就是"额定负载"。

很显然这里的"额定功率"就是发电机的净电输出功率。

要注意试验台周围环境温度和风速的变化，它们直接影响发电机的散热量，从而对发电机平衡温度的影响巨大。

在这一过程中还应该注意另一件事：在同等条件下，发电机达到额定温度的时间越长，发电机的过载能力越强。

风力机的效率包含叶片效率（指额定风速下的效率，不同风速下叶片的变形量及叶片攻角的改变对其效率的影响是巨大的）、偏航效率（一般设计为风向与尾翼板的夹角达到 10°～30° 时风力发电机才开始转向，因此风力发电机的转向具有滞后性）、尾舵预制效率（尾舵预偏角为叶轮轴线和尾舵在安装时预先设定的、固定的、在水平面上的夹角）、初始迎风效率［风与地面约有 8°夹角，而发电机（组）的"水平轴"与地面的设计夹角为 0°～5°］、转向阻尼效率（旋转阻力）等。由于上述各项均与风压有关，所以风力发电机的效率是随风速的变化而变化的，因此当我们谈及风力发电机效率的时候，设定在额定风速下是最有代表性的。

检测风力发电机的效率，还与测试场地的地形、地貌有很大关系。开阔、平坦的测试场地，加之适当的塔架高度是必须的，小型风力发电机建议不低于 24m 塔高（除小于 1kW 的微型风力发电机）。

由于自然风在空间和时间上都是随时随地变化的，且受障碍物影响较大，所以测风塔距离风力发电机（组）塔架的距离以 10m 为宜，高度等于风力发电机轮毂高度。

用风力发电机（组）带"额定负载"，当其电压达到额定值时所对应的风速，即为"额定风速"。这样虽然尚不知风力发电机在额定风速下的效率和发电机在额定功率下的效率，但已经将风力发电机（组）在额定风速下的额定功率检测出来了。

根据国标的定义，以上检测方法应该是比较合适的。然而现实的检测方法是：用蓄电池代替电阻，用实际风况代替原动机，这样的检测结果自然差之千里。

② 用蓄电池作为负载测试风力发电机（组）的问题。假设用蓄电池而不是用电阻来测量风力发电机的效率。

设蓄电池的基础电压为 U，当风力发电机（组）的电压低于 U 时，电流不存在，因此不产生刹车力矩，主要阻力矩为转子的转动惯量使然。众所周知，阻性负载电压与电流成正比，有电压就有电流，而不论电压的高低。因此要使阻性负载下的风力发电机（组）电压达到 U，除需要克服转子的转动惯量外，还要克服很大的刹车力矩。因此同样得到电压 U，二者需要的风况却有很大的差别，前者明显优于后者。

随时变化的风况，导致小型风力发电机（组）的输出功率不可能一直稳定在额定功率上，因此发电机的温升缓慢，散热条件优越，这样室外检测风力发电机（组）得到的发电机（不包含风力发电机）"额定功率"数据要大得多。

理解了这个问题，也就理解了为什么"同样功率"的风力发电机（组），价格相差很多、寿命亦相差很多的原因。

（2）功率曲线

① 功率曲线　当风力发电机组被确定后，风速与负载所获得的电功率之间的关系曲线称为风力发电机组的功率曲线。

根据负载的性质，负载的大小，以及风力发电机安装现场的风速、风向、地形等情况的不同，风力发电机组的功率曲线是一组而不是一条。风力发电机的功率曲线反映了不同风力发电机的性能。

图 3.37 为某 10kW 风力发电机的输出功率曲线图。

不同风力发电机的功率曲线是不一样的。图 3.38 给出不同制造商生产的风力发电机功率曲线图。

② 功率曲线的检测　测试标准：根据最新版的 IEC 61400-121 标准规定进行测试，并且将内容记录在测试报告中。

风力发电机系统包括：风力发电机、塔架、风机控制器、调节器、逆变器、风机与负载之间的连线、变压器及蓄能负载。

功率的测量应该在有负载的情况下进行，以获得完整风机系统的能量损耗。风力发电机

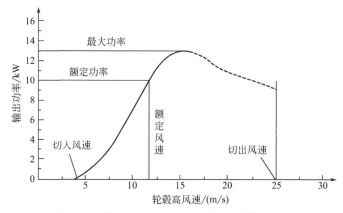

图 3.37　某 10kW 风力发电机输出功率曲线图

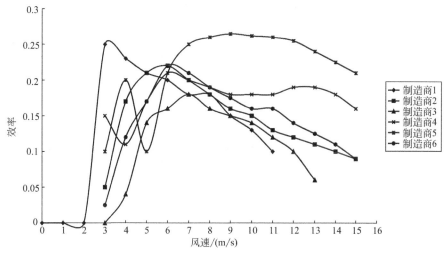

图 3.38　不同制造商生产的风力发电机功率曲线图

的负载应该与风力发电机设计负载一致，如并网负载、蓄电池负载或蓄电池模拟器等。但是对联网并带有蓄电池类型的风机，蓄电池被认为是风机系统中的一部分。

风机安装高度：风机应根据制造商所规定的安装要求进行安装调试，风机轮毂至少安装在离地面 24m 高度的地方。

总的电缆长度：从塔架的基础位置开始测量，至少是 8 倍的叶轮直径。

空气密度：空气温度传感器和空气密度传感器要安装在风机轮毂高度以下、1.5 倍叶轮直径的位置。

数据采集和整理：预处理周期通常为 1min。数据库应包括低于切入风速 1m/s 和等于或大于 14m/s 的数据；风速范围以 0.5m/s 的整数倍风速为中心进行划分；每个区间至少包含 10min 的采样数据；数据库至少包含不少于 60h 的采样数据。

额定功率：依据 IEC 61400-121 的功率曲线，在风速 11m/s 下的风机输出功率。

(3) 年发电量（annual energy production，AEP）

额定年发电量：假设风速分布按照瑞利分布，数据有效性 100%，在平均风速 5m/s 的条件下风机一年所产出的能量；所依据功率曲线来源于 IEC 61400-121（海平面处的环境下）。

① 发电量的计算 前面已经介绍了风频分布特性和功率曲线，现在来讨论风力发电机输出的计算。

图 3.39 给出了某风力发电机的功率曲线。可以看出，风力发电机在 13m/s 时达到最大功率。图 3.40 给出了某地的风频分布。把风速按 1m/s 为风速范围段（bin）进行分布统计，可以看出某地 7m/s 的风速占了最大比例，将近 9%。风力发电机的输出，是由每一风速段的频率度和该风速段发电机的功率的乘积叠加而成的。图 3.41 给出了每个风速段相乘的结果，其叠加的结果就是风力发电机的发电量。从图 3.41 中可以看出，最大输出功率并没有发生在发电机最大功率处（13m/s），也没有发生在最大风频处（7m/s），而是发生在 11m/s 处。

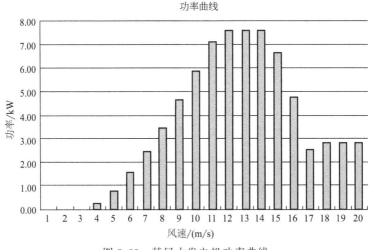

图 3.39 某风力发电机功率曲线

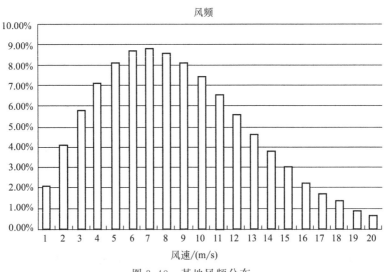

图 3.40 某地风频分布

根据上述的计算方法，当我们知道了某一风力发电机的输出功率曲线后，就可以利用式(3.1)来计算该风力发电机在该地自然条件下的发电量：

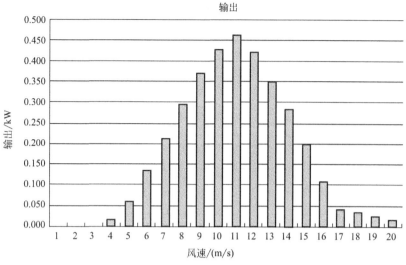

图 3.41　风力发电机发电量

$$P = \sum_{i=1}^{n} (V_i P_i) \tag{3.1}$$

式中，V_i 为风频段；P_i 为与该风频段对应的风力发电机的功率；i 为风速范围中对应的风频段数量。

设：某地平均风速为 7.95m/s，相对应的风频分布如表 3.3 第 2 列，一台 8kW 的风力发电机的功率曲线如表 3.3 第 3 列。则把风速段（i）分为 1~20m/s，按式(3.1) 把风频和功率相乘并叠加；相乘的结果如表 3.3 第 4 列。由此得到在各对应风速段风力发电机的输出功率，并进一步可得到平均功率为 3.69kW。这是在一天 24h 内发电机的等效平均功率，据此，这台风力发电机在平均风速为 7.95m/s 的一天内发电约 117.84kW·h。

表 3.3　根据功率曲线和风频计算输出功率

风速段/(m/s)	风频/%	功率/kW	输出功率/kW
1	2.1	0.00	0.00
2	4	0.00	0.00
3	5.8	0.00	0.00
4	7.1	0.33	0.02
5	8.05	1.07	0.09
6	8.7	2.20	0.19
7	8.8	3.40	0.30
8	8.7	4.87	0.42
9	8.05	6.47	0.52
10	7.4	8.20	0.61
11	6.5	10.00	0.65
12	5.6	10.66	0.60

风速段/(m/s)	风频/%	功率/kW	输出功率/kW
13	4.7	10.66	0.50
14	3.8	10.66	0.41
15	3	9.33	0.28
16	2.25	6.67	0.15
17	1.8	3.60	0.06
18	1.3	4.00	0.05
19	0.9	4.00	0.04
20	0.7	4.00	0.03
合计	99.25		4.92

发电机组的实际输出功率与负载的性质、负载功率大小、项目地点的风资源丰富与否都有很大的关系，脱离这些影响风力发电机输出功率的主要因素而谈功率或发电量是不全面的。

② 年发电量的计算　为了对不同风力发电机进行比较，IEC 400-2 规定了年发电量 AEP 的统一计算方法。

计算的条件为：年平均风速 5m/s；风频分布按照瑞利分布；数据有效性 100%。依据功率曲线来源于 IEC 61400-121（海平面处的环境下）计算风力发电机的年发电量。

$$W_{AEP} = 8760 \sum_{i=1}^{n} \left[F(V_i) P_i \right] \tag{3.2}$$

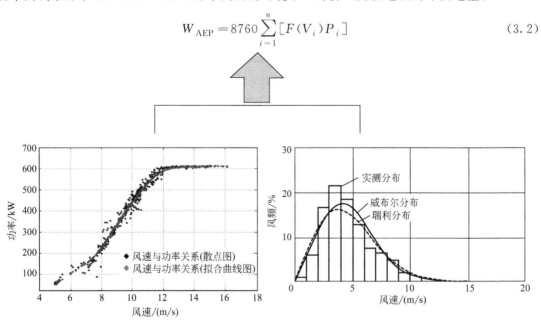

式中，W_{AEP} 为风力发电机组年发电量；V_i 为 bin i 中的平均风速；$F(V_i)$ 为年平均风速为 5m/s 的瑞利风频分布曲线 bin 中 V_i 段平均风速出现的概率，%；P_i 为 bin 中 V_i 段平均风速对应的平均功率，W。

根据上式就能计算出风力发电机按年平均风速 5m/s 和瑞利分布规律的风频分布条件下的年发电量。如果所有的风力发电机都按上述这个统一的条件进行功率曲线检测并计算年发电量，彼此之间就具有了可比性。

（4）检测风力发电机组中发电机的效率

① 发电机的效率 风力发电机组是指从风能输入到发电机的输出，即叶轮加发电机。有的风力发电机组包含变速箱，大多数中小型风力发电机没有变速箱。

风力发电机输入的机械能大于其输出的电能，输出电能占输入机械能的百分比即为风力发电机的效率。

能量消耗为线圈电阻的损耗（铜损）、铁芯涡流和磁滞的损耗（铁损）、轴承等传动机构的摩擦损耗（机械损耗）等，所以风力发电机的输出能量总是小于其输入能量。

通常，对于无变速箱的风力发电机的效率由叶轮的转换效率和发电机的效率的乘积决定：

风力发电机效率＝叶轮的转换效率×发电机的效率。

假设一台风力发电机叶轮的转换效率为 35％，发电机的效率为 85％，则该风力发电机的效率为：

$$风力发电机效率＝35％×85％＝29.75％$$

② 检测风力发电机组中发电机的效率 风力发电机组中发电机输出的净电功率（额定功率）与输入的机械功率之比即为发电机的效率。二者差值即为损耗，这种损耗包括转子旋转的机械摩擦损耗、克服空气阻力的空阻损耗、转子的铜损和铁损（发热）、定子的涡流损耗等。检测发电机的效率可以在实验室内用原动机做拖动试验。

用原动机拖动扭矩传感器、再通过扭矩传感器带动发电机旋转，发电机带"额定负载"，并将发电机稳定在"额定电压"上。由"额定电压""额定负载"得"额定功率"，$P_e = V_e^2/R_e$。

要注意额定功率一定是在平衡温度下的，此时扭矩传感器上的转矩、转速、功率都有显示，三者都是输入给发电机的。如果扭矩传感器上没有功率显示，则可以通过计算得到 $P = (1/30) \times \pi M n$（$M$ 为转矩，单位为 N·m；n 为转速，单位为 r/min）。发电机的效率 $\eta = (P_e/P) \times 100％$。

扭矩传感器与发电机之间的传动链越短越好，效率越高越好，这一级的传动效率相对于发电机的效率而言应小到足可以忽略不计。

扭矩传感器不得承受弯矩，因此要注意整个传动链的同心度允差不得大于 $\phi 0.1$。不得通过扭矩传感器用悬臂轴驱动发电机，中间一定要通过两个向心轴承支撑并定位驱动轴。

扭矩传感器是精密仪器，禁止强烈振动。因此两个向心轴承及轴承座必须有足够的强度和刚度。

扭矩传感器显示的转矩和转速都要事先校对。

扭矩传感器必须可靠接地，否则工作不稳定、显示不准确。

由于发电机的净电功率（额定功率）是在平衡温度下得到的，这期间需要 2～3h，因此检测发电机的效率是一项有耐心要求的工作。

发电机在平衡温度下得到的效率要比在室温下得到的效率低得多。举例说明如下。

例如设计的发电机"额定功率"为 10kW、"额定电压"为 240V（DC）、最低等级的绝缘材料（例如槽楔）为 180 级，则"设计要达到的最大连续输出电功率"的平衡温度是 $180 \times 90％ = 162℃$，由于温度的平衡过程是按指数规律变化的，开始温升很快，随着时间的推移温升越来越慢，逐渐趋于直线（平衡），所以当温升在 1h 内的变化量不超过 3℃ 时就认为它平衡了。

平衡温度定为最低等级绝缘材料最高工作温度的90%，这是考虑了绝缘材料性能的离散性和用于风力发电机组的发电机实际工况远比绝缘材料制造厂在对该材料进行性能检测时的工况恶劣得多，以及测量点、测量方法、测量误差等因素的影响。

不能认为绕组经过浸漆后绝缘材料的绝缘性能会明显提高，因为风力发电机组的刹车力矩（电磁力矩）是剧烈变化的，这种变化足以抵消浸漆后绝缘材料绝缘性能的"提高部分"。换句话说，风力发电机组的发电机绕组浸漆的目的是尽量减缓绝缘材料性能的下降速度，而无法维持或提高该性能。

"临时电阻"：$R = V^2/P_e = 240^2/10000 = 5.76\Omega$。

把"临时电阻"作为发电机的负载，原动机拖动发电机升速直至"临时电阻"上得到240V电压，假如此时发电机的转速是280r/min。0.5h后"临时电阻"上的电压下降到235V，再次提高发电机的转速直至"临时电阻"上再次得到240V电压，假如此时发电机的转速变为290r/min。重复这一过程直到温度平衡。假如3.5h后发电机的温度平衡在173℃，显然发电机的功率不够10kW，因为"最大连续输出电功率"的平衡温度超过了162℃。

提高"临时电阻"的阻值，例如提高到6.6Ω，重复上述过程。假如3.5h后发电机的温度平衡在165℃ [162(1±2.5%)℃]，此时的转速是315r/min，则发电机的额定功率 $P = V^2/R = 240^2/6.6 = 8727W$，额定转速是315r/min（对直驱式风力发电机组而言，发电机的转速就是风力发电机组的转速，对于变速发电机而言还需要乘以变速比），"额定负载"是6.6Ω。

当然，如果初次检测平衡温度远低于162℃，则说明发电机的额定功率大于10kW，需要减小"临时电阻"的阻值。

由于发电机带负载后自身会发热，因此自身电阻会增大，使其输出端电压下降，直至温度平衡后其端电压才会稳定下来。

由于发热量与电流的平方成正比，所以"临时电阻"阻值一个微小变化就会导致发电机平衡温度变化很多。

还要说明的一点是：发电机自开始工作至其温度平衡的时间越长越表明发电机的过载能力越强。

需要再明确一点的是：发电机的额定负载不是最佳负载，最佳负载是随发电机转速变化而变化的，它是发电机在某一转速下能够输出的最大电功率的负载，而这一电功率的电流如果超出发电机的额定电流则这一电功率是不能连续输出的，但额定负载下得到的电功率却是可以连续输出的。

③ 检测风力发电机组中发电机的效率　在前面我们已经知道了"如何检测风力发电机在额定风速下的额定功率"的方法，亦得到了额定风速和额定功率。额定风速对应的风能是：

$$W = (1/8)\pi d^2 \rho v^3 \tag{3.3}$$

式中，d 为叶轮直径；ρ 为空气密度；v 为额定风速。

风力发电机的额定功率（净电输出）与额定风速下风能之比就是风力发电机的效率。

举例：如果一台额定功率为1kW的风力发电机叶轮直径为2.4m，额定风速为11m/s，则额定风速对应的风能是：

$$W = (1/8)\pi d^2 \rho v^3 = (1/8)\times 3.14 \times 2.4 \times 1.225 \times 11^3 = 3.69kW$$

则该台风力发电机的效率为 1kW/3.69kW＝27.1%。

④ 检测风力发电机的额定转速 实际上，在上述过程中发电机的额定转速已经在扭矩传感器上显示出来了。风力发电机的额定转速就是发电机的额定转速。

在测发电机的额定功率时我们可以顺便测量发电机的线电流或线电压的频率，而发电机的磁极对数我们是知道的（磁铁数/2），额定转速 $n＝60f/p$（f 为频率，p 为磁极对数）。这种方法也可以得到风力发电机的额定转速。

风力发电机转速通常是指转子的转速，它与功率之间是有对应关系的，但不是线性关系。定子（绕组）的电抗与阻抗、感抗的关系是电抗的平方等于阻抗平方与感抗平方的矢量和（勾、股、弦），感抗正比于转速。

叶轮的转速与转子的转速之间是有对应关系的，或为 1∶1（直驱式，无变速箱）或为 $i∶1$（i 为变速箱传动比）。

风速与叶轮转速之间没有对应关系。不同风速使叶片攻角随之改变，直接造成叶片升力的变化，转速也就改变了，特别是叶片发生变形时（这是不可避免的），这种变化更为剧烈。但通常情况下，在叶片攻角没有达到失速角度前，总的趋势仍是随着风速的提高转速也在提高，图 3.42 描述了一风力发电机的风速—风力发电机转速—功率三者之间的关系。

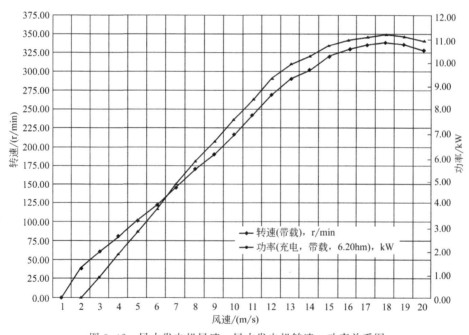

图 3.42 风力发电机风速—风力发电机转速—功率关系图

(5) 噪声及其检测

① 噪声 风力发电机的噪声主要来自两个方面：传动噪声和振动噪声。振动噪声来自叶片和塔架。

叶片"划破"空气的哨声及叶片振动的"嗡嗡"声是噪声的最大来源。声音的大小与叶片截面形状、叶片远端尖角处理方式、叶片共振频率与发电机转速的关系、叶片材质、叶尖速比等都有关系，所以噪声是不可避免的。至于噪声有多大很难说清楚，因为噪声的大小还与环境有关（是否有回声、共鸣或吸收声波），无论如何，如果条件允许，风力发电机的安装位置最好远离住宅和人群。

另外，人们对风力发电机噪声的感觉还和背景有关。当风很大时，虽然风力发电机的噪声可能比风较小时来得大，但是这时风声本身很大，反而淹没了风力发电机的噪声。所以，人们感觉到的风力发电机的噪声往往是风速不太大的时候。一般，风力发电机的噪声水平在 $50\sim70dB$。

② 噪声等级　额定噪声等级：根据 IEC 标准 IEC 61400-2，这个噪声等级在 95％的时间不会被超过，假定平均风速是 5m/s，风速分布为瑞利分布，数据有效性 100％，观测点距风机轮毂中心距离为 60m。

③ 噪声的测量

a. 测试方法：依据最新版的 IEC 61400-11。

b. 补充规定：

ⓐ 取值的平均时间段应是 10s 而不是 1min；

ⓑ 风速应该直接测量，而不要通过功率间接获得，这应是首选的办法；

ⓒ 测定整数风速下的声压水平；

ⓓ 只要防风保护罩有效，那么测量时的风速范围应尽可能地宽一些；

ⓔ 在超风速保护开始起作用时会出现一些状况，如切出保护、摇摆、振动，高风速时造成的这些显著变化应该被记录下来。

音调的分析不是必需，但是一些显著的变化部分还是应该被观测和记录下来。

额定噪声等级是在距离风机轮毂中心 60m 处并且没背景噪声干扰的情况下计算得出的。随着与风机之间距离的拉大，背景噪声在判定整体噪声等级（风机噪声加背景噪声）的分析中占有越来越大的影响。

背景噪声的等级很大程度上依赖于所处的位置及是否有道路、树木和其他的噪声来源。典型的背景噪声等级的范围在 A 声级（下同）35dB（安静）到 50dB（城市环境）之间。

$$总声级＝10lg(10^{\frac{涡轮声级}{10}}＋10^{\frac{背景声级}{10}})$$

表 3.4 和图 3.43 是 40dB 风力发电机噪声在不同背景噪声条件下距风力发电机中心位置不同距离的总体噪声水平。风力发电机其他噪声水平，如 45dB、50dB、55dB 在不同背景噪声条件下距离风力发电机中心位置不同距离的总体噪声水平数据可以参看相关资料。

表 3.4　40dB 风力发电机噪声在不同背景噪声条件下距发电机中心位置不同距离的总体噪声水平

| 距风机中心的距离/m | L_{AWEA}:40dB | | | | |
| | 背景噪声等级/dB | | | | |
	30	35	40	45	50
10	55.6	55.6	55.7	55.9	56.6
20	49.6	49.7	50.0	50.9	52.8
30	46.1	46.4	47.0	48.6	51.5
40	43.7	44.1	45.1	47.3	50.9
50	41.9	42.4	43.9	46.6	50.6
60	40.4	41.2	43.0	46.2	50.4
70	39.2	40.2	42.4	45.9	50.3
80	38.2	39.4	41.9	45.7	50.2

续表

距风机中心的距离/m	L_{AWEA}:40dB				
	背景噪声等级/dB				
	30	35	40	45	50
100	36.6	38.3	41.3	45.5	50.2
150	34.1	36.8	40.6	45.2	50.1
200	32.8	36.1	40.4	45.1	50.0

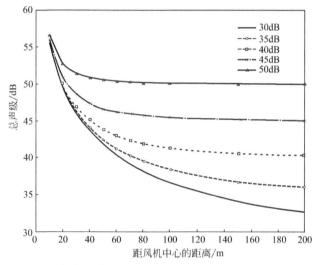

图 3.43　40dB 风力发电机噪声在不同背景噪声条件下距发电机中心位置不同距离的总体噪声水平

（6）耐久性要求与测试

耐久性是风力发电机的一项非常重要的指标。小型风力发电机可靠性的最低基准是 IEC 61400-2 ed3，风力发电机应根据有关规定由有资质的第三方测试机构进行测试，并出具测试报告。

IEC 61400-2 ed3 的具体测试要求：

① 这个测试需要持续 2500h 的功率输出；

② 测试中必须包含 15m/s 以上风速的至少 25h 的测试数据；

③ 风机停测的时间和数据的有效性应该在报告中写出，数据有效性需要达到 90%；

④ 小型修理可以，但是必须在报告中说明；

⑤ 测试期间，任意一个主要部件例如叶片、主轴、发电机、塔架、控制器、逆变器需要更换，那么这个测试必须重新开始；

⑥ 耐久性测试期间，对风机和塔架都应仔细观察，并且在测试报告中对观测到的现象进行陈述。

第4章

可再生能源发电技术基础

可再生能源包括风能、太阳能、水能、生物质能、海洋能（波浪能、潮汐能、海洋温差能）等，这些能源均可以在自然界中循环再生。

4.1 可再生能源的定义和特点

根据国际能源署可再生能源工作小组的定义，可再生能源是指"从持续不断地补充的自然过程中得到的能量来源"。可再生能源泛指多种取之不竭的能源，严谨地说，是人类有生之年都不会耗尽的能源，它不包含现时有限的能源，如化石燃料和核能等。

可再生能源资源作为一种独立存在的能量载体，在总体上具有许多不同于煤炭、石油、天然气等化石能源资源的特点：

① 可再生性；
② 能量低密度性；
③ 间断性；
④ 分布分散，呈明显的地域性；
⑤ 与生态环境密切相关性。

（1）可再生性

可再生性在前面已经说明，这里不再赘述。

（2）能量低密度性

能量密度（energy density）是指在一定的空间或质量物质中储存能量的大小。

能量密度（W）就是物体的能量与物体的重量（或者体积）之比，通常以 MJ/kg、MJ/m^3 等单位来表示。常见能源能量密度见表 4.1。

表 4.1 常见能源能量密度

来源	能源密度/(J/m^3)
太阳能	0.0000015
地热能	0.05
风速 10mph(5m/s)	7
潮水	0.5～50

来源	能源密度/(J/m³)
人类	1000
石油	45000000000
汽油	10000000000
汽车占据（5800lbS）	40000000
汽车未占据（5000lbS）	40000000
天然气	40000000
脂肪（食物）	30000000

注：数据来源于 Bradley E. Layton，A COMPARISON OF ENERGY DENSITIES OF PREVALENT ENERGY SOURCES IN UNITS OF JOULES PER CUBIC METER, *International Journal of Green Energy*，5：438-455，2008；1lb＝0.4536kg。

从表 4.1 可以看出，可再生能源的能量密度要比传统化石能源低很多。也就是说，为了获得相同的能量，可再生能源需要更多的体积或者重量。

（3）间断性

可再生能源由于受到自然条件的影响，具有随机性、波动性和间歇性。这些特征不利于对其进行有效控制，增加了使用可再生能源的难度。

（4）分布分散，呈明显的地域性

可再生能源的分布相对比较分散，具有很强的地域性。人们在使用可再生能源时，不仅需要了解它的宏观总体分布，还要了解它在具体地区的微观分布情况。

（5）与生态环境的密切相关性

研究表明，一些可再生能源资源（如生物质资源、水力资源等）不仅和物质生产过程（如农业生产过程）的能量循环有关，而且和物质流的循环过程密切相关。一旦资源的开发利用陷入不合理的状态，则可直接造成生态系统的不平衡和破坏，如为了获得生物质能，对林木资源乱砍滥伐，将带来严重的水土流失和土壤植被的破坏；同时有些可再生能源资源还是支持水土系统平衡的基本物质之一，如作物秸秆、人畜粪便中的营养成分即是构成水土平衡的一些基本元素。

4.2　可再生能源发电的基本形式

4.2.1　一次能源和二次能源

人们习惯上把能源分为一次能源和二次能源。

一次能源又可以分为可再生能源和非再生能源两大类。非再生能源是经过千百万年的演变形成的、短期内无法恢复的能源，如煤炭、石油、天然气等。随着大规模开发利用，非再生能源的储量会越来越少，总有枯竭之时。可再生能源是指具有可再生性的能源形式，如风能、太阳能、生物质能或海洋能等。

二次能源是指无法从自然界直接获取，必须经过一次能源的消耗才能得到的能源。电能是最主要的二次能源。电能是从其他形式的一次能源转化而来的，如煤炭、石油、天然气等非再生能源，或者风能、太阳能、生物质能或海洋能等可再生能源。

可再生能源一般都是一次能源，如风能、太阳能、水能、生物质能、地热能和海洋能等。这些能源，有一部分是可以通过非电能转换的形式加以利用，如风力机械提水、太阳能热利用（太阳能热水器）、水力农业机具等。除了这部分通过非电能的形式加以利用外，大部分人类使用的设备都是采用电能作为基本动力，而电能是二次能源。二次能源需由一次能源转换而来。所以可再生能源都要通过一定的技术手段把非电能转换成电能，才能加以利用。这种技术就是可再生能源发电技术，如风力发电技术、太阳能光伏发电技术与太阳能热发电技术、水力发电技术等等。严格讲，可再生能源发电技术本质上是一种能源转换技术。

4.2.2　可再生能源发电分类

由于发电的基本目的、采用的发电技术和电力传输的方式等的不同，一般把可再生能源发电分成以下 5 类。

（1）可再生能源并网发电

可再生能源并网发电是指利用可再生能源发出的电并入供电电网运行的发电方式。这种可再生能源发电的发电场都必须建设在现有大电网的周边，或者为了并网的目的建设/延伸现有电网到可再生能源发电场。可再生能源转换设备把可再生能源的能量（非电能）转换成满足一定技术标准的电能（电压、频率和相位），如大型风力发电场和太阳能光伏电站，并通过一定的电子控制装置把电能馈送到电网中去。

可再生能源并网发电的主要目的是：

① 使用绿色能源；

② 减少温室气体的排放；

③ 减少对化石燃料的使用，改善对非可再生能源（化石燃料）的依赖；

④ 改善高峰时的电力供应情况。

（2）可再生能源离网集中供电（社区、村落供电系统）

可再生能源离网集中供电（社区、村落供电系统），又称独立供电，是指可再生能源发电不依赖现有电网而进行独立发电的发电方式。这种发电系统都建立在传统电网到达不了的地方，自己形成一个独立电网，对一个社区（村落）或者用户（中小企业、居民群）提供电力供应。通常，这种可再生能源离网集中供电系统都提供标准的交流电，使用户能使用标准的电气设备、电动工具和设备等。国家发改委在 2002 年启动的"送电到乡"项目，就是典型的利用可再生能源离网集中供电（社区、村落）系统来解决近 989 个乡政府所在地的用电问题。

（3）可再生能源户用发电

可再生能源户用发电可以是并网的，也可以是离网的。如果在有电网的地点采用可再生能源户用发电，就是通常概念上的一种分布式发电。如果在没有传统电网的地点采用可再生能源户用发电，它就与可再生能源离网社区（村落）集中供电类似，也是一种脱离对现有电网依赖而进行独立发电的发电方式。它与可再生能源离网集中供电（社区、村落）系统的最大区别在于它不需要建设电网，没有电站管理机构，属一家一户或一个单位内部的自发自用发电模式。

（4）可再生能源分布式发电

分布式发电指直接布置在配电网或分布在负荷附近的发电设备，发电设备能在非常靠近负载的地方接入电网，省去了在电网中传输的损耗。可再生能源分布式发电是指接入的发电设备为可再生能源的发电设备。这是当前清洁能源和环保措施中发展最快的领域之一，它也同时为电力用户降低电费支出提供了可能性，因为风能、太阳能的分布不会像煤矿、天然气那样集中，所以在西北之类风/光资源充足的地方修建大型风电场、光伏电站的同时，可以在用户侧接入小型的风机、光伏、储能、燃气轮机等电源设备。这种技术在北美和欧洲非常成熟，我国目前正在大力发展中。具体可再生能源分布式发电的讨论将在后续章节中展开。分布式发电有很多优点，比如可实现能源综合梯级利用、弥补大电网稳定性不足、环境友好等，但它也有一定的局限性，即不可控性和随机波动性，从而造成高渗透率下对电网稳定的负面影响。

（5）可再生能源微电网发电

微电网是把分布式电源和它所供能的负荷以及能量转换、保护、监控等装置作为一个系统，形成一个小型的完整电网，以储能设备或者微型燃气轮机这类可控的电源维持系统的稳定，使之可以消纳光伏、风电这些可再生能源，整个微电网与大电网有一个公共连接点（PCC），当微电网电源功能不足时可以通过大电网补充缺额，发电量大时可以将多余电网馈送回大电网。

控制模式和策略是微电网的关键部分，无论是系统级的主从、对等和综合性控制模式，还是逆变器级的 P/Q、U/f、下垂控制乃至和储能相结合的控制方式，都是微电网的核心部分。

分布式电源以微电网方式并网，和直接并网的区别主要是两点：a. 微电网可以通过控制策略决定并网点的功率流向，比如发电多时用储能存储，负荷大时储能放电；b. 标准意义上的微电网可以和大电网断开，从并网模式切换成孤岛运行模式，两种模式能否实现无缝切换是微电网能否成功的关键。

从这个意义上说，目前全世界范围内文献可知的微电网不到 500 个，大部分不能实现真正的无缝切换，当然有些是无电地区纯孤岛运行的微电网，对大电网没影响。所以有分布式电源和负荷通过 PCC 并网，但做不到孤岛的，还应该认为是分布式电源直接并网。

4.3　可再生能源并网发电与离网发电

并网发电与离网发电是可再生能源发电利用的两种最基本形式。两者的主要区别是前者必须和现有的大电网结合才能有效地工作，它的基本目的是向大电网输送电力，提供清洁能源，减少化石燃料的使用，从而缓解人类对化石燃料的依赖；后者则完全独立于现有电网，主要是为没有常规电网供电服务的用户提供电力。因此，虽然可再生能源离网发电也有环保作用，也能减少对化石燃料的使用，但它的初衷是向常规电网不能到达而又必须使用电力的用户提供电力服务，它的社会意义大于它的经济意义和环保意义，典型的例子是目前我国政府大力推广的"光伏扶贫"项目。

4.3.1　并网发电

可再生能源的并网发电应用（这里主要讨论风能和太阳能），基本为两种形式：a. 建设大型发电场（风电场或光伏电站），国外通常称为 Utility Scale Power Station；b. 分布式发电，国外通常称为 Distributed Generation。大型发电场就是大家熟知的风力发电场或太阳能光伏发电场（通常也称作光伏电站）。这种大型发电场一般不需要储能设备，发出来的电通过并网逆变器直接馈入电网。与带储能的发电系统相比，这种系统的初期投入成本相对较低，而且从理论上说，发出来的电能百分之百地能被充分利用（不考虑弃能现象）。可再生能源的分布式发电系统可以不带储能进行工作，而且初期投入较少（没有储能装置），当系统发出来的电用户自己不能全部消耗完时，多余的电量可以馈送到电网上去。如果由于种种原因，电网不希望分布式发电系统的用户向电网馈送电量时，电网一般都会鼓励用户建设带有储能装置的可再生能源分布式发电系统，用户可以通过储能装置，在发电富裕和不足之间进行调节。目前最常见的储能装置是蓄电池组，见图 4.1，又比如特斯拉电池墙（Powerwall），如图 4.2 所示。

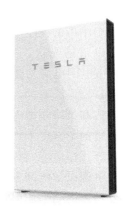

图 4.1　蓄电池组　　　　　　　　图 4.2　特斯拉电池墙

（1）大型可再生能源发电场

大型可再生能源发电场就是在可再生能源资源（风能或太阳能）较好的区域，建设大规模的并网发电场，如大规模的风力发电场或太阳能电站。大型发电场通常由三个基本部分组成：

①　发电设备（风力发电机组、太阳能光伏阵列等）；

②　控制设备（中央监控自动化装置等）；

③　配电装置和线路（变压器、变电站、传输线路等），并辅以其他必要的生产生活保障设施。

图 4.3 是一个典型的大型风力发电场，图 4.4 是一个典型的大型光伏电站。本书不展开讨论大型发电场。

图 4.3　典型大型风力发电场

图 4.4　典型大型光伏电站

（2）分布式发电

① 分布式发电的定义　至今为止，世界各国对分布式发电没有一个统一的用词和定义。关于分布式发电，出现和使用过的术语包括：

a. DE（Decentralized Energy）：源于总部设在欧洲的"世界分布式联盟"WADE（Word Alliance Decentralized Energy），Decentralized 在英文中强调了分散化或非集中化的含义，而 Energy 强调并非单一供电，能源就地供应的种类可以是多样性的。

b. DE（Distributed Energy）或 DER（Distributed Energy Resources）：Distributed 虽然也是指分布式，但是这个词汇更多地应用在 IT 行业，多用于互联网式的分布信息处理解决方案，显示了能源行业受到互联网革命的启迪，暗喻了这些分布在用户端的系统是相互联系或相互连接的，更像一个网络化的能源系统。加入 Resources 一词，反映了人们将可再生能源和用来发电的废热，以及其他分散化的废弃资源作为一种可利用的资源看待。这种称呼主要应用在美国。

c. DG（Distributed Generation）：是一个比 DE 更早应用过的词汇，主要指分散的小型发电设备在用户端发电，起源于用户应急发电机并网供电，以保持电网安全多元化。美国的电力公司最早使用这样的词汇，将其视为一种电力安全的保障手段。

d. DP（Distributed Power）：意思与 DG 差不多，只是涵盖的不仅是发电，还包含了其他能量的回收利用。

e. DR（Distributed Resources）：指利用分散的能源资源的系统。

f. ES（Energy Storage）：指的是储能技术，包括电热冷的储能，过去对于大能源系统的储能只是抽水蓄能电站和天然气地下及地上储气库等。随着分布式能源的发展，分布式的储能被广泛应用，而且逐步作为一种独立的能源供应方式迅速发展。

关于"分布式能源"或"分布式发电"的定义，各国和各国际机构也不尽相同。

国际大型电力系统委员会（CIGER）将分布式发电定义为："非经规划的或中央调度型的电力生产方式，通常与配电网相连，一般发电规模在 $50\sim100MW$。"根据 CIGER 定义，分布式发电一定是在配电侧联网的，对电网的供电质量起着调节的作用。

世界分布式能源联盟对分布式能源的定义为：分布式能源是分布在用户端的、独立的各种产品和技术。包括：a. 高效的热电联产系统，功率在 $3kW\sim400MW$，例如燃气轮机、蒸汽轮机、往复式内燃机、燃料电池、微型燃气轮机、斯特林发动机；b. 分布式可再生能源技术，包括光伏发电系统、小水电和现场生物能发电以及风力发电。它的意义在于：a. 提高能源利用效率；b.减少输配电损失；c.减少用户能源成本；d.减少燃料浪费；e.减少 CO_2 和其他污染物的排放。

美国能源部认为分布式能源（也叫作分布式生产、分布式能量或分布式动力系统）可在以下几个方面区别于集中式能源：a.分布式能源是小型的、模块化的，规模大致在千瓦至兆瓦级；b.分布式能源包含一系列的供需双侧的技术；c.位于用户现场或附近。这样，便于实现更强大的就地控制、更高效的余热利用，以达到节能与降低污染排放的目的。分布式能源的一系列技术包括：光电系统、燃料电池、燃气内燃机、高性能燃气轮机和微燃机、热力驱动的制冷系统、除湿装置、风力发电机、需求侧管理装置、太阳能（发电）收集装置和地热能量转换系统等等。这些技术可以满足不同用户的能量需求，包括：连续的电能、备用电力、可移动电源、冷热电联供和调峰电力等。分布式能源装置可以直接安装在用户建筑物里，或建在区域能源中心、能源园区或小型微型能源网络系统之中或附近。分布式能源在规模小、相对独立、动力与燃料来源多样化、设备和系统技术性能先进等方面更突出。

丹麦政府能源环境部对分布式发电的定义十分简单，包括三个要素：a.靠近用户的发电方式；b.不连接到高压输电网；c.功率小于 10MW。

在我国，对分布式发电的称呼也多种多样，如最初叫小型全能量系统、小型热电冷联产，后来有叫分散电源的，也有叫分布发电的，还有叫用户能源系统的，以及需求侧能源装置等等，目前使用较多的是"分布式能源"或"分布式发电"。

我国国家能源局在《关于分布式能源系统有关问题的报告》中对分布式能源的官方定义是：分布式能源是近年来兴起的利用小型设备向用户提供能源供应的新的能源利用方式。与传统的集中式能源系统相比，分布式能源接近负荷，不需要建设大电网进行远距离高压或超高压输电，可大大减少线损，节省输配电建设投资和运行费用；由于兼具发电、供热等多种能源服务功能，分布式能源可以有效地实现能源的梯级利用，达到更高的能源综合利用效率。分布式能源设备启停方便，负荷调节灵活，各系统相互独立，系统的可靠性和安全性较高；此外，分布式能源多采取天然气、可再生能源等清洁能源为燃料，较之传统的集中式能源系统更加环保。2017 年 12 月 18 日，国家能源局新能源司负责人就《关于开展分布式发电市场化交易试点的通知》答记者问时表示：分布式电源接网电压等级在 35kV 及以下的项目容量不超过 20MW（有自身电力消费的，扣除当年用电最大负荷后不超过 20MW）；分布式电源接入 110kV 配电网，项目容量可以超过 20MW 但不高于 50MW，发电量在接入的 110kV 电压等级范围内就近消纳；分布式电源馈入配电网的功率不能向 110kV 以上传送。110kV 以上的电压（220kV），就不是分布式电源，应对其按集中式电源管理。

不管各方对分布式能源（发电）如何称呼和定义，分布式能源（发电）供电的特点主要有：

a.供电可以满足特殊场合的需求；

b.分布供电方式可以弥补大电网在安全稳定性方面的不足；

c.分布供电方式为能源的综合利用提供了可能；

d.分布供电方式为可再生能源的利用开辟了新的方向。

② 可再生能源分布式发电的基本构成　可再生能源分布式发电系统由可再生能源分布式发电设备和并网控制器构成，其电气结构示意图如图 4.5 所示。图中连接发电设备和并网逆变器的电缆只是示意，可以是连接风力发电机交流电流的电缆，也可以是光伏阵列直流电流的电缆。

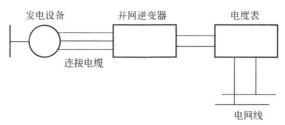

图 4.5　可再生能源分布式发电系统电气结构示意图

4.3.2　可再生能源离网发电

（1）发展可再生能源离网发电的必要性

我国在 2015 年实现了 100% 的通电，但是，世界上还有 10.6 亿无电人口。缺乏电力供应是制约偏远农村经济发展的主要原因之一，它制约着这些地区经济社会发展和人民生活水平的提高。解决无电地区用电问题已经成为促进地区经济协调发展、改善当地生产生活条件、脱贫致富等社会目标的重要内容。

世界银行在 2017 年 9 月最新发布的报告（State of Electricity Access Report）中指出，2014 年全球通电人口比例达到 85.5%，尚有 10.6 亿的无电人口，见图 4.6。按照地区分布来看，在 10.6 亿无电人口中，撒哈拉以南的非洲国家占 57%（6.09 亿人）、南亚占 32%（3.43 亿人）、东亚及太平洋占 7%、拉美地区占 3%。撒哈拉以南非洲国家的通电率仅为37.6%，南亚国家达到 80%。

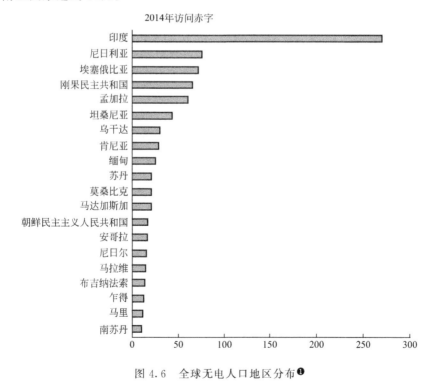

图 4.6　全球无电人口地区分布❶

---

❶　数据来源于国际能源机构和世界银行。这些国家占全球访问赤字的 81% 以上。

解决这些发展中国家无电人口的用电，中国的实践证明：对于远离电网，负载又比较小的居民点或电力用户，可考虑采用可再生能源离网集中供电系统（又称村落供电系统），或者最近几年发展起来的微电网（可再生能源发电＋储能＋备用燃油发电）；而那些地处偏远地区而负荷很小的用户，则可以考虑采用可再生能源户用供电系统。

（2）可再生能源离网发电技术

可再生能源离网发电技术从系统的基本形式上分，可以分成两个基本类型，即社区独立集中供电系统和单用户系统（俗称"户用系统"）。所谓社区独立集中供电系统是指不管采用什么可再生能源的发电或者互补能源发电形式，电站都需要建设一个局部电网，把所有的用户（如村里的农牧民用户）通过局部电网连接起来，因此它涉及电站的管理、电网的建设、负载的管理、电费的收取等一系列管理问题。而单用户系统一般不涉及局部电网的建设问题，无须专门的管理人员，一般也没有收取电费的问题。所以前者要比后者复杂得多。

离网可再生能源发电系统中一般都带有储能装置（除了由柴油发电机通过交流母线组网的独立系统）。目前常用的储能装置为蓄电池组，相对于并网发电系统而言，系统初期投入成本相对高一些，而且当蓄电池已经满了而又没有用电负载时（如半夜），则需要通过关闭发电系统或者启动泄荷装置来消耗多余的电量，系统的发电能力被浪费了。

图 4.7 大兴安岭管理站
（来源：上海致远绿色能源股份有限公司）

可再生能源离网发电也有环保作用，但在实际推广应用中，环保作用往往是第二位的，首要考虑的还是解决无电用户的电力供应。这里所说的无电用户既可以是个人、村落，也可以是企业、机构等等，比如农村学校、卫生所、农牧机具修理站、旅馆饭店、森林保护站、海岛上的航标灯等等。图 4.7 是一个用小型风力发电机提供电力的大兴安岭管理站。

（3）可再生能源离网发电和传统火力发电厂（燃煤、燃油）的区别

传统火力发电厂是采用化石燃料作为基本能源的，只要能保证源源不断地供应燃料，发电厂就能源源不断地发电。例如一个额定发电能力为 30 万千瓦的燃煤发电厂，只要燃煤供应不出问题且负载有需求，该发电厂就能不停地在其额定功率上发电（甚至短时间超负载工作）。但是可再生能源离网发电就不一样了，以风力发电为例，假如一台风力发电机的额定风速为 10m/s，额定功率为 10kW。如果风能够一年 365 天，一天 24h 永远不停地吹 10m/s 的风，则该风力发电机将能持续地按 10kW 的额定功率发电。但事实不是这样的。正如在前面指出的，可再生能源的一个基本特点是间歇性（波动性），风能、太阳能、海洋能每时每刻都在变化。图 4.8 给出一个典型的年风速变化曲线。图 4.9 给出了典型的日风速变化曲线。如果风处于静止状态（或者非常小），功率再大的风力发电机也是不发电的。因此，判断一台可再生能源发电设备的发电能力（发电量），不仅要看这个设备的额定功率，还要看当地的可再生能源资源。所以，认为一台额定功率为 10kW 的用电设备只需要配一台额定功率为 10kW 的可再生能源发电设备（如 10kW 的风力发电机或太阳能电池）就能让它工作的概念是不对的。最显而易见的例子就是太阳能光伏电池，再大功率的太阳能电池板在夜间也是不会发电的。

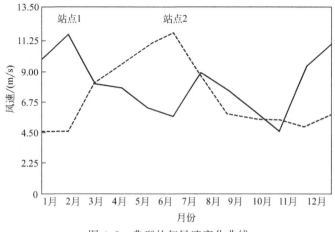

图 4.8　典型的年风速变化曲线

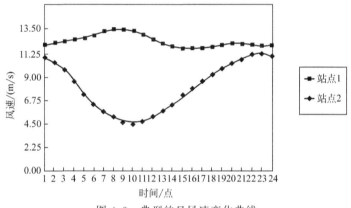

图 4.9　典型的日风速变化曲线

(4) 可再生能源离网发电的应用形式

将可再生能源离网发电技术应用到无电地区的电力建设中去，从所采用的能源形式分，可以是某单一可再生能源系统，如风能的、太阳能的、微小水电的、生物质能的；也可以是以上两种或两种以上能源的互补形式，如风/光互补系统、风/水互补系统、水/光互补系统；也可以是可再生能源和其他非可再生能源组成的互补系统，如风/柴互补系统、光/柴互补系统、风/光/柴互补系统。除了柴油发电机外，还可以采用液化石油气（LPG）发电机等。除了少数功率非常小的太阳能系统只能提供直流电或为了仪器设备特点只需要直流电外，绝大部分可再生能源系统都能提供标准的交流电供标准的交流电器设备使用。

另外，可再生能源独立发电可以建成多用户系统（集中供电系统），也可建设成单用户系统（在农村无电地区电力建设中俗称"户用系统"）。

多用户系统（或称集中供电系统，电站）指为两个以上的用户供电，用户和用户之间、用户和电站之间由局部电网连接；单用户系统指为单一用户供电，无须建设局部电网。小水电和生物质能一般都是集中供电系统，微水电、风能和太阳能既能建成集中供电系统，又能建成单用户系统。根据各地资源和用户的分布情况，离网式集中供电系统和单用户发电系统的利用情况有所不同，有些地区比较适合采用集中型的可再生能源电站，而在有些地区户用发电系统可能更适合当地居民的生产和生活状况，如仍然保持游牧性质的牧民。因此，应根据当地实际条件来选择适合的可再生能源发电技术和系统。

在具体地点建设可再生能源离网供电系统，必须进行可行性研究。首先要分析当地的可再生能源资源分布情况，然后分析负载（用电设备）的用电类型和具体需求，随后做出系统设计和系统配置。在有两种或两种以上方案可以采用的场合，要对各种方案进行详细分析比较，选择性价比最佳的方案。

4.4 可再生能源独立供电系统的具体应用和实例

4.4.1 可再生能源独立供电系统的具体应用

理论上说，可再生能源离网独立发电系统是一个独立的发电站，只要发出电，任何需要电力的场合设备都能用。它们的主要应用领域为：

① 无电地区电力建设；

② 移动通信基站；

③ 铁路公路道班；

④ 海洋森林水文监测和海上交通管理（航标灯等）；

⑤ 边防哨所、驻岛部队；

⑥ 海岛渔村；

⑦ 偏远路边店、维修站、小旅馆、农牧副产品加工站；

⑧ 路灯和景观照明。

(1) 无电地区电力建设

① 获得信息　电力供应对社会的影响主要体现在家庭、社区及工业领域中。在家庭中，通过电力供应能提高生活质量（尤其是对妇女和儿童），并获得各种信息和增加相互间的社会活动。

② 改善医疗卫生条件　在发展中国家，传统的电力供应方式既无法保证农村卫生所最基本的需求，在经济上也不可行。用汽油和柴油发电，不但昂贵，而且在偏远地区，柴油和汽油还无法保证供应，因而只能提供非常有限的照明，而且往往只有在紧急情况下使用。在很多偏远地区的农村卫生所都没有最基本的电子仪器和医疗设备，为了治病，村民们必须到县城去。住在偏僻地区的村民到县城去看一次病至少在交通和食宿上要花掉100多元。

利用可再生能源发电的经验已经证明，它能够为农村卫生所提供良好的电力，用于疫苗冷藏、照明、通信、治疗、水处理和消毒等。

③ 改善水供应　在中国的许多地方，缺乏合格的饮用水资源，有些地方水资源被污染。电力能够用来有效地改善水的供应，尤其是改善居民和牲畜饮用水质量。可再生能源能够通过提供电力来达到上述目的，如供应居民饮用水、供应牲畜饮用水和灌溉。

④ 学校与教学　据2016年全国人口变动情况抽样调查样本数据（抽样比为0.0837%）❶ 显示：在抽查6岁及以上年龄段的1077322人中，受教育率达到94.3%，未受过教育的有

---

❶　2016年全国人口变动情况抽样调查样本数据。

61448 人，占 5.7％（比 2000 年的 7％❶有所下降）。其中，小学程度的占比为 25.61％，初中占比为 38.84％，普通高中占比为 12.75％，高中及以下学历的总占比为 82.9％；大学本科占比为 5.5％，研究生占比为 0.54％（见表 4.2）。

表 4.2　我国受教育率抽样调查数据

受教育程度	人数/人	占比/%
未受过教育	61447	5.70%
小学	275939	25.61%
初中	418395	38.84%
普通高中	137409	12.75%
中职	44762	4.15%
大学专科	74338	6.90%
大学本科	59235	5.50%
研究生	5797	0.54%
总数	1077322	

电力供应能够改善学校的条件，有了照明可以延长学习时间，有了电视能够增加和外部世界的联系，把世界展现在村民们的面前。通电后还可以使用互联网，通过互联网又能够把远程教育与偏远地区成千上万的学生连接起来，所有这些设施都能够提高教学质量，提供无限的向外界学习的机会。图 4.10 为四川省无电地区电力建设光伏独立供电工程（学校）。

图 4.10　四川省无电地区电力建设光伏独立供电工程（学校）

⑤ 强化社区作用，加强社区联系　社区电力建设的另一个重要作用是它对社区组织强化和政治稳定起着非常积极的影响。调查显示，对某些社区，电力系统建成后的娱乐性活动，如电影、跳舞、卡拉 OK 等增加了 50％以上。除此以外，通电还能带来更多的社区公共效益：

　　a. 吸收外界现代信息；

　　b. 强化社区管理；

　　c. 促进各民族之间的团结；

　　d. 建立供水系统。

通过社区的活动能改变村民的行为模式。

---

❶　世界银行 2006 年的发展报告。

（2）移动通信基站

在通信日益发达的今天，随着通信覆盖面的扩展，很多通信站远离常规电网，新建通信站往往要延伸电网，电网延伸代价很高，甚至是不可实现的。

通信站的通信设备容量越来越大，且要求有非常稳定可靠的电力供应。以前在电网不能覆盖地区的移动通信基站大都采用柴油发电。对很多基站，柴油运输非常困难，有的甚至用直升机运输，还经常受到气候等条件制约；再者，在负载小的情况下，柴油发电的效率非常低以及柴油发电机需要频繁的维护保养。

目前常见的通信站可再生能源独立电站的形式是风/光互补系统。互补发电系统的可靠性远高于单一能源供电系统。风、光合并使用，能源互补，以保证常年的正常稳定供电。对于已经建成的纯太阳能系统，风能被用来替换或补充一部分光电板，以此来提高原来太阳能供电系统的供电能力，尤其是在冬天。对于已经建成的柴油发电系统，风能被用来减少柴油的使用。风/光/柴互补系统既能充分利用风能和太阳能的互补优势，又能减少柴油的使用。

目前，我国已经建成数千个采用可再生能源发电的离网移动通信基站，基站分布在各种自然和地理条件的区域，如高海拔的西藏，高盐雾和台风好发的海岛，干燥炎热的沙漠以及高寒的北方。在亚洲移动大会上，一家菲律宾的移动通信运营商表示，他们采用风力发电为他们的基站供电，一年就能收回投资。该运营商已经在他们的基站中采用了数百台小型风力发电机组。

图 4.11(a) 是地处喀喇昆仑山腹地的库地通信基站，太阳能供电；图 4.11(b) 为菲律宾某通信公司安装的移动通信可再生能源独立电站，风能供电。

(a) (b)

图 4.11　可再生能源供电系统在通信基站的应用实例

（3）铁路公路道班、海洋森林水文监测和海上交通管理

大自然赋予了人类很多自然资源，如海洋、森林。人们也在通过各种途径，保护着这些自然资源。随着社会的发展，信息时代的到来，人们需要更多更快地获取信息，以实现对这些资源的有效保护和利用。最基本的方法是在森林、海洋、铁路、高速公路沿线建立监测网，并实现实时的信息传递。又比如海洋上的航标灯等，人们需要为航标灯提供电力。然而，海洋、森林等所在地区多数远离常规电网，因为没有电力供应，无法使用监控设备，人们无法在第一时间获得准确有效的信息，也就无法对森林火险、海啸、交通事故等做出正确的判断以及及时做出相应的决定和措施，从而产生了巨大的损失，甚至付出宝贵的生命。

当常规电网的延伸不能解决这些地区的供电问题时，人们就需要寻求新的供电途径。可再生能源离网独立发电系统是解决这一问题的行之有效的方法。

（4）边防哨所、驻岛部队

许多边防哨所处于大山深处，远离电网线。图 4.12 是地处高原的边防哨所和为哨所供电的可再生能源独立电站。

图 4.12　地处高原的边防哨所和为哨所供电的可再生能源独立电站

（5）偏远的旅游设施

许多偏远地区拥有丰富的旅游资源，如新疆维吾尔自治区克尔克孜勒苏自治州布伦口乡的慕士塔格峰，是世界著名的冰川。为了发展旅游，改善经济，电力对当地的旅馆、饭店和娱乐中心的建设是必不可少的。电力使得这种商业的潜在机会成为现实，为社区获得额外的收入。图 4.13、图 4.14 分别为慕士塔格峰下、喀湖旅游点的风力发电系统。

图 4.13　慕士塔格峰下的风力发电系统　　　　图 4.14　喀湖旅游点的风力发电系统

（6）促进当地的经济发展

可再生能源离网发电系统不仅通过提供电力来提高生活质量，更重要的是它能刺激经济的发展。它一方面为已有的企业提供了增加生产能力的机会，同时还为新的小型企业的诞生提供了机遇，推动了当地小企业的发展。

可再生能源电力建设可以和当地许多潜在的经济活动结合起来。

① 提高传统农业的效益　使用动力设备能提供新的服务，提高劳动效率，增加农产品的价值。比如：磨面机能大量处理谷物，在粮食收割后增加它们的价值；又比如：使用冰箱或制冰机能够使水产物保鲜，使渔民捕获的水产品能更多地运往市场。

② 发展农牧机具维修站　农牧机具维修网络的存在是促进当地经济发展的一个关键条件。农村的农牧机具维修站中广泛地采用电焊机（通常 $1\sim3kW$）来修理拖拉机和农牧机具。供电系统的建设使得这些农机修理站能够使用电焊机和其他机床设备（如车床和钻床），

从而能更好地为当地的农牧业服务，既发展了修配站自身，又促进了当地农牧业的发展。

③ 通过创造夜间工作条件来增加收入　照明使得各种经济活动的时间在夜间得到延长，从而提高生产和加工能力。最典型的是零售店和农贸市场，把单纯的白天营业延长到夜间，经济效益明显增加。

④ 为开展小型经营性活动提供基础　最常见的小型经营性活动是零售商店、理发店、小型旅馆和加工企业（如机械维修站和农牧业产品的初加工）。这些经营活动不仅直接发展了经济，还提供了新的就业机会，让人们在不断追求富裕当中推动了经济发展。

电力本身并不保证增加收入，但确实为个人和集体提供了可增加收入的经营活动的极好机会。电力对经济的影响程度取决于当地的资源和人们的创造力，在一些地方影响可能会很大，而在另一些地方可能不够理想。在建设社区供电系统时应综合考虑各个方面，如把离网型村落独立供电系统的建设和针对当地实际情况的企业发展培训及可能的融资方式和渠道结合起来，已经被证明是扩大社区供电系统经济效益的成功之路。

4.4.2　可再生能源发电应用实例

（1）大型风力发电场

项目名称	内蒙古北方龙源辉腾梁风电场柳兰电站
项目功率容量	300MW
项目类型	大型风电场
消纳方式	2008 年 10 月并网发电
年发电量	86005.4MW·h
上网电价	0.42 元/(kW·h)
信息来源	内蒙古北方龙源辉腾梁风电场

（2）风力分布式发电

项目名称	意大利分布项目
项目功率容量	60kW
项目类型	分布式，为企业供电
消纳方式	全额上网电站
年发电量	129100kW·h
上网电价	0.268 欧/(kW·h)
信息来源	上海致远绿色能源股份有限公司

（3）风力离网集中供电系统

项目名称	北京大兴区离网供电系统
项目功率容量	20kW×3 台
项目类型	社区离网集中风力发电系统
消纳方式	自发自用
年发电量	满足用户需求
上网电价	不上网
信息来源	浙江华鹰风电设备有限公司

（4）风力离网户用系统

项目名称	Outer Banks Brewing Station, Nags Head, North Carolina, USA
项目功率容量	10kW
项目类型	离网户用
消纳方式	自发自用
年发电量	20000kW·h
上网电价	无
信息来源	US Bergey Windpower Co.

（5）太阳能光伏分布式发电

项目名称	世行贷款"北京屋顶太阳能光伏发电扩大示范（阳光校园）项目"，国家检察官学院光伏电站
项目功率容量	930.835kW
项目类型	分布式
消纳方式	自发自用
年发电量	1.358×10^6kW·h
上网电价	0.3598 元/(kW·h)(含税,2017 年 7 月 1 日;属初投资补贴项目,上网电价为脱硫煤标杆上网电价)
信息来源	世界银行(北京办)、国家检察官学院

（6）太阳能离网集中供电系统

项目名称	四川省无电地区电力建设光伏独立集中供电工程
项目功率容量	120kW
项目类型	村落系统
消纳方式	离网集中供电
年发电量	该系统为每家每户解决照明、电视、VCD/DVD、卫星接收机、酥油机、电脑、冰箱、冰柜、电磁炉、电饭煲、洗衣机等家用电器的供电,完全满足负荷要求
上网电价	免费
信息来源	中兴能源有限公司

（7）太阳能离网户用供电系统

项目名称	四川省无电地区电力建设光伏独立供电工程
项目功率容量	380W
项目类型	独立户用系统
消纳方式	自发自用
年发电量	300kW·h
上网电价	无
信息来源	中兴能源有限公司

（8）风/光互补离网户用系统电站

项目名称	Bill and Lorraine Kemp, Almonte, Ontario, Canada
项目功率容量	风 1.5kW，光伏 1.2kW
项目类型	离网，风/光互补，居民/农场
消纳方式	自发自用
年发电量	2400kW·h
上网电价	无
信息来源	美国 Bergey Windpower Co.

（9）风/光/柴互补系统电站

项目名称	San Juanico，Baja Sur，Mexico
项目功率容量	风 85kW，光伏 17kW，200kW 柴油发电
项目类型	离网，村落集中供电
消纳方式	村里自发自用
年发电量	110000kW·h
上网电价	由捐赠者和当地补贴
信息来源	美国 Bergey Windpower Co.

（10）风/柴互补系统电站

项目名称	Safaricom，Laisamas，Kenya
项目功率容量	8.5kW
项目类型	离网移动通信基站
消纳方式	自发自用
年发电量	18000kW·h
上网电价	无
信息来源	美国 Bergey Windpower Co.

（11）风/光互补户用系统

项目名称	内蒙古海拉尔风/光互补户用系统
项目功率容量	300W 风＋330W 光伏
项目类型	离网户用系统
消纳方式	自发自用
年发电量	满足家庭用电需要
上网电价	无
信息来源	中兴能源

4.5 可再生能源发电的环保效益

中国和世界上其他国家一样面临着许多环境问题：空气、水和土壤的污染以及沙漠化，这些污染已经产生了许多负面影响。很多中国北方的草原正在沙漠化与半沙漠化；传统的农村生活方式——用木柴做饭和取暖，在室内和当地产生了很大的污染，引起呼吸道疾病，且存在火灾隐患。可再生能源系统能缓解本已十分脆弱的生态系统的压力，使环境能得到改善，水土得到保持，造福子孙后代。

全球变暖将带来非常严重的后果，因此，探求全球变暖的起因成为重要的研究课题。人类活动可能是引起大气温室效应增长的主要因素。大气中的二氧化碳浓度增加，阻止地球热量的散失，使地球发生可感觉到的气温升高，这就是平时常说的"温室效应"。"温室效应"破坏大气层与地面间红外线辐射的正常关系，吸收地球释放出来的红外线辐射，就像"温室"一样，此促使地球气温升高的气体称为"温室气体"。二氧化碳是数量最多的温室气体。

科学家发现，酸雨、全球气候变暖和温室效应大部分都起因于化石燃料的使用，如煤、石油与天然气。相比较而言，可再生能源几乎没有污染排放。采用可再生能源对环境保护是非常有益的。它能：

a. 改善室内的空气质量；

b. 减轻当地的生态系统和生物质能资源的压力；

c. 通过减少对生物燃料的需求，加强草场灌溉，防止土地沙化；

d. 减少酸雨；

e. 减少化石燃料的使用；

f. 减少温室气体的排放。

用 1kg 标煤可以发 3kW·h（3 度）电，每燃烧 1kg 标煤就排放二氧化碳 2.493kg，二氧化硫 0.075kg，氮氧化物 0.0375kg，粉尘❶ 0.68kg。如果采用可再生能源发出同量的清洁电，则能减少前述那些二氧化碳、二氧化硫和其他烟尘的排放。

4.6 可再生能源发电的局限性及可行性研究

利用可再生能源发电要充分考虑可再生能源的特征和局限性，做好必要的可行性研究。

---

❶ 《标准煤折算排放污染物系统》。

可再生能源发电的局限性主要体现在以下几个方面。

（1）来自可再生能源资源方面的局限性

利用可再生能源从事发电，当地首先必须有可供利用的可再生能源资源，如风能、太阳能，有一定落差和流量的小溪河流、秸秆等等。同时这些资源在一年中又是在不断变化的，造成很大的季节性差异。另外，可再生能源的能量密度一般都较低，因而需要较大的发电设备。

另外，对当地的可再生能源资源，不但要有定性的了解，还要有定量的评估。而定量评估（可再生能源资源评估）是耗时耗钱的。

（2）来自资金方面的局限性

由于可再生能源初期投入都较大，因此无论是用可再生能源建设大型风电场，还是用分布式发电或者离网发电来实现无电地区的电力建设，如何融资始终是一个核心问题。

（3）来自电站功率方面的局限性

利用可再生能源发电，大型风电场规模的风电场、光伏电站、生物质能发电厂和小水电，功率一般都很大，而村落系统、户用系统，系统的功率就可能很小。出于前期高资金投入的原因，离网型可再生能源发电系统都无法带动大多数生产性的电动设备，如机械设备、电焊机。在设计离网型可再生能源发电系统前必须对潜在的用电负荷做出评估，以便设计出合适的系统功率。如果系统功率过小，系统建设后很可能因超载而崩溃；系统功率过大，则系统的积极性会变得很差，无法可持续运行。

（4）来自电站管理方面的局限性

采用可再生能源技术实现发电的电站（用户），大多数处于偏远地区，交通不便，通信困难，技术人才缺乏，与少数民族还有语言沟通方面的问题，有些电站甚至建设在无人地区，很难提供及时有效的电站管理和维护保养。虽然可以培训当地操作人员，但是这些操作人员在掌握了电站的运行管理知识后，成为当地的"能人"，从而有机会去其他地方谋取收入更高的工作，人才流失严重。因此，对可再生能源电站的管理人员的培训必须是"可持续的"。

可再生能源离网独立发电系统的电站功率由于资源情况和资金投入情况不一样，其供电能力相差甚大。小水电的电站功率一般都较大，能向用电设备提供充分的电力，电站往往是负载不足；对于分布式发电，用户很看重投资和回报，需要对当地的资源、上网政策和补贴水平做系统寿命期的评估；而微水电，离网的风能、太阳能电站，由于受到可再生能源资源和系统资金投入的限制，发电系统（电站）的功率往往有很大的局限性，电站功率往往不能无限制地满足负载的需要，从而限制了电站的应用。在电站的设计规划阶段，一定要根据潜在的负载情况、可再生能源资源情况和资金投入情况做经济和技术可行性分析。

基于上述原因，建设可再生能源发电系统要进行可行性研究。

建设可再生能源供电系统必须基于：

a. 资源的可供性：当地所拥有的可再生能源类型。

b. 资源的可持续性：可再生能源的持续可行性。

c. 技术和设备的成熟性：利用可再生能源来发电的装备必须是已经能规模化生产的成熟产品。

d. 经济可行性。

本书主要讨论中小型风力发电机的并网、离网和分布式应用。具体建设风能利用系统的可行性研究、设计和优化将在后续章节中展开。

第5章

风力发电系统及其互补系统

风力发电机只是一个发电设备，它需要和其他部件如控制器（逆变器）和塔架、储能装置、交流配电部件以及传输网络等一起，才能组成一个完整的风力发电系统。中小型的风力发电系统可以并网应用，也就是分布式风电（Grid-tied or On-grid）；也可以离网应用（Off-grid or Standalone）。离网应用时系统中的各部分通过母线（bus）连接，母线可以是直流母线（DC-bus），也可以是交流母线（AC-bus）。"母钱"也常称为"总线"。

在离网应用时，由于可再生能源的波动性和随机性，靠单一可再生能源构成的发电系统的效率和稳定性较差，人们根据当地可再生能源资源条件，采用多种可再生能源构成互补发电系统，如风/光互补、风/水互补、风/光/柴互补等，从而大幅度提高系统的稳定性和经济性。

本章介绍各种风力发电系统及其互补系统的构成和配置。

5.1 风力发电系统

发电系统通常由发电单元、控制单位、传输单元和负载单元构成，如图5.1所示。

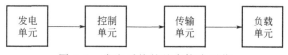

图 5.1 发电系统的基本构成环节

图 5.1 是发电系统的基本构成环节。在风力发电系统中，发电单元就是风力发电机。如果传输单元是当地电网，这个风力发电系统就是并网式风力发电系统；如果传输单元是当地小电网，不与大电网相连，就是风能离网集中供电系统；如果风能离网发电系统中的负载单元是单一用户，如一个企业、一个住户，这个风能离网发电系统就是单用户的系统。

和大型的风力发电场不一样，中小型风力发电并网运行，都是在靠近负载的地方发电，通常称为分布式发电（distributed generation，DG）。分布式风能系统可以提供可靠的电力供应，包括家庭、学校、农场和牧场、企业、城镇、社区和偏远地区。

从宏观角度看，分布式发电既包括并网的分布式系统，也包括离网的发电系统。系统可以是功率小到 1kW 或更小的离网风力发电机组，负载是一个独立的蒙古包、一栋偏僻的度假小木屋、移动通信塔，也可以是给家庭、小型企业或小型农业提供电力的 10kW 甚至更大一些的风力发电机组，乃至为大学校园、生产设施或任何大型能源用户供电的兆瓦级（MW）风力发电机。图 5.2 就是在爱尔兰邓多克理工学院（Dundalk Institute of Technology）校园内的 850kW 的分布式风力发电机组。

图 5.2 爱尔兰邓多克理工学院校园内的 850kW 分布式风力发电机组

严格地说，"分布式风能"是指任何为本地负载提供服务的分布式风能设施。风电项目是根据风电系统最终用途和配电基础设施的位置来定义分布式风电应用，而不是技术规模或项目规模。分布式风能系统的特点是基于以下标准进行分布的：

① 接近最终负载：安装在最终负载附近的风力发电机用于满足现场负载或支持本地（分布式或微型）电网的运行；

② 互连点：连接在电表客户端或直接连接到当地电网。

分布式风能系统通过物理或虚拟方式连接到电表的客户端（用于现场负载）或直接连接到本地配电网或微电网（以支持当地电网运行或抵消附近负载）。这种区分通常将较小的分布式风力系统与由数十或数百兆瓦的风力发电机组成的大规模集中式风力发电场区分开来。

与集中式风力发电场相比，分布式风力发电系统通常较小，但是它们有着显著的优点，包括减少传输期间的能量损失、减少电网公司输电线和配电线路上的负载。近年来，分布式发电也成为国家安全关注的可行能源替代方案。

分布式应用中，风力发电机的规格可能差异很大，它们可能是规格较小的风力发电机组，通常为几千瓦到几十千瓦，不超过 50kW（这类风力发电机被 IEC 标准 61400-2 定义为小型风力发电机），为家庭、小型农场和牧场以及其他消费者提供能源独立性，并提供对当地电网的支持，为独立住宅（蒙古包、小木屋等）和其他离网场地充电和供电；它们也可能是大到几个兆瓦的风能项目，为农业、商业、工业和机构场所及设施提供绿色能源。通常，50～500kW 的风力发电机被称为中型风力发电机，超过 500kW 的风力发电机被归入大型风力发电机。也有国家把小型风力发电机的范围延伸到 100kW，中型的为 100kW～1MW，超过 1MW 的为大型风力发电机。

中小型风力发电机并网运行，被称为分布式发电（DG）。分布式发电是指在靠近最终负载的地方发电。

(1) 无储能并网型风力发电系统

一个和本地电网连接的风力发电系统称为"并网系统"。中小型风力发电机并网运行最常见的方式是无储能并网发电。风力发电机通过电力调节单元（变频器），使它的输出与电网的电力兼容，从而把发出的电量馈送到电网上。

根据分布式并网风能系统的并网供电方式，并网型风力发电系统大致可分为三种类型：

① 全额上网型 这种类型，系统就地与电网相连，所发出的电全部馈送到电网上，如图5.3所示。风力发电系统发出的电，经过并网逆变器和变压器，将发出的电全部输送到电网公司的网络上。发电户按国家规定享受分布式上网电价。

这种系统主要由风力发电机组、塔架、并网逆变器和变压器组成。

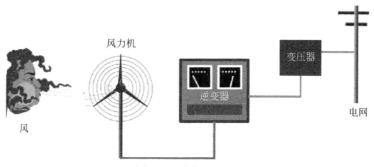

图5.3 全额上网型

② 自发自用余电上网型 自发自用余电上网型（见图5.4）是风力发电机和本地电网一起为最终负载供电。当风较大时，风力发电机就会旋转以捕捉最好的风，提供清洁的电力；当风不够大或不足以满足负载需求时，电网同时为负载供电。当风力发电机发出的电超过负载所需要的电时，只要政策允许，业主可以把多余的电力馈送到电网上，卖给电力公司。

并网风力发电系统由风力发电机组、塔架、并网控制器（逆变器）和双向电表组成。双向电表意味着电流可以从电网流向负载（当风电不足以支撑负载时），也可以由系统流向电网（风能发出的电在供应负载后还有多余）。在国外这种计量方式称为"Net metering"（净值计量）。用户向电网输送的电量可以按国家相关政策收取补贴。

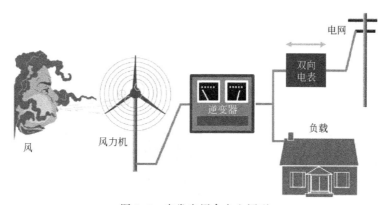

图5.4 自发自用余电上网型

③ 完全自发自用型 完全自发自用型（见图5.5）的并网型风力发电系统应该属于自发自用余电上网型的变异。

和余电上网型一样，风力发电机和本地电网一起为负载供电。当风足够大时，风力发电机向负载提供清洁电力；当风不足以满足负载需求时，风力发电机和电网同时为负载供电；当完全没有风时，负载完全由电网供电。最大的区别就是当风力发电机发出的电比负载所需要的电更多时，余电不能上网。在系统组成上的区别就是原来连接电网的双向电表变成了单向电表，即只允许电流从电网流向负载，不允许逆行。

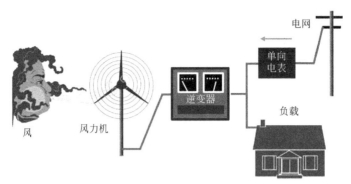

图 5.5 完全自发自用型

为了保证不上传电量，实现完全自发自用型的并网发电系统只能按照系统负载的大小适当减小系统的功率（这是很困难的，风力发电机的功率会很小。为了避免太小的风力发电系统，有时不得不采用卸荷负载），或者采用储能的方法（后面介绍带储能的并网型风力发电系统）。

这种系统的结构与自发自用余电上网型相似，区别是把系统中的双向电表换成单向电表。

（2）带储能并网型风力发电系统

在一些国家和地区，电网公司不希望这类分布式并网型可再生能源发电系统向电网供电，要求用户尽可能自发自用，这就增加了系统功率配置的困难，因为在大多数情况下风能较好的时候不一定是负载较大的时候，尤其是在半夜，大多数负载都不工作了，而这时风况可能很好。如果要保证在任何时候都不向电网输电，并网型风力发电系统的最大发电量只能和半夜的负载相当，不然就可能发电量有富余。曾经有用卸荷器卸荷的，清洁能源白白浪费掉了，这显然是不合理和不现实的。在这种情况下，系统设计者会在系统中增加储能装置，把多余的电储存起来，供风力较小、发电量不足时使用，见图 5.6。

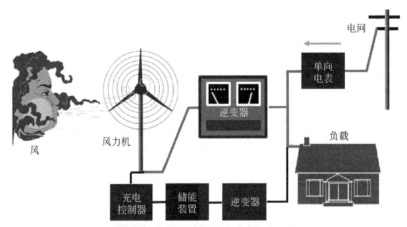

图 5.6 带储能并网型风力发电系统

带储能并网型风力发电系统除了有风力发电机组、塔架、并网控制器外，还带有储能装置以及相应的充电控制器和 DC/AC 逆变器。储能装置可以是传统的蓄电池组，也可以是任何其他的新型储能装置，比如锂电池、新型熔盐储能装置、超级电容器、特斯拉的能量墙（powerwall）等等，如图 5.7 所示。

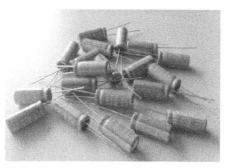

(a) 新型熔盐储能装置　　　　　　　　　　　(b) 超级电容器

图 5.7　新型储能装置

其实，用户自带储能的系统还是不少见的。在一些国家或地区，发电能力不足，用户经常遭遇停电，比如南亚某国，即使在首都，每天也是每供应 2h 的电，就要停掉 1h。面对这样的供电现状，用户就自备储能装置，有的是在有电时对储能装置充电，有的是安装风力发电机或其他可再生能源发电设备对储能装置充电，以备不时之需。

(3) 离网型风力发电系统

除了并网的分布式发电，风力发电系统另一个主要应用领域是离网发电。一方面，我国虽然在 2015 年基本消灭了无电人口，但是其中有不少无电村和无电户是依靠可再生能源独立供电系统来获得电力服务的，这就包括风力独立系统或其互补系统在内；这些系统需要维护，需要更新换代；另外，原来的无电地区还会产生新增家庭，这些家庭也需要获得电力服务。另一方面，目前世界上还有 10.6 亿的无电人口（世界银行，State of Electricity Access Report，2014）。这些居住着大量人口的无电地区，很多不适合通过延伸电网来提供电力服务。用可再生能源独立供电系统供电是切实可行的方案，在大多数风资源优良的地区，独立运行的风力发电机就成了不二选择。

独立运行风力发电机组系统中主要部件都是通过母线（bus）进行连接的，母线是指多个设备以并列分支的形式接在其上的一条共用的通路。目前在可再生能源独立供电系统中最常见的是直流母线型和交流母线型两种，也有采用交直流混合母线型的。

① 直流母线型独立运行风力发电机组　直流母线型独立运行风力发电机组由以下主要部件组成（见图 5.8）：

a. 离网型风力发电机；

b. 塔架；

c. 充电控制器；

d. 蓄电池组；

e. DC/AC 逆变器（如果系统内有交流负载）。

所有的发电设备和电控设备都在直流端汇合，称为直流母线。直流母线是一个很大的汇流排。风力发电机组需要一个 AC/DC 转换器来连接到母线上。系统中还有蓄电池组、控制和保护充放电的充电控制器。系统可以直接向直流负载供电。如果系统中有交流负载，则需要配置一个 DC/AC 逆变器，将风力发电机发出的交流电经充电控制器向直流负载供电，或

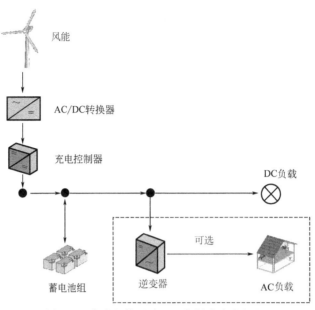

图 5.8　直流母线型独立运行风力发电机组

通过逆变器向交流负载供电，同时将多余的电量储存在蓄电池内，以备在无风时使用。目前大部分离网独立电站都采用直流母线。

　　② 交流母线型独立运行风力发电机组　交流母线型独立运行风力发电机组主要部件组成见图 5.9。

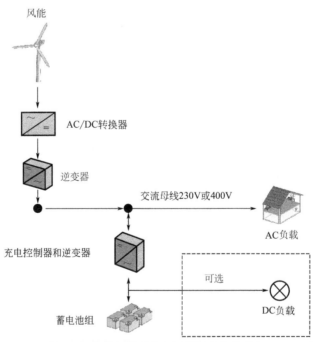

图 5.9　交流母线型独立运行风力发电机组

　　交流母线型独立运行风力发电机组的组成部件与直流母线型独立运行风力发电机组基本相同。最大的区别是电控器（充电控制器和逆变器），原来主导的是直流电，现在主导的是交流电。

　　交流母线型独立运行风力发电机组所有发电部件都连接到交流母线上。标准交流电输出的交流发电组件可以直接连接到交流母线，而非标准的交流发电组件可能需要一个交流/交流变换器来实现组件的稳定耦合。交流母线型独立运行风力发电机组中最主要的是引入了AC/DC 双向逆变器。当发电设备发电时，系统可以通过该逆变器向蓄电池充电（AC 向 DC转换），而当蓄电池向设备供电时，蓄电池中的直流电通过该逆变器向设备提供交流电（DC向 AC 转换）。它与直流母线型的最大区别是所有的发电设备和用电设备都通过双向逆变器汇集在交流母线上。它的优点是系统扩展容易，缺点是投资较多。如果系统负载中有直流负载，可以选择由蓄电池组向直流负载供电。

　　③ 交直流混合母线型独立运行系统　当系统中有诸多不同的交流和直流发电设备和负载时，交直流混合母线型连接可能是更合适的系统结构，目前最常见的直流发电设备是太阳能光伏电池。直流和交流发电组件连接在主逆变器上，主逆变器控制交流负载的能源供给。直流负载可以由电池提供。交流发电组件可以直接连接到交流母线上，或者通过一个交流/交流转换器，以保证组件的稳定耦合（见图 5.10）。

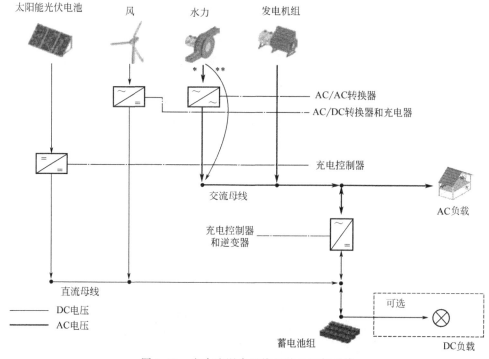

图 5.10　交直流混合母线型独立运行系统

　　这种系统在有不同类型的发电设备，如交流的风力发电机、微小水电和燃油发动机，以及直流的太阳能电池（PV）时更为实用。这些系统将在分析互补发电系统时进一步展开讨论。

5.2　互补发电系统

　　在独立运行的可再生能源供电系统中，风力发电是一项非常成熟的技术，而且我国风资源丰富，农村广大无电地区的分布大多与风资源分布地区重合（除贵州、四川外），具有非常好的发展前景，这对当地的脱贫致富是至关重要的。但是，由于风资源的随机性，纯粹的独立风能发电系统在枯风期会发电不足，给用电带来困难。在许多情况下，我们希望设计的可再生能源系统能把两种以上的能源结合在一起，从而改善系统的供电质量和可靠性。这种采用两种以上不同能源的发电系统称为互补发电系统。互补发电系统中往往以一种可再生能源为主，另一种（或多种）能源为辅。在以风能为主的互补系统中，风力发电是主要能源，作为辅助能源的可以是另一种可再生能源如太阳能，也可以是矿物燃料发电机组如柴油发电机。目前最常见的是风/光互补发电系统，有时为了确保系统不会停电，给风力独立发电系统或风/光互补独立发电系统加上一台柴油发电机组，构成风/柴互补系统。另外，柴油发电机组也可以由其他的燃油发电机组替代，如用汽油、天然气、煤油、沼气和其他生物燃料的发电机组。

（1）对能源资源的要求

互补发电系统对资源的要求，基本上与各种能源形式的独立发电系统一样。然而，在互补发电系统中，也可能是由于两种可再生能源资源都不是很充分，单独用任一种可再生能源来供电都嫌不足，从而需要用一种资源来弥补另一种资源的不足。图 5.11 给出一个典型的某地 10m 高度处逐时风速。从图中可以看出，风速随时间波动较大，不同季节的风能资源也有很大波动。太阳能也随时间变化，北半球的太阳日照往往在夏天是最好的，在冬天会比较差。而且纬度越高，这种冬夏之间的差别越大。图 5.12 给出了某地水平面上的辐照强度随时间的变化。从图中可以看出，这两种自然资源形式是可以组成风/光互补发电系统的。太阳能可以在 7～9 月弥补风能的不足，而冬天 1 月、11 月很好的风力则能弥补那时太阳能的不足。如果风能和太阳能不能互补，则可以用柴油发电机组来对蓄电池组进行充电或作为后备。任何一种技术都有它自己的优缺点和相应的资本投入及运行成本，关键是要根据当地的自然能源资源和相关设备的经济投入，来确定系统的最佳组合和相关能源形式在系统中的配置比例。有许多计算机仿真软件可以用来帮助系统设计者确定系统的配置。

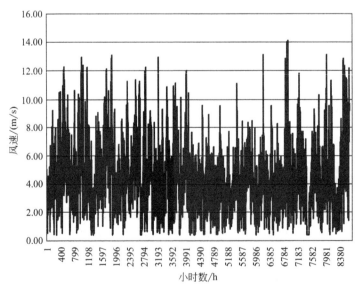

图 5.11 典型的某地 10m 高度处逐时风速

下面介绍一些典型的互补发电系统。在技术上，互补发电系统要比风能或太阳能光伏独

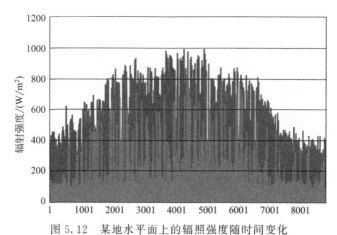

图 5.12　某地水平面上的辐照强度随时间变化

—— 水平面总辐射强度/（W/m²）；—— 水平面散射辐射强度/（W/m²）

立发电系统复杂得多，这种复杂性与系统的规模有关。互补发电系统的规模可能非常小，小到每天只发几千瓦时电，用来给草原上的蒙古包或山区的居民或边防哨所供电；也可能非常大，大到系统装机容量为几个兆瓦，向较大的社区或机构供电。由于互补发电系统常常是为边远地区或孤立海岛的整个社区或大负荷供电，系统的可靠性是系统设计中最主要的考虑因素。

（2）离网型风/光互补集中发电系统

图 5.13 给出了离网型风/光互补集中发电系统的结构。风/光互补发电系统包括：

① 一台或多台风力发电机组；

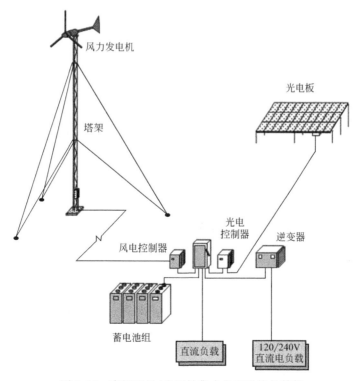

图 5.13　离网型风/光互补集中发电系统的结构

② 太阳能电池方阵；

③ 逆变器；

④ 充电控制器；

⑤ 蓄电池组。

系统采用直流母线结构。

系统中风能和光伏的比例要根据当地的自然资源和资金进行优化。风/光互补发电系统提供了比风能独立发电系统或太阳能光伏独立发电系统更高的供电可靠性，以保证在低风速、枯风或者连续阴天时的供电。图 5.14 是一个风/光互补系统的实例：风力发电机 10kW，太阳能光伏电池 2kW，直流母线。

(a) 风/光互补系统中的风力发电机   (b) 风/光互补系统中的太阳能光伏电池

图 5.14 风/光互补系统

(3) 风/柴互补发电系统

除了风/光互补发电系统，另一种风能互补发电系统是风/柴互补发电系统。加入柴油机、汽油机和煤油机的原因是在某些场合，风和光并不互补，前述案例中的 3 月份就是例子。有两种基本的风/柴互补发电系统：直流母线型和交流母线型。直流母线型的风/柴互补发电系统是基于系统中的供电设备总是以直流电的方式供电，且多余的电能被储存在蓄电池组里，以备无自然资源时（无风或无太阳日照）时的应用。它的优点是系统简单可靠，缺点是用于储能的蓄电池组的投入较大。直流母线系统的额定容量一般都比较小，适合较小的社区；对于较大的社区，则采用交流母线系统。交流母线系统的发电设备直接发出交流电，并输入电网，这是一种较经济的方案。一些海岛采用交流母线的结构。直流母线型与交流母线型互补发电系统的比较见表 5.1。

表 5.1 直流母线型和交流母线型互补发电系统的比较

发电系统	交流母线	直流母线
规模	适合大于 50kW 的系统。可以使用大的投入产出比高的风力发电机组	适合小系统。结构简单，易于安装和维护
可再生能源的路径	风力发电机组的电力可以直接输入用户，没有能量转换带来的损失	所有的电力必须经由 DC/AC 变换器（旋转变换器或逆变器）
选址	现有的交流电网线可以被用来连接风力发电机组和电源分配系统	要求专门的线路来连接风力发电机组和电源分配系统

续表

发电系统	交流母线	直流母线
控制的复杂性	复杂。系统要求具有风力发电机组调度、卸荷器调度和储能调度等功能	相对比较简单,但逆变器控制可能比较复杂
成本	与纯燃油发电系统相比具有竞争性	常为无电地区提供 24h 的连续供电,但必须接受较高的成本

　　① 直流母线型风/柴互补发电系统　肯尼亚 Laisamas 的直流母线型风/柴互补发电系统如图 5.15 所示,它由一台 8.5kW 的风力发电机组、一台柴油发电机组和柴油充电控制器、一个蓄电池组构成,为移动通信基站供电。由风力发电机组发出的电,直接通过充电控制器对系统直流负载供电,同时向蓄电池充电。蓄电池在风力资源不足时,根据负荷的要求向系统提供电力。柴油机组作为一个后备电源在风速较低的时候或者负荷达到高峰的时候启动。柴油发电机组通过充电控制器直接向负荷供电,同时又把剩余的电力用来补充蓄电池,这样可使柴油机组始终工作在较高的负荷状态。当蓄电池充满后或风力足够大时,柴油发电机组将停止运行。这样,柴油机组总是能够在高效率状态下运行并且不会频繁地启动或停止。系统能够最大限度地利用风能,而柴油机组也能始终在理想的工作点附近工作。大部分时间柴油机组是不工作的,因而和传统的柴油发电系统相

图 5.15　肯尼亚 Laisamas 的直流母线型风/柴互补发电系统

比,这个系统能最大限度地减少柴油消耗。在风力资源非常丰富的地区,对 24h 不间断供电的风/柴互补发电系统,风能一般能提供总用电量中的 80%～90%。

　　② 交流母线型风/柴互补发电系统　交流母线的互补发电系统往往不采用蓄电池或者蓄电池只是用来启动柴油发电机组的。如图 5.16 所示,在交流母线的互补发电系统中,交流母线是一个基本的汇合点。因此必须非常注意系统中交流电的质量,该质量不应由于可再生能源发电设备的波动而受到影响。

　　交流母线型互补发电系统的配置随系统规模和系统中可再生能源设备的数量而变化。连接到电网上的可再生能源的量可以用两个术语来描述:瞬时渗透率和平均渗透率。瞬时渗透率是“在某一瞬间可再生能源发电功率相对于系统总功率的比率”,两者(可再生能源发电功率和系统总功率)都用 kW 来表示。瞬时渗透率与电力供应的质量有关,如电压和频率的稳定性,主要在系统设计和运行时考虑。平均渗透率是“可再生能源所发出的电量与在一个特定的时期内的系统总发电量的比率”,一般是一个月或一年,两者(可再生能源发电量和特定时期系统的总发电量)都用 kW·h 来表示。平均渗透率是一个经济参数,用来决定因使用可再生能源后产生的资金节约或损失。这两个指标都取决于系统中所安装的可再生能源设备的容量和当地当时的可再生能源资源。一般而言,平均风能渗透率越高,节约的柴油就越多。交流母线型互补发电系统可以被分成表 5.2 中所列出的三类。

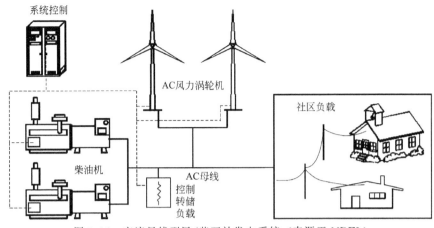

图 5.16　交流母线型风/柴互补发电系统（来源于 NREL）

表 5.2　交流母线型互补发电系统按渗透程度分类

渗透等级	运行特点	渗透	
		瞬时峰值	年平均
低	柴油发电机组全时运行	<50%	<20%
	风力发电减少柴油发电机组的净负载		
	风力发电机组发出的电力全部进入负载		
	无须特殊的控制装置		
中	柴油发电机组全时运行	50%~100%	20%~50%
	当风力较大时，必须调度后备卸荷器来保证柴油发动机有足够的负载		
	风力发电机组的输出在风力大时或负载小时要加以限制		
	需要简单的控制		
高	柴油发动机组在风大时可以停机	100%~400%	50%~150%
	需要额外的装置来调节电压和频率		
	需要高度的智能调节		

　　由于交流母线型互补发电系统的储能能力相对于系统的发电能力来说非常小，因而需要用很高的系统控制手段来管理和调度系统的输出，例如，在非柴油机组运行模式和发电量有盈余的时候，就需要对发电设备和负荷进行有效的调节。系统中风能的渗透率越高，要求系统对输出控制和负荷调度的功能就越强。对系统输出进行控制的方法很多，其中包括彻底停止柴油机组的运行。

　　a. 当风力发电机组发出过多电力时，对风力发电机组的输出进行控制以减少它的输出。这可以通过停止部分风力发电机组工作来实现，也可以通过副翼、机械桨距调节器或电力控制来调节系统的电力输出，在边远地区使用的风力发电机组应当具有上述控制功能；

　　b. 系统中配置可调度的卸荷器来消耗多余的电力，如电阻型加热器或水处理器；

　　c. 调度系统中的有效负载，暂时停止一些不太重要的负载；

　　d. 反向驱动柴油机组，把电力输入柴油发电系统中的发电机，把发电机变成电动机，迅速增加系统的负荷，这和汽车下坡时用汽车发动机来控制速度的道理一样；

　　e. 安装加热器卸荷，同时使得柴油发电机组能够很快地启动；

　　f. 安装电容组来平滑系统的波动和调整系统的功率因素；

g. 安装同步压缩器或者回转变换器，用来产生反向阻力和控制系统的电压；

h. 用快速反应的卸荷负载来保持系统负荷的平衡，从而控制系统的频率等。

交流母线型互补发电系统使用至少 50kW 或者更大的风力发电机组，因此更适合大社区使用。在小的或中等渗透率的系统中，柴油发电机组往往被用来作为主要提供电力的设备，而在高渗透率系统中，柴油发电机组可能完全停止运行。因此当柴油机组不再运行时，需要采用其他的设备来保证系统中电力的质量。交流母线型互补发电系统中对技术的依赖程度完全取决于系统的渗透率，低渗透率系统除了对风力发电机组进行保养外，往往只需要非常有限的专业技术的支持。然而高渗透率互补发电系统中，需要非常专业的技术力量来支持基础工作。我国在过去的经验中发现，这一点在海岛上是非常难以实现的。

图 5.17 是一个交流母线风/柴互补系统实例，系统在美国阿拉斯加的 Pribilof Islands，高风能渗透率，无储能风/柴互补系统 500kW，同时为工业和机场供电和取暖，峰值负荷 160kW[1]。

图 5.17　美国阿拉斯加的风/柴互补系统

（4）风/光/柴互补发电系统

除了上述的互补发电系统外，互补发电系统还可以同时包含风力发电机组、太阳能电池方阵、蓄电池组和柴油发电机组，如图 5.18 所示。在这种系统中，柴油机组常常被用来作

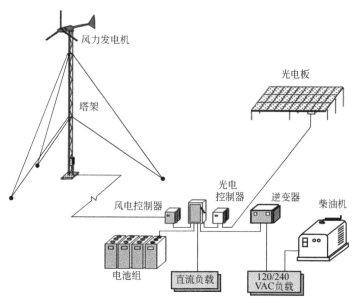

图 5.18　风/光/柴互补发电系统

---

[1]　Ian Baring-Gould，Commercial Status of High-Penetration Wind-Diesel Systems。

为后备动力来补充可再生能源资源的不足。这种系统不仅能够为日常生活供电，而且还能为一些小型的生产性负荷供电，如使用小型农牧电动工具和农牧机具修配，为居民和牲畜提取饮用水等。

图5.19是在新疆建设的直流母线型风/光/柴互补系统，系统中风力发电机20kW（10kW×2），光伏4kW，30kV·A柴油发动机一台。

(a) 乡政府所在地　　　　(b) 风力发电机组　　　　(c) 太阳能光伏

(d) 柴油发动机　　　(e) 蓄电池组

图 5.19　新疆建设的直流母线型风/光/柴互补系统

第6章

充电控制器

6.1 充电控制器及其基本工作原理

在独立运行的可再生能源发电系统中，控制器是系统中最核心的部件，除基本的控制功能外，还具备许多基本的保护功能：蓄电池过充、过放、防反接保护，风机限流、自动刹车和手动刹车保护，光伏防反充、防反接保护，防雷保护等。控制器的性能影响到整个供电系统的寿命和运行稳定性，特别是蓄电池的使用寿命。蓄电池起着储存和调节电能的作用。当可再生能源资源丰富（如风力很大或日照充足）致使产生的电能过剩时，蓄电池将多余的电能储存起来；反之，当系统发电量不足或负载用电量大时，蓄电池向负载补充电能，并保持供电电压的稳定。为此，需要为系统设计一种控制装置，该装置根据可再生能源资源（风力大小、日照强弱）以及负载的变化，不断对蓄电池组的工作状态进行切换和调节，使其在充电、放电或浮充电等多种工况下交替运行，从而保证可再生能源供电系统工作的连续性和稳定性。

具有上述功能，在系统中对发电设备、储能蓄电池组和负载实施有效保护、管理和控制的装置称为充电控制器，如图 6.1 所示。

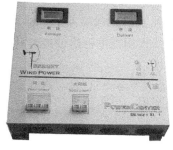

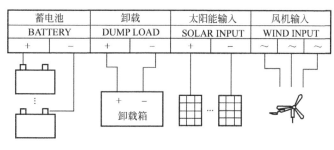

蓄电池		卸载		太阳能输入		风机输入		
BATTERY		DUMP LOAD		SOLAR INPUT		WIND INPUT		
+	−	+	−	+	−	～	～	～

(a) 外观图   (b) 接线图

图 6.1　充电控制器外观图和接线图

为了保护蓄电池（特别是铅酸蓄电池）不受过度放电的损害，设计者还赋予了充电控制器对蓄电池过放电进行保护的重要功能，称为充放电控制器。充放电控制器通过检测蓄电池的荷电状态，可以发出蓄电池继续放电、减少放电量或停止放电的指令。

随着可再生能源供电系统装机容量的不断增加，设计单位和用户对系统运行状态、运行方式合理性的要求越来越高，系统的安全性也更加突出和重要。因此，近年来设计单位又赋予控制器更多的保护和监测功能，使早期的蓄电池充电控制器发展到今天设计比较复杂的系统控制器。此外，控制器在控制原理和使用的元器件方面也有了很大的发展和提高，目前先进的系统控制器都使用了微处理器，实现了软件编程和智能控制。对于系统中有多台风力发电机的可再生能源供电系统，多台充电控制器可以组合，即组合成风力发电机充电控制柜，如图 6.2 所示。

图 6.2　风力发电机充电控制柜外观图

(1) 充电控制器的基本功能

发电系统中充电控制器具有对系统、蓄电池、负载等实施有效保护、进行管理和控制等功能：当设备处于安全使用环境下时，充电控制器将有效调节输出功率，合理利用能源；当发电设备处于设计安全范围内的极端使用环境下时，控制器必须切实起到保护作用，有效控制和调节发电设备的状态，使其免受损坏。充电控制器的基本功能如下：

① 充电功能：能按设计的充电模式用风力发电机发出的电向蓄电池充电。

② 电压显示：模拟或数字显示蓄电池电压，指示蓄电池的荷电状态。

③ 电流显示：模拟或数字显示可再生能源发电系统的发电电流和输出的负载电流。

④ 高压（HVD）断开和恢复功能：控制器应具有输入高压断开和恢复连接的功能。

⑤ 欠电压（LVG）告警和恢复功能：当蓄电池电压降到欠电压告警点时，控制器应能自动发出声光告警信号（有时这一功能由逆变器完成）。

⑥ 低压（LVD）断开和恢复功能：这种功能可防止蓄电池过放电。通过一种继电器或电子开关连接负载，可在某给定低压点自动切断负载。当电压升到安全运行范围时，负载将自动重新接入或要求手动重新接入。这一功能也往往通过逆变器来实现，而充电控制器不包含这一功能。

⑦ 保护功能：防止任何负载短路的电路保护；防止充电控制器内部短路的电路保护；防止夜间蓄电池通过太阳能电池组件反向放电保护；防止负载、太阳能电池组件或蓄电池极性反接的电路保护；防止感应雷的线路防雷。

⑧ 温度补偿功能（仅适用于蓄电池充满电压）：当蓄电池温度低于 25℃时，蓄电池的充满电压应适当提高；相反，高于该温度，蓄电池的充满电压的门限应适当降低。通常蓄电池的温度补偿系数为$-(3\sim5)\mathrm{mV}/(℃\cdot\mathrm{Cell})$。

⑨ 提供通信接口：随着用户对电源要求的不断提高（通信领域的应用尤为明显），在现有控制器功能的基础上，还需要具有远程监控、功率累计显示、通信专用接口 RS232 等功能。随着可再生能源发电技术的不断成熟，这些功能都已经很好地得以实现，并应用到实际的可再生能源供电工程中。

除了以上这些基本要求，有些高端行业，如移动通信，对充电控制器有一些更高的要求，比如高可靠性、全自动化、系统无频繁启动、带有触点的开关、低电磁干扰以及尽量少的设备维护要求。由于通信行业是一个高度敏感的服务行业，对基站运行的状况极度关注，又由于自身具备远程通信能力，因此通信行业往往希望风力发电系统的控制器能提供通信功能，或者至少能预留可便于远程传输的标准通信信息接口。

（2）充电控制器的基本工作原理

可再生能源发电设备依靠自然资源，提供的电能形式多样，变化频繁，必须经过控制、存储才能为负载提供可靠和连续的电能。

通常，小型风力发电机发出的三相交流电，其电压、频率是随风速变化而变化的。控制器将这种可变的交流电整流成电池充电所需的直流电。由于控制器用可控硅整流取代二极管整流，因此它可以起到相控调节的作用。控制器具有"恒压"充电特性，能延长电池充电寿命，这一点已在实验室的试验以及实际运行的系统中得到证实。

在正常情况下，所有风力发电机发出的电都被整流并传输到直流中心，这样就为直流负载提供了电能并把多余的能量储存在电池里。当电池达到预定的电压时，即表明电池已充满电，控制器便减少传送到系统中的电流，这样就能防止电池电解液过分挥发。电池电解液过分挥发会减少电池电解液并损坏电池。在调节开始之后，控制器进行电流递减充电，这样就能使电池始终处于满充电状态，这一过程是根据电池组电压进行控制的。

控制器具有保护限电流功能，当输出电流达到额定值时，控制器将改变可控硅的导通角，保持风力发电机恒电流输出。

6.2　各类型充电控制器工作原理

6.2.1　充电控制器分类

依照控制器不同的特性，可以有多种不同的分类方式，下面分别按照控制器功能特征、控制器电流输入类型、控制器对蓄电池充电调节原理的不同，进行分类介绍。

（1）按照控制器功能特征分类

① 简易型控制器：具有对蓄电池过充电和正常运行进行指示的功能，并能将风力发电机组发出的电能输送给储能装置和直流用电器。

② 自动保护型控制器：具有对蓄电池过充电、过放电和正常运行进行自动保护和指示的功能，并能将风力发电机组发出的电能输送给储能装置和直流用电器。

③ 程序控制型控制器：对蓄电池在不同的荷电状态下具有不同充电阶段的充电模式，并对各阶段充电具有自动控制功能；对蓄电池过放电具有自动保护功能；采用带 CPU 的单片机对多路风力发电控制设备的运行参数进行高速实时采集，并按照一定的控制规律由软件程序发出指令，控制系统工作状态，并能将风力发电机组发出的电能输送给储能装置和直流用电器的产品，同时又可以实现对系统运行实时控制参数进行采集和远程数据传输的功能。

（2）按照控制器电流输入类型分类

① 直流输入型控制器：使用直流发电机组或把整流装置安装在发电机上的与离网型风力发电机组相匹配的产品。

② 交流输入型控制器：整流装置直接安装在控制器内的产品。

（3）按照控制器对蓄电池充电调节原理的不同分类

① 串联控制器：早期的串联控制器开关元件使用继电器作为旁路开关，目前多使用固体继电器或工作在开关状态的功率晶体管。串联控制器中的开关元件还可替代旁路控制方式中的防反二极管，起到防止"反向泄漏"的作用。

② 并联控制器：当蓄电池充满时，利用电子部件把光伏阵列的输出分流到并联电阻器或功率模块上去，然后以热的形式消耗掉。因为这种方式消耗热能，所以一般用于小型、低功率系统，例如电压在 12V、20A 以内的系统。这类控制器很可靠，没有串联回路的电压降，也没有如继电器之类的机械部件。这种控制方式虽然简单易行，但由于采用旁路方式，如果用在太阳能光伏系统中，太阳能电池组件中的个别电池受遮挡或有污渍，容易引起热斑效应。早期的旁路控制器开关元件使用继电器作为旁路开关，目前多使用固体继电器或功率晶体管。通常旁路控制器输入回路接有二极管，二极管的作用如同一个单向阀门，充电期间允许电流流入蓄电池，在夜间或阴天时防止蓄电池电流流向风力发电机或光电板方阵。

③ 多阶控制器：其核心部件是一个受充电电压控制的"多阶充电信号发生器"。多阶充电信号发生器根据充电电压的不同，产生多阶梯充电电压信号，控制开关元件顺序接通，实现对蓄电池组充电电压和电流的调节。此外，还可以将开关元件换成大功率半导体器，通过线性控制实现对蓄电池组充电的平滑调节。

④ 脉冲控制器：它包括变压、整流、蓄电池电压检测电路。脉冲充电方式首先是用脉冲电流对电池充电，然后让电池停充一段时间后再充，如此循环充电，使蓄电池充满电量；间歇期使蓄电池经化学反应产生的氧气和氢气有时间重新化合而被吸收掉，使浓差极化和欧姆极化自然而然地得到消除，从而减轻了蓄电池的内压，使下一轮的恒流充电能够更加顺利地进行，使蓄电池可以吸收更多的电量。间歇脉冲使蓄电池有较充分的反应时间，减少了析气量，提高了蓄电池对充电电流的接受率。

⑤ 脉宽调制（PWM）控制器：它以 PWM 脉冲方式开关发电系统的输入。当蓄电池趋向充满时，脉冲的宽度变窄，充电电流减小，而当蓄电池电压回落时，脉冲宽度变宽，符合蓄电池的充电要求。用于实现脉宽调制功能的开关器件可以串联在风力发电机或太阳能电池和蓄电池之间，也可以与风力发电机或太阳能电池并联，形成旁路控制。按照美国桑地亚国家实验室的研究和佛罗里达太阳能研究中心的测试结果，脉宽调制控制器的充电效率比简单断开/恢复式（或叫两点式）控制器高 30%，更有利于蓄电池容量的迅速恢复和蓄电池总循环寿命的提高。

6.2.2 充电控制器对蓄电池充/放电的机理及其数学模型

（1）充电机理

目前在可再生能源离网发电系统中，使用最多的仍然是铅酸蓄电池，因此这里仅以铅酸蓄电池为例介绍控制器的充电控制机理。

铅酸蓄电池充电特性曲线如图 6.3 所示，由充电曲线可以看出，蓄电池充电过程有三个阶段：初期（OA）电压快速上升；中期（AC）电压缓慢上升，延续较长时间，C 点为充电末期，电化学反应接近结束，电压开始迅速上升；接近 D 点时，负极析出氢气，正极析出氧气，水被分解。上述所有迹象表明，D 点电压标志着蓄电池已充满电，应停止充电，否则将给铅酸蓄电池带来损坏。

通过对铅酸蓄电池充电特性的分析可知，在蓄电池充电过程中，当充电到相当于 D

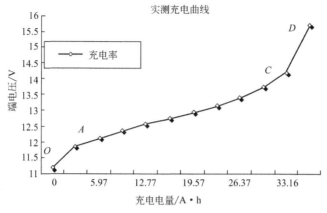

图 6.3　铅酸蓄电池充电特性曲线

点的电压时就标志着该蓄电池已充满。依据这一原理，在控制器中设置电压测量和电压比较电路，通过对 D 点电压值的监测，即可判断蓄电池是否应结束充电。对于开口式固定型铅酸蓄电池，标准状态（25℃，0.1C 充电率）下的充电终了电压（D 点电压）约为 2.5V；对于阀控密封型铅酸蓄电池，标准状态（25℃，0.1C 充电率）下的充电终了电压约为 2.35V。在控制器里设置的 D 点电压称为"门限电压"或"电压阈值"。蓄电池的充满点一般设定在：2.45～2.5V（固定型铅酸蓄电池）和 2.3～2.35V（阀控密封型铅酸蓄电池）。

蓄电池充电控制的目的是在保证蓄电池被充满的前提下尽量避免电解水。蓄电池充电过程的氧化还原反应和水的电解反应都与温度有关。温度升高，氧化还原反应和水的分解都变得容易，其电化学电位下降，此时应当降低蓄电池的门限电压，以防止水的分解。温度降低，氧化还原反应和水的分解都变得困难，其电化学反应电位升高，此时应当提高蓄电池的门限电压，以保证将蓄电池充满，同时又不会发生水的大量分解。在风能发电系统中，蓄电池的电解液温度有季节性的长周期变化，也有因受局部环境影响的波动，因此要求控制器具有对蓄电池门限电压进行自动温度补偿的功能。温度系数一般为单只电池（3～5）mV/℃（标准条件为 25℃），即当电解液温度（或环境温度）偏离标准条件时，每升高 1℃，蓄电池门限电压按照每只电池向下调整 3～5mV；每下降 1℃，蓄电池门限电压按照每只电池向上调整 3～5mV。蓄电池的温度补偿系数也可查阅蓄电池技术说明书或向生产厂家查询。对于蓄电池的过放电保护门限电压一般不作温度补偿。

（2）放电机理

目前，在可再生能源离网发电系统中使用最多的仍然是铅酸蓄电池，因此下面仅以铅酸蓄电池为例介绍控制器的过放电保护原理。

① 铅酸蓄电池放电特性　铅酸蓄电池放电特性曲线如图 6.4 所示。由放电曲线可以看出，蓄电池放电过程有三个阶段：开始阶段（OE 阶段）电压下降较快；中期（EG）电压缓慢下降，延续较长时间；G 点后放电电压急剧下降。电压随放电过程不断下降的原因主要有三个：首先是随着蓄电池的放电，酸浓度降低，引起电动势降低；其次是活性物质的不断消耗，反应面积减小，使极化不断增加；最后是由于硫酸铅的不断生成，使电池内阻不断增加，内阻压降增大。图上 G 点电压标志着蓄电池已接近放电终了，应立即停止放电，否则将给铅酸蓄电池带来不可逆转的损坏。

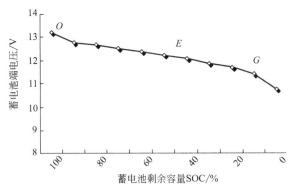

图 6.4　铅酸蓄电池放电特征曲线

②　常规过放电保护原理　通过上述对蓄电池放电特性的分析可知，在蓄电池放电过程中，当放电到相当于 G 点的电压时就标志着该电池已放电终了。依据这一原理，在控制器中设置电压测量和电压比较电路，通过监测出 G 点电压值，即可判断蓄电池是否应结束放电。对于开口式固定型铅酸蓄电池，标准状态（25℃，0.1C 放电率）下的放电终了电压（G 点电压）为 1.75～1.8V。对于阀控密封型铅酸蓄电池，标准状态（25℃，0.1C 放电率）下的放电终了电压为 1.78～1.82V。在控制器里设置的 G 点电压称为"门限电压"或"电压阈值"。

③　蓄电池剩余容量控制法　在很多领域，铅酸蓄电池是作为启动电源或备用电源使用的，如汽车启动电瓶和 UPS 电源系统。这种情况下，蓄电池处于浮充电状态或充满电的状态，运行过程中其剩余容量或荷电状态 SOC（state of charge）始终处于较高的状态（80%～90%），而且有高可靠的、一旦蓄电池过放电就能将蓄电池迅速充满的充电电源。蓄电池在这种使用条件下很不容易被过放电，因此使用寿命较长。在可再生能源离网发电系统中，蓄电池的充电电源来自太阳能电池和风力发电机组，其保证率远远低于有交流电的场合，环境天气的变化和用户的过量用电都很容易造成蓄电池的过放电。铅酸蓄电池在使用过程中如果经常深度放电（SOC 低于 20%），则蓄电池的使用寿命将会大大缩短。反之，如果蓄电池在使用过程中一直处于浅放电（SOC 始终大于 50%）状态，则蓄电池使用寿命将会大大延长。但是，针对一个具体的用户负载需求，采用较浅的放电深度就意味着要增加蓄电池组的容量，导致系统的资金投入增加（包括以后的更换）。系统设计者要平衡好蓄电池放电深度的选取和资金投入的关系。

从图 6.5 可以看出，当放电深度 DOD（SOC=1−DOD）等于 100% 时，循环寿命只有350 次，如果放电深度控制在 50%，则循环寿命可以达到 1000 次，当放电深度控制在 20%时，循环寿命甚至达到 3000 次。剩余容量控制法指的是蓄电池在使用过程中（蓄电池处于放电状态时），系统随时检测蓄电池的剩余容量（SOC），并根据蓄电池的荷电状态 SOC，自动调整负载的大小或调整负载的工作时间，使负载和蓄电池剩余容量相匹配，以确保蓄电池的剩余容量不低于设定值（如 50%），从而保护蓄电池不被过放电。

要想根据蓄电池的剩余容量对蓄电池的放电过程进行控制，就要求能够准确测量蓄电池的剩余容量。对于蓄电池剩余容量的检测，通常有几种办法，如电解液密度法、开路电压法、放电法、内阻法。电解液密度法对于阀控密封型铅酸蓄电池不适用；开路电压法是基于Nernst 热力学方程电解液密度与开路电压有确定关系的原理，对于新电池尚可采用，蓄电

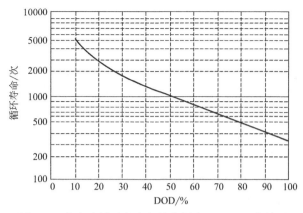

图 6.5　蓄电池循环寿命与放电深度（DOD）的关系

池使用后期，当其容量下降后，开路电压的变化已经无法反映真实剩余容量，此外，开路电压法还无法进行在线测试。内阻法根据的是蓄电池内阻与蓄电池的容量有着更为确定的关系，但通常必须先测出某一规格和型号蓄电池的内阻-容量曲线，然后采用比较法通过测量内阻得知同型号、同规格蓄电池的剩余容量。内阻法通用性比较差，测量过程也相当复杂。还可以根据铅酸蓄电池的剩余容量与其充放电率、充放电过程中的端电压、电解液密度、内阻等各个物理化学参数之间的相互影响，建立蓄电池剩余容量的数学模型，要求数学模型能够较为准确地反映出各个物理化学参数的变化对蓄电池剩余容量的影响。有了通用性强的、能够反映各个物理化学参数连续变化对蓄电池荷电状态影响的数学模型，就可以很方便地在线测量蓄电池的剩余容量，从而进一步根据蓄电池的剩余容量对蓄电池的放电过程进行控制。

④ 蓄电池剩余容量（SOC）的数学模型　这里试图建立铅酸蓄电池的剩余容量与其充放电率、充放电过程中的端电压、电解液密度、内阻等各个物理化学参数之间的数学模型，要求数学模型能够较为准确地反映出各个物理化学参数的变化对蓄电池剩余容量的影响。有了这样通用性强的、能够反映各个物理化学参数连续变化对蓄电池荷电状态影响的数学模型，就可以很方便地在线测量蓄电池的剩余容量。蓄电池剩余容量的数学模型在文献中很少见到，给出固定型铅酸蓄电池剩余容量的数学模型如下。

蓄电池放电模型：

$$U = U_r - I/\mathrm{Ah}(0.189/\mathrm{SOC} + \mathrm{IR}) \tag{6.1}$$

蓄电池充电模型：

$$U = U_r + I[0.189/(1.142 - \mathrm{SOC}) + \mathrm{IR}]/\mathrm{Ah} + (\mathrm{SOC} - 0.9) \times \ln[300 \times (I/\mathrm{Ah}) + 1.0] \tag{6.2}$$

式中，SOC 为蓄电池剩余容量；U 为实测电压；Ah 为标称容量；I 为充电电流或放电电流；静止电压为 $U_r = 2.094 \times [1 - 0.001 \times (T - 25℃)]$，$T$ 为环境温度；蓄电池内阻 $\mathrm{IR} = 0.15 \times [1 - 0.02 \times (T - 25℃)]$。（注：充电模型中最后一项只有当 $U > 2.28\mathrm{V}$ 时才有）

但是上述数学模型没有反映出初始电解液密度对于 U_r 的影响，而且计算结果与试验数据差距太大，无法实际使用。为了建立通用性强的蓄电池剩余容量（SOC）的数学模型，必须综合考虑蓄电池的热力学和动力学特性，才能比较准确地描述蓄电池充放电过程中其端电压、放电率等参数与容量的关系。考虑这些参数后的蓄电池充放电的数学模型如下：

$$U_{充}=U_r+U_\eta+I\times\mathrm{IR}=E^\circ+RT/nF\times\lg(1+\mathrm{SOC}/\mathrm{DOD})+\eta_e+\eta_c+I/\mathrm{Ah}\times\mathrm{IR}(1-\mathrm{SOC})$$

$$(6.3)$$

式中，$U_{充}$ 为实测的蓄电池充电过程中的端电压；U_r 为蓄电池充电初始（或放电终了）的静态电压；U_η 为蓄电池充电过程的阴极和阳极极化电位之和；I/Ah 为蓄电池的充电率；IR 为蓄电池的内阻；E° 为热力学平衡电动势，2.04V；R 为热力学常数，8.314J/（K·mol）；T 为绝对温度，当25℃时，$T=273+t=273+25=298\mathrm{K}$；$n$ 为参与反应的电子数，$\mathrm{Pb\text{-}PbSO_4}$ 为2，$\mathrm{PbO_2\text{-}PbSO_4}$ 为2；F 为法拉第常数，$F=96487\mathrm{C/mol}$。

$$U_{放}=U_r-U_\eta-I\times\mathrm{IR}$$
$$=E^\circ-RT/nF\times\lg(1+\mathrm{DOD}/\mathrm{SOC})-(\eta_e+\eta_c)-I/\mathrm{Ah}\times\mathrm{IR}\times(1-\mathrm{SOC})\quad(6.4)$$

式中，$U_{放}$ 为实测的蓄电池放电过程中的端电压；U_r 为蓄电池放电初始（或充电终了）的静态电压；U_η 为蓄电池放电过程的阴极和阳极极化电位之和；I/Ah 为蓄电池的放电率；IR 为蓄电池的内阻。

在设计数学模型时，除了要符合上述电化学规律，还应当考虑到以下因素：

a. 蓄电池在不同的荷电状态下，其电动势（端电压）由于反应物和生成物比例的变化而变化。充电过程中，剩余容量（SOC）越小，引起的端电压变化越小；放电过程中，剩余容量（SOC）越小，引起的端电压变化越大。

b. 蓄电池在不同的荷电状态下，对电极极化的影响也不相同。充电过程中，剩余容量（SOC）越小，引起的电极极化越小；放电过程中，剩余容量（SOC）越小，引起的电极极化越大。

c. 蓄电池在不同的荷电状态下，对欧姆极化的影响也不相同。剩余容量（SOC）低，说明是蓄电池的放电后期（或充电初期），电极表面生成硫酸铅，电解液密度也有所降低，欧姆内阻增大；剩余容量（SOC）高，说明是蓄电池的放电初期（或充电后期），电极表面的硫酸铅已经大部分转换成了铅和二氧化铅，电解液密度也有所增加，欧姆内阻减小。

d. 蓄电池的充放电率可以近似代表充放电的电流密度。

e. 蓄电池的充放电率将影响到极化超电势和内阻引起的极化电势，不影响平衡电势。

f. 电解液密度将影响到蓄电池的电动势和内阻。

g. 温度主要影响蓄电池的实际容量（额定容量）和蓄电池的内阻。

温度对实际容量的影响： $\quad C_a=C_r\times[1+K(T-25)]$ $\qquad(6.5)$

式中，C_a 为任何温度下的蓄电池实际容量；C_r 为蓄电池在25℃下的额定容量；T 为实际温度,℃；K 为温度系数，为 $0.005\sim0.008℃^{-1}$。温度对内阻的影响：$0\sim30℃$，温度每升高10℃，内阻降低大约10%；$-20\sim0℃$，温度每降低10℃，内阻大约增大15%。

h. 使用年限主要影响蓄电池的额定容量，使用年限越长，容量损失越大，每年的容量损失依蓄电池类型和使用条件的不同而不同，年容量损失系数在 2%~10%，对于阀控型密封铅酸蓄电池，正常使用条件下大约每年衰降5%。

i. 蓄电池放电过程的电压变化（2.15~1.80V）小于充电过程的电压变化（1.90~2.45V）。

由上面的分析，得出如下蓄电池剩余容量放电和充电过程的数学模型：

$$U_{放}=U_r-a\lg\left(1+\frac{\mathrm{DOD}}{\mathrm{SOC}}\right)-b\lg\left\{1+\frac{I}{\mathrm{Ah}[1+K(T-25)]}\right\}\times\mathrm{DOD}\times100-$$

$$c \, \frac{I}{\mathrm{Ah}[1+K(T-25)]} \times 0.01 \times (25-T) \times \mathrm{DOD} \tag{6.6}$$

式中，a 为由于反应物和生成物比例改变引起的电压变化的常数，$0.1 \sim 0.2$；b 为电化学极化项常数，$0.1 \sim 0.15$；c 为内阻极化项常数，$0.08 \sim 0.15$。

$$U_{充} = U_r - d \lg\left(1+\frac{\mathrm{SOC}}{\mathrm{DOD}}\right) + e \lg\left\{1+\frac{I}{\mathrm{Ah}[1+K(T-25)]}\right\} \times \mathrm{SOC} \times 100 +$$

$$f \, \frac{I}{\mathrm{Ah}[1+K(T-25)]} \times 0.01 \times (25-T) \times \mathrm{DOD}$$

式中，d 为由于反应物和生成物比例改变引起的电压变化的常数，$0.1 \sim 0.2$；e 为电化学极化项常数，$0.2 \sim 0.25$；f 为内阻极化项常数，$0.15 \sim 0.25$。

⑤ 蓄电池剩余容量（SOC）放电过程控制　采用蓄电池剩余容量控制法设计的控制器，可以对蓄电池的放电进行全过程控制，主要用于无人值守且允许适当调整工作时间的光伏发电系统，最典型的是太阳能路灯。表 6.1 给出一个系统在蓄电池不同 SOC 情况下，对负载供电工作时间的调整。

表 6.1　系统在蓄电池不同 SOC 情况下对负载供电工作时间的调整

蓄电池的剩余容量	负载工作时间/h
SOC＞90％	12
70％＜SOC＜90％	8
50％＜SOC＜70％	6
10％＜SOC＜50％	4

也可以将负载分成不同的等级，控制器根据蓄电池的剩余容量状态，调整负载的功率，也可以达到同样的目的。对于负载时间和功率不允许自动调整的负载，可以将蓄电池的剩余容量在控制器上显示出来，以便用户随时了解蓄电池的荷电状态，人工采取必要的调整措施。

6.2.3　各类型充电控制器具体工作原理

(1) 程序控制型控制器

采用先进的单片机集成电路作为中控电路，可保证蓄电池组安全而可靠地工作；当蓄电池发生过放电时，自动切断负载，以保护蓄电池；采用高精度 A/D 转换器，对"当前状态参数"进行实时快速采集，并可通过 RS232 口实现每台控制器的远距离数据传输，其原理如图 6.6 所示。

(2) 串联型控制器

串联型控制器电路原理如图 6.7 所示。串联型控制器利用固态开关器件（可控硅）控制充电过程，开关串接在风力发电机和蓄电池之间，在正常情况下，所有风力发电机组发出的电都被整流并传输到直流接线端，这样就为直流负载提供了电能并把多余的能量储存在电池里。当电池接近预定的电压时，即表明电池已充满电，充电控制器便减少传送到电池中的电流，这样就能防止电池电解液过分挥发。电池电解液过分挥发会减少电池电解液并损坏电池。在调节开始之后，充电控制器进行电流递减充电，这样就能使电池始终处于满充电状态，这一过程的控制是由电池组电压控制的。当蓄电池达到预定的电压，即表明电池已完全

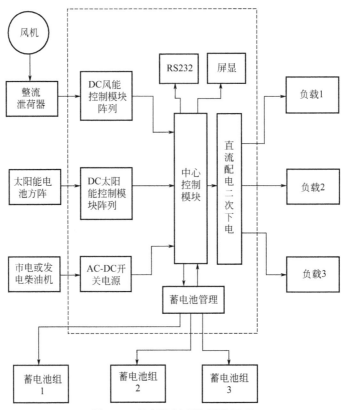

图 6.6 程序控制型控制器原理

充满电，充电控制器将截止风力发电机的充电回路（彻底关断可控硅或将电能旁路到泄荷回路中去），有效地保护蓄电池。

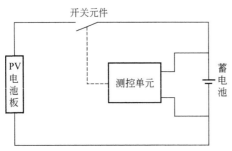

图 6.7 串联型控制器电路原理

串联型控制器的优点是体积小，线路简单，价格便宜；缺点是由于控制用功率晶体管存在着压降，当充电电压较低时会带来较大的能量损失。串联型控制器的另一个缺点是当控制元件断开时，输入电压将升高到发电单元开路电压的水平，因此串联型控制器适用于千瓦级以下的光伏发电系统。由于风力发电机空载运行将带来飞车的危险，简单的串联型控制器不能用在风力发电系统中（这也足以说明，具有空载运行功能的风力发电机，其对应的控制器将具有非常好的控制性能）。

（3）旁路型控制器

旁路型控制器电路原理如图 6.8 所示。控制器检测电路监控蓄电池电压，当达到标志着电池充满的电压阈值时，开关元件接通耗能负载，蓄电池旁路过充电流将被开关元件转移到耗能负载，将多余的功率转变为热能；当蓄电池端电压下降到恢复充电的电压阈值时，开关元件断开耗能负载，同时接通蓄电池充电回路。

旁路型控制器的优点是设计简单，价格便宜，充电回路损耗小；缺点是要求控制元件具有较大的电流通断能力，当用于风力发电系统时还必须使用耗能负载。因此，简单的旁路型控制器主要用于风力发电系统和千瓦级以下的光伏发电系统。

　　旁路控制原理也可用于较大功率的光伏系统，方法是在由多组太阳能电池板串联成的方阵里，通过旁路串联组中的一个或多个电池板实现对蓄电池充电电压的调节，称为部分旁路控制。部分旁路控制器的电路原理如图 6.9 所示。

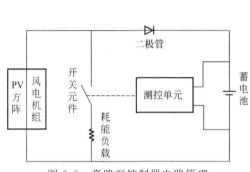

图 6.8　旁路型控制器电路原理

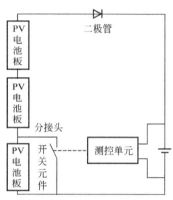

图 6.9　部分旁路控制器电路原理

（4）多阶型控制器

　　多阶型控制器电路原理如图 6.10 所示，多阶型控制器的充电电压和电流波形如图 6.11 所示。依据蓄电池的充电状态，控制器自动设定不同的充电电流。当蓄电池处于未充满状态时，允许风力发电机组或太阳能方阵的电流全部流进蓄电池组。当蓄电池组接近充满时，控制器消耗掉一些风力发电机组或太阳能方阵的输出功率，以便减少流进蓄电池的电流。当蓄电池组逐渐接近完全充满时，"涓流"充电渐渐停止。

　　将多阶控制原理应用到由多台风力发电机和多个子方阵组成的风力发电站、光伏电站或互补电站，可形成如图 6.12 所示的多路

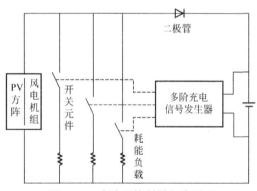

图 6.10　多阶型控制器电路原理

控制方式。每一个子方阵所产生的电流为多阶控制的一个充电电流阶梯。根据蓄电池组充电状态，控制器逐个接通各个风力发电机组和子方阵的输入，也可以逐个将风力发电机组和各个子方阵的输入切换至耗能负载，这样就产生了大小不同的充电电流。为充分利用可再生能源，也可将风力发电机组或子方阵的多余电能转接到热水器、采暖设备或水泵等次要负载。

（5）脉冲型控制器

　　脉冲型控制器电路原理如图 6.13 所示。脉冲型控制器的核心部件是一个受充电电压调制的"充电脉冲发生器"。脉冲型控制器的充电电压和电路波形如图 6.14 所示。脉冲型控制器以"斩波"方式工作，对蓄电池进行脉冲充电。开始充电时脉冲控制器以宽脉冲充电，随着充电电压的上升，充电脉冲宽度逐渐变窄，平均充电电流减小。当充电电压达到预置电平时，充电脉冲宽度变为零，充电终止。脉冲型控制器充电方法更趋于合理，效率高，适合用于功率较大的光伏发电系统。

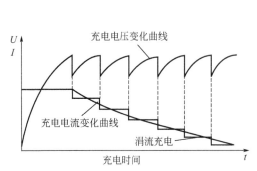

图 6.11　多阶型控制器的充电电压和电流波形

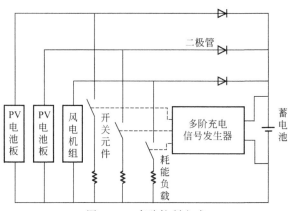

图 6.12　多路控制方式

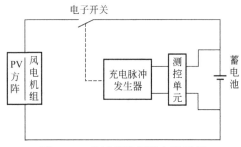

图 6.13　脉冲型控制器电路原理

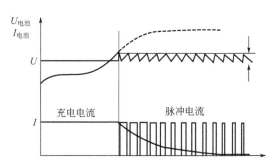

图 6.14　脉冲型控制器的充电电压和电路波形

（6）脉宽调制（PWM）型控制器

PWM 型控制器开关器件一般选用 MOSFET，不能用继电器。

脉宽调制型控制器与脉冲型控制器基本原理相同，主要区别是将充电脉冲发生器设计成充电脉宽调制器，这样，使充电脉冲的平均充电电流的瞬间变化更符合蓄电池当前的荷电状态。最理想的状态是符合蓄电池的充电电路可接受曲线。使用 DC/DC 变换的 PWM 控制器还可实现最大功率跟踪功能。因此，脉宽调制控制器可用于大型光伏系统。缺点是脉宽调制型控制器自身会带来一定的损耗（4%~8%）。

脉宽调制 PWM 控制原理如图 6.15 所示。

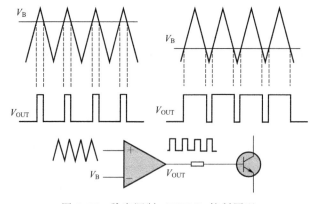

图 6.15　脉宽调制（PWM）控制原理

比较器的调制波为三角波，从正端输入，蓄电池的直流采样电压从比较器的负端输入，用直流电压切割三角波，在比较器的输出端形成一组脉宽调制波，用这组脉冲控制开关晶体管的导通时间，达到控制充电电流的目的。从图6.15可以看出，对于串联型控制器，当蓄电池的电压上升时，脉冲宽度变窄，充电电流变小；当蓄电池的电压下降时，脉冲宽度变宽，充电电流增大。对于旁路型控制器，蓄电池的直流采样电压和调制三角波在比较器的输入应当掉过来，以达到随蓄电池电压的升高旁路电流增大（充电电流减小），随电压回落旁路电流减小（充电电流增大）的目的。

6.3 充电控制器的基本参数与选择

充电控制器的性能好坏直接影响风力发电机的使用寿命，直接影响储能蓄电池的使用寿命，也直接影响系统的工作效率。如果风力发电机与充电控制器不匹配，可能会导致整个系统的设备全部损毁。系统设计人员要谨慎选择充电控制器。

因为各个厂家生产的风力发电机参数不同，设计思路不同，保护重点不同，对应的控制方式要求也会有较大区别，客户忽略了任何一点细节都将有可能导致系统失败，造成不可恢复的损坏。例如：各个品牌的风力发电机组的过载能力不同，对控制器的功率控制元件要求就肯定不同，对控制器的载荷元件要求也不同，这将直接影响到控制重点的不同；过载能力大的风力发电机组，控制器主要控制飞车、瞬间高压和大功率电能对系统可能造成的冲击，而过载能力弱的风力发电机组控制器主要是控制发电机的输出功率和效率。

（1）充电控制器的选择

① 从充电控制器本身的功能角度选择充电控制器。商业化制造的可再生能源供电系统控制器（风力及其互补发电系统），其技术性能各有不同，在选择控制器时，可以根据用户的需要，考虑下面哪些功能是必需的：

a.负载断路器：电路过流或短路后必须更换熔断器。当熔断器不能满足需要时或更换极为不便时，可以以负载断路器替代熔断器。

b.低电压报警器：当蓄电池荷电状态低于预置电平时，可听到警报声响。

c.低电压断开：当蓄电池放电至预置电平时，自动切断负载。

d.电压指示器：显示蓄电池电压，指示蓄电池的荷电状态。

e.电流指示器：显示发电系统电流和输出的负载电流。

f.安培小时计：数字显示蓄电池已放电量或剩余电量。

g.后备充电启动控制：自动启动后备电源，对蓄电池组进行充电。

h.风力发电机组和太阳能方阵功率分流调节器：将多余的方阵充电功率旁路到非重要负载，如电热水器等。

i.资源监测器：监测可利用的太阳能辐射及风资源情况。

j.负载计时器：定时负载用的计时钟，用于需要预置运行时间的负载，例如安全警戒照明灯等。

k.充电指示：蓄电池达到充满电压时，有明显指示灯点亮。

l.自动均衡充电：定期对蓄电池进行均衡充电。

② 从可再生能源离网系统角度选择确定充电控制器。在充分了解可再生能源离网发电系统的全部性能的情况下，可以根据可再生能源供电设备特性（功率及效率等）、蓄电池配

置情况等选择合适的充电控制器。以风力发电为例，根据风力发电机组的性能充分考虑到所有外部条件，其都要使风力发电机组参数保持在它们的设计运行范围内。控制系统通过输入的运行管理程序，对风力发电机组进行控制，使风力发电机组有效、安全地运行，尽可能避免故障，降低机组所承受的应力水平，使机组运行最佳化，同时对故障（如超速、超功率、过热）运行应能及时检测，进而采取适当的保护措施加以保护。当然，在保护风力发电机组的同时应注意发电机组的效率最大化。

一般情况下，风力发电机组设备供应商都会提供或推荐相应的配套控制器。需要使用者特别注意的是：如果用户是非专业人员，在对可再生能源供电系统的某些性能不了解的情况下，自行配置充电控制器将具有较大风险，严重者会导致整个发电系统的"瘫痪"。

鉴于选择控制器有如此的重要性，将选择充电控制器的基本技术条件说明如下：

a. 确定控制器应匹配的系统电压。通常，直流母线型的可再生能源系统的电压等级有24V、48V、120V等。应根据系统的直流电压来选择充电控制器。例如，48V控制器用于48V系统，110V控制器用于110V系统等。控制器应能耐受1.5～2倍的系统额定直流电压。

b. 选择控制器的最大电流通过能力。控制器输入回路应能耐受1.2～1.3倍的蓄电池组最大充电电流，输出回路应能耐受1.3～1.5倍的系统最大负载电流。

c. 确定控制器所能控制的风力发电支路、光伏支路最大电流值。通常以方阵短路电流作为方阵的最大电流值，为提高安全系数，在此短路电流基础上再加10%～20%的裕量。确定控制器所能控制的风力发电支路最大电流值时，通常以风力发电机组的额定电流为基数，再乘以1.2～1.5倍的安全系数即可。总之，要保守地确定控制器所能控制的最大电流值。

d. 选择风力发电系统控制器的耗能负载（卸荷器）功率。风力发电系统控制器或互补系统的风电支路控制，一般都需要安装风力发电机多余能量的耗能负载。耗能负载功率的选择与风力发电机组的容量和输出功率特性有关，机组额定功率大和功率输出特性硬的，其耗能负载功率要大；反之，机组额定功率小和功率输出特性软的，其耗能负载功率可以小一些。耗能负载功率的具体选择，由风力发电机组生产厂家确定，也可以根据当地风资源情况，由用户与厂家协商确定。

（2）选择充电控制器的显示方式

数字表显示（LED/LCD）、机械表显示（指针）、发光二极管分段式状态显示。

传统、简易的风力发电机充电控制器一般采用机械表显示（指针），甚至没有任何显示指示，以降低制造成本。随着产品的更新换代和用户需求的提高，逐步用发光二极管等方式进行显示指示。为了适应近代通信业对可再生能源的需求，风力发电机充电控制器开始向数字化发展，数字设定，数字显示，更包含了通信功能。

（3）充电控制器其他技术方面的考虑

① 确定控制器对蓄电池组的充电电压控制点。在单体电池充电原理的分析中，已经说明单体蓄电池的充满点一般设定在2.45～2.5V（固定型铅酸蓄电池）和2.3～2.35V（阀控密封型铅酸蓄电池）。

对于蓄电池组的"充满点"，是单体电池的"充满点"和一串蓄电池组中蓄电池的个数的乘积。例如，蓄电池组的标称电压为48V，采用2V蓄电池24个，则"充满点"为：$2.45 \times 24 = 58.8(\text{V})$。

针对具体蓄电池，用户应参看有关生产厂商的说明书。

② 充电控制器的效率。充电控制器的效率是指：在理想状态（蓄电池组能全部接收来自控制器的电能）下，充电控制器输出的电能（送到蓄电池组去）与输入充电控制器的电能之比。正常工作效率应高于 85%，最佳工作效率应能达到 95%。

充电控制器的效率反映了充电控制器的损耗，效率越高越好，尤其是风能、太阳能，电来之不易，应尽可能选用效率高的充电控制器。

③ 防止充电控制器遭受雷击。进出控制器的所有电缆要加装防雷器，控制器外壳要安全可靠接地。

④ 风/光互补控制器。在风/光互补系统中，风能和太阳能都需要充电控制器。相对于小系统，技术上容易实现同时控制，但是电路处理上仍然要分开控制，制作上可以完成模块化集成，输出模块可以共用；相对于较大系统，建议采用相对独立的控制器，以减少相互干扰，使其各自的效率始终保持在最佳状态。

第7章

储能装置

为了更有效地利用现有的能源，需要发展先进的节能技术和储能技术，能量储存是实现能源高效利用的重要途径。

随着电力工业的发展，电力系统技术呈现多元化的发展趋势：一方面，区域电网融合，形成规模的互联电网，有利于统一调度和管理，同时又可远距离输送电能，调节区域电力供应与需求的不平衡状态；另一方面，社会各行业对于电力供应的可靠性、安全性、灵活性要求越来越高，对于能源的需求量也越来越多。电力生产过程是连续进行的，发电、输电、变电、配电、用电必须时刻保持平衡；电力系统的负荷存在峰谷差，必须留有很大的备用容量，因此造成系统设备运行效率低。应用储能技术可以对负荷削峰填谷，提高系统的可靠性和稳定性，减少系统备用需求及停电损失。此外，随着新能源发电行业规模的日益扩大和分布式发电技术的不断发展，储能系统的重要性也日益凸显。储能技术的应用是在传统电力系统生产模式基础上增加一个存储电能的环节，使原来几乎完全刚性的系统变得柔性起来，电网运行的安全性、可靠性、经济性、灵活性也会得到大幅度的提升。因此，有人将储能技术誉为电力生产过程中的第六环节，电力储能技术的应用前景非常广阔，它能确保互联大电网安全，提高系统动态稳定性，改善区域供电品质和绿色能源电力输出特性。电力系统运行特点如图 7.1 所示。

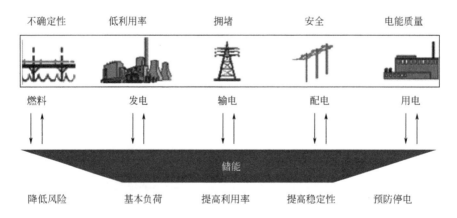

图 7.1　电力系统运行特点

7.1 储能在可再生能源发电系统中的必要性

可再生能源的间歇波动特性严重制约了其并网能力，导致我国弃风、弃光、限电等现象屡见不鲜。

对于并网型应用，虽然目前大型风电场和光伏电站可以并到电网上，无须储能装置，但是由于风能、太阳能的间歇性和不可预知性，大规模并入电网后，将给电力系统的生产和运行带来极大的挑战，增加了电网的调度难度。

因此配置储能的需求就日益强烈。一方面，配置储能系统可以解决可再生能源发电的随机性和波动性，经过储能系统平滑之后输出电力，减少对电网稳定性的冲击，为大规模并网创造条件；此外，储能可以缓解可再生能源的输出压力，提高设备利用率。另一方面，分布式发电储能可以实现在需求侧对电能分配进行优化和对微电网负荷的调节，提高微电网系统的经济效益。分布式发电配套储能可以解决用电高峰与发电高峰不匹配的情况，充分发挥灵活与快速响应的能力，实现电力资源的优化配置。

对于离网直流母线系统和部分交流母线，由于风能、太阳能的间歇性和不可预知性，必须使用储能装置以确保系统的正常运行和负载需求始终得到满足。

组成离网型可再生能源供电系统有很多部件成分，而储能装置在系统中扮演着很重要的角色，是系统中不可或缺的储能环节，它能稳定系统中的短时间波动，并在系统没有后备发电机组的情况下，提供少则 1～3 天、多则 5～7 天的电力供应，对系统正常运行起着重要的作用。目前在离网系统中采用的储能装置主要是蓄电池组。近年来很多新兴的储能技术得到发展，尤其是在微电网系统中，人们开始尝试很多新的储能技术，如：抽水蓄能、压缩空气、镍镉电池、钠硫电池、镍氯电池、锂电池、燃料电池、金属空气电池、液流电池、太阳能燃料电池、超导储能、飞轮储能、电容/超级电容、水/冰储热/冷系统、低温储能系统和储热系统。

7.1.1 储能装置的作用

由于存在着太阳辐射的昼夜变化和风力的季节性变化，特别是风速变化的随机性，使风力或光伏发电系统的输出功率和能量每时每刻都在波动，用户负载无法获得连续而稳定的电能供应。在这类供电系统中配备储能装置后，通过储能装置对电能的储存和调节，大大改善了系统的供电质量。

储能装置在可再生能源供电系统中的主要作用如下。

（1）解决了电能储存问题

储能装置将系统发电设备发出的多余电能储存起来，在夜间、无风或阴雨天使用，解决了发电与用电时间不一致的问题。尤其是采用光伏发电的小系统，太阳日照只可能发生在白天，而用户用电往往是在晚上，所以必须把白天太阳能板发出的电储存起来放在晚上使用。

（2）起着功率和能量调节作用

各种用电设备的工作时段和功率大小都有各自的变化规律，欲使风能和太阳能与用电负载自然配合是不可能的。储能装置大的储电能力和良好的充放电性能，为可再生能源离网供电系统功率及能量的调节提供了有利条件。

(3) 向负载提供瞬时大电流

在可再生能源供电系统中，常有生产性负载，如水泵、空调、制冷剂等。这些负载不仅容量大，而且在启动过程中会产生浪涌电流和冲击电流。储能装置的低内阻与良好的动态特性，可适应上述电感性负载对电源的要求。

图 7.2 为巴基斯坦旁遮普省库沙布（Khushab）地区某村 55kW 风/光互补供电系统蓄电池组。

图 7.2 巴基斯坦旁遮普省库沙布（Khushab）
地区某村 55kW 风/光互补供电系统蓄电池组

7.1.2 储能装置的重要性

储能装置在离网型可再生能源供电系统中的重要性，体现在两个主要方面：

① 储能单元的设计与维护是离网型可再生能源发电系统中最敏感的问题。目前最常用的是蓄电池组。根据对国内多个供电系统的调查发现，蓄电池的质量和维护问题是导致系统故障和系统失效的主要原因。

② 蓄电池储能单元是影响可再生能源供电系统运行成本的重要因素。根据对风力发电和光伏系统的成本分析，蓄电池组投资占系统总投入的 15%～20%，铅酸蓄电池平均 3～5 年需要更换一次。如此高的投资和折旧费用，使蓄电池成为影响系统运行成本的重要因素。

基于以上原因，在推广可再生能源供电系统中，储能装置已成为人们最为关注的问题之一。

7.2 储能装置分类及其特点

目前对电能的主要储能装置如图 7.3 所示，它涵盖了直接电能存储（电与电磁）、间接电能存储（机械和化学）等各种方式的电能存储。

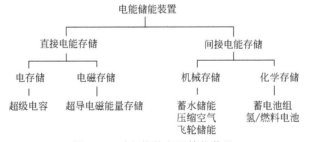

图 7.3 对电能的主要储能装置

7.2.1 机械储能

(1) 飞轮储能

飞轮储能系统是一种新型的机械储能系统，它主要由一个储存能量的飞轮、一台用于能量转换（电能和机械能之间的相互转换）的电动机（可运行于电动和发电两种状态）、用于支承飞轮的磁悬浮系统、用于能量交换的电力电子控制系统和其他一些辅助装置构成。能量存储在飞轮中。在飞轮储能系统中增加能量会导致飞轮速度的增加，而当系统从飞轮储能系统中提取能量时，根据能量守恒原理，飞轮的旋转速度就降低。现在，一些飞轮储能系统采用磁悬浮轴承，目的是消除摩擦损耗，提高系统的寿命。为了保证足够高的储能效率，飞轮系统应该运行于真空度较高的环境中，以减少风阻损耗。高低速电动飞轮把动能储存在其转子的旋转质量中。存储的能量与飞轮的质量以及旋转角速率的平方成正比，后者受限于旋转材料的抗张强度。高速飞轮的转子是由具有高抗张强度纤维增强塑料制成的，其旋转速度可达 100000r/min。低速飞轮的转子是由具有高抗张强度的钢材料制成的，其旋转速度仅为10000r/min。飞轮可以传输很大的功率，主要受限于连接的电力电子设备，它们经常被用在不间断电源（USP）的应用中。

飞轮储能电源系统一般待机在高速状态，系统固有的较高的自损耗特性使其中长期的储能效率偏低，而且由于储能容量提高困难，因此比较适合于放电工作时间在秒、分级别的场合，比如在备用发电机组启动期间为用户系统提供可靠的电力、电网调频和电能质量保障。飞轮储能的结构如图 7.4 所示。

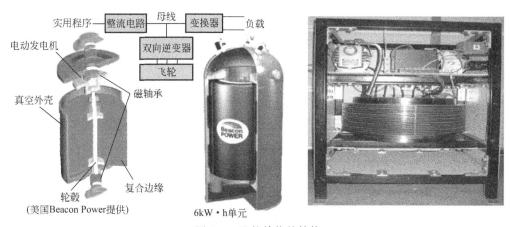

图 7.4　飞轮储能的结构

与传统的电池（包括蓄电池）相比，飞轮电池具有如下优点：
① 充放电速度快、充放电次数无限；
② 建设周期短、循环使用寿命长，少维护；
③ 高储能、清洁环保，不对环境产生污染；
④ 储能能力不受外界温度等因素影响，所以很稳定；
⑤ 效率高。

随着强大的、轻量的材料、微电子和磁性轴承系统的出现，飞轮储能技术已经成熟了。制造商目前正在开发和展示大型的飞轮工厂，它们的累计容量达到 20MW，可以保证电力供应质量的一致性，通常也被称为频率调节应用。总的来说，由于效率高、寿命周期长、操作温度高、功率和能量密度高，所以制造商已经证明了飞轮是理想的能量储存方式。但是飞轮储能系统仍然存在成本较高和一定的技术限制，包括适度的储能能力和由于轴承带来的效率损失。

（2）抽水蓄能

抽水储能技术是指在电力负荷低谷期将水从下池水库抽到上池水库，将电能转化成重力势能储存起来，在电网负荷高峰期释放上池水库中的水进行发电。抽水储能的释放时间可以从几个小时到几天，综合效率在70%～85%，主要用于电力系统的调峰填谷、调频、调相、紧急事故备用等。截至2005年年底，全国抽水蓄能电站投产规模已达到624.5万千瓦，约占全国总发电装机容量的1.2%。目前在建的抽水蓄能电站12座，在建规模1250万千瓦，其中国家电网公司经营区域内在建抽水蓄能电站项目达到1010万千瓦。国家电网公司规划2020年公司经营区域内抽水蓄能电站规模将达到2692万千瓦。图7.5为抽水蓄能电站的结构。

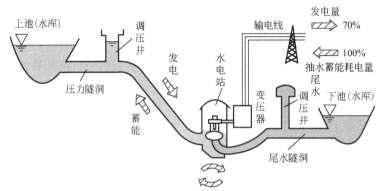

图7.5　抽水蓄能电站的结构

但这种储能方式只有在条件合适的地区才可以使用，所谓条件合适是指在安装风力发电机组的地点附近有高地，在高地处可以建造蓄水池或水库，而在低地处有水。当风力强而负载所需的电能较少时，风力发电机组发出的多余的电能驱动抽水机将低处的水抽到高处的蓄水池或水库储存起来；在风力发电机组发出的电无法满足负载需要时，利用高位水池的水流推动水轮机，并带动与之相连的发电机发电，从而保证负载不会断电。

抽水储能的优点有：

① 抽水储能机组既能调峰又能调谷；

② 抽水储能电站可使防洪、灌溉与发电蓄水在用水上的矛盾得到很好的解决；

③ 调频性能好，具有高度的灵活性和可靠性，能适应急剧的负载变化；

④ 投资少、成本低。

抽水储能电站可将电网负荷低时的多余电能转变为电网高峰时期的高价值电能，还适于调频、调相，稳定电力系统的周波和电压，且宜为事故备用，还可提高系统中火电站和核电站的效率。

抽水蓄能电站是一种大型的、成熟的、商业化的公用事业，在世界各地的许多地方都可以使用。专家评估认为，在各种能量存储技术中，抽水蓄能具有最高的容量。然而，抽水蓄能电站的建设需要具备两个上下位水库的条件，通常建设时间较长，建设投资较高。另外建设抽水蓄能电站还需要额外的输电线路。

（3）压缩空气储能

压缩空气能量储存技术以压缩空气的形式储存低成本的非峰值能量，将气体（通常是空气）压缩到高压（70～100+bar，1bar=10^5Pa），并将其注入地下结构中（如洞穴、含水层或废弃矿井），或在地面系统中储存能量，然后系统用标准的燃气轮机的排气热来加热空气，并在出现负荷高峰时释放它。系统通过膨胀的涡轮机将加热的空气转化为能源，从而产生电能。冷却/再加热的过程中，系统的效率会降低。在空气压缩阶段的冷却是必要的，但这会导致热量损失。压缩空气能量储存系统在再加热过程中由于需要直接燃烧天然气，从而产生二氧化碳的排放，这是不希望的。目前一些正在研发中的压缩空气储能系统，例如先进的绝热压缩空气能量储存，使用一个热能储存单元，从热压缩空气中吸收热量，并在后来需要在空气膨胀前重新加热空气，从而避免二氧化碳的排放。

　　高压储气也称为"压缩空气蓄能"（compressed-air energy storage，CAES），它是在电力系统峰荷时，利用压缩空气储存的能量发电，向系统供电；在系统低谷时，利用电网中的富余电力，通过空气压缩机储存能量。压缩空气储能系统结构原理如图 7.6 所示。

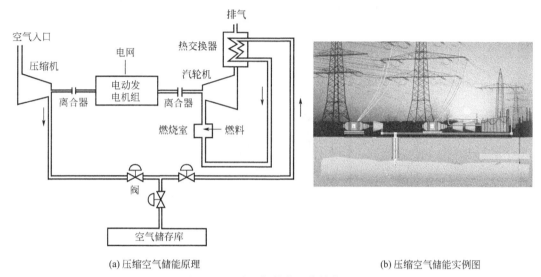

(a) 压缩空气储能原理　　　　　　　　　　(b) 压缩空气储能实例图

图 7.6　压缩空气储能系统结构原理

压缩空气蓄能电站的优点：

① 负载平衡优点与抽水蓄能电站相似，即削峰填谷；

② 启动时间短、增减负载速度快；

③ 经济性好，每千瓦的建设费与抽水蓄能电站大致相同。

　　与抽水储能方式相似，压缩空气储能方式也需要特定的地形条件，即需要特定的洞穴用于储存风能。在风力强、用电负载小时，用风力发电机发出的多余电能将空气压缩并储存在压力容器中；而在无风或负载增大时，则将储存在压力容器内的压缩空气释放出来，形成高速气流，推动涡轮机转动，并带动发电机发电，向负载供电。压缩空气蓄能发电系统的关键是气室的密封性、经济性、可靠性等。

7.2.2　化学储能

（1）液流电池

　　流体的活性物质溶解后分装在两大储存槽中，溶液流经液流电池，在离子交换膜两侧的电极上分别发生还原与氧化反应。此化学反应是可逆的，因此具有多次充放电的能力。此系统的储能容量由储存槽中的电解液容积决定，而输出功率取决于电池的面积。由于两者可以独立设计，因此系统设计的灵活性大而且受设置场地限制小。液流电池已有钒、溴、全钒、多硫化钠/溴等多个体系，高性能离子交换膜的出现促进了其发展。液流电池电化学极化小，能够100％深度放电。目前，液流电池均已实现商业化运作，100kW级液流电池储能系统已步入试验示范阶段。

电解质溶液（储能介质）存储在电池外部的电解液储罐中，电池内部正负极之间由离子交换膜分隔成彼此相互独立的两室（正极侧与负极侧），电池工作时，正负极电解液由各自的送液泵强制通过各自的反应室循环流动，参与电化学反应。

钒电池是目前发展势头强劲的优秀绿色环保蓄电池之一（它的制造、使用及废弃过程均不产生有害物质），它具有特殊的电池结构，可深度、大电流密度放电，充电迅速，比能量高，价格低廉，应用领域十分广阔，如可作为大厦、机场、程控交换站备用电源，可作为太阳能等清洁发电系统的配套储能装置，为潜艇、远洋轮船提供电力以及用于电网调峰等。液流电池的结构和原理如图7.7所示。

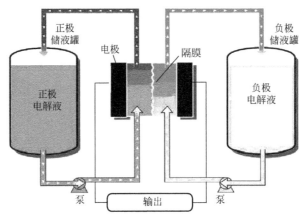

图7.7 液流电池的结构和原理

（2）钠硫电池

钠硫电池是在300℃的高温环境下工作的，它的正极活性物质是液态的硫（S），负极活性物质是液态金属钠（Na），中间是多孔性陶瓷隔板。钠硫电池的主要特点是能量密度大（是铅蓄电池的3倍），充电效率高（可达到80％），循环寿命比铅蓄电池长等，适用于大型储能系统。东京电力公司在钠硫电池系统开发方面处于国际领先地位，2004年在Hitachi自动化系统工厂安装了当时世界上最大的钠硫电池系统，容量是9.6MW/57.6MW。其缺点是高温350℃会熔化硫和钠。基本的电池反应是：$2Na + xS = Na_2S_x$。图7.8为钠硫电池。

图7.8 钠硫电池

（3）锂离子电池

锂离子电池是指分别用两个能可逆地嵌入与脱嵌锂离子的化合物作为正负极构成的二次电池。人们将这种靠锂离子在正负极之间的转移来完成电池充放电工作的独特机理的锂离子电池形象地称为"摇椅式电池"，俗称"锂电"。锂电池具有能量密度高、充放电速度快、重量轻、寿命长、无环境污染等优点。锂离子电池主要的问题是在过充电和过放电状态时电池可能会发生爆炸；手机电池都是使用的锂电池，经过良好的保护电路配合使用，基本上杜绝了电池爆炸的问题。图 7.9 为车用锂电池。

（4）镍镉电池

镍镉电池是最早应用于手机、笔记本电脑等设备的电池。镍镉电池正极板上的活性物质由氧化镍粉和石墨粉组成，石墨不参加化学反应，其主要作用是增强导电性。负极板上的活性物质由氧化镉粉和氧化铁粉组成，氧化铁粉的作用是使氧化镉粉有较高的扩散性，防止结块，并增加极板的容量。电解液通常用氢氧化钾溶液。镍镉电池具有大电流放电、耐过充放电能力强、维护简单、循环寿命长等优点。镍镉电池在充放电过程中如果处理不当，会出现严重的"记忆效应"，使得服务寿命大大缩短。此外，由于重金属污染，其已被欧盟组织限用。

图 7.9　车用锂电池

基本的电池反应式是：$Cd + 2NiO(OH) + 2H_2O \Longrightarrow 2Ni(OH)_2 + Cd(OH)_2$

（5）镍氢电池

镍氢电池由氢离子和金属镍合成，电量储备比镍镉电池多 30%，比镍镉电池更轻，使用寿命也更长，并且对环境无污染。镍氢电池的缺点是价格比镍镉电池要贵很多，性能比锂电池要差，有轻微记忆效应；镍氢电池串联电池组的管理问题比较多，一旦发生过充电，就会形成单体电池隔板熔化的问题，导致整组电池迅速失效。其优点是能量密度高、充放电速度快、重量轻、寿命长、无环境污染等，镍氢电池能量密度比镍镉电池大 2 倍。图 7.10 为镍氢电池。

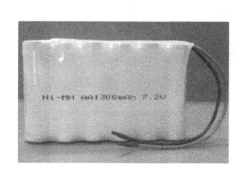

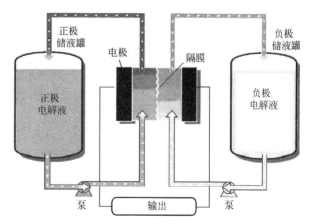

图 7.10　镍氢电池

(6) 铅酸电池

铅酸蓄电池的主要特点是采用稀硫酸做电解液，用二氧化铅和绒状铅分别作为电池的正极和负极的一种酸性蓄电池，具有成本低、技术成熟、储能容量大（已达到兆瓦级）等优点，主要应用于电力系统的备载容量、频率控制和不断电系统。然而，它的缺点是储存能量密度低、可充放电次数少、制造过程中存在一定污染等。图 7.11 为铅酸电池。铅酸电池将在后续内容做详细叙述。

图 7.11　铅酸电池

(7) 超级电容器

超级电容器又可称为超大容量电容器、双电层电容器、（黄）金电容、储能电容或法拉电容，英文名称为 EDLC，即 Electric Double Layer Capacitors，通俗的称呼还有 Super Capacitors、Ultra Capacitors、Gold Capacitors，计量单位为法拉。超级电容器根据电化学双电层理论研制而成，可提供强大的脉冲功率，充电时处于理想极化状态的电极表面，电荷将吸引周围电解质溶液中的异性离子，使其附于电极表面，形成双电荷层，构成双电层电容。超级电容器历经三代及数十年的发展，已形成容量 0.5~1000F、工作电压 12~400V、最大放电流 400~2000A 的系列产品，储能系统最大储能量达 30MJ。与传统的电容器和二次电池相比，超级电容器的比功率是电池的 10 倍以上，储存电荷的能力比普通电容器高，并具有充放电速度快、对环境无污染、循环寿命长、使用的温限范围宽等特点。但超级电容器价格较为昂贵，在电力系统中多用于短时间、大功率的负载平滑和电能质量峰值功率场合，如大功率直流电机的启动支撑、动态电压恢复器等，在电压跌落和瞬态干扰期间提高供电水平。在风力发电系统直流母线侧并入超级电容器，不仅能像蓄电池一样储存能量，平抑由于风力波动引起的能量波动，还可以起到调节有功无功的作用。目前，基于活性炭双层电极与锂离子插入式电极的第四代超级电容器正在开发中。图 7.12 为超级电容器。

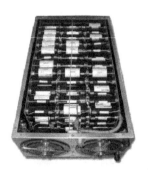

图 7.12　超级电容器

7.2.3　电磁储能

超导电磁储能系统利用超导体制成的线圈储存磁场能量，功率输送时无须能源形式的转换，具有长期无损耗储存能量、能量返回效率很高、响应速度快（毫秒级）、转换效率高（≥96%）、比容量（1~10W·h/kg）/比功率（10^4~10^5kW/kg）大等优点，可以实现与电力系统的实时大容量能量交换和功率补偿。目前，世界上 $1\sim5MJ/MW$ 低温超导电磁储能系统装置已形成产品，100MJ 超导电磁储能系统已投入高压输电网中实际运行，5GW·h 超导电磁储能系统已通过可行性分析和技术论证。超导电磁储能系统可以充分满足输配电网电压支撑、功率补偿、频率调节、提高系统稳定性和功率输送能力的要求，如图 7.13 所示。

超导电磁场能量储存系统把能量储存在流经超导线圈电流产生的磁场中。当温度下降到超导体的临界温度（－269℃）时，超导体线圈的电阻下降到零，因此，线圈可以没有损耗地传导很大的电流。超导磁场能量储存（SMES）系统可以用于需要快速反应、高功率和低能量的应用中，例如不间断电源（USP）和高功率品质调节。

一个典型的超导电磁储能系统包括三个部分：超导线圈、功率调节系统和低温冷式制冷冰箱。一旦超导线圈被充电，电流就不会衰减，磁能量便可以无限存储。储存的能量可以通过释放线圈

图 7.13　超导电磁储能技术装置

释放到电网中。功率调节系统使用一个逆变/整流器来将交流电转换成直流电，或将直流电转换成交流电。在每个方向上，逆变/整流器的能量损失为 $2\%\sim3\%$。

与其他储存能源的方法相比，超导电磁储能系统在能源储存过程中效率非常高，损失的电量最少。由于制冷的能量要求和超导导线的高成本，目前超导电磁储能主要在短时间内的能量储存中使用，常被用来提高电力质量。如果超导电磁储能被用于电力生产，它将是一种周期为昼夜循环的存储设备，它在夜间充电，而在白天释放以满足白天的负荷高峰。

超导电磁储能技术最重要的优点是，在充电和放电过程中时间的延迟相当短，电力几乎是即时可用的，而且可以在短时间内提供非常大的功率输出。其他的能量储存方法，如抽水储能或压缩空气，在将储存的机械能转换成电能时有相当大的延时。因此，如果系统对电量的需求是即时的，那么超导电磁储能技术是一个可行的选择。另一个优点是电力的损耗比其他存储方法要小，因为电流几乎没有阻力。此外，超导磁储能技术没有可动部件，可靠性高。

在风力发电系统中需要储存电能时，将风力发电机发出的交流电，经过交-直流变流器整流成直流电，激励超导线圈。发电时，直流电经逆变器装置变为交流电输出，供应电力负载或直接接入电力系统。由于采用了电力电子装置，这种转换非常简便、响应极快，并且储能密度高，结构紧凑，不仅可用于降低甚至消除电网的低频功率振荡，还可以调节无功功率和有功功率，对于改善供电品质和提高电网的动态稳定性有巨大的作用。它的蓄能效率高达 90% 以上，远高于其他蓄能技术。小容量超导蓄能装置已经商品化。供电系统调峰用的大规模超导蓄能装置等技术还未成熟，各国正在加紧研究。

7.2.4　氢能储存

（1）燃料电池

氢燃料电池是将燃料的化学能直接转化为电能的装置。为了实现氢气作为能源载体的应用，必须解决氢的廉价制取、安全高效储运以及大规模应用这三个问题。氢作为一个能量储存系统涉及四个过程：第一，有一个装置产生氢气。在一个电网储能应用中，最合适的生产

技术是用电来电解水；第二，电解产生氢气后，必须用一个装置储存它，要么是气态的，要么是液态的；第三，在许多情况下，氢气必须通过卡车或管道运输到一个遥远的地方；第四，为了将电力输送到电网，这些设备必须通过燃料电池或内燃机或燃气涡轮发电机将氢转化为电能，如图 7.14 所示。

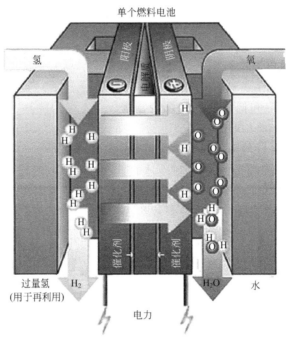

图 7.14　氢燃料电池

氢能源储存系统的主要局限性包括燃料电池技术的成熟度，燃料电池和电解槽的耐用性，燃料电池、电解槽的投资成本，以及储存容器。燃料电池和电解槽的大小取决于需要存储的电量，燃料电池和电解槽的效率也限制了这项技术的使用，存储和释放往返过程的能源效率大约在 35%。未来氢能的广泛应用很可能改变风电场的职能，风电场可能成为大型的氢制造厂，为氢燃料电池电站及氢燃料电池汽车提供氢。目前，燃料电池价格还很昂贵，距离大规模应用还有很长的路要走。

(2) 太阳能燃料

太阳能燃料是通过人工光合作用产生的一种热化学反应的燃料。光被用作能量来源，太阳能被转化为化学能，通常是通过减少质子来获得氢或减少二氧化碳来获得有机化合物。太阳能燃料的生产并储存可以为以后使用，当没有阳光的时候，它就变成了化石燃料的替代品。目前正在研发各种各样的光催化剂，以一种可持续的、环保的方式来进行这些反应，如图 7.15 所示。

7.2.5　其他新型储能装置及其前景——特斯拉"家庭电池能量墙"

电动汽车厂商特斯拉近日推出一系列电池方案，其中，被称为"特大号充电宝"的家用电池系列备受瞩目，其名为特斯拉"家庭电池能量墙"。

根据特斯拉官网的介绍，特斯拉发布的家用电池名为"家庭电池能量墙"（powerwall home battery），其是被设计用来在居民住宅里存储能量的可充电的锂电池，它将实现转移

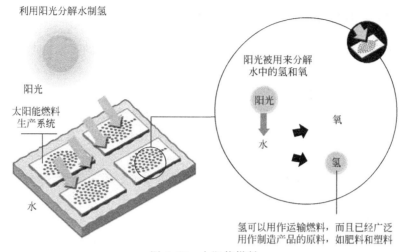

利用阳光分解水制氢

阳光

太阳能燃料
生产系统

水

阳光被用来分解
水中的氢和氧

阳光

水

氧

氢

氢可以用作运输燃料，而且已经广泛
用作制造产品的原料，如肥料和塑料

图 7.15　太阳能燃料

负荷、电力备份以及太阳能发电自给。能量墙（powerwall）包含特斯拉锂电池包、液态热量控制系统和一套接受太阳能逆变器派分指令的软件。这一整套设备将被无缝安装在墙壁上，并能和当地电网集成，以处理过剩的电力，让消费者灵活使用自己的能源储备。

　　具体来说，特斯拉家用电池可以在电力需求低谷的时候低价充电，在电价更高的需求高峰时段输出电能；家庭电池能量墙（powerwall）能增加家庭太阳能使用的容量，同时在电网中断的时候提供电力备份保障。

　　特斯拉能量墙（powerwall）提供 2 个版本：10kW·h 版和 7kW·h 版。特斯拉给安装商的价格是 10kW·h 为 3500 美金（2.17 万元人民币），7kW·h 为 3000 美金（1.86 万元人民币），不包括安装费和逆变器的费用。持续电量 2kW，峰值电量 3kW，充放电能效大于 92%。运行温度范围为 −20～50℃，官方给出的保质期是 10 年或 20 年。

　　具体参数如下：

　　① 装备：安装在室内/外墙壁上；

　　② 逆变器：适配逆变器名单在不断增加；

　　③ 能量：7kW·h 或 10kW·h；

　　④ 持续电量：2kW；

　　⑤ 峰值电量：3kW；

　　⑥ 充放电能效：＞92%；

　　⑦ 运行温度范围：−20～50℃；

　　⑧ 质保：10 年或 20 年；

　　⑨ 尺寸：高 1300mm，宽 860mm，深 180mm。

　　此外，除了家用系列，特斯拉还面向商业和公共事业推出了对应的储能产品。在公共事业规模的系统上，100kW·h 电池能够组合扩容至 500kW·h 至 10＋MW·h。通过和电网绑定的双向逆变器，这些系统能够提供 2～4h 持续纯电力输出。

　　特斯拉家庭电池能量墙引起轰动的主要原因是低价：10kW·h 为 3500 美金，7kW·h 为 3000 美金。这个价格大大低于预期，价格只有主流产品的 1/3～1/2，而且还能持续降低价格，这才是颠覆性的关键所在。

7.2.6 能源存储设备关键技术参数的比较

上面介绍的各种储能技术都达到了不同的成熟度，具有不同的技术特点和成本，可被用于不同的场合。

(1) 评价储能技术的指标

评价储能技术的指标包括：技术成熟度、功率和放电时间、存储周期、投资、循环效率、能量和功率密度、寿命时间和循环次数以及对环境的影响等；其他还有装机容量范围、响应时间等。

① 技术成熟度：技术成熟度是指科技成果的技术水平、工艺流程、配套资源、技术生命周期等方面所具有的产业化实用程度。

② 功率和放电时间：它是指该项储能技术的储能功率范围和放电时间。

③ 存储周期：包括该项储能技术的日自放率和合适的存储时间。

④ 投资：包括平均每千瓦时的投资、每千瓦的投资和每千瓦时每一循环的投资。

⑤ 循环效率：即每一次充放电循环的效率。

⑥ 能量密度和功率密度：能量密度指单位体积内包含的能量；功率密度是指燃料电池能输出最大的功率除以整个燃料电池系统的重量或体积（或面积）。

⑦ 寿命时间和循环次数。

⑧ 对环境的影响。

(2) 不同能源存储技术主要技术经济参数比较

表 7.1 列出了不同能源存储技术的主要技术经济参数比较。

表 7.1 不同能源存储技术的主要技术经济参数比较

		成熟度	装机容量/MW	放电时间	自放电（每天）	可持续时间	单位投资/(s/kW·h)	单位投资/(s/kW)	循环效率/%	能量密度/(W·h/kg)	寿命/年	循环寿命/次数	响应时间	环境影响	热储单元
机械储能	地下压缩空气	商业化	5～400	小时	小	1～24+h	50	800	70～89	30～60	20～40	>13000	快	大	冷却
	地上压缩空气	发展成熟	3～15	小时	小	2～4h	100	2000	50		20～40	>13000	快	中	冷却
	抽水储能	成熟	100～5000	小时	很小	1～24+h	100	600	75～85	0.5～1.5	40～60	>13000	快	大	无
	飞轮	示范	0.25	分钟	100%	ms～15min	5000	350	93～95	10～30	～15	>10万	<4ms	良	液氮
电磁储能	电容器	发展中	0.05	秒	40%	ms～60min	1000	400	60～65	0.05～5	～5	>5万	非常快	小	无
	超级电容器	发展中	0.3	秒	20%～40%	ms～60min	2000	300	90～95	2.5～15	20+	>10万	非常快	小	无
	超导磁能	发展中	0.1～10	小时	10%～15%	ms～8s	10000	300	95～98	0.5～5	20+	>10万	<3ms	中	液氮

续表

		成熟度	装机容量/MW	放电时间	自放电(每天)	可持续时间	单位投资/(s/kW·h)	单位投资/(s/kW)	循环效率/%	能量密度/(W·h/kg)	寿命/年	循环寿命/次数	响应时间	环境影响	热储单元
热储能	低温储能	发展中	0.1~300	小时	0.5%~1%	1~8h	30	300	40~50	150~250	20~40	>13000		良	热储
	高温储能	发展成熟	0~60	小时	0.05%~1%	1~24+h	60		30~60	80~200	5~15	>13000		小	热储
化学储能	铅酸电池	成熟	0~40	小时	0.1%~0.3%	s~h	400	300	70~90	30~50	5~15	2000	ms	中	空冷
	钠硫电池	商业化	0.05~8	小时	~20%	s~h	500	3000	80~90	150~240	10~15	4500	ms	中	加热
	镍镉电池	商业化	0~40	小时	0.2%~0.6%	s~h	1500	1500	60~65	50~75	10~20	3000	ms	中	空冷
	锂电池	示范	0.1		0.1%~0.3%	min~h	2500	4000	85~90	75~200	5~15	4500	ms	中	空冷
	燃料电池	发展中	0~50	小时	0	0~24+h		10000	20~50	800~1000	5~15	>1000	<1s	小	多种

注：资料来源于 Renewable and Sustainable Energy Reviews 16 (2012) 4141-4147.

从上表可以看出：

① 就技术成熟度而言，抽水蓄能电站和铅酸电池技术属于很成熟的技术，其使用已超过 100 年。

② 就功率而言，抽水储能、压缩空气储能适合于规模超过 100MW 和能够实现每天持续输出的应用，可用于大规模的能源管理，而大型电池、液流电池、燃料电池和太阳能电池适合于 10~100MW 的中等规模能源管理。

③ 就放电时间而言，飞轮、各类化学储能的电池、超导磁能、电容器反应速度快（约毫秒），因此可用于电能质量管理，包括瞬时电压降、降低波动和不间断电源等，但通常这类储能设备的功率级别小于 1MW。

④ 就各种储能技术的能量自耗散率而言，抽水储能、压缩空气储能、燃料电池等的自耗散率很小，因此均适合长时间储存。铅酸电池、镍镉电池、锂电池、储热/冷等具有中等自放电率，储存时间以不超过数十天为宜。飞轮、超导磁能、电容器每天有相当高的自充电比，只能用在最多几个小时的短循环周期。

⑤ 就每千瓦时的成本而言，压缩空气、抽水储能储热技术成本较低。与其他形式储能系统相比，在已经成熟的储能技术中，压缩空气储能的建设成本最低，抽水储能次之。尽管电池的成本近年来下降很快，但同抽水储能系统相比仍然较高。超导磁能、飞轮、电容器单位输出功率成本不高，但从储能容量的角度看，价格很贵，因此它们更适用于大功率和短时间的应用场合。总体而言，在所有的电力储能技术中，抽水储能和压缩空气储能的每千瓦时储能和释能的成本都是最低的。尽管近年来电池和其他储能技术的周期成本已在大幅下降，但仍比抽水储能和压缩空气储能的成本高出不少。

⑥ 就效率而言，超导磁能、飞轮、超级电容器和锂电池有极高的效率，循环效率超过 90%；抽水蓄能、压缩空气储能、电池（锂电池除外）和传统电容具有较高的效率，循环效

率为 60％～90％；储热/冷的效率低于 60％。

⑦ 就能量密度和功率密度而言，各类化学储能电池、低温储能/高温储能和压缩空气储能具有中等水平的能量密度。抽水储能、超导磁能、电容器和飞轮的能量密度最低，通常在30W·h/kg 以下。然而，超导磁能、电容器和飞轮的功率密度是非常高的，它们更适用于大放电电流和快速响应下的电力质量管理。钠硫电池和锂电池的能量密度比其他传统电池高，液流电池的能量密度比传统电池稍低。

⑧ 就使用寿命和循环次数而言，那些在原理上主要依靠电磁技术的电力储能系统的循环周期非常长，通常大于 20000 次，例如超导磁能和电容器。机械能或储热系统（包括抽水储能、压缩空气储能、飞轮、低温储能/高温储能）也有很长的循环周期。由于随着运行时间的增加会发生化学性质的变化，因此化学储能电池的循环寿命较其他系统低。

另外，上述表格中没有列入的金属-空气电池和太阳能燃料储能的自耗散率很小，适合长时间储存，效率低于 60％，但是它们有极高的能量密度；而液流电池的自耗散率也很小，循环效率为 60％～90％，能量密度比传统电池稍低，循环寿命也较其他储能方式为低。这些储能装置都适合于 10～100MW 的中等规模能源管理。

从上面的概括中可以了解到，没有一种储能技术是十全十美的，在各种技术经济指标方面各有千秋，在获得某种方面的优异性能后有可能在其他方面会有损失，参看图 7.16 中的示例。系统设计者要根据主要目标选择合理的储能装置。

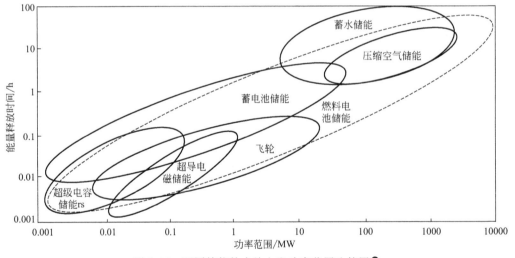

图 7.16 不同储能技术放电和功率范围比较图❶

Thu-Trang Nguyen 等在 *Renewable Energy and Environmental Sustainability* 可再生能源和环境可持续性杂志 2017 年（2）上发表的文章 "A review on technology maturity of small scale energy storage technologies"（小规模储能技术的技术成熟度回顾），对目前的储能技术的成熟度做了概括性的归纳，指出对小规模储能技术，目前铅酸电池仍然是最成熟的，见图 7.17。

❶ 资料来源：Facilitating energy storage to allow high penetration of intermittent renewable energy，D2.1 Report summarizing the current Status，Role and Costs of Energy Storage Technologies。

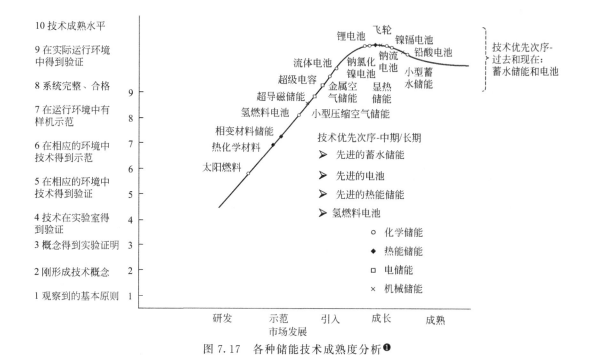

图 7.17 各种储能技术成熟度分析❶

7.3 蓄电池

到目前为止，在可再生能源发电系统中采用最广泛的储能装置是蓄电池，它们分别被用于带储能的分布式并网型发电系统和离网型独立发电系统。本节将主要介绍蓄电池。

蓄电池是一种化学能源，它可以将直流电能转换为化学能储存起来，需要时再把化学能转换为电能。蓄电池有不同类型，例如人们常用的手电筒用蓄电池，电量用完后无法再次充电，称为一次性电池（或原电池）；还有一类可充电电池，电量用完后还可以再次充电，称为二次电池，如汽车启动用的铅蓄电池，收音机、录音机等使用的镉镍电池、镍氢电池，以及移动电话、笔记本电脑使用的锂电池等。

蓄电池的应用范围很广，如在航空、航海、电力、电信、医院、场馆、交通运输等领域，用作备用电源。近年来，随着我国分布式风力发电机组和离网型可再生能源供电系统应用范围的不断扩大，对储能用蓄电池的需求日益增加，在这类供电系统中，蓄电池也扮演着重要的角色，起着重要的作用。

7.3.1 蓄电池分类

最常用于可再生能源发电系统的蓄电池是：

① 铅酸蓄电池；

② 碱性电池；

---

❶ Thu-Trang Nguyen，Viktoria Martin，Anders Malmquist，Carlos A. S. Silva. A review on technology maturity of small scale energy storage technologies，Renew. Energy Environ. Sustain. 2，36（2017）。

③ 胶体电池。

其中铅酸蓄电池应用最广泛，胶体电池的造价相对高一些。

目前新型电池有：

① 硅能蓄电池；

② 燃料电池。

还有许多其他的新型电池。鉴于目前铅酸蓄电池，尤其是密封型的铅酸蓄电池仍然是可再生能源独立供电系统中储能设备的主流，这里着重介绍铅酸蓄电池的相关知识。

7.3.2 常用的铅酸蓄电池

如前所述，蓄电池负极为铅，正极为二氧化铅，电解液为稀硫酸，主要有启动型、固定型、牵引型、动力型和便携型，常为开口或防酸式（GF），少量为胶体电解液蓄电池（GEL）。近年来，特别是阀控式铅酸蓄电池 VRLA（valve regulated lead acid battery）的出现，在某些领域已经能够取代碱性蓄电池和干电池，使铅酸蓄电池发挥更大的作用。由于铅酸蓄电池价格低廉，适于低温高倍率放电，因此应用广泛，是我国电信行业中后备电源的主要产品。但同时由于铅酸蓄电池具有比能量偏低、生产过程有毒、污染环境等不利因素，在一定程度上影响了其使用范围。

工业型密封铅酸蓄电池根据铅酸蓄电池结构与用途的不同，可以粗略地将铅酸蓄电池分为四大类。

（1）固定型铅酸蓄电池

也称为"开口式蓄电池"，多应用于为通信、海岛、部队、村落等而建设的风力发电系统、光伏发电系统以及各类互补系统中，使用时需经常维护（如加蒸馏水），价格适中，使用寿命 5～8 年。

（2）工业型密封铅酸蓄电池

也称为"阀控式蓄电池""免维护蓄电池"，以前主要用于通信、军事等的供电系统中，现在广泛应用于离网或者分布式可再生能源供电系统中，在整个寿命期间不需要加水，而且再次充电后，电池实际上拥有与测试之前相同的容量。由于水分明显减少，只出现少量的析氢和低速率的自放电。所需维护工作量极小，价格与固定型铅酸蓄电池相当，也便于安装，使用寿命 5～8 年。

大量胶体电池为避免分层建议竖直放置，AGM 电池（吸附式玻璃棉电池）通常要水平方向放置。

（3）小型密封铅酸蓄电池

大多数为 2V、6V 和 12V 的组合蓄电池，常用于户用离网供电系统中（风力发电系统、光伏发电系统），其使用寿命 3～5 年，价格比较便宜。

（4）汽车、摩托车启动用铅酸蓄电池

其价格最便宜，但寿命最短，一般只有 1～3 年，需加水和经常维护，而且有酸雾污染。

带有风力发电机组的可再生能源发电系统，由于风速变化大，电压波动大，冲击电流大，一般采用固定型铅酸蓄电池，但考虑到当地对蓄电池维护保养的能量很弱，很多地方无法找到添加蓄电池电解液用的蒸馏水，因此现在许多风能离网独立发电系统和风/光互补系统也广泛采用密封电池。独立太阳能光伏发电系统的电压较稳定，太阳能电池一般没有大的电流波动，可以采用工业型密封铅酸蓄电池；小型密封铅酸蓄电池适合于 1kW 以下的户用太阳能光伏发电系统。不能在可再生能源独立供电系统中使用汽车启动用铅酸蓄电池（见图 7.18、图 7.19）。

(a) 固定型铅酸蓄电池

(b) 工业型密封铅酸蓄电池

(c) 小型密封铅酸蓄电池

(d) 汽车启动用铅酸蓄电池

图 7.18　主要铅酸蓄电池类型

图 7.19　在西藏牧民家风力发电户用系统中使用的汽车启动电池

7.3.3　蓄电池命名

蓄电池的名称由单体蓄电池格数、型号、额定容量、电池功能或形状等组成。当单体蓄电池格数为 1（2V）时省略，6V、12V 分别为 3 和 6。各公司的产品型号有不同的解释，但产品型号中的基本含义不会改变。表 7.2 为蓄电池常用字母的含义。

表 7.2　蓄电池常用字母的含义

代号	拼音	汉字	全称
G	Gu	固	固定型
F	Fa	阀	阀控式

续表

代号	拼音	汉字	全称
M	Mi	密	密封
J	Jiao	胶	胶体
D	Dong	动	动力型
N	Nei	内	内燃机车用
T	Tie	铁	铁路客车用
D	Dian	电	电力机车用

例如：GFM-500，G 为固定型，F 为阀控式，M 为密封，500 为 10h 率的额定容量；6-GFMJ-100，6 为 6 个单体、电压 12V，G 为固定型，F 为阀控式，M 为密封，J 为胶体，100 为 20h 率的额定容量。

7.4 主要蓄电池介绍

7.4.1 阀控式密封铅酸蓄电池

用铅和二氧化铅作为负极和正极的活性物质（即参加化学反应的物质），以浓度为 27％～37％ 的硫酸水溶液作为电解液的电池，称为铅酸蓄电池（亦称"铅蓄电池"）。

由于铅酸蓄电池具有运行温度适中和放电电流大，可以根据电解液密度的变化检查电池的荷电状态，储存性能好及成本较低等优点，目前在蓄电池生产和使用中仍保持着领先地位。

铅酸蓄电池不仅具有化学能和电能转换效率较高、循环寿命较长、端电压高、容量大（高达 3000A·h）的特点，而且还具备防酸、隔爆、消氢、耐腐蚀的性能。同时随着工艺技术的提高，铅酸蓄电池的使用寿命也在不断提高。

由于我国无电地区电力建设项目的促进，我国的蓄电池产业得到了迅速发展，使该产业原来主要为电力和 UPS 提高的蓄电池，发展到生产较适用于可再生能源独立供电系统的蓄电池组，尤其是具有免维护特点的阀控式密封铅酸蓄电池得到了较快的发展。阀控式密封铅酸蓄电池与液体铅酸蓄电池的差别是：其电解质是凝胶、固体或海绵状物质，当阀控式密封铅酸蓄电池使用液体电解质时，电解液全部被吸附在超细玻璃纤维隔板中，以防倒置时漏液。阀控式密封铅酸蓄电池，无须像普通铅酸蓄电池那样频繁检查和加注蒸馏水，其维护简便，方便运输，这对偏远的、获得蒸馏水困难的地区尤为重要。而且近年来，阀控式密封铅酸蓄电池的价格已与普通铅酸蓄电池的价格相当。

但是，电池的充放电过程是一个化学反应过程，在这个过程中蓄电池内部有气体和水的产生，阀控式密封铅酸蓄电池是通过阀门来进行压力调节和回收水分的。阀门质量的好坏往往决定了该蓄电池的工作状况和使用寿命。劣质的阀门会引起密封铅酸蓄电池爆炸，甚至起火，殃及周边电池和其他设备（见图 7.20）。另外，在高温

图 7.20 因蓄电池阀门失灵导致的爆炸起火

气候条件下，阀控式密封铅酸蓄电池如果过充容易造成蓄电池损坏。

7.4.2　碱性蓄电池

碱性蓄电池是以电解液的性质而得名的，此类蓄电池的电解液采用了苛性钾或苛性钠的水溶液。碱性蓄电池按其极板材料，可分为镉镍蓄电池、铁镍蓄电池等。

镉镍蓄电池是以镉和铁的混合物作为负极活性物质，以氧化镍作为正极活性物质，电解液为氢氧化钾水溶液。常见外形是方形、扣式和圆柱形，其有开口、密封和全密封三种结构。按极板制造方式又分为极板盒式、烧结式、压成式和拉浆式。镉镍蓄电池具有放电倍率高、低温性能好、循环寿命长等特点。

铁镍蓄电池的正极活性物质与镉镍蓄电池的正极基本相同，为氧化镍，负极为铁粉，电解液为氢氧化钾或氢氧化钠水溶液。它具有结构坚固、耐用、寿命长等特点，比能量较低，多用于矿井运输车动力电源。

碱性蓄电池与铅酸蓄电池相比具有体积小、可深放电、耐过充和过放电以及使用寿命长、维护简单等优点。碱性蓄电池的主要缺点是内阻大，电动势较低，造价高。同低成本的铅酸蓄电池比较，镉镍蓄电池初始成本高 3～4 倍，因此在可再生能源独立供电系统中较少采用。

7.4.3　胶体电池

众所周知，铅酸蓄电池的极板硫酸盐化是个老技术难题。传统铅酸蓄电池采用硫酸液为电解质，在生产、使用和废弃过程中，对自然环境造成毁坏性的污染，成为这种产品发展的致命伤。

胶体电池属于铅酸蓄电池的一种发展分类，最简单的做法是在硫酸中添加胶凝剂，使硫酸电液变为胶态。电液呈胶态的电池通常称之为胶体电池。

广义而言，胶体电池与常规铅酸蓄电池的区别不仅仅在于电液改为胶凝状，例如非凝固态的水性胶体，从电化学分类结构和特性看同属胶体电池，又如在板栅中结附高分子材料，俗称陶瓷板栅，亦可视作胶体电池的应用特色，近期已有实验室在极板配方中添加一种靶向偶联剂，大大提高了极板活性物质的反应利用率，据非公开资料表明，此偶联剂可达到 $70W \cdot h/kg$ 的重量比能量水平，这些都是现阶段工业实践及有待工业化的胶体电池的应用范例。

胶体电池与常规铅酸蓄电池的区别，从最初理解的电解质胶凝，进一步发展至电解质基础结构的电化学特性研究，以及在板栅和活性物质中的应用推广。其最重要的特点为：用较小的工业代价，沿已有 150 年历史的铅酸蓄电池工业路子制造出更优质的电池，其放电曲线平直，拐点高，比能量特别是比功率要比常规铅酸蓄电池大 20% 以上，寿命一般也比常规铅酸蓄电池长 1 倍左右，高温及低温特性要好得多。

胶体电池的性能和特点：密封结构，电液凝胶，无渗漏；充放电无酸雾、无污染，是国家大力推广应用的环保产品；容量高，与同级铅酸蓄电池相比增加 10%～20% 容量；充电接收能力强；自放电小，耐存放；过放电恢复性能好，大电流放电容量比铅酸蓄电池增加 30% 以上；低温性能好，满足 -30～50℃ 启动电流要求；高温特性稳定，满足 65℃ 甚至更高温环境使用要求；循环使用寿命长，可达到 800～1500 充放次；单位容量工业成本低于铅酸蓄电池，经济效益高。

7.4.4　硅能蓄电池

由于生产蓄电池的材料如铅和酸，在废弃后会造成环境污染，但市场对大容量、高效率、深充深放蓄电池有需求，许多新型蓄电池正在发展，如硅能蓄电池。硅能蓄电池采用液态低钢硅盐化成液替代硫酸液作为电解质，生产过程不会产生腐蚀性气体，实现了制造过程、使用过程以及废弃物均无污染，从根本上解决了传统铅酸蓄电池的主要弊端。硅能蓄电池在大电流放电和耐低温领域优点突出，而大电流放电正是动力电池所必备的基本条件。这种蓄电池在获得巨大、持久电能的同时，从根本上改变了传统铅酸蓄电池严重污染环境的弊病，其比能量特性、大电流放电特性、快速充电特性、低温特性、使用寿命及环保性能等各项性能，均大大优于目前国内外普遍使用的铅酸蓄电池，同时还克服了铅酸蓄电池不能大电流充放电等缺点。与其他多种改良的铅酸蓄电池比较，硅能蓄电池电解质改型带来的产品性能进步明显，它掀起了电解质环保和制造业环保的新概念，是蓄电池技术的标志性进步之一。

7.4.5　燃料电池

燃料电池的一般结构为：燃料（负极）｜电解质（液态或固态）｜氧化剂（正极）。在燃料电池中，负极常称为燃料电极或氢电极，正极常称为氧化剂电极、空气电极或氧电极。燃料有气态如氢气、一氧化碳、二氧化碳和碳氢化合物，液态如液氢、甲醇、高价碳氢化合物和液态金属，还有固态如炭等。按电化学强弱，燃料的活性排列次序为：肼＞氢＞醇＞一氧化碳＞烃＞煤。燃料的化学结构越简单，建造燃料电池时可能出现的问题越少。氧化剂为纯氧、空气和卤素。电解质是离子导电而非电子导电的材料，液态电解质分为碱性和酸性电解液，固态电解质有质子交换膜和氧化锆隔膜等。在液体电解质中应用微孔膜，$0.2 \sim 0.5 \text{mm}$ 厚。固体电解质为无孔膜，薄膜厚度约为 $20 \mu \text{m}$。

燃料电池的反应为氧化还原反应，电极的作用一方面是传递电子、形成电流；另一方面是在电极表面发生多相催化反应，反应不涉及电极材料本身，这一点与一般化学电池中电极材料参与化学反应很不相同，电极表面起催化剂表面的作用。

在氢氧燃料电池中，氢和氧在各自的电极反应。氧电极进行氧化反应，放出电子，氢电极进行还原反应，吸收电子，总反应为：$O_2 + 2H_2 \rightarrow 2H_2O$。

反应结果是氢和氧发生电化学燃烧，生成水和产生电能。由热力学变量可得到以下理论电动势和理论热效率公式：$E_\circ = -(\Delta G / 2F) = 1.23\text{V}, \eta = \Delta G / \Delta H = 83.0\%$。式中，$\Delta G$ 和 ΔH 分别为自由能变化和热焓变化，F 为法拉第常数。

燃料电池工作的中心问题是燃料和氧化剂在电极过程中的反应活性问题。对于气体电极过程，必须采用多孔气体扩散电极和高效电催化剂，提高比表面积，增加反应活性，提高电池比功率。

氢在负极氧化是氢原子离解为氢离子和电子的过程，若用有机化合物燃料，首先需要催化裂化或重整，生成富氢气体，必要时还要除去毒化催化剂的有害杂质。这些反应可在电池内部或外部进行，需附加辅助系统。正极中的氧化反应缓慢，燃料电池的活性主要依赖正极。随着温度升高，氧的还原反应有相当的改善。高温反应有利于提高燃料电池的反应活性。

对于燃料电池发电系统，核心部件是燃料电池组，它由燃料电池单体堆集而成，单体电池的串联和并联选择依据满足负载的输出电压和电流，并使总电阻最低，尽量减少电路短路的可能性。其余部件是燃料预处理装置、热量管理装置、电压变换调整装置和自动控制装置。通过燃料预处理，实现燃料的生成和提纯。燃料电池的运行或启动，有的需要加热，工作时放出相当的热量，由热量管理装置合理地加热或除热。燃料电池工作时，在碱性电解液负极或酸性电解液正极处生成水。为了保证电解液浓度稳定，生成的水要及时排除。高温燃料电池生成的水会汽化，容易排除，水量管理装置将实现合理的排水。燃料电池与化学电池一样，输出直流电压，通过电压变换成为交流电送到用户或电网。燃料电池发电系统通过自控装置使各个部件协调工作，进行统一控制和管理。由于燃料电池的燃料是氢，目前获取氢需要大量能耗，氢的储存和运输也是问题，所以燃料电池尚未在可再生能源系统中得到广泛应用。

7.5　铅酸蓄电池的基本组成结构及工作原理

7.5.1　铅酸蓄电池的基本组成及工作原理

铅酸蓄电池主要由以下部分构成：正、负极板组，隔离物，容器和电解液等。固定型（开口式）铅酸蓄电池的外形和结构如图 7.21 所示。

（1）正、负极板组

铅酸蓄电池的正、负极基板由纯铅制成，上面直接形成有效物质；有些基板用铅镍合金制成栅架，上面涂以有效物质。正极（阳极）的有效物质为二氧化铅，负极（阴极）的有效物质为海绵状铅。在同一个电池内，同极性的极板片数超过两片者，用金属条连接起来称为"极板组"或"极板群"。至于极板组内的极板片数的多少，随其容量（蓄电能力）的大小而异。

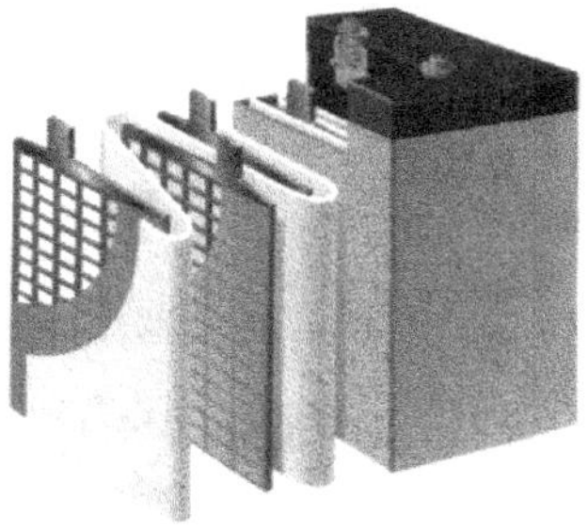

（2）隔离物

在各种类型的铅酸蓄电池中，除少数特殊组合的极板间

图 7.21　固定型铅酸蓄电池的外形和结构

留有宽大的空隙外，在两极板间均需插入隔离物，以防止正负极板相互接触而发生短路。隔离物有木质、橡胶、微孔橡胶、微孔塑料、玻璃等数种物质，可根据蓄电池的类型适当选定。

（3）容器

容器是用来盛装电解液和支撑极板的，通常有玻璃容器、衬铅木质容器、硬橡胶容器和塑料容器四种。

（4）电解液

铅酸蓄电池的电解液是用蒸馏水稀释高纯度浓硫酸而成的。它的相对密度高低视电池类型和所用极板而定，一般在 $1.2\sim1.3$（15℃环境下）。蓄电池用的电解液（稀硫酸）必须保持纯净，不能含有害于铅酸蓄电池的任何杂质。

铅酸蓄电池由两组极板插入稀硫酸溶液中构成。电极在完成充电后，正极板为二氧化铅，负极板为海绵状铅。放电后，在两极板上都产生细小而松软的硫酸铅，充电后又恢复为原来物质。

铅酸蓄电池在充电和放电过程中的可逆反应理论比较复杂，目前公认的是哥来德斯东和特利浦两人提出的"双硫酸化理论"。该理论的含义为铅酸蓄电池在放电后，两电极的有效物质和硫酸发生作用，均转变为硫酸化合物——硫酸铅；当充电时，又恢复为原来的铅和二氧化铅。

总的化学反应过程可用下列方程式表示：

$$（正极）（电解液）（负极）\qquad（正极）（电解液）（负极）$$

$$PbO_2 + 2H_2SO_4 + Pb \underset{充电}{\overset{放电}{\rightleftharpoons}} PbSO_4 + 2H_2O + PbSO_4$$

7.5.2 阀控式密封铅酸蓄电池的工作原理

由于阀控式密封铅酸蓄电池体积小、质量轻、放电性能高、维护工作量小，因此近几年在可再生能源无电地区电力建设和电力系统、电信、铁路等部门被大量使用，逐渐取代了传统的固定型防酸隔爆式蓄电池及其他碱性蓄电池。

前面详细介绍了铅酸蓄电池的结构，我们得知，阀控式密封铅酸蓄电池在结构、材料上与传统防酸隔爆式蓄电池有所不同。它的正、负极板采用特种合金浇铸成型，隔板采用超细玻璃纤维制成。结构上采用紧装配、贫液设计工艺技术，蓄电池槽盖采用 ABS 树脂注塑成型，蓄电池壳内采用单向安全排气阀，蓄电池充放电化学反应密封在畜电池壳内进行。

(1) 阀控式密封铅酸蓄电池的基本工作原理

阀控式密封铅酸蓄电池同普通铅酸蓄电池在化学原理上是一致的。它是将电能转换为化学能储存起来，需要时又将化学能转换为电能供给用电设备的装置。它的正极活性物质是二氧化铅（PbO_2），负极活性物质是海绵状金属铅（Pb），电解液是硫酸液（H_2SO_4）。其充电和放电过程是通过电化学反应实现的。反应方程为：

正极　$PbSO_4 + 2H_2O \underset{放电}{\overset{充电}{\rightleftharpoons}} PbO_2 + H_2SO_4 + 2H^+ + 2e^-$

副反应　$H_2O \overset{放电}{\longrightarrow} \frac{1}{2}O_2 \uparrow + 2H^+ + 2e^-$

负极　$PbSO_4 + 2H^+ \underset{放电}{\overset{充电}{\rightleftharpoons}} Pb + H_2SO_4$

副反应　$2H^+ + 2e^- \overset{充电}{\longrightarrow} H_2 \uparrow$

正常充电时，到充电后期，正极板开始析出氧气，在负极活性物质过量的前提下，氧气通过玻璃纤维隔膜扩散到负极板上，与海绵状铅发生反应，形成氧化铅；然后又转变为硫酸铅和水，使负极板处于去极化状态或充电不足状态，从而达不到析氢电位；电池不析氢气，实现氧的循环，因而不失水使电池成为免加水密封蓄电池。

充电过程中，如果蓄电池内部压力过高，单向安全排气阀胶帽将自动开启，当内压恢复正常后就自动关闭，防止外部气体进入，达到防酸、隔爆的效果。图 7.22 所示为阀控式密封铅酸蓄电池工作原理。

(2) 阀控式密封铅酸蓄电池的特点

由于阀控式密封铅酸蓄电池对传统的防酸隔爆铅酸蓄电池做出了重要改进，使其具有体积小，自放电小，维护工作量少，对环境无腐蚀、污染等优良特性，因此它与传统的铅酸蓄电池相比有明显的优点：

① 免维护。GFM 系列阀控式铅酸蓄电池带荷电出厂，安装后即可投入使用，无须配制灌注电解液和长时间初充电。高效率的气体内部再化合，密封反应效率可达 90% 以上，水损耗很少，在整个使用寿命周期无须加入和调整电液密度。在正常使用条件下，不必担心电解液缺少而影响蓄电池寿命。整流充电装置按阀控式铅酸蓄电池出厂充电电压设定后无须值班人员进行操作，只需专业人员定期检测电池端电压和放电容量即可。

② 密封、安全可靠。阀控式铅酸蓄电池采用密封结构，正常使用时无酸液渗漏或酸雾溢出，采用安全阀及滤酸片，外遇明火不爆炸。内部压力达到限定值时安全阀自动开启排气，低于限定值时安全阀自动关闭，不会因为过充电造成蓄电池爆裂。电池可立放使用，也可卧放使用。

③ 工程造价低，节省投资。阀控式铅酸蓄电池不污染设备和环境，可与微机继电保护等控制保护装置同时使用，

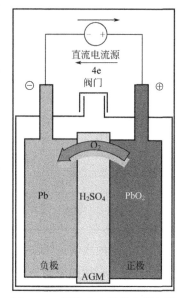

图 7.22　阀控式密封铅酸蓄电池工作原理

不需专设蓄电池室，可采用多层次叠放，占地面积小，节约工程投资。另外，由于采用特殊的铅基合金紧装配，避免了活性物质的脱落；采用合理的设计结构，使蓄电池有较长的使用寿命，2V 系列可达 10～12 年，12V 系列可达 3～5 年。

7.5.3　阀控式密封铅酸蓄电池的分类及特点

按电解质和隔板的不同，可将阀控式密封铅酸蓄电池分为 AGM 电池和 GEL 电池（即胶体电池）。AGM 电池主要采用 AGM（玻璃纤维）隔板，电解液被吸附在隔板孔隙内。GEL 电池主要是采用 PVC-SiO$_2$ 隔板，电解质为已经凝胶的胶体电解质。这两类电池各有优缺点。从发展速度来看，AGM 技术发展较快，目前市场上基本以 AGM 电池为主导。GEL 电池最近几年才逐步有上升的势头，主要是因为前几年 AGM 电池的使用寿命出现较多问题，而 GEL 电池的高循环寿命等优点开始被用户所认可和接受。下面就两类电池结构和性能上的优缺点进行比较，如表 7.3、表 7.4 所列。

表 7.3　AGM 电池与 GEL 电池结构比较

内部结构	GEL 电池	AGM 电池
电解液固定方式	电解质由气相二氧化硅和多种添加剂以胶体形式固定，注入时为液态，可充满电池内所有空间，充放电后凝胶	电解液吸附在多孔的玻璃纤维隔板内，而且必须是不饱和状态，隔板内 93% 左右的空间充满电解液
电解液量	准富液设计，电解液容量比 AGM 电池量多	相对于储液电池和 GEL，电池的储液少，贫液设计
电解液密度	密度为 1.24g/L，对极板腐蚀轻	密度为 1.28～1.31g/L，对极板腐蚀较大
正极板结构	制成管式或涂膏式极板	制成涂膏式极板
隔板	PVC-SiO$_2$ 隔板	普通 AGM 隔板

表 7.4　AGM 电池与 GEL 电池性能比较

性能特点	GEL 电池	AGM 电池
浮充性能	由于电解质的量富裕,其散热性好,没有热失控事故发生,浮充寿命长	散热性差,热失控现象时有发生
循环性能	100%DOD 循环寿命 600 次以上	100%DOD 循环寿命 150 次左右
自放电	自放电率为 2%/月,电池在常温下可储存 2 年	自放电率为 2%～5%/月,存放期超过 6 个月需补充充电
气体复合效率	初期复合效率较低,但循环数次后可以达到 95%以上	气体复合效率高达 99%
电解液分层现象	无硫酸浓度分层现象,电池可以竖直和水平安装	有电解液分层现象,高型电池只能水平放置

总之,阀控式密封铅酸蓄电池以其优良的特性为无电地区电力建设中可再生能源自身的间歇性提供了有利的储能条件,又由于它可减少诸多日常维护工作,因此为可再生能源离网独立电站的建设、发展和维护提供了非常有利的条件。

7.5.4　使用阀控式密封铅酸蓄电池应遵循的原则

如前面所述,阀控式密封铅酸蓄电池又名免维护电池,蓄电池具有整个寿命期间不需要加水、较适合在满充状态下向偏远地区长途运输、无须专人维护、密封性好不会漏酸从而避免因气体排放腐蚀正极导电桩头、密闭结构能够任意放置等优点,同时也具有缺点:必须小心控制充放电、不及时恢复性充电会损害电池、对温度较敏感、比开放型铅酸蓄电池贵、搁置时间只有 2 年。因此,在使用免维护电池时需遵循下列主要原则,以提高蓄电池的循环使用寿命:

① 密封电池可允许的运行环境温度范围为 5～50℃,但如果能在 15～35℃使用,则可延长电池寿命。在 −15℃以下,电池化学成分将发生变化而不能充电。在 20～25℃范围内使用将获得最高寿命。电池在低温下运行容量会减小,在高温下运行将获得较高容量但会缩短使用寿命。电池寿命和温度的关系可参考如下规则:温度超过 25℃后,每升高 8.3℃,电池寿命将减一半。

当环境温度较高时,要考虑给蓄电池组降温。考虑到系统的资金投入,应尽可能采用被动式降温,如改善电池室的通风,不采用主动式降温如空调。

② 免维护电池的设计浮充电压为 2.3V/节,12V 的电池浮充电压为 13.8V。在 120 节电池串联的情况下,温度高于 25℃后,温度每升高 1℃,浮充电压应下调 3MV。同样温度每升高 1℃,为避免充电不足,电压应上调 3MV。放电终止,电压在满负载(<30min)情况下为 1.67V 每节。在低放电率情况下(小电流长时间放电)要升高至 1.7～1.8V 每节。

③ 放电结束后,电池若在 72h 内没有再次充电,硫酸盐将附着在极板上绝缘充电,从而损坏电池。

④ 电池在浮充或均充时,电池内部产生的气体在负极板电解成水,从而保持电池的容量且不必外加水。但电池极板的腐蚀将降低电池容量。

⑤ 电池隔板寿命在环境温度为 30～40℃时仅为 5～6 个月。长时间存放的电池,每 6 个月必须充电一次。电池必须存放在干燥、凉爽的环境中。在 20℃的环境下,免维护电池的

自放电率为 3%～4%/月,并随温度变化。

⑥ 免维护电池都配有安全阀,当电池内部气压升高到一定程度时,安全阀可自动排出过剩气体,在内部气压恢复时安全阀会自动恢复。选择配有高可靠性的安全阀很重要,使用质次安全阀的密封电池可能引起爆炸。

⑦ 电池的周期寿命(充放电次数寿命)取决于放电率、放电深度和恢复性充电的方式,其中最重要的因素是放电深度,见图 7.23。在放电率和时间一定时,放电深度越浅,电池周期寿命越长。免维护电池在 25℃、100% 深放电情况下周期寿命约为 200 次。

⑧ 电池在到达寿命时表现为容量衰减、内部短路、外壳变形、极板腐蚀、开路电压降低。

⑨ IEEE 定义电池寿命结束为容量不足标称容量的 80%。标称容量和实际后备时间非线性关系,容量降低 20%,相应后备时间会降低很多。一些 UPS 厂家定义电池的寿命终止为容量降至标称容量的 50%～60%。

⑩ 绝对禁止不同容量和不同厂家的电池混用,否则会降低电池寿命。

⑪ 同品牌同规格的蓄电池,新旧电池最好也不要混用,否则会降低新电池的寿命。

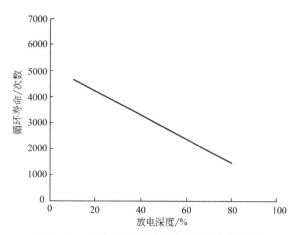

图 7.23 放电深度对蓄电池循环寿命的影响

⑫ 若两组电池并联使用,应保证电池连线、汇流排阻抗相同。

⑬ 免维护电池意味着可以不用加液,但定期检查外壳有无裂缝、电解液有无渗漏等仍是必要的。

7.6 可再生能源离网发电系统对蓄电池的基本要求

可再生能源独立供电系统中蓄电池的工作特点是:

① 由于充电是由可再生能源(风能和/或太阳能)来实现的,充电有很大的随机性和间歇性。

② 频繁处于充电-放电的反复循环中,特别是太阳能系统。由于太阳日照只能在白天有,而用电一般都在晚上(尤其是户用系统),这意味着蓄电池每天有一次充放电循环。

③ 过充电和深放电的不利工况时有发生。

④ 工作环境往往很恶劣(极端高温和低温),有的可再生能源独立电站的环境温度夏天能高达 40～50℃;冬天能低至 -10～-20℃,甚至更低,而不可能像一些移动通信站那样具备空调或取暖条件。

因此蓄电池工作特性和循环寿命就成为人们最关注的问题。根据可再生能源独立供电系统中蓄电池的使用特点,应考虑选用的蓄电池具有如下特性:

① 具有深循环放电性能;

② 充放循环寿命长;

③ 对过充、过放电耐受能力强;

④ 具有免维护或少维护性能;

⑤ 低温下也具有良好的充电、放电特性;

⑥ 充放电特性对高温不敏感;

⑦ 无须初充电操作;

⑧ 具有较高的能量效率;

⑨ 具有高的性能价格比;

⑩ 具有高的重量比能量和体积比能量。

另外,也需要考虑运输条件(抗冲击性能、运输重量)、可回收再利用环保性、通用性、易操作性、适合工作的环境温度、可靠性和成本等等因素。对于运输汽车无法到达的项目现场,在蓄电池容量选择时必须考虑是否适合人力搬运。一个 500A·h/2V 的蓄电池 35～40kg,靠一个人搬运会很费劲。设计时不妨改用两个 250A·h/2V 的蓄电池,单体重量可以减少将近一半。

目前尚不具备能满足上面全部要求的储能型蓄电池。所以在选择蓄电池时,必须注意根据系统的实际情况选择蓄电池的型号及容量,过大会无谓增加系统的投入,过小会减少系统的使用寿命。因此,在专业从事可再生能源离网发电系统设计单位的协助下,选择知名的、有完善售后服务体系的品牌产品,将大大提高系统的可靠性,使得系统投入达到最大化。

7.7 蓄电池的应用

7.7.1 蓄电池的基本技术参数

描述铅酸蓄电池特性的参数有很多,可再生能源离网发电系统中,与选用蓄电池有关的主要性能指标有:蓄电池容量,蓄电池失效情况,蓄电池使用寿命,蓄电池效率、能量、电压、功率等。

(1) 蓄电池电压

蓄电池电压包括理论充放电电压、电池的工作电压、电池的充电电压、电池的终止电压。蓄电池的理论放电电压和理论充电电压相同,等于电池的开路电压。

蓄电池的工作电压为电池的实际放电电压,它与蓄电池的放电方法、使用温度、充放电次数等有关系。蓄电池的充电电压大于开路电压,充电电流越大,工作电压越高;蓄电池发热量越大,充电过程中蓄电池的温度就越高。

蓄电池的终止电压是指蓄电池在放电过程中,电压下降到不宜再继续放电的最低工作电压。

(2) 蓄电池功率

蓄电池功率是指蓄电池在一定的放电条件下,单位时间内蓄电池输出的电能,单位为 W 或 kW。蓄电池比功率是指单位质量(体积)电池所能输出的功率,单位为 W/kg 或 W/L。

(3) 蓄电池容量

通常,蓄电池的单体额定电压有 2V、6V 和 12V,额定容量用安时(A·h)来表示。蓄电池实际容量表示满荷电状态的蓄电池在放电至端电压降低到终止电压时所放出的电量,通常取温度为 25℃时，10h 率容量作为蓄电池的额定容量。

蓄电池的额定容量 C，单位安时（A·h），它是放电电流安（A）和放电时间小时（h）的乘积。由于对同一个电池采用不同的放电参数所得出的安时是不同的，为了便于对电池容量进行描述、测量和比较，必须事先设定统一的条件。实践中，电池容量被定义为：用设定的电流把电池放电至设定的电压时所给出的电量。也可以说电池容量是用设定的电流把电池放电至设定的电压所经历的时间和这个电流的乘积。

为了设定统一的条件，首先根据电池构造特征和用途的差异，设定了若干个放电时率，关于放电率将在后面的内容中详细介绍。

最常见的有 20 小时率、10 小时率，电动车专用电池的放电率通常为 2 小时率，写作 C_{20}、C_{10} 和 C_2，其中 C 代表电池容量，后面跟随的数字表示该类电池以某种强度的电流放电到设定电压的小时数。于是，用容量除以小时数即得出额定放电电流。也就是说，容量相同而放电时率不同的电池，它们的标称放电电流却相差甚远。比如，一个电动自行车用的电池容量 10A·h、放电时率为 2h，写作 10A·h(C_2)，它的额定放电电流为 10A·h/2h＝5A；而一个汽车启动用的电池容量为 54A·h、放电时率为 20h，写作 54A·h(C_{20})，它的额定放电电流仅为 54A·h/20h＝2.7A。换一个角度讲，这两种电池如果分别用 5A 和 2.7A 的电流放电，则应该分别能持续 2h 和 20h 才能下降到设定的电压。

上述所谓设定的电压是指终止电压（单位是 V/单体或 V/只）。终止电压可以简单地理解为：放电时电池端电压下降到不至于造成电池损坏的最低限度值。终止电压值不是固定不变的，它随着放电电流的增大而降低，同一个蓄电池放电电流越大，终止电压可以越低，反之应该越高。也就是说，大电流放电时容许蓄电池电压下降到较低的值，而小电流放电就不行，否则会造成损害。

（4）蓄电池效率

在计算蓄电池供电期间的系统效率时，蓄电池效率有重要影响，其值为蓄电池放出的电能（功率×时间即电压×电流×时间）与相应所需输入的电能之比，可分解为蓄电池的容量（安时）效率和电压效率相乘。

描述蓄电池输出效率的物理量有三个：安时效率、能量效率和电压效率。

在保持电流恒定的条件下，在相等的充电和放电时间内，蓄电池放出电量和充入电量的百分比，称为蓄电池的能量效率。铅酸蓄电池效率的典型值是：安时效率为 87%～93%；能量效率为 71%～79%；电压效率为 85%左右。当设计蓄电池储能系统时，应着重考虑能量效率。

此外，"比能量"也是评价蓄电池水平的一项重技术指标，即单位重量或单位体积的能量，分别以 W·h/kg 和 W·h/L 表示。

蓄电池效率受许多因素影响，如温度、放电率、充电率、充电终止点的判断等。影响蓄电池能量效率的电能损失主要来自以下三个方面：

① 充电末期产生电解作用，将水电解为氢和氧而消耗电能；

② 蓄电池的局部放电作用（或漏电）消耗了部分电能；

③ 蓄电池的内阻产生热损耗而损失电能。

另外，蓄电池的效率是随使用时间而变化的，新的蓄电池的效率可以达到 90%，旧的蓄电池效率只有 60%～70%；再者，蓄电池的效率是指 25℃条件下的效率，当环境温度在零下或者 40～50℃以上时，实际效率要下降许多。

(5) 蓄电池使用寿命

影响蓄电池使用寿命的因素有很多，普通铅酸蓄电池使用寿命为 2～3 年，优质阀控式密封铅酸蓄电池（俗称免维护电池）使用寿命为 4～6 年。

7.7.2 影响蓄电池容量的因素

蓄电池容量不是一个固定的参数，它是由设计、工艺和使用条件等综合因素决定的。在使用过程中，蓄电池放电率、电解液温度、电解液浓度及层化是影响电池实际容量的最主要因素。

(1) 放电率的影响

蓄电池放电能力的大小以放电率表示，放电率有以下两种表示方法：

① 小时率（时间率）：以一定的电流值放完电池的额定容量所需的时间。例如，容量 $100A \cdot h$ 的蓄电池以 $10A$ 放电，$100A \cdot h/10A = 10h$，即 $10h$ 可以放出全部电量，称此放电率为 $10h$ 率。若以 $5A$ 放电，$20h$ 可以放出全部电量，则称为 $20h$ 率，以此类推。

② 电流率（倍率）：放电电流值相当于电池额定容量（$A \cdot h$）值的倍数。例如：容量为 $100A \cdot h$ 的蓄电池以 $100 \times 0.1 = 10A$ 电流放电，$10h$ 将全部电量放完，电流率为 $0.1C_{10}$。若以 $100A$ 电流放电，$1h$ 将全部电量放完，电流率为 $1C_{10}$，以此类推。C_{10} 表示 $10h$ 放电率下的电池容量，C_{20} 表示 $20h$ 放电率下的电池容量，C 的下角标表示放电小时率。

在给定活性物质质量条件下，蓄电池容量随放电率不同而不等。电池在放电过程中，电化学反应电流优先分布在离主体溶液最近的表面上，导致在电极表面形成硫酸铅而堵塞多孔极板的孔口，使电解液扩散困难，因而不能充分供应多孔电极内部的需要。在大电流放电时上述问题更为突出，由于活性物质沿极板厚度方向作用深度有限，电流愈大其作用深度愈浅，使活性物质利用率降低，电池给出的容量也就愈小。此外，由于极化和内阻的存在，在高电流密度下，电压损失增加，使电池端电压迅速下降，也是使容量降低的原因。

一般规定 $10h$ 放电率的容量为固定型蓄电池的额定容量。若使用低于 $10h$ 放电率的电流，则可得到高于额定值的电池容量；若使用高于 $10h$ 放电率的电流，所放出的容量要比蓄电池额定容量小。图 7.24 展示出放电率与温度对蓄电池容量的影响，由曲线可以看出，随着 C_{20} 到 C_1 放电率的加大，蓄电池容量在减小。

(2) 电解液温度的影响

电解液温度高时（在允许的温度范围内），离子运动速度加快，获得的动能增加，因此渗透力增强，从而使蓄电池内阻减小，扩散速度加快，电化反应加强，从而使蓄电池容量增大；当电解液温度下降时，渗透力降低，蓄电池内阻增大，扩散速度降低，因此电化学反应滞缓，使电池的容量减小。图 7.24 还展示出温度对蓄电池容量的影响，由曲线可以看出，随着温度的升高，蓄电池容量呈增加趋势。

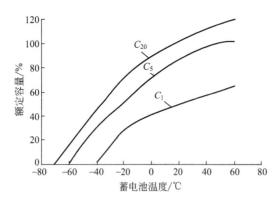

图 7.24 放电率与温度对蓄电池容量的影响

(3) 电解液浓度及层化的影响

在实际使用的电解液浓度范围内，增加电解液浓度就是增加了反应物质，因此电池的容量也随之增加。极板孔眼内部的电解液浓度是决定蓄电池容量和电压的重要因素，若减少电解液浓度，在放电过程中孔眼内电解液相对密度相应降低，由于不能维持足够的硫酸量，则容量也因此减小。

电解液的层化是由于电池在充放电时，其反应往往是集中在极板的上部靠近电流的输入输出端，致使位于极板上部的电解液密度低于下部电解液密度，即电解液产生了密度差。对于使用在静态环境中的富液式铅酸蓄电池，电解液密度的均匀性还受到重力影响，使密度大的硫酸根自然向极板下部沉降。当蓄电池充放电循环时，由于电解液密度的差异，很容易造成极板上的活性物质得不到完全的、均匀的转化，以致影响到蓄电池的容量和寿命。

7.7.3 蓄电池失效模式及其影响因素

可再生能源离网发电系统中，会发生如下的蓄电池故障：

① 电池外壳变形、破裂；

② 电池漏液；

③ 单只电池充电电压异常（过高或过低，比平均值高或低 0.15V/单格）；

④ 单只电池过热；

⑤ 电极外露部分腐蚀严重；

⑥ 容量衰减；

⑦ 内部短路。

这些都是蓄电池失效的表现；严重的，蓄电池的使用寿命即告终止。

常见的蓄电池失效模式有如下几种。

(1) 电池失水

铅酸蓄电池失水会导致电解液相对密度增高，导致电池正极栅板的腐蚀，使电池的活性物质减少，从而使电池的容量降低而失效。

铅酸蓄电池密封的难点就是充电时水的电解。当充电达到一定电压时（一般在 2.30V/单体以上），在蓄电池的正极上放出氧气，负极上放出氢气。一方面释放气体带出酸雾污染环境，另一方面电解液中水分减少，必须隔一段时间进行补加水维护。阀控式密封铅酸蓄电池就是为克服这些缺点而研制的产品，其产品特点为：采用密封式阀控滤酸结构，使酸雾不能逸出，达到安全、保护环境的目的。但密封蓄电池不逸出气体是有条件的，即：电池在存放期间内应无气体逸出；充电电压在 2.35V/单体（25℃）以下应无气体逸出；放电期间内应无气体逸出。但当充电电压超过 2.35V/单体时就有可能使气体逸出，因为此时电池体内短时间产生了大量气体来不及被负极吸收，压力超过某个值时，便开始通过单向排气阀排气，排出的气体虽然经过滤酸垫滤掉了酸雾，但毕竟使电池损失了气体（也就是失水），所以阀控式密封铅酸蓄电池对充电电压的要求是非常严格的，不能过充电。

(2) 负极板硫酸化

电池负极栅板的主要活性物质是海绵状铅，电池充电时负极栅板发生如下化学反应：

$$PbSO_4 + 2e = Pb + SO_4^-$$

正极上发生氧化反应：

$$PbSO_4 + 2H_2O = PbO_2 + 4H^+ + SO_4^- + 2e$$

放电过程发生的化学反应是这一反应的逆反应，当阀控式密封铅酸蓄电池的荷电不足时，在电池的正负极栅板上就有 $PbSO_4$ 存在，$PbSO_4$ 长期存在会失去活性，不能再参与化学反应，这一现象称为活性物质的硫酸化，硫酸化使电池的活性物质减少，降低电池的有效容量，影响电池的气体吸收能力，久之就会使电池失效。

为防止硫酸化的形成，电池必须经常保持在充足电的状态。

（3）正极板腐蚀

由于电池失水，造成电解液相对密度增高，过强的电解液酸性加剧正极板腐蚀，防止正极板腐蚀必须注意防止电池失水现象发生。

（4）热失控

热失控是指蓄电池在恒压充电时，充电电流和电池温度发生一种累积性的增强作用，并逐步损坏蓄电池。从目前国内蓄电池使用的状况调查来看，热失控是蓄电池失效的主要原因之一。造成热失控的根本原因是：

① 普通富液型铅酸蓄电池在正负极板间充满了液体，无间隙，所以在充电过程中正极产生的氧气不能到达负极，从而负极未去极化，较易产生氢气，随同氧气逸出电池。

因为不能通过失水的方式散发热量，VRLA 电池过充电过程中产生的热量多于富液型铅酸蓄电池。

② 浮充电压。浮充电压是蓄电池长期使用的充电电压，是影响电池寿命至关重要的因素。一般情况下，浮充电压定为 $2.23 \sim 2.25V$/单体（25℃）比较合适。如果不按此浮充范围工作，而是采用 $2.35V$/单体（25℃），则连续充电 4 个月就可能出现热失控；或者采用 $2.30V$/单体（25℃），连续充电 $6 \sim 8$ 个月就可能出现热失控；要是采用 $2.28V$/单体（25℃），则连续 $12 \sim 18$ 个月就会出现严重的容量下降，进而导致热失控。热失控的直接后果是蓄电池的外壳鼓包、漏气，电池容量下降，严重的还会引起极板形变，最后失效。

7.7.4　影响免维护蓄电池使用寿命的因素

影响免维护蓄电池使用寿命的因素主要有以下几个方面。

（1）环境温度

高的环境温度是影响蓄电池使用寿命的典型因素，一般蓄电池生产厂家要求的环境温度是 $15 \sim 20$℃，随着温度的升高，蓄电池的放电能力也有所提高，但环境温度一旦超过 25℃，每升高 10℃，蓄电池的使用寿命就会减少约一半。同样，温度过低，低于零度则有效容量也将下降。

若阀控式密封铅酸蓄电池工作环境温度过高，或充电设备电压失控，则电池充电量会增加过快，电池内部温度随之增加，电池散热不佳，从而产生过热，电池内阻下降，充电电流又进一步升高，内阻进一步降低。如此反复形成恶性循环，直到热失控使电池壳体严重变形、胀裂。

（2）过度放电

蓄电池被过度放电是影响蓄电池使用寿命的另一重要因素。这种情况主要发生在交流停电后、蓄电池组为负载供电期间。当蓄电池被过度放电时，导致电池阴极的"硫酸盐化"在阴极板上形成的硫酸盐越多，电池的内阻越大，电池的充、放电性能就越差，其使用寿命就越短。

（3）过度充电

板栅腐蚀是影响蓄电池使用寿命的重要原因。在过充电状态下，正极由于析氧反应，水被消耗，H$^+$增加，从而导致正极附近酸度增高，板栅腐蚀加速。如果电池使用不当，长期处于过充电状态，那么电池的栅板就会变薄，容量降低，缩短使用寿命。

（4）浮充电状态对蓄电池使用寿命的影响

目前，蓄电池大多数都处于长期的浮充电状态下，只充电，不放电，这种工作状态极不合理。大量运行统计资料表明，这样会造成蓄电池的阳极极板钝化，使蓄电池内阻急剧增大，蓄电池的实际容量（A·h）远远低于其标准容量，从而导致蓄电池所能提供的实际后备供电时间大大缩短，减少其使用寿命。

（5）失水

蓄电池失水也是影响其使用寿命的因素之一，蓄电池失水会导致电解液相对密度增加，电池栅板的腐蚀，使蓄电池的活性物质减少，从而使蓄电池的容量降低而导致其使用寿命减少。

（6）放电深度

放电深度对蓄电池的循环寿命影响很大，蓄电池经常深度放电，循环寿命将缩短（见图 7.23）。

另外，长期存放不用，会导致蓄电池失去活性，最终导致蓄电池失效；充电控制器的可靠性及合适的充电能力对蓄电池的寿命也至关重要。关于充电控制器将在随后章节详细介绍。

7.8 正确使用蓄电池作为储能装置

7.8.1 蓄电池的工作温度

在所有的环境因素中，温度对蓄电池的充放电性能影响最大，在电极/电解液界面上的电化学反应与环境温度有关，电极/电解液界面被视为电池的心脏。

如果温度下降，电极的反应率也下降，假设电池电压保持恒定，放电电流降低，电池的功率输出也会下降；温度上升则相反，即电池输出功率会上升。温度也影响电解液的传送速度，温度上升加快，传送速度下降，传送减慢，电池充放电性能也会受到影响。但温度太高，超过 45℃，会破坏电池内的化学平衡，导致副反应。大多数电池体系都存在发热问题，在阀控式密封铅酸蓄电池中可能性更大，这是由于：氧在化合过程中使电池内产生更多的热量；排出的气体量少，减少了热的消散。

为杜绝热失控的发生，要采用相应的措施：

① 充电设备应有温度补偿功能或限流；

② 严格控制安全阀质量，以使电池内部气体正常排出；

③ 蓄电池要设置在通风良好的位置，并控制电池温度；

④ 负极不可逆硫酸盐化。

7.8.2 蓄电池寿命的评价方法

根据蓄电池用途和使用方法的不同，对寿命的评价方法也不同。描述铅蓄电池寿命的评价方法有：充放循环寿命、使用寿命和恒流过充电寿命等三种评价方法。

可再生能源离网供电系统使用的蓄电池，设计人员应关注铅酸蓄电池的充放循环寿命，这是因为：充放循环寿命指标反映了铅酸蓄电池在深放电方面的重复能力，这一点正是可再生能源离网供电系统设计者和用户所关心的。使用寿命只是对铅酸蓄电池在浮充电状态运行时间长短的评价。

对不同类型的蓄电池，得到使用期限的定义是不一样的。以"固定型（开口式）铅酸蓄电池"为例，其使用期限规定为：当蓄电池实际容量低于额定容量的80％时，就认定该蓄电池失效，寿命期结束。

通常情况下，充放循环寿命为1500次的蓄电池，其使用寿命肯定比充放循环寿命为1000次的长。

7.8.3 铅酸蓄电池电解液的密度及其检测

氢离子浓度指数的数值俗称"pH值"（见图7.25），表示溶液酸性或碱性程度的数值，即所含氢离子浓度的常用对数的负值。如果某溶液所含氢离子的浓度为每升0.00001g，它的氢离子浓度指数就是5。氢离子浓度指数一般为0～14，当它为7时溶液呈中性；小于7时呈酸性，值越小，酸性越强；大于7时呈碱性，值越大，碱性越强。

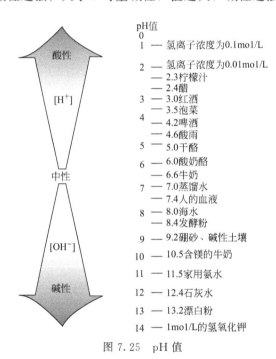

图7.25 pH值

铅酸蓄电池消耗电解质溶液中的溶质硫酸，H^+浓度会减小，pH值会增大（当然溶液仍然是酸性，pH值不会超过7）。电解液的特性一般用相对密度来判断。一般情况下，在25℃（电解液温度）时相对密度为1.28，在其他温度下可按下式计算：

$$Da = Dt + 0.0007(t - 25)$$

式中，Da为25℃时的相对密度；Dt为实际温度时的相对密度；t为测定时电解液的温度。

电解液是用相对密度1.84的浓硫酸和纯净水配制而成的。

7.8.4　蓄电池的均衡充电及其工作原理

所谓均衡充电，就是均衡电池特性的充电，是指在电池的使用过程中，因为电池的个体差异、温度差异等原因造成电池端电压不平衡，为了避免这种不平衡趋势的恶化，需要提高电池组的充电电压，对电池进行活化充电。通常情况下，半年进行一次均衡充电。

首先，均衡充电的概念是在老式铅酸蓄电池使用中提出的。目前大多数的阀控式蓄电池都明确提出"电压均衡、化成彻底""电池内不形成酸层、无须进行均衡充电"。对于 2.4V 单体电池的充电电压的定义是加速充电，即"FAST CHARGE"，而非"EQUATION"。

其次，均衡充电会对阀控式蓄电池造成损害。均衡充电电压对于大多数电池来说都是较高的浮充电压，此时，大多数正常电池都处于过充电状态。不能复合的气体在电池内部形成一定的压力，压力超过安全控制阀阈值时，阀门打开，气体从控制阀中排出。

在以前的电池维护中，伴随着均衡充电的过程是进行电池相对密度的调整，也就是说采用添加蒸馏水的办法补充水量，以保持电池的均衡性。但在免维护电池中，在现有的维护制度下是不加水的，这样一来，将不可避免造成电池的失水、电池干枯。

均衡充电的方法有以下两种可供选择：
① 将充电电压调到 2.33V/单体（25℃），充电 30h；
② 将充电电压调到 2.35V/单体（25℃），充电 20h。

以上两种方法，若无特殊理由，应优先选择第一种方法。在上面的方法中，25℃ 这个环境温度参数非常重要，电池使用寿命与它有很大关系，在使用维护中要严格遵守。理论上，蓄电池的使用环境温度为 -40~50℃，最佳使用温度为 15~25℃，因此，具体充电时间应尽量安排在春秋季节，这时天气较凉爽，对阀控式密封铅酸蓄电池均衡充电有利。当环境温度高于 25℃ 时，充电电压应相应降低；当环境温度低于 25℃ 时，充电电压应提高。降低或提高的幅度为每变化 1℃，增减 0.003V/单体。一般是温度每变化 5℃，将充电电压调整 1 次。当均衡充电时，电池温度应略有升高，可升到 40℃ 左右。在其他条件下的温度升高或异常变化均为不正常现象，应立即查明原因并进行处理。

除了对均衡充电电压要严格把握外，对浮充电压也应合理选择，因为浮充电压是蓄电池长期使用的充电电压，是影响电池寿命至关重要的因素。一般情况下，全浮充电压定为 2.23~2.25V/单体（25℃）比较合适。如果不按此浮充范围工作，而是采用 2.35V/单体（25℃），则连续充电 4 个月就会出现热失控；或者采用 2.30V/单体（25℃），连续充电 6~8 个月就会出现热失控；要是采用 2.28V/单体（25℃），则连续 12~18 个月就会出现严重的容量下降，进而导致热失控。热失控的直接后果是蓄电池的外壳鼓包、漏气，电池失去放电功能，最后只有报废。再从阀控式密封铅酸蓄电池的水的分解速度来说，充电电压越低越好，但从保证阀控式密封铅酸蓄电池的容量来说，充电电压又不能太低，因此，在全浮充状态下，阀控式密封铅酸蓄电池的浮充电压的最佳选择是 2.23V/单体（25℃，具体参考生产厂家的技术说明）。

阀控式密封铅酸蓄电池遇有下列情况时，需进行均衡充电：
① 单体电池浮充电压低于 2.16V；
② 新电池安装调试后，需要进行 12h 的均衡充电；

③ 电池放电超过 5% 的额定容量时；

④ 搁置不用时间超过 3 个月；

⑤ 全浮充运行一年以上。

7.8.5　蓄电池的温度补偿

由于化学反应随温度的升高而加速，随温度的降低而变慢，为了防止对电池过充或欠充，当电池温度不在 15～35℃ 范围时，则需对电池充电电压进行调整。

蓄电池充电时，伏安关系如下：

$$U = E + E' + IR \tag{7.1}$$

式中，U 为充电电压；E 为可逆电动势；E' 为计划电动势；IR 之积为内部电压降。

单体电池的充电电压 U 与温度 t 的关系可以表示为：

$$U = U_0 + 3 \times (25 - t) \times 10^{-3} \tag{7.2}$$

式中，U_0 为单体电池在 25℃ 时的充电电压，如 GM 型免维护铅酸蓄电池进行浮充电时为 2.25～2.28V；t 为以摄氏度计算的电解液温度，℃。

显然，当 $t > 25℃$ 时，$U < U_0$；当 $t < 25℃$ 时，$U > U_0$。

这样，当母线上串联的单体电池数为 n 时，总的充电电压应该是：

$$U_{ch} = n[U_0 + 3 \times (25 - t) \times 10^{-3}] \tag{7.3}$$

同时，根据充电工艺的要求，U_{ch} 应该保持在 ±1% 的稳定度以内。所以充电电压必须随温度变化做相应的调整，即充电电压必须接受温度补偿。在控制器设计时应该包括温度补偿电路。

7.9　蓄电池组

单体蓄电池的容量有限。以 GFM2V 的阀控蓄电池为例，最大额定容量为 3000A·h，其能储存的电量为：2V×3000A·h=6000AV·h=6kW·h。除户用系统外，单个电池的电量是无法满足大多数可再生能源系统的储能需求的。为了满足大电量的储能需求，需要通过把蓄电池串、并联来满足系统对电压和储电量的需求。

7.9.1　电池组的串联

将相同型号的蓄电池串联，串联后的电压等于它们各个蓄电池电压之和（见图 7.26）。蓄电池的输出电流与蓄电池的内阻有关，两个蓄电池串联时内阻相加，所以输出电流和单个蓄电池一样，电流不变。如 6 个 2V/500A·h 的蓄电池串联后电压是 12V，输出电流和单个蓄电池一样，500A·h。

7.9.2　电池组的并联

相同蓄电池并联时电压不变，电流是各并联蓄电池之和（见图 7.27）。如 6 个 2V/500A·h 蓄电池并联后，电压还是 2V，输出电流是单个电池的 6 倍，3000A·h。

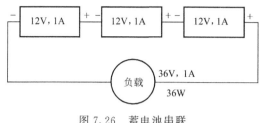

图 7.26　蓄电池串联

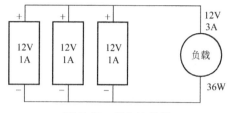

图 7.27　蓄电池并联

7.9.3　蓄电池组

为了满足系统对储能的要求，往往首先需要把蓄电池进行串联，满足系统对直流电压的要求，然后再把串联后的蓄电池组进行并联，以满足总电量的要求。例如，某系统需要直流电压 48V，蓄电池能储存电量 48kW·h，用 2V/500A·h 的蓄电池实现。

首先，把 24 个 2V/500A·h 的蓄电池串联，组成一个 48V/500A·h 的电池串。然后，再把相同的两组串联的蓄电池组并联，就构成了一个满足系统要求的蓄电池组：

电压：$2V \times 24 = 48V$

容量：$500A \cdot h \times 2 = 1000A \cdot h$

总储存电量：$48V \times 1000A \cdot h = 48000AV \cdot h = 48kW \cdot h$。

总共需要 2V/500A·h 的蓄电池 48 个。

根据不同系统的电压要求，常见的与可再生能源离网系统电压相匹配的蓄电池组电压有 12V、24V、36V、48V、110（120）V、220V、240V 等。

7.9.4　设计合适的蓄电池组

带储能的可再生能源发电系统中，应根据设备负载情况（电压、功率、数量等）、系统电压、要求的储电天数等综合因素来选择合适的蓄电池，从而组成蓄电池组（串、并联），以满足系统的总电量储存要求。

相同电压的蓄电池又有不同的容量，一般以安时的形式表示。2V 的单体蓄电池的电流最大可达 3000A·h，而 12V 单体蓄电池容量一般最大到 250A·h。2V 单体蓄电池的寿命一般比 12V 单体蓄电池的长，但单位价格也高。蓄电池的有效容量比它的额定容量小，而且随着时间的推移而减弱。蓄电池放电的深度越大，放电的速度越快，蓄电池的有效容量衰减得就越快。蓄电池的另一个指标是自放率。在 25℃ 的条件下，自放率应不大于 5%。如果严格遵守蓄电池的使用和保养程序，没有超出制造商指明的放电率，蓄电池的寿命应不少于 5～8 年。蓄电池组容量 C 的设计步骤如下：

$$C = W_h = LD/[DOD \times E_1 \times (1 - E_2)] \tag{7.4}$$

式中，L 为系统日耗电量，W·h，为根据负载测算得到的系统每天耗电量；D 为估计要求的储能天数（离网系统就是最多的无风无光照的天数）；DOD 为蓄电池的最大放电深度，50%～80%；E_1 为系统能量转换效率（80%～90%）；E_2 为电力传输损失，约 5%。

下面对上式中各项的物理意义做一说明。

① 系统日耗电量 L（W·h），为根据负载测算得到的系统每天的耗电量。

② 储能天数 D，也可以称之为"自主天数"，是要求的储能天数或者估计的当地最多无

风、无光照天数，即当蓄电池组充满电后，在不再有外部充电的情况下，在规定的放电深度下，蓄电池组保证负载连续运行的天数。在可再生能源独立供电系统中，对风能系统，这往往是指在连续枯风时系统至少应能供电的天数，对太阳能系统，往往是指连续阴雨天时系统至少应能供电的天数。

确定储能天数，一方面取决于可再生能源独立供电系统所在地区的风能和太阳能特性（最长无风期和最长连续阴雨天），另一方面取决于用户对供电可靠性的要求，换言之，系统是否允许短暂停电。在决定储能天数时，既要考虑供电的可靠性需求，也要考虑经济投入。对于用于无电村或无电户的系统，用户往往能承受短暂的停电，为了减少系统经济投入，储能天数一般为2～3天。但是对于像移动通信这样的设备电源，往往不允许通电。在没有后备电源（如柴油发动机）的情况下，移动通信的蓄电池组的储能天数一般为7天。气候条件是决定储能天数的主要因素，调查和分析当地气候模式和小气候是非常重要的。设计时通常取年平均连续阴天（或无日照）数和连续无风天数作为依据。

另外，对于带有后备发电设备的系统，储能天数可适当减少以降低前期经济投入。

对于并网式分布式系统，应根据当地的可再生能源资源、可再生能源发电系统的发电能力及系统的实际负载来计算最佳的储能容量。

③ 放电深度。放电深度表示从蓄电池放出电量的数值与电池额定容量的比值，通常以放出的电量与电池额定容量之比的百分数表示。例如：某台蓄电池额定容量为200A·h，经放电后容量剩余为80A·h，实际放出容量为120A·h，此时称该蓄电池的放电深度是60%。

根据国内光伏和风电系统设计人员的行业习惯和许多电池生产厂家的认同，蓄电池放电深度在10%～20%的为浅循环放电；放电深度在30%～50%的为中等循环放电；放电深度在60%～80%的为深循环放电。浅循环放电有利于延长蓄电池寿命，深循环放电有利于减少蓄电池的投入。由于目前蓄电池的投入在可再生能源独立供电系统中占有很大的比例，一般情况下，应尽可能采用深循环运行的蓄电池。

实践证明，较为适中的蓄电池放电深度是50%。国外有关资料称，50%的蓄电池循环放电深度为"最佳储能-成本系数"。

④ 系统能量转换效率 E_1。系统能量转换效率是指从蓄电池释放的电量到用电设备所获得的电量之间的损耗，不包括电力传输损失。

⑤ 电力传输损失 E_2。蓄电池电量在传输导线上的损失。一般来说，导线截面积越小，损耗越大。在估算时，可以取5%。

根据以上各项定义，就可以估算系统所需的蓄电池组的容量。假设系统日耗电50kW·h，储能3天，放电深度50%，转换效率85%，线损5%，则根据上式，蓄电池组的容量可以估算如下：

$$L = 50\text{kW} \cdot \text{h}, D = 3, \text{DOD} = 50\%, E_1 = 85\%, E_2 = 5\%$$

$C = LD/(\text{DOD} \times E_1 \times E_2) = 50\text{kW} \cdot \text{h} \times 3/[0.5 \times 0.85 \times (1-0.05)] = 150\text{kW} \cdot \text{h}/0.4 = 375\text{kW} \cdot \text{h}$。

可以看出，对于一定量的负载耗电要求，储电天数越多，放电深度越浅，系统效率越低，传输损耗越大，则相应需配置的蓄电池组就越大，系统在蓄电池组上的投入也就越多。例如上例中，如果储能天数改为2天，放电深度增加到60%，则：

$$C = LD/(\text{DOD} \times E_1 \times E_2) = 50\text{kW} \cdot \text{h} \times 2/[0.6 \times 0.85 \times (1-0.05)]$$

$$=100\mathrm{kW} \cdot \mathrm{h}/0.48=208\mathrm{kW} \cdot \mathrm{h}$$

后者比前者减少了将近 45% 的蓄电池容量。

7.9.5　合理选择蓄电池组中的单个蓄电池规格

如果需要 2000W・h 的蓄电池容量，选择一只 2V/1000A・h 或者两只 2V/500A・h 的蓄电池，从理论上说容量是一样的，但是在实际系统中，两者不是完全一样的。用一只电池的使用效果会比用两只电池并联使用时的情况好得多（如电池的稳定性、可靠性、均衡性，尤其是电池的使用寿命等）。对阀控式密封铅酸蓄电池来讲更是这样。

在并联电路中，总电压等于各分路电压，即加在并联的两只电池中的每一只电池上的充电电压与总充电电压相等 $U_{总}=U_1=U_2$，而两只电池的内阻不完全一样，即 $R_1 \neq R_2$，根据 $I=U/R$ 公式，在同样大小的充电电压情况下，两只并联使用的电池每一只所得到的充电电流可能是不一样的，内阻大的其充电电流小，内阻小的其充电电流大。这样就有可能造成充电电流小的那只电池经常处于充电不足的状态，久而久之，这只电池可能因长期亏电而硫酸盐化加大其内阻，其内阻越大，充电电流越小，由于造成了这样一个恶性循环，从而导致这只电池的使用寿命大大缩短。而使用一只电池就不存在这种情况，说明单电池使用的效果远远好于并联使用。如果设备功率大，用 2 只电池并联仍不能满足设备功率的需要，而采用 2 只以上，如 3 只、4 只甚至更多只的电池并联使用就更没有必要，在这种情况下，建议选用能够满足设备功率需要的大容量型号的电池。

假若非采用 2 只电池并联，应该遵循以下原则：并联使用的电池必须是同一个厂家生产的，且是同型号、同规格的电池，并联使用的电池必须是新旧状态一致的，同一批号、同时出厂、同时安装、同时使用。

但是，如前所述，由于运输条件的限制，许多地方，如海岛和山区，无法运输大型的蓄电池，在这种情况下，系统设计者应事先了解当地的运输条件，化整为零，既考虑系统的技术可靠性，又考虑实际运输的可行性。

7.9.6　使用蓄电池作为储能装置的注意事项

（1）不同品牌或者新旧蓄电池不能混用

不同类型、不同品牌、不同容量、不同新旧程度的蓄电池一般不能混合使用，否则会因不匹配而导致蓄电池的损坏。新旧蓄电池的实际负载电流不同，放电深度也不同，旧电池充放电快且容量小，混在系统中更容易损坏，并造成系统其他蓄电池充放电偏离正常工作范围。充电时，容量差异会导致部分电池过充，而部分电池却没有充满；放电时，部分电池没有放电完全，而部分电池却被过放电。严重者，会导致蓄电池短时间失去部分容量，出现早期容量损失而报废。如此恶性循环，导致蓄电池受到损害，产生漏液、低（零）电压，寿命严重衰减。

（2）不能把蓄电池里的电全部用完再充电

在正常条件下，铅酸蓄电池在放电时形成硫酸铅结晶，在充电时能较容易地还原为铅。如果电池经常处于充电不足或过放电，负极就会逐渐形成一种粗大坚硬的硫酸铅，它几乎不溶解，用常规方法充电很难使它转化为活性物质，从而减少了电池容量，甚至成为蓄电池寿命终止的原因，这种现象称为极板的不可逆硫酸盐化。为了防止负极发生不可逆硫酸盐化，必须对蓄电池及时充电，不可过放电，要控制放电深度。

为了保证电池的安全和延长蓄电池的使用寿命，会设定一个蓄电池的放电终止电压。电池的放电终止电压与电池的放电电流大小有关，放电电流大，电池终止电压可以低一些，反之，放电电流小，电池终止电压要高一些（见表7.5）。

表 7.5   放电电流和放电终止电压

放电电流/CA	放电终止电压/VPC
小于 0.1	1.75
0.11~0.17	1.70
0.18~0.25	1.67
0.26~1	1.60
大于 1.1	1.30

（3）不能用汽车电池当储能电池

用在汽车上的铅酸蓄电池只是在点火时单向放电，点火后发电机会对电池自动充电，不造成电池深度放电，不适合当储能电池用，而储能蓄电池则根据不确定的资源，具有不确定的充放电循环特性。

以前汽车电池多采用开口式铅酸蓄电池，使用寿命相对较短。它有两个主要缺点：a. 充电末期水会分解为氢、氧气体析出，需经常加酸、加水，维护工作繁重；b. 气体溢出时携带酸雾，腐蚀周围设备，并污染环境。

第8章

逆变器与并网逆变器

8.1 逆变器、逆变器的组成和工作原理

8.1.1 逆变器

逆变器是电力电子技术的一个重要应用方面。众所周知，整流器的功能是将 50Hz 的交流电整流成直流电。而逆变器与整流器恰好相反，它的功能是将直流电转换为交流电。这种对应于整流的逆向过程，被称为"逆变"。逆变器也可以叫作"逆变电源"。

单相交流发电机带单相交流负载，三相交流发电机带三相负载。这里无论是单相发电机还是三相发电机，发出的电都必须是标准的三相电。这是因为对大多数标准的交流设备，如家用电器（照明灯、电视机、电冰箱）和需要用交流电来驱动的交流设备，必须提供标准的交流电。大多数中小型风力发电机发出的交流电是非标准的，是电压和频率一直在变化的非标准交流电，不能被直接连接到电网上，或者用来驱动交流用电器，需要通过一定的变换手段，把非标准的交流电转换成标准的交流电，才能用于这些设备。另外，可再生能源是随机波动的，不可能与负载的需求相匹配，需要有储能设备来储存可再生能源发电设备发出来的电，而目前常用的储能设备为蓄电池组，所储存的电能为直流电。然而，以直流电形式供电的系统有很大的局限性。除了少数直流仪器外，大多数家用电器，如荧光灯、电视机、电冰箱、电风扇等均不能直接用直流电源供电，绝大多数动力机械也是如此。另外，当供电系统需要升高电压或降低电压时，交流系统只需加一个变压器即可，而在直流系统中升降压技术与装置则要复杂得多。因此，除针对仅有直流设备的特殊用户外，在风力发电系统中都需要配备逆变器。逆变器还具有自动稳压功能，可以改善可再生能源发电系统的供电品质，从而最大限度地满足无电地区等各种用户对交流电源的需求。

另外，中小型风力发电系统实现分布式并网运行，必须采用交流系统。综上所述，逆变器已成为风力发电系统中不可缺少的重要配套设备。

8.1.2 逆变器的基本组成

如图 8.1 所示，逆变器由逆变电路、控制电路、滤波电路三大部分组成，主要包括输入接口、电压启动回路、MOS 开关管、PWM 控制器、直流变换回路、反馈回路、LC 振荡及输出回路、负载等部分。逆变电路完成由直流电转换为交流电的功能，控制电路控制整个系统的运行，滤波电路用于滤除不需要的信号。其中逆变电路的工作还可以细化为：首先，振荡电路将直流电转换为交流电；其次，线圈升压将不规则交流电变为方波交流电；最后，整流使得交流电经由方波变为正弦波交流电。

由 MOS 开关管和储能电感组成的电压变化电路即逆变电路，输入的脉冲经过蜕变放大器放大后驱动 MOS 管做开关动作，使得直流电压对电感进行充放电，这样电感的另一端就能得到交流电压（方波交流电）；PWM 控制器由以下几个功能组成：内部参考电压、误差放大器、振荡器和 PWM、过压保护、欠压保护、短路保护、输出晶体管；LC 振荡及输出电路，是当负载工作时，反馈采样电压，起到滤波和稳定逆变器电压输出的作用，输出正弦波交流电。

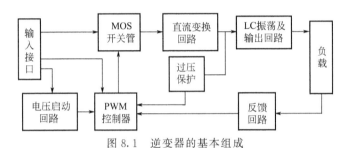

图 8.1 逆变器的基本组成

8.1.3 逆变器基本工作原理

逆变器的作用就是通过功率半导体开关器件的开通和关断，把直流电能变换成交流电能。

逆变器涉及的知识领域和技术内容十分广泛，为了便于风力发电系统用户选用逆变器，这里仅根据逆变器输出交流电压波形的不同和从可再生能源发电应用的角度，对逆变器的基本工作原理、电路构成做简单介绍。

逆变器的种类很多，各自的具体工作原理、工作过程不尽相同，但是最基本的逆变过程是相同的。下面以最简单的逆变电路——单相桥式逆变电路为例，具体说明逆变器的"逆变"过程。单相桥式逆变电路原理如图 8.2(a) 所示。

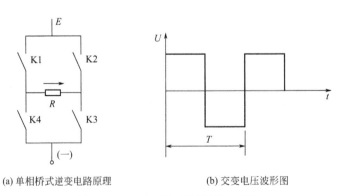

(a) 单相桥式逆变电路原理　　　　　(b) 交变电压波形图

图 8.2 DC-AC 逆变器原理示意图

图中输入直流电压为 E，R 代表逆变器的纯电阻性负载。当开关 K1、K3 接通后，电流流过 K1、R 和 K3，负载上的电压极性是左正右负；当开关 K1、K3 断开，K2、K4 接通后，电流流过 K2、R 和 K4，负载上的电压极性反向。若两组开关 K1、K3、K2、K4 以频率 f 交替切换工作时，负载 R 上便可得到频率为 f 的交变电压 U_r，其波形如图 8.2(b) 所示，该波形为一方波，其周期 $T = 1/f$。图 8.2(a) 电路中的开关 K1、K2、K3、K4 实际是各种半导体开关器件的一种理想模型。逆变器电路中常用的功率开关器件有功率晶体管（GTR）、功率场效应管（Power Mosfet）、可关断晶闸管（GTO）及快速晶闸管（SCR），近年来又研制出功耗更低、开关速度更快的绝缘栅双极型晶体管（IGBT）等。

上图所示的电路和波形只是逆变过程基本原理的示意描述，实际上要构成一台适用型逆变器，尚需要增加许多重要功能电路和辅助电路。

8.2　逆变器的分类

8.2.1　逆变器的不同分类方式

逆变器可以按很多不同的方式进行分类。

（1）按照逆变器用途分类

按照逆变器用途，逆变器有如下几种。

① 光伏并网逆变器　光伏并网逆变器是光伏发电系统中最主要的部件之一，它的核心任务是跟踪光伏阵列的最大输出功率，并以最小的转化损耗、最佳的电能质量馈送到电网上。

光伏逆变器还分为集中式逆变器、组串式逆变器、集散式逆变器和微型逆变器。

② 风力并网逆变器　风力并网逆变器是通过交-直-交变换，把风力发电机所发出的非标准交流电，变成高电能质量的标准交流电，并按一定的机理把这高质量的交流电按相位和频率馈送到电网上。

③ 离网逆变器　离网逆变器将电池中存储的直流电转换为可根据需要使用的交流电，它为可再生能源发电系统和标准的交流电器提供了一个接口。

（2）按照逆变器输出分类

按照逆变器输出，逆变器有如下几种。

① 单相逆变器　逆变器是把直流电逆变成交流电输出，单相逆变就是转换出的交流电压为单相，在中国，单相是 $220V_{ac}$。

单相逆变器的接口处一般有三个插孔，分别标示 "N" "L" "PE"：

L 表示火线（标志字母为 "L"，live wire），用红色或棕色线；

N 表示零线（标志字母为 "N"，null wire），用蓝色或白色线；

PE 表示地线（标志字母为 "E"，earth），用黄绿相间的线。

② 三相逆变器　三相逆变就是转换出的交流电压为三相，在中国，三相是 $380V_{ac}$，三相电是由三个频率相同、振幅相等、相位依次互差 120° 的交流电势组成的。

三相逆变器的接口一般有五个插孔，依次为 A、B、C、N、PE。A 相为黄色，B 相为绿色，C 相为红色，N 表示零线，用蓝色或白色线；PE 表示地线，用黄绿相间的线。A、B、C 也有可能是 L1、L2、L3，或者 U、V、W。

③ 多相逆变器　相当于最常用的三相交流电，三相逆变器是三脚三相（$n=3$），但有些应用场合需要 n 脚 n 相（$n>3$），这样的逆变器就是多相逆变器。

（3）按照逆变器输出交流的频率分类

按照逆变器输出交流的频率，逆变器有如下几种。

① 工频逆变器　工频逆变器的频率为 $50\sim60\text{Hz}$。工频逆变器包含变压器，占据了很大的空间，而且很重。因此工频逆变器的体积大，重量重。

② 中频逆变器　中频逆变器的频率为 400Hz 至上万赫兹。

③ 高频逆变器　高频逆变器的频率为万至百万赫兹。高频逆变电源首先通过高频 DC/DC 变换技术，将低压直流电逆变为高频低压交流电；然后经过高频变压器升压后，再经过高频整流滤波电路整流成通常均在 300V 以上的高压直流电；最后通过工频逆变电路得到 220V 工频交流电供负载使用。这将大大提高电路的功率密度，从而使逆变电源的空载损耗很小，逆变效率得到提高。高频逆变器一般使用体积小、重量轻的高频磁芯材料，比同等功率的工频逆变器体积和重量小很多。

（4）按照逆变器的输出波形分类

按照逆变器的输出波形，逆变器有如下几种。

① 方波逆变器　方波逆变器输出的交流电压波形为方波。此类逆变器所使用的逆变线路也不完全相同，但共同特点是线路比较简单，使用的功率开关管数量很少。设计功率一般在数百瓦至数千瓦之间。方波逆变器的振荡器只有"通电"和"断电"两种工作状态时输出的波形，形状如同矩形的波，有的甚至没有负半周波形，见图 8.3(a)。

方波逆变器的制作采用简易的多谐振荡器，其优点是线路简单、价格便宜、维修方便；缺点是由于方波电压中还有大量高次谐波，在带有铁芯电感或变压器的负载用电器中将产生附加损耗，对收音机和某些通信设备有干扰。此外，这类逆变器还有调压范围不够宽、噪声比较大等缺点。方波逆变器技术属于 20 世纪 50 年代的水平，将逐渐退出市场。

② 阶梯波逆变器　阶梯波逆变器，又称准正弦波（或称改良正弦波、修正正弦波、调制正弦波、模拟正弦波等）逆变器，其输出是若干个幅值递增的方波的叠加，效果比方波有所改善，高次谐波含量减少；当阶梯达到 17 个以上时，输出波形可实现准正弦波，当采用无变压器输出时，整机效率很高。但准正弦波的波形仍然是由折线组成的，属于方波范畴，连续性不好，如图 8.3(b) 所示。阶梯波逆变器实现阶梯波输出也有多种不同线路，输出波形的阶梯数目差别很大，可以满足我们大部分的用电需求，效率高，噪声小，售价适中。缺点是阶梯波叠加线路使用的功率开关管较多，其中有些线路形式还要求有多组直流电源输入，这给太阳能电池方阵的分组与接线和蓄电池的均衡充电都带来麻烦。此外，阶梯波电压对收音机和某些通信设备仍有一些高频干扰。

③ 正弦波逆变器　正弦波逆变器输出的是同我们日常使用的电网一样甚至更好的正弦波交流电，如图 8.3(c) 所示。正弦波逆变器能够带动任何种类的负载，但技术要求和成本均高。早期的正弦波逆变器多采用分立电子元件或小规模集成电路组成模拟式波形产生电路，直接用模拟 50Hz 正弦波切割几千赫兹至几万赫兹的三角波产生一个 SPWM 正弦脉宽调制的高频脉冲波形，经功率转换电路、升压变压器和 LC 正弦化滤波器得到 220V/50Hz 单相正弦交流电压输出。但是这种模拟式正弦波逆变器电路结构复杂、电子元件数量多、整机工作可靠性低。随着大规模集成微电子技术的发展，专用 SPWM 波形产生芯片（如 HEF4752、SA838 等）和智能 CPU 芯片（如 MCS51、PIC16H INTEL80196 等）逐渐取代

小规模分立元件电路,组成数字式 SPWM 波形逆变器,使正弦波逆变器的技术性能和工作可靠性得到很大提高,已成为当前中、大型正弦波逆变器的优选方案。

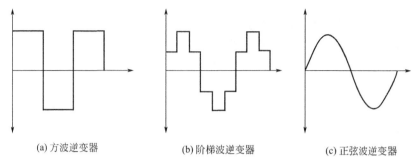

(a) 方波逆变器　　　　　(b) 阶梯波逆变器　　　　　(c) 正弦波逆变器

图 8.3　三种类型逆变器输出电压波形

正弦波逆变器的优点是输出波形好、失真度很低、对通信设备干扰小、噪声低,此外还有保护功能齐全,对电感性和电容性负载适应性强,整机效率高等优点。缺点是线路相对复杂、对维修技术要求高、价格较昂贵。

人们把正弦波逆变器区分为高频逆变器和工频逆变器,工频逆变器技术成熟,性能稳定,过载能力强,但体积庞大、笨重;高频逆变器是近五六年市场上的新技术,它技术指标优越、效率很高,尤其是体积小、重量轻、高功率密度等特点,都是现代电力电子所倡导的,现在已抢占了中小功率逆变器一半以上的市场。有些行业领先者的高频逆变器单元已经做到了很大的功率,从技术发展和生产成本来看,高频逆变器取代工频逆变器将是大势所趋。

另外,高频逆变器还能做到双向变换。当蓄电池组提供能量时,该设备起逆变作用,把蓄电池组内的直流电转换成标准交流电,供交流设备使用;当蓄电池组亏电时,该设备当充电控制器使用,可以利用柴油发电机等提供的电能向蓄电池组充电。

(5) 按照逆变器主电路结构分类

按照逆变器的主电路结构,逆变器有如下几种。

① 单端式逆变器　单端式逆变器分"反激"和"正激"两种。"反激"是在开关管导通时先将能量送到电感,开关断开时再将能量送至负载,确保当开关管导通、驱动脉冲变压器原边时,变压器付边不对负载供电,即原/付边交错通断。

"正激"是在开关管导通时就把能量送至负载。通过一只开关器件单向驱动脉冲变压器,确保在开关管导通、驱动脉冲变压器原边时,变压器付边同时对负载供电。

② 半桥式逆变器　类似于全桥式,只是把其中的两只开关管（T3、T4）换成了两只等值大电容（C1、C2）。这种电路常常被用于各种非稳压输出的 DC 变换器。半桥式逆变器具有一定的抗不平衡能力,对电路对称性要求不太严格;适应的功率范围较大,从几十瓦到千瓦都可以;开关管耐压要求较低,电路成本比全桥电路低等。主要缺点是电源利用率比较低。

③ 全桥式逆变器　全桥式逆变器由四只相同的开关管接成电桥结构驱动脉冲变压器原边。与推挽结构相比,原边绕组减少了一半,开关管耐压降低一半。主要缺点是使用的开关管数量多,且要求参数一致性好,驱动电路复杂,实现同步比较困难。这种电路结构通常使用在 1kW 以上超大功率开关电源电路中。

④ 推挽桥式逆变器　推挽桥式逆变器呈对称性结构,脉冲变压器原边是两个对称线圈、两只开关管接成对称关系,轮流通断,工作过程类似于线性放大电路中的乙类推挽功率放大

器。主要优点是高频变压器磁芯利用率高（与单端电路相比）、电源电压利用率高、输出功率大、两管基极均为低电平，驱动电路简单。主要缺点是变压器绕组利用率低、对开关管的耐压要求比较高。

（6）按照逆变器使用的半导体类型分类

按照逆变器使用的半导体类型，逆变器有如下几种。

① 晶体管逆变器　早期的逆变器多数用晶体管来实现，输出波形是方波，输入电压范围窄，效率60%左右，短路保护反应迟钝。但是易安装，易维护，成本低。

② 晶闸管逆变器　晶闸管（SCR）即可控硅。随着电子器件的发展，逆变器中的换流晶体管逐步被晶闸管所替代。

③ 可关断晶闸管逆变器　可关断晶闸管（gate turn-off thyristor，GTO）克服了以前的缺陷，它既保留了普通晶闸管耐压高、电流大等优点，又具有自关断能力，因而在使用上比普通晶闸管方便，是理想的高压、大电流开关器件。

（7）按照逆变器线路原理

按照逆变器的线路原理，逆变器有如下几种。

① 自激振荡型逆变器　自激振荡型逆变器采用自激振荡线路，即正反馈线路。放大电路在无输入信号的情况下，就能输出一定频率和幅值的交流信号，由此得到稳定的自激输出。自激式变换器属第一代产品。

② 阶梯波叠加型逆变器　阶梯波叠加型逆变器就是准正弦波逆变器。

③ 脉宽调制（PWM）型逆变器　脉宽调制是靠改变脉冲宽度来控制输出电压，通过改变周期来控制其输出频率，而输出频率的变化可通过改变此脉冲的调制周期来实现。随着电子技术的发展，出现了多种PWM技术，其中包括：相电压控制PWM、脉宽调制法（pulse-width modulation，PWM）、随机PWM、SPWM法、线电压控制PWM等。

④ 谐振型逆变器　谐振型逆变器有串联谐振和并联谐振。串联谐振装置是运用串联谐振原理，使回路产生谐振电压加到试品上，串联谐振目前分为变频式和调感式两大类，它们是通过调节变频源输出频率或用可调式电抗器调节电感量，使回路中电感L与试品C串联谐振。串联谐振在产品特性上有稳定及可靠性高、自动调谐功能强大、支持多种试验模式、系统人机交互界面友好、保护功能完善等突出优势。串联谐振逆变器所用的振荡电路是用L、R和C串联的电路。

并联谐振是一种完全的补偿，电源无须提供无功功率，只提供电阻所需要的有功功率。并联谐振也称为电流谐振。并联谐振逆变器所用的振荡电路是L、R和C并联的电路。

8.2.2　逆变器的主要应用类型

（1）离网型独立系统的逆变器

独立运行的风力发电机虽然发出的是交流电，但是不稳定，必须经过蓄电池储能，才能向用户提供连续平稳的电能，而太阳能电池在阳光照射下产生直流电，因此早期的风力发电系统和光伏多数以直流供电，用户用来点1或2盏直流灯，听收音机（直流电收音机），即使有电视了，也是直流电视。然而绝大多数用电设备，如日光灯、电视机、电冰箱、电风扇、洗衣机、空调以及大多数动力机械都是以交流电工作的，即使笔记本电脑、手机和数码相机等现代便携式数码产品用的是直流电（电池），但是这些电池需要充电，而用交流电通过充电器对这些电池充电是非常方便的，因此以直流供电的系统有很大的局限性。此外，当电站离最终用户比较远时，电能需要远距离传输。直流电的远距离传输会产生很大的线损，而采用较高电压的交流电传输，相应的损耗就较小。当供电系统需要升高电压或降低电压时，交流系统只需加一个变压器即可，而在直流系统中升压电压的技术就要复杂得多，逆变器的使用很好地解决了这些问题。

（2）并网逆变器

并网逆变器是分散式可再生能源接入配电网的重要接口，随着分布式可再生能源渗透率的不断提高，并网逆变器在传统配电网中的地位越发突出。为了高效完成可再生能源分散式并网，并有效降低并网逆变器对电网的冲击，一些在装置上、结构上和功能上更加先进的并网逆变器不断被研发出来。先进的并网逆变器在结构上能更加灵活地将可再生能源分散接入配电网，适用于可再生能源分散接入，使并网逆变器能虚拟同步发电机，完成自治运行、电能质量治理、系统阻抗检测、网络阻抗控制等辅助控制功能。大型的并网逆变器结构复杂，造价较高（虽然近年来有很大幅度的下降）。并网逆变器主要有光伏并网逆变器和风能并网逆变器。

随着环保意识的加强，人们对可再生能源发电的需求越来越大。目前最成熟的可再生能源技术是风力发电和太阳能光伏发电。光伏发电发出的是直流电，需要采用光伏并网逆变器把光伏电池发出的直流电馈送到电网上。光伏逆变器还分为集中式逆变器、组串式逆变器、集散式逆变器和微型逆变器。

由风力发电的机理以及风能的不稳定性和随机性，风力发电机发出的电能是电压、频率随机变化的交流电，必须采取有效的电力变换措施后才能够将风电送入电网。实现这一功能的就是风能并网逆变器。风力并网逆变器的主要作用是将非标准的交流电变成直流电，再变成标准的交流电并网，其主要目的是提供适配的并网电压和频率以及提高电能质量，其主要构件为整流模块和三相桥式转换器等，也就是说，在光伏并网逆变器的前端再加一个整流模块。

（3）组合式三相逆变器

在村落及户用供电系统中，用电器多数为单相负载，也有少量的三相负载。传统的三相逆变器用在单相负载为主的供电系统中时，经常由于三相负载出现大的不平衡而使逆变器无法正常工作。近年来，一种由单相逆变器组成的三相逆变器方案开始在风力发电系统中得到应用，称为组合式三相逆变器，其原理如图 8.4 所示。

图中 A、B、C 为三个独立的单相逆变器，可分别连接单相负载。与普通单相逆变器不同的是，实际运行时

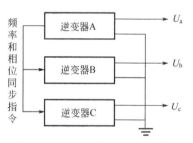

图 8.4 组合式三相逆变器原理

逆变器 A 向逆变器 B、C 发出频率和相位的同步指令，使 A、B、C 三个逆变器的输出端形成相位互差 120°的三相交流电压，因此也可以连接三相负载，如电动机等。在三相负载严重不平衡的情况下逆变器仍可以正常工作，是组合式三相逆变器的突出特点。

8.3 逆变器的主要电路原理

（1）逆变器的功率转换电路

逆变器的功率转换电路一般有推挽逆变电路、全桥逆变电路和高频升压逆变电路三种，其主电路分别如图 8.5、图 8.6 和图 8.7 所示。

图 8.5 所示的为推挽逆变电路原理图，将升压变压器的中心抽头接于正电源，两只功率管交替工作，输出得到交流电输出。由于功率晶体管共地连接，驱动及控制电路简单，另外由于变压器具有一定的漏感，可限制短路电流，因而提高了电路的可靠性。其缺点是变压器利用率低，带动感性负载的能力较差。

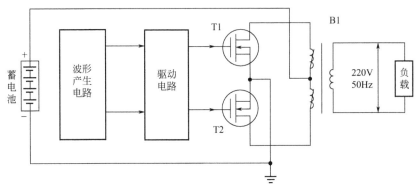

图 8.5 推挽逆变电路原理图

图 8.6 所示的全桥逆变电路克服了推挽电路的缺点，功率开关管 T1、T4 和 T2、T3 反相，T1 和 T2 相位互差 $180°$，调节 T1 和 T2 的输出脉冲宽度，输出交流电压的有效值即随之改变。由于该电路具有能使 T3 和 T4 共同导通的功能，因而具有续流回路，即使对感性负载，输出电压波形也不会产生畸变。该电路的缺点是上、下桥臂的功率晶体管不共地，因此必须采用专门驱动电路或采用隔离电源。另外，为防止上、下桥臂发生共态导通，在 T1、T4 及 T2、T4 之间必须设计先关断后导通电路，即必须设置死区时间，其电路结构较复杂。

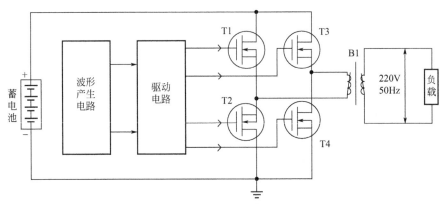

图 8.6 全桥逆变电路原理图

图 8.7 为高频升压逆变电路原理图，由于推挽电路和全桥电路的输出都必须加升压变压器，而工频升压变压器体积大，效率低，价格也较贵，随着电力电子技术和微电子技术的发展，采用高频升压变换技术实现逆变，可实现高功率密度逆变。这种逆变电路的前级升压电路采用推挽结构（T1、T2），但工作频率均在 20kHz 以上，升压变压器 B1 采用高频磁芯材料，因而体积小、重量轻，高频逆变后经过高频变压器变成高频交流电，又经高频整流滤波电路得到高压直流电（一般均在 300V 以上），再通过工频全桥逆变电路（T3、T4、T5、T6）实现逆变。采用该电路结构，使逆变电路功率密度大大提高，逆变器的空载损耗也相应降低，效率得到提高。该电路的缺点是电路复杂，可靠性比前述两种电路偏低。

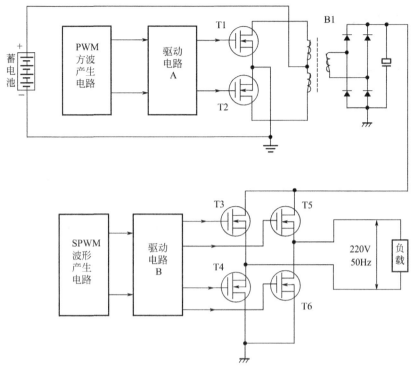

图 8.7　高频升压逆变电路原理图

（2）逆变器的控制电路

上述几种逆变器的主电路均需要由控制电路来实现，一般有方波和正弦波两种控制方式。方波输出的逆变器电路简单，成本低，但效率低，谐波成分大。正弦波输出是逆变器的发展趋势，随着微电子技术的发展，具有 PWM 功能的微处理器也已问世，因此正弦波输出的逆变技术已经成熟。

① 方波输出的逆变器控制集成电路　方波输出的逆变器目前多采用脉宽调制集成电路，如 SG3525、TL494 等。实践证明，采用 SG3525 集成电路，并采用功率场效应管作为开关功率器件，能实现性能价格比较高的逆变器，由于 SG3525 具有直接驱动功率场效应管的能力，并具有内部基准源和运算放大器和欠电压保护功能，因此其外围电路很简单。

② 正弦波输出的逆变器控制集成电路　正弦波输出的逆变器，其控制电路可采用微处理器控制，如 INTEL 公司生产的 80C196MC、摩托罗拉公司生产的 MP16 以及 Microchip 公司生产的 PIC16C73 等，这些单片机均具有多路 PWM 发生器，并设定上、下桥臂之间的死区时间。

（3）逆变器的功率器件

逆变器的主功率器件的选择至关重要，目前使用较多的功率器件有达林顿功率晶体管（GTR）、功率场效应管（MOSFET）、绝缘栅晶体管（IGBT）和可关断晶闸管（GTO）等。在小容量低压系统中使用较多的器件为 MOSFET，因为 MOSFET 具有较低的通态压降和较高的开关频率；在高压大容量系统中一般均采用 IGBT 模块，这是因为 MOSFET 随着电压的升高其通态电阻也随之增大，而 IGBT 在中容量系统中占有较大的优势；在特大容量（100kV·A 以上）系统中，一般均采用 GTO 作为功率器件。

8.4 逆变器的基本特性参数

8.4.1 逆变器常用的技术参数

描述逆变器性能的参量和技术条件有很多，这里仅就评价逆变器时常用的技术参数做以下说明。

(1) 直流输入电压

逆变器的输入直流电压波动范围为蓄电池组额定电压值的 $\pm15\%$。

(2) 额定输出电压

额定输出电压是指在规定的输入电源条件下，输出额定电流时，逆变器应输出的额定电压值。以中国国内为例，单相并网逆变器应在电压波动 $220V\pm10\%$ 的范围内正常工作；单相离网逆变器的电压波动范围应为 $220V\pm10\%$。对输出额定电压值的稳定精度有如下规定：

① 在稳态运行时，电压波动范围应有一个限定，例如，其偏差不超过额定值的 $\pm3\%$ 或 $\pm5\%$。

② 在负载突变（额定负载的 $0\rightarrow50\%\rightarrow100\%$）或有其他干扰因素影响的动态情况下，其输出电压偏差不应超过额定值的 $\pm8\%$ 或 $\pm10\%$。

(3) 输出电压稳定度

在离网可再生能源供电系统中，均以蓄电池为储能设备。当标称为 12V 的蓄电池处于浮充状态时，端电压可达 13.5V，短时间过充状态可达 15V。蓄电池带负载放电终了时端电压可降至 10.5V 或更低。一般来说，蓄电池端电压起伏可达标称电压的 30% 左右，这就要求逆变器必须具有较好的调压性能，才能保证发电系统以稳定的交流电压供电。

输出电压稳定度表征逆变器输出电压的稳压能力。多数逆变器产品给出的是输入直流电压在允许波动范围内该逆变器输出电压的偏差百分数，通常称为电压调整率。高性能的逆变器应同时给出当负载由 $0\rightarrow100\%$ 变化时，该逆变器输出电压的偏差百分数，通常称为负载调整率。性能良好的逆变器的电压调整率应 $\leqslant\pm3\%$，负载调整率应 $\leqslant\pm6\%$。

(4) 额定输出电流

额定输出电流是指在规定的输出频率和负载功率因数下，逆变器应输出的额定电流值。

(5) 额定输出容量

逆变器的选用，首先要考虑具有足够的额定容量，以满足最大负载下设备对电功率的需求。额定输出容量表征逆变器向负载供电的能力。额定输出容量值高的逆变器可带更多的用电负载。但当逆变器的负载不是纯阻性时，也就是输出功率小于 1 时，逆变器的负载能力将小于所给出的额定输出容量值。

对以单一设备为负载的逆变器，其额定容量的选取较为简单，当用电设备为纯阻性负载或功率因数大于 0.9 时，选取逆变器的额定容量为用电设备容量的 1.1~1.15 倍即可。在逆变器以多个设备为负载时，逆变器容量的选取要考虑几个用电设备同时工作的可能性，专业术语称为"负载同时系数"。

(6) 输出电压的波形失真度

当逆变器输出电压为正弦波时，应规定允许的最大波形失真度（或谐波含量）。通常以输出电压的总波形失真度表示，其值不应超过 5%（单项输出指标允许 10%）。

(7) 额定输出频率

在规定条件下，固定频率逆变器的额定输出频率为50Hz，正常情况下，逆变器的频率波动范围为50Hz±1%。

(8) 最大谐波含量

对于正弦波逆变器，在阻性负载下，其输出电压的最大谐波含量应≤10%。

(9) 过载能力

过载能力是指在规定条件下、较短时间内逆变器输出超过额定电流值而不会损坏的能力。逆变器的过载能力应在规定的负载功率因数下，满足一定的要求，比如输入电压与输出功率为额定值的125%时，逆变器应连续可靠工作1min以上；输入电压与输出功率为额定值的150%时，逆变器应连续可靠工作10s以上。过载能力越强，逆变器越可靠，但可能价格较贵。

(10) 逆变器输出效率

效率是指在额定输出电压、输出电流和规定的负载功率因数下，逆变器输出有功功率与输入有功功率（或直流功率）之比。逆变器的效率值表征自身功率损耗的大小，通常以百分数表示。容量较大的逆变器还应给出满负载效率值和低负载效率值。逆变器效率的高低对离网型可再生能源供电系统提高有效发电量和降低发电成本有着重要的影响。

(11) 负载功率因数

该因数用于表征逆变器带感性负载或容性负载的能力。在正弦波条件下，负载功率因数为0.7~0.9（滞后），额定值为0.9。

(12) 负载的非对称性

在10%的非对称负载下，固定频率的三相逆变器输出电压的非对称性≤10%。

(13) 输出电压的不对称度

在正常工作条件下，各相负载对称时，逆变器输出电压的不对称度≤5%。

(14) 启动特性

该参数表征逆变器带负载启动的能力和动态工作时的性能。逆变器应保证在额定负载下可靠启动。高性能的逆变器可做到连续多次满负载启动而不损坏功率器件（在正常工作条件下，逆变器在满载负载和空载运行条件下，应能连续5次正常启动）。小型逆变器为了自身安全，有时采用软启动或限流启动。

(15) 保护功能

逆变器应设置短路保护、过电流保护、过电压保护、欠电保护及缺项保护等保护装置。可再生能源供电系统在正常运行过程中，因负载故障、人员误操作及外界干扰等原因而引起供电系统过流或短路，是完全可能发生的。逆变器对外电路的过电流及短路现象最为敏感，是可再生能源发电系统中的薄弱环节。因此，在选用逆变器时，必须要求具有良好的对过电流及短路的自我保护功能。

(16) 干扰与抗干扰

逆变器不应对周围的其他设备产生干扰，同时逆变器应能承受一般环境下的电磁干扰。逆变器的抗干扰性能和电磁兼容性应符合有关标准的规定。

(17) 噪声

当输入电压为额定值时，距离设备水平位置1m处，户内型的噪声值应≤65dB。

（18）显示

逆变器应设有交流输出电压、输出电流和输出频率等参数的数据显示，并有输入带电、通电和故障状态的信号显示。

（19）使用环境条件

逆变器正常使用的环境条件为海拔高度不超过 1000m，空气温度范围为 0～40℃。

8.4.2 并网型可再生能源供电系统对逆变器的技术要求

除了上述基本要求和功能外，并网逆变器还需要监控电网电压、相位，需要有孤岛、低压穿越、过/欠压、过/欠频等功能。并网逆变器要能追踪电网的变化并做出反应。

孤岛效应（islanding effect）是指电网突然失压时，并网光伏发电系统仍保持对电网中的邻近部分线路供电状态的一种效应。

低电压穿越（low voltage ride through，LVRT），指在风力发电机并网点电压跌落的时候，风机能够保持并网，甚至向电网提供一定的无功功率，支持电网恢复，直到电网恢复正常，从而"穿越"这个低电压时间（区域）。

8.4.3 离网型可再生能源供电系统对逆变器的技术要求

离网型可再生能源供电系统对逆变器的技术要求如下：

① 具有较高的逆变效率　由于目前可再生能源发电的成本还较高，为了最大限度地利用可再生能源，提高系统效率，必须设法提高逆变器的效率。

② 具有较高的可靠性　离网型可再生能源供电系统主要用于偏远地区，许多电站无人值守和维护，这就要求逆变器具有合理的电路结构、严格的元器件筛选程序，并要求逆变器具备各种保护功能，如输入直流极性接反保护，交流输出短路保护，过热、过载保护等。

③ 直流输入电压有较宽的适应范围　由于可再生能源供电现有设备的输入电压变化范围较大，蓄电池虽然对太阳能电池的电压具有钳位作用，但由于蓄电池的电压随蓄电池剩余容量和内阻的变化而波动，特别是当蓄电池老化时其端电压的变化范围很大，如 12V 蓄电池，其端电压可在 10～16V 之间变化，这就要求逆变器必须在较大的直流输入电压范围内保证能正常工作，并保证交流输出电压的稳定。

④ 在中、大容量的可再生能源供电系统中，逆变器的输出应为失真度较小的正弦波这是由于在中、大容量的系统中，若采用方波供电，则输出将含有较多的谐波分量，高次谐波将产生附加损耗，许多可再生能源供电系统的负载为通信或仪表设备，这些设备对供电品质有较高的要求。

8.5　逆变器的选择与使用

8.5.1　选择逆变器的功率

逆变器主要用来驱动系统的负载，负载分阻性负载和感性负载两类。当统计系统中的负载时，应分别统计阻性负载和感性负载；然后，按阻性负载乘以 1.5～2 倍，感性负载乘以 5～7 倍后得到所需逆变器的总功率。一般情况下，逆变器不应该工作在满负载状态，所以还应留有一定的余地。计算公式如下：

$$P = \sum_{i=1}^{n} (W_i N_i) \times (1.5 \sim 2) + \sum_{k=1}^{l} (W_k M_k) \times (5 \sim 7) \tag{8.1}$$

式中，W_i 为不同的阻性负载功率；N_i 为该类阻性负载的数量，总共为 $1 \sim n$ 类；W_k 为不同的感性负载功率；M_k 为该类阻性负载的数量，总共为 $1 \sim l$ 类。

举例：某可再生能源供电的独立系统的负载如表 8.1 所示。其中节能灯有 50 个，每个 11W；电视机有 25 台，每台功率 100W；冰箱 8 台，每台功率 150W；等等。洗衣机和冰箱被认为是感性负载，其余的都认为是阻性负载，阻性负载的功率为 5.718kW，感性负载为 3.2kW。3.2kW 的感性负载由 8 台洗衣机和 8 台冰箱构成。8 台洗衣机同时启动的概率很低，8 台冰箱同时启动的概率也不高。因此考虑 2 台同时启动的概率，即洗衣机和冰箱的负载容量为：

（200W×2＋150W×2）×6＋（200W×6＋150W×6）×1.5＝700W×6＋2100W×1.5＝7.35kW；

据此计算逆变器的功率：

（5.718kW×1.5＋7.35kW）/0.8＝15.927kW/0.8＝19.9kW≈20kW。

表 8.1　某可再生能源供电的独立系统的负载表

P 负载	Q 类型	R 数量	S 单件功率/W	T 每天使用小时/h	总功率/kW	V 耦合因子/%	U 每天需用电量(AC)/kW·h	U1 负荷增长率/%	W 设计日用电量(AC)/kW·h	W 如是感性负载设为 1
1	节能灯	50	11	8	0.55	100	4.4	0	4.62	1
2	电视机	25	100	6	2.5	100	15.0	0	15.75	
3	收音机	30	24	10	0.72	100	7.2	0	7.56	
4	DVD 机	25	20	6	0.5	100	3.0	0	3.15	
5	洗衣机	8	250	1	2	100	2.0	0	2.10	
6	电扇	12	54	10	0.648	100	6.5	0	6.80	
7	冰箱	8	150	12	1.2	100	14.4	0	15.12	
8	电脑	3	100	16	0.3	100	4.8	0	5.04	
9	其他	1	500	8	0.5	100	4.0	0	4.20	
10					0	100	0.0	0	0.00	
11					0	100	0.0	0	0.00	
12					0	100	0.0	0	0.00	
13					0	100	0.0	0	0.00	
14					0	100	0.0	0	0.00	
15					0	100	0.0	0	0.00	
	总交流负载功率	kW			8.918		61.3	kW·h	64.3	

在选择逆变器功率时，要特别注意产品功率单位的标注。是 kV·A 还是 kW。

kV·A：千伏安，是"视在功率"的单位，习惯上用于表达变压器及 UPS 的"容量"，可以用字母"S"表示；

kW：千瓦，是"有功功率"的单位，习惯上用于表达电气设备的"功率"，可以用字母"P"表示，两者是不一样的。

视在功率（S）又包括有功功率（P）和无功功率（Q）。

（1）视在功率

在具有阻抗的交流电路中，电压有效值与电流有效值的乘积即为"视在功率"，它不是实际做功的平均值，也不是交换能量的最大速率，只是在电机或电气设备设计计算较简便的方法，关系如下：视在功率的平方＝有功功率的平方＋无功功率的平方，所以，视在功率、有功功率和无功功率三者是三角函数关系，即：

$$S^2 = P^2 + Q^2 \qquad (8.2)$$

（2）有功功率

它是指一个周期内发出或负载消耗的瞬时功率的积分的平均值（或负载电阻所消耗的功率），这些电能转化为其他形式的能量（热能、光能、机械能、化学能等），又叫作平均功率。交流电的瞬时功率不是一个恒定值，功率在一个周期内的平均值叫作有功功率，它是指在电路中电阻部分所消耗的功率，单位瓦特。

（3）无功功率

"无功"并不是"无用"的功率，只不过它的功率并不转化为其他形式的能量（热能、光能、机械能、化学能等）。

（4）功率因数

在功率三角形中，功率因数＝有功功率（P）/视在功率（S），即：

$$\cos\varphi = P/S = P/\sqrt{P^2 + Q^2} \qquad (8.3)$$

当功率因数等于1时，无功功率等于零，视在功率等于有功功率，当然这是最理想的状态。但实际情况是，功率因数都小于1，一般在 0.7～0.9，有时候会更低，因此，在选择逆变器的时候也要重点关注功率因数这个参数。

8.5.2　考虑系统中的感性负载

先要明确什么是感性负载，简单地说，感性负载就是应用电磁感应原理制作的功率大小不一的电器产品，如压缩机、电动机、水泵等。

感性负载在启动时需要一个比维持自身正常工作所需电流大得多的启动电流，一般来说，启动电流为额定电流的 5～7 倍。例如，一台在正常运转时耗电 200W 左右的水泵，其启动功率可高达 1000W 以上。所以在选择逆变器时，要选相对容量大的。很多逆变器不能带动冰箱的原因就是如此。

此外，由于感性负载在接通电源或者断开电源的一瞬间会产生反电动势电压，这种电压的峰值远远大于逆变器所能承受的电压值，很容易引起逆变器的瞬时超载，从而影响逆变器的使用寿命。因此，这类电器对逆变器的过载保护能力要求也较高。

8.5.3　选择逆变器的类型

逆变器的性能好坏对发电系统影响非常大。低性能的逆变器如方波逆变器、准正弦波逆变器，它们的实际效率只有 60%～70%，低负载（10% 额定功率）时只有 35%～45%。高性能逆变器如正弦波逆变器，它们的效率有 95%，低负载时效率达到 85%。

当然好的逆变器价格相对要贵一些，系统设计者要在性能和资金投入方面做好平衡。

8.5.4　考虑系统内逆变器的配置

一旦系统中逆变器的容量决定了，比如 10kW，就可以选择 1 台 10kW 逆变器来满足系统的需要，也可以选择 2 台或者 2 台以上的逆变器来组合成需要的功率，比如 2 台 5kW 的逆变器。逆变器可以并联使用，但是必须是同一厂家、同一型号、可并联的逆变器才可以并联使用。因为逆变器的并联不同于直流电源的并联，逆变电源输出的是时变、交变的正弦波，这就对可并联逆变器有了更高的要求：

① 各逆变器之间及与系统之间的频率、相位、幅值必须达到一致或小于容许误差时才能投入，否则可能给电网造成强烈冲击或输出失真，且并联工作过程中，各逆变器也必须保持输出一致，否则频率微弱差异的积累将造成并联系统输出幅度的周期性变化和波形畸变；相位不同使输出幅度不稳。

② 功率的分配包括有功功率和无功功率的平均分配，即均流包括有功均流和无功均流。直流电源的均流技术不能直接采用。

③ 故障保护。除逆变器单机内部有完善的故障保护措施外，当均流或同步异常时，还要有将相应故障逆变器模块切除的措施，必要时还要实现不中断转换。

8.5.5　考虑海拔高度的影响

高海拔对电气设备的主要影响是绝缘和温升两方面。对不同的电气设备，影响的侧重点不同。

（1）高压开关设备

海拔升高，气压降低，空气的绝缘强度减弱，使电器外绝缘能力降低而对内绝缘影响很小。由于设备的出厂试验是在正常海拔地点进行的，因此，根据 IEC 出版物 694，对于开关设备以其额定工频耐压值和额定脉冲耐压值来鉴定绝缘能力，对于使用地点超过 1000m 以上时，应做适当的校正。

随着海拔的升高，空气密度降低，散热条件变差，会使高压电器在运行中温升增加，但空气温度随海拔高度的增加而逐渐降低，基本可以补偿由于海拔升高对电器温升的影响。

但对于阀式避雷器来说，情况就较为复杂。由于避雷器自身并不密封，其阀片的间距不可调，因此其火花间隙的放电电压易受空气密度的影响，所以应向设备厂商注明海拔高度，或使用高压型阀式避雷器。

（2）低压电气设备

① 温度：现有一般低压电器产品，使用于高原地区时，其动、静触头和导电体以及线圈等部分的温度随海拔高度的增加而递增。其温升递增率为海拔每升高 100m，温升增加 0.1～0.5K，但大多数产品均小于 0.4K。而高原地区气温随海拔高度的增加而降低，其递减率为海拔每升高 100m，气温降低足够补偿由海拔升高对电器温升的影响。因此，低压电器的额定电流值可以保持不变，对于连续工作的大发热量电器，可适当降低电源等级使用。

② 绝缘耐压：普通型低压电器在海拔 2500m 时仍有 60％的耐压裕度，且对国产常用继电器与转换开关等的试验表明，在海拔 4000m 及以下地区，均可在其额定电压下正常运行。

③ 动作特性：海拔升高时，双金属片热继电器和熔断器的动作特性有少许变化，但在海拔 4000m 下时，均在其技术条件规定的特性曲线"带"范围内，RTO 等国产常用熔断器

的熔化特性最大偏差均在容许偏差的 50% 以内。而国产常用热继电器的动作稳定性较好，其动作时间随海拔升高有显著缩短，根据不同的型号，分别为正常动作时间或正常动作时间的 40%～73%。也可在现场调节电流整定值，使其动作特性满足要求。低压熔断器非线性环境温度对时间-电流特性曲线研究表明，熔体的载流能力在同样的较小的过载电流倍数情况下（即轻过载），熔断时间随环境温度的减小而增加，在 20℃ 以下时，变化的程度则更大；而在同样的较大的过载电流倍数情况下（即短路保护时），熔断时间随环境温度的变化可不作考虑。因此，在高原地区使用熔断器开关作为配电线路的过载与短路保护时，其上下级之间的选择性应特别加以考虑。在采用低压断路器时，应留有一定的断路与工作裕量。由此可见，熔断器在高原的使用环境下，其可靠性和保护特性更为理想。

海拔高度对电器的温升、绝缘强度和分断能力都有影响。因为海拔升高，空气稀薄，既使电器的散热条件变差，又给电弧的熄灭带来了困难。据试验，海拔每升高 100m，温升要增大 0.1～0.5℃，而气温则降低 0.5℃，所以海拔高度对温升的影响很小，可以不考虑。至于绝缘强度和分断能力则不然，一般海拔每升高 100m，电气间隙和漏电距离的击穿强度将降低 0.5%～1%。因此，将电器用于海拔高度超过 2000m 的地区时，应增强电器的绝缘强度，并且降低对分断能力的要求。

另外，高海拔会引起空气介电常数的变化，从而引起电路分布参数变化，高频电路性能可能发生明显劣化。

逆变器是上述所述的电气设备的一种，以上这些高海拔对电气设备的影响同样会作用于逆变器，高海拔对逆变器的主要影响表现为：

① 海拔高了后，容易放电，因此绝缘等级要升高；

② 由于空气稀薄，空气对需冷却的部件的散热效率降低，因此要降低功率使用，这需要根据具体的海拔和散热条件进行计算。

8.5.6 选择逆变器的一般步骤

① 根据对全部负载的分析确定额定输出容量　额定输出容量值越高的逆变器可带越多的用电负载。但是过大的逆变器容量会导致投资增加，造成浪费。

② 输出电压稳定度　输出电压的稳定度直接影响供电品质。廉价的逆变器往往输出波形失真，电网稳定度差，严重的会导致用电器无法正常工作。

③ 整机效率　逆变器整机效率为另一个重要指标。整机效率低说明逆变器自身功率损耗大。逆变器效率的高低对风力发电系统提高有效发电量和降低发电成本有重要影响。市面上有一些汽车用逆变器，它可以插在点烟器上，产生 220V 交流电，供车上乘员使用交流设备（车载电视机、DVD 机）等。这类逆变器非常便宜，但是效率很低，用在汽车上问题不大，但用在可再生能源独立电站上，能源的损失就太大了，尤其对于那些原本装机容量不足的可再生能源电站。

④ 必要的保护功能　过电压、过电流及短路保护是保证逆变器安全运行的最基本措施。功能完美的正弦波逆变器还具有欠电压保护、缺相保护及温度越限报警等功能。

⑤ 启动性能　逆变器应保证在额定负载下可靠启动。高性能的逆变器可做到连续多次满负载启动而不损坏功率器件。

在选用离网型风力发电机组系统用的逆变器时，除依据上述 5 项基本评价内容外，还应注意以下几点：

① 应具有一定的过载能力　过载能力一般用允许过载的能力（％）和允许过载的时间来描述。在相同额定功率下，允许过载的能力（％）越大，允许过载的时间越长，逆变器就越好，但是价格可能也越贵。

② 应具有较宽的输入电压范围　逆变器的输入为蓄电池的直流电，处于储能状态的蓄电池组的电压会在额定电压的一定范围内上下波动。较宽的输入允许范围对系统的输出供电有利，但也可能造成蓄电池组的过放，应适当选择。

③ 在各种负载下具有高效率或较高效率　整机效率是描述逆变器的一个指标，整机效率高一般是指逆变器在最佳负载的情况。实际上，逆变器的负载不可能一直是最佳的，负载可大可小。应该了解该逆变器在不同负载条件下的效率，选择负载不同的情况下效率都相对较高的逆变器。

④ 应具有良好的过电流保护与短路保护功能　这些保护功能是最基本的、必需的。不然，不是损坏用电设备就是损坏逆变器。

⑤ 维护方便　高质量的逆变器在运行若干年后，因元器件失效而出现故障，应属于正常现象。除生产厂家需有良好的售后服务系统外，还要求生产厂家在逆变器生产工艺、结构及元器件选型方面具有良好的可维护性。例如，损坏元器件有充足的备件或容易买到，元器件的互换性好；在工艺结构上，元器件容易拆装，更换方便。这样，即使逆变器出现故障，也可迅速恢复正常。

⑥ 确定并选择逆变器的输出　还应计算确认用电器功率，确定其峰值功率，输入的电压、电流、频率等。

峰值功率即指当开启设备的瞬间，用电器要开起来所用的功率。峰值功率是不同于额定功率的。一般来说，电阻性负载如灯泡是不存在峰值问题的，但对感性、容性的电器来说，一般存在 3～5 倍的峰值，因此，我们买逆变器就要注意，大多数逆变器都是双倍峰值的。如电视机，标称额定功率 75W，但峰值是 5 倍，那峰值就是 350W，这样你用 100W 的逆变器是开不起来的，因为 100W 的逆变器只有 200W 的峰值；如果我们选用 300W 的逆变器，它有 600W 的峰值，就可能开起来了。

⑦ 逆变器功率选择推荐参数

a.如果是阻性负载，逆变器功率＝实际负载功率×倍数（1.5～2 倍）；

b.如果是感性负载，逆变器功率＝实际负载功率×倍数（5～7 倍）；

c.如果是容性负载，逆变器功率＝实际负载功率×倍数（3 倍）。

并网逆变器除了上述的各项考虑外，还要考虑逆变器是否具有监控电网电压和相位，是否有孤岛、低压穿越、过/欠压、过/欠频等功能。

8.5.7　控制逆变一体机

有些生产企业把风能/太阳能的充电控制器和逆变器集成在一个控制机壳内，成为控制逆变一体机，这类控制逆变一体机有优点也有缺点。

① 优点：设备占用空间小，控制逆变一体机无须摆放多台设备，功能集成度较高，操作简便、容易掌握，更加经济实用。一体机的成本低于购买多台单功能设备的总和，性价比非常高。现场安装时可省去多条连线，节省操作时间，提高工作效率，尤其适合偏远、交通不便的无电地区单户型使用。

② 缺点：由于控制逆变一体机集成度高，内部空间较小，散热性能较单台设备差，对

电器元件的稳定性要求更高；控制、逆变都在一个空间内，某一部分出现故障时，可能影响到其他部分，故障的检修排除较烦琐；扩容升级成本浪费较大，尤其对于用电要求较高的客户很难满足。控制逆变一体机性能固定服务于某种特定风力发电电源，由于市场上的风力发电产品各具特点，一种控制方式是不可能满足所有风机的，一方面，配制不当将直接导致电源系统瘫痪，即使它勉强可以使用，可靠性和效率也很难保持在最佳使用范围内；另一方面，不同系统的负载可能是不一样的，一体机的逆变部分的功率是无法改变的，有可能造成逆变功率不足或浪费。

8.5.8　UPS 与逆变器

所谓 UPS，即不间断电源系统，就是当停电时能够接替市电持续供应电力的设备，它的动力来自电池组，由于电子元器件反应速度快，停电的瞬间在 $4\sim8ms$ 内或无中断情况下继续供应电力。

UPS 已从 20 世纪 60 年代的旋转发电机发展至今天的具有智能化程度的静止式全电子化电路，并且还在继续发展。目前，UPS 一般均指静止式 UPS，按其工作方式分类可分为后备式 UPS、在线互动式 UPS 及在线式 UPS 三大类。

(1) 后备式 UPS

在市电正常时直接由市电向负载供电，当市电超出其工作范围或停电时，通过转换开关转为电池逆变供电。其特点是：结构简单，体积小，成本低；但其输入电压范围窄，输出电压稳定精度差，有切换时间，且输出波形一般为方波。

(2) 在线互动式 UPS

在市电正常时直接由市电向负载供电；当市电偏低或偏高时，通过 UPS 内部稳压线路稳压后输出；当市电异常或停电时，通过转换开关转为电池逆变供电。其特点是：有较宽的输入电压范围、噪声低、体积小等。但是，设备切换工作时存在切换时间问题。

(3) 在线式 UPS

在市电正常时，由市电进行整流，提供直流电压给逆变器工作，由逆变器向负载提供交流电；在市电异常时，逆变器由电池提供能量，逆变器始终处于工作状态，保证无间断输出。其特点是：有极宽的输入电压范围，无切换时间且输出电压稳定、精度高，特别适合对电源要求较高的场合，但是成本较高。目前，功率大于 $3kV\cdot A$ 的 UPS 几乎都是在线式 UPS。

UPS 是一种不间断供电装置，其原理是蓄电池＋逆变器，市电经逆变器转换为直流电，直流电向蓄电池充电；如果市电断电，马上转换为蓄电池，经逆变器转换为交流电，可供电器直接使用。UPS 还是稳压装置，可使不稳定的市电保持在固定的电压，这对电器的正常使用很有好处。但是通常，UPS 配的蓄电池组不是太大，可维持的供电时间较短。

逆变电源和 UPS 供电系统在功能和原理上大致相同，它们都能实现以下两方面的功能：a. 提供一种能够调节电压变化、消除各种电气干扰、高质量电源供应的途径；b. 在交流市电出现故障时，能够保证必要的后备供电能力。二者最大的区别就是 UPS 通常已经配备了蓄电池组，成为一个整体产品，后备时间较短，而逆变电源只是一个单纯的变换器，直接利用供电系统中的储能单元，其容量较大，可以长时间地保证供电的不间断，以及实现离网可再生能源独立供电系统中的特有功能。

第9章

支撑结构和地基

9.1 支撑结构及其分类

在 IEC 国际标准中，塔架被称为"支撑结构"（support structure），支撑结构承载着风力发电机的负载。在实际应用中，"支撑结构"主要是指各种塔架和地基。

9.1.1 塔架

风力发电系统中的塔架一方面要支撑风力发电机组的重量，另一方面还要承受吹向风力发电机和塔架的风压，以及风力发电机工作过程中的动载荷。它的刚度和风力发电机的振动有密切关系，塔架对风力发电机的重要影响绝对不容忽视。

众所周知，风速随高度而变化。塔架越高，塔顶处的风力越大。但另一方面，塔架高了，塔架的成本也相应增高，所以要权衡利弊。对小型的户用系统，风力发电机的功率相对较小，为便于系统的保养和运输，塔架一般为 6~10m；对于较大的系统，选用的风力发电机功率相对大一些，塔架至少 18m 高；针对风资源非常好的区域如南极，常年暴风雪气候，拥有非常好的风资源，且地势平坦，塔架可以相应降低。

水平轴风力发电机的塔架本身主要分管柱式和桁架式两类。管柱式塔架可从最简单的木杆，一直到大型钢管和混凝土管柱。小型风力发电机塔架为了增加抗弯矩的能力，可以用拉索来加强。一般圆柱形塔架对风的阻力较小，特别是对于下风向风力发电机，产生紊流的影响要比桁架式塔架小。桁架式塔架常用于中、小型风力发电机，其优点是造价不高，运输、搬运方便，但是这种塔架会对下风向风力发电机产生很大的紊流。

9.1.2 塔架基本分类与特点

常用于中小型风力发电机的塔架形式有 3 种：拉索式（单柱拉索式塔架、桁架拉索式塔架）、斜倾式、单柱式（包括桁架单柱塔架）。

（1）拉索式

拉索式塔架（见图 9.1）是最经济的塔架。它能最有效地使用材料，对安装地点的要求也比较灵活，对于较小的系统（<10kW），很容易用专用的塔架安装工具（如起重杆等）对分段的塔架组件进行现场安装。拉索式塔架对地基的要求简单、经济，需要的水泥最少。

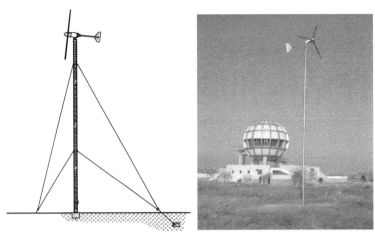

图 9.1　拉索式塔架

拉索式塔架所用塔架结构，有桁架式，也有单柱式，可以分别称之为桁架拉索式塔架和单柱拉索式塔架。单柱拉索式塔架造价相对高一些。

拉索式塔架的优缺点是：

① 优点：用料少，重量轻，安装简单方便；如有需要，用轻型起重设备即可，适合大多数场合安装。

② 缺点：塔架结构制作相对复杂一些，占地较大，多用于小型风力发电机。

塔架安装完以后应定期检查塔架拉索的张力。

(2) 斜倾式

斜倾式塔架是拉索式塔架的一种型式，塔底部是简单的铰链结构，整个塔架可以围绕塔架底部中心在一个平面内旋转，竖立塔架的过程中塔架的状态是：水平（与地面夹角很小）—斜倾（与地面夹角逐渐加大）—塔架竖直，故叫作斜倾式塔架，如图 9.2 所示。

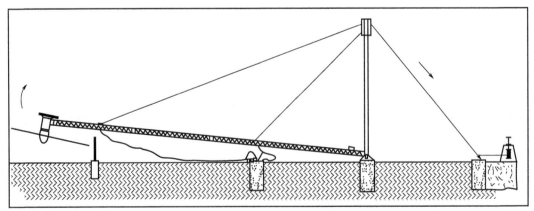

图 9.2　斜倾式塔架

斜倾式塔架不仅具备普通拉索式塔架的优点，还有其自身的特点：

① 竖立塔架简单，由于斜倾式塔架自身结构的特点，塔架的竖立用简单的杠杆原理、

滑轮组加上绞磨或者绞车和其他少量辅助工具，在短时间内就可以将塔架竖起；同样，放倒塔架也很简单；如果有轻型汽车，如皮卡（pickup），可以用皮卡来牵引起降，非常方便。

② 维修方便，因为斜倾式塔架竖立和放倒都简单易行，当风力发电机出现故障时可以及时放倒塔架进行维修，这对偏远地区缺乏起重设备的项目点特别有意义；另外，在沿海或海岛地区使用时，在台风来临之前可以放倒塔架，保证风力发电机和系统的安全，减少不必要的损失。

③ 施工安全系数较高，可以在地面上将风力发电机和塔架组装在一起，再将塔架和风力发电机一同竖起，施工人员没有高空作业，在正确的操作下，施工安全系数较高。

因为斜倾式塔架有这些特点，斜倾式塔架可以在绝大多数环境中安装使用，如高山、沙漠、高寒等环境极其恶劣的地区。图 9.3 是应用在中国南极考察站中山站的斜倾式塔架；图 9.4 是中国甘肃的嘉蒙铁路的斜倾式塔架，为 10kW 风力发电机组。

图 9.3　中国南极考察站中山站斜倾式塔架

图 9.4　甘肃嘉蒙铁路斜倾式塔架

斜倾式塔架起吊方便，不需起重机，用手动葫芦（绞车）就能起吊；斜倾式塔架必须有 4 根拉索（见图 9.5）。它对地基制作的要求较高，尤其是在起落方向，左右两侧的地基的高度必须一致。对台风多发地区，斜倾式塔架是较好的选择。但是斜倾式塔架的造价比拉索式塔架高 30％左右。

图 9.5　斜倾式塔架

斜倾式塔架与拉索式塔架的主要区别是：安装斜倾式塔架时，需要先将各节塔架组装成一根塔架，并将风力发电机固定在顶塔后，利用配套的起重杆、绞车设备，同时将以上设备吊起；而拉索式塔架不需要起重杆等配套设备，安装塔架时，吊装一节固定后，再吊装另一节，从下而上，最后完成顶塔和风力发电机的固定及吊装。

斜倾式塔架的主要优缺点是：

① 优点：在具备单柱式优点的同时，还有其自身的优点，塔架整体受风压面积相对较小，可以现场组装，运输不需大型车辆；

② 缺点：塔架自身零部件很多，每个零部件都需要现场组装，竖立塔架需要的时间较长等。造价比单柱塔塔架低但比拉索塔塔架高。

(3) 单柱式

不同于拉索式塔架，单柱式塔架没有拉索，具有美观、占地少的特点，往往在城市景观以及海岛等受到安装面积限制而不便于使用拉索式的地区中应用较多。

单柱式塔架的优缺点如下：

① 优点：占地少，塔架结构简单，有很好的视觉效果，多适用于景观项目，家庭用户；因单柱式承载能力较大，大型风力发电机都采用单柱塔。

② 缺点：塔架整体笨重，运输需要大型车辆，竖塔及安装风力发电机组时需要大型起重设备。某厂商生产的 10kW 小型风力发电机组，风力发电机重 500kg，18m 塔架重 3290kg，两者加起来 3790kg，需要很大的起重吊车才能吊起。另外，特别要注意的是，当小型风力发电机组应用在偏远地区/山区时，寻找大型起重设备是不现实的。即使在项目初始安装时能找到大型起重设备，以后在维护保养时也是一个大问题，一方面是能否找到大型起重设备，另一方面还有经济上的花费。

单柱式塔架可以是钢管式的，也可以是桁架式的，如图 9.6 所示。单柱式塔架自身必须非常坚固，以保证足够的强度，而且需要非常坚固的水泥地基，单柱式塔架造价比拉索式塔架高约 1 倍多。近年来，有些企业为了解决常规塔架安装不方便、维护成本高的问题，研发了液压升降式单柱塔架，如图 9.7 所示。

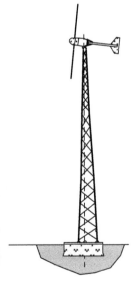

图 9.6　单柱式塔架

图 9.7　液压升降式单柱塔架

（注：照片由浙江华鹰风电设备有限公司提供）

这种塔架有两个优点：a. 安装简单，操作方便。只要轻轻扳动旋转柄，塔架就能实现自动升起或降落，无须像拉索式塔架那样多人共同操作，也无须动用大型起重设备，一个人就能实现操作全过程。b. 这种结构的塔架给风力发电机的维护提供了极大的方便。风力发电机维护保养的好坏直接影响到系统的运行和发电量，进而影响到系统的经济效益，而单柱式塔架虽然比较美观，但是维护保养塔上的风力发电机是一个极其犯愁的事情，要不动用起重设备放下塔架，要不就得爬到塔顶去工作。放下塔架费时费力，而登上塔顶维护保养不仅强度极大，而且有些维护保养是无法在塔上完成的。使用液压升降式单柱塔架就能免去这一系列的麻烦，可以随时随地地进行检修，减少故障的发生，提高风力发电机的工作效率和使用寿命，使用户尽早收回投资，带来更多的经济效益。

9.1.3　塔架材料

深度热镀锌钢材是目前最广泛采用的塔架材料，具有很好的防腐特性；也有采用喷塑钢材的塔架，更美观一些，但是造价比热镀锌的要高一些。

对于沿海和海岛，由于腐蚀性强，可以采用不锈钢塔架，但是其造价很高。

对于一些微型风力发电机，为降低成本，也有因地制宜用木杆做塔架（见图 9.8）的。

9.1.4　塔架的高度

塔架的高度不仅影响系统的发电量，甚至过低塔架会造成风力发电机的损坏。但是塔架的高度往往被很多人从降低系统造价出发而忽略。

气流（风）由于受到地面各种障碍物和地表不平整的影响，在接近地面时的运动受到阻碍，流速变慢，气流不稳定并产生湍流，如图 9.9(a) 所示，对风力发电机的工作极为不利。如果障碍物的高度为 H，则受这一障碍物影响的气流高度至少 $2H$，而且在它前面（迎风面）的影响范围为 $2H$，在它后面的影响范围

图 9.8　木杆塔架

要延伸到 $20H$ 之外。举例说，如果图中的房屋（或树木）高 5m，则屋前 10m，屋上离地 10m，屋后 100m 的范围内都存在湍流，属于气流不稳定区域，要避免把风力发电机安装在这个范围内。有很多资料都引用图 9.9(b) 这张图来说明障碍物引起的湍流影响范围，但实

践表明，它的影响范围如 9.9(a) 所示，是不对称的弧形区域。

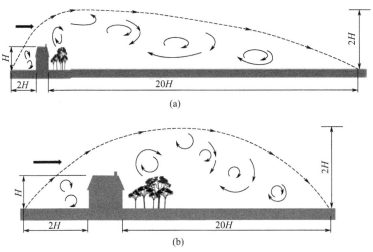
(a)

(b)

图 9.9　障碍物引起的湍流影响范围❶

另一方面，根据风切变理论，风速随着离地面的高度呈指数变化，离地面越高，风速越快，因此离地面越高，风速越大。所以塔架高些有益，它有利于风力发电机的工作，发电量也可以相应增加。但是塔架越高，塔架上的投入越多，这是一对矛盾。要从整个寿命期来平衡较高的塔架和系统的经济效益。

举例说明：假设当地 10m 高年平均风速 5m/s，风切变系数 0.143。一个 10kW 的小型风力发电系统，风力发电机的功率曲线如图 9.10 所示。选择的塔架高度分别为 18m 和 24m，塔架生产成本 3000 元/(6 米·节)。（说明：如果塔架高度为 18m，严格说，风力发电机叶轮的中心应该是塔架高度加上风力发电机中心轴的中心到塔架顶端安装面的距离，其和应略高于 18m，但为简化分析起见，就假定中心高度为 18m 或者 24m。）

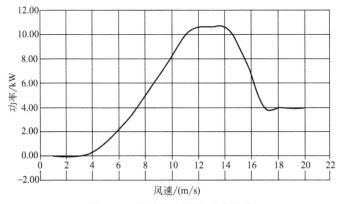

图 9.10　风力发电机的功率曲线

当地 10m 高度年平均风速 5m/s，根据风切变理论：$V_2 = V_1 (Z_2/Z_1)^\alpha$，则

$$V_2 = 5 \times (18/10)^{0.143}$$
$$= 5 \times 1.088 = 5.44 (\text{m/s})$$

❶　资料来源于 Mick Sagrillo，Sagrillo Power & Light，Forestville，WI54213。

这里，$\alpha = 0.143$。同理，24m 高度的风速为 5.667m/s。

在相同的功率曲线和相同的风速 Weibull 分布条件下，该风力发电机在 18m 的塔架上日发电 81.9kW·h，在 24m 的塔架上日发电 86.8kW·h。也就是说，如果塔架升高 6m，每日的发电量增加 4.9kW·h。如果这些电量都能被有效使用，则一年将多发 1788.5kW·h。如果每千瓦时电以 0.5 元收取电费，则每年多收入 894.25 元。6000 元增加塔架高度的费用可以在 3.35 年得到回收。如果电费的价格再高一些，则回收得更快。

当然这样的分析只是理想状态。在实际情况中，还有许多因素需要考虑，比如当地的风资源、风切变指数、多发的电是否都能被消耗并收取电费、电费按什么价格收取等等。但是，总体来看，较高的塔架有利于风力发电机的运行和产出。

9.1.5　塔架的选择与应用

(1) 塔架的选择原则

一旦决定了风力发电机，下一个选择就是塔架的类型和高度。为了达到最佳的发电量，发电机应该置于高塔上，以最大限度地提高风速和减少湍流，但还有其他因素会影响塔的选择。

① 经济学与美学　如前面所结束，有三种基本的塔架可供选择：拉索式塔架、斜倾式塔架和单柱式塔架。从美学角度，很多人喜欢单柱式塔架，但是单柱式塔架的地基是三种塔架中最大的，费用也是最贵的。

② 高度　前面的章节已经详细分析了塔架高度对风力发电机发电量的影响。应根据当地的风资源、安装位置周围的障碍物和系统对发电量的要求，并平衡系统的经济性，来选择合适的塔架高度。一般情况下，如果风力发电机安装位置周边的障碍物的高度为 H，且风力发电机安装在障碍物周围 $20H$ 的范围内，则风力发电机叶轮旋转的最低点应高于 2 倍的障碍物高度（$2H$）。

③ 建筑法规及地区对建筑物高度的规定　当地的建筑规范可能要求使用比预期更结实的塔架和更大的地基。而有些地区可能会限制塔的类型或塔高，比如航空方面对塔架高度的要求。

④ 工程　发电机在塔架及其基础上施加许多复杂的力。发电机越大，塔架和基础就要越牢固。发电机、塔架和基础作为一个系统起作用，需要设计来共同工作。大多数风力发电机制造商会提供或推荐合适塔架。应听从风力发电机制造商的建议，不盲目改变塔架或降低/升高塔架的高度。如果由于某种原因用户希望自己就地制作塔架，在开始实施前，必须向风力发电机制造商索取：a.塔架应满足的基本要求；b.风力发电机底座与塔架顶部的配合要求。下面是某一 10kW 风力发电机生产商提供给用户的塔架应满足或参考的基本要求：

塔架高度：18m、24m 或更高；

设计风速：54m/s；

风力发电机重量：545kg；

风力发电机扭矩：1090kg，风速大约等于 18m/s；

叶片间隙：塔架顶部 3.5m 的、不能超越塔架中心线半径为 0.46m 的范围；

塔架刚度：为保证折尾功能，塔架顶部的倾斜应不超过 2.0°，单柱式塔架在 22m/s 的风速条件下倾斜不超过塔架高度的 1%，在 54m/s 的风速下变形不超过塔架高度的 2.5%，过于柔软的塔架会导致振动和/或疲劳问题，塔架和基础设计要经过土木工程师的批准；

叶片频率：钕铁硼磁钢 10kW 发电机，不旋转时的第一拍 2.703Hz，转子直径 6.96m；

风力发电机安装：罗列详细的安装和配合要求，并附上配合安装图纸。塔架与风力发电机的配合要求如图 9.11 所示。

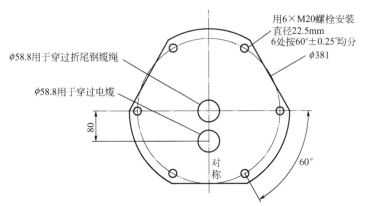

图 9.11　塔架与风力发电机的配合要求

⑤ 土质条件　当地土壤类型会影响基础设计和可能限制塔架的选项。软土或基岩往往需要比大多数地基更坚固的地基。不平坦的地形也是影响地基的一个重要因素。

对于大型和中型风力发电机的地基，请专业机构对土壤分析是必须的。对于小型风力发电机的地基，由于经济因素的考虑，一般不聘请专业机构对土壤进行分析，但是，安装施工单位需要事先对当地的土质有所了解。

常见土壤类型如表 9.1 所示。

表 9.1　常见土壤类型

编号	常见土壤类型描述	地质土壤分类
0	类似硬石，未风化的	花岗岩，玄武岩，巨大的石灰岩
1	非常稠密和/或胶结的砂，粗砾和鹅卵石	钙质层(硝酸盐砾石/岩石)
2	密集的细砂，非常硬的淤泥和黏土(可能是有预应力的)	泥砾，钙质层，岩石风化层石
3	密实的黏土、砂和砾石，坚硬的淤泥和黏土	冰碛物，风化页岩、片岩、片麻岩、砂岩
4	中等密度的砂砾石，很硬到非常硬的淤泥和黏土	冰碛物，黏土层，泥灰土
5	中等密度砂和砂质砾石，很硬到非常硬的淤泥和黏土	腐泥土，残留砂浆
6	松散到中等密度的细砂至粗砂，坚硬的黏土和淤泥	密集的液压填补，压实填满，残留的土壤
7	松散细砂，冲积层，黄土，软坚黏土，不同的黏土，填土	泛滥平原土壤，湖黏土，土坯，坚硬黏土，填土
8	泥炭，有机泥浆，淹没淤积，粉煤灰	各种填土，沼泽湿地

注：资料来源于 A. B. Chance Co。

安装现场的土质和地形千变万化，施工方一定要严格按照风力发电机制造单位的要求施工，遇到拿不准的情况，要咨询风力发电机制造单位工程部门的意见。

⑥ 安装现场的条件　安装现场的条件是影响塔架选择的一个非常重要的因素。有些现场的土质或者道路不能容纳非常重的运输设备，比如起重机和混凝土输送车。在这种条件下，应当选择可以拆卸运输的塔架，而且在安装过程中尽可能不采用重型设备。在一些偏远山区，交通不便，人们在采用风力发电解决这些无电地区的用电问题时，常常用牲畜驮运甚至人拉肩扛的方法把设备运到项目现场。

归纳起来，选择塔架的原则是：

① 安全可靠的；

② 类型适宜的；

③ 高度合适的；

④ 结构合理的；

⑤ 运输和安装方便的。

9.2　塔架的地基

塔架的地基是风力发电系统非常重要的基础，事关风力发电系统的正常运行和安全。塔架地基的设计不仅要考虑塔架的净载荷，还要考虑系统在运行过程中的动载荷、振动以及系统可能遭遇的极端风况，与此同时，还要考虑地质条件等等，特别是要防止共振。因此各中小型风力发电机制造商都根据自己风力发电机的特点，科学地设计了与之相适应的塔架结构和地基要求。应用方应严格按照厂方的技术和工艺要求制作地基。

9.2.1　不同塔架类型对地基的要求

（1）拉索式塔架

① 拉索式塔架对地基的要求　拉索式塔架地基总成由多个地基构成，分别是：中心地基 1 个（塔架地基）和周边地基（拉索地基）3～4 个，并且按圆周均匀分布在中心地基周围，如图 9.12 所示。在设计地基时要根据塔架和地基的受力情况和当地土质进行受力分析校核，保证系统安全。混凝土地基的浇铸和养护等要严格按照《混凝土基础工程施工及验收规范》施工。

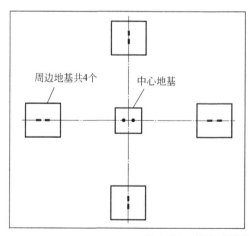

图 9.12　拉索式塔架地基

地基的基本要求有：

a. 中心地基与周边地基上平面高度要在允许的误差之内，一般要求不大于 ±13mm；

b. 地基上平面要高于地面，一般要求 150mm；

c. 中心地基塔架基础支撑板要保持水平，一般要求水平度≤0.4mm；

d. 施工时，要在混凝土保养期结束后，才可以拆除模板，回填土壤并夯实。

对于特殊土质，如岩石、沙土等情况，要区别对待，需要设备供应单位提供专门的解决方案。

② 拉索式塔架钢丝绳的张力（拉紧程度）对塔架和系统的影响　不当的塔架钢丝绳张力会影响风力发电机的运行，导致输出功率下降，严重时会导致设备的损坏，下面就逐一分析。

a. 张力过松。钢丝绳对塔架的约束力小，塔架在大风时会歪斜、摇晃。塔架歪斜、摇晃直接的影响就是使塔架顶端的风力发电机处在非正常工作状态（也就是风力发电机歪了），风力发电机的扫风面积将减小，从而导致风力发电机输出功率下降，特别是对有自动偏航保护功能的风力发电机，影响更加明显。

b. 张力过紧。钢丝绳过紧的张力有可能引起发电机和塔架的共振，共振的危害大家都知道，共振可以使大桥、房屋瞬间坍塌，在这里共振也可以使风力发电机、塔架或地基产生结构性破坏，威胁到整个风力发电系统的运行安全。

所以，在拉索式塔架竖立起来后，应立即进行塔架拉索张力的适当调整。同时，在风力发电机系统安装后，系统管理者要定期对塔架钢丝绳的张力进行检查，定期的巡检、维护工作将对提高发电系统的可靠性有很大的帮助。

③ 拉索式塔架张力的测试　如前所述，拉索式塔架钢丝绳合适的张力对塔架和系统至关重要。下面是一种推荐的斜倾拉索式塔架的拉索预应力调整方法。

对于特定尺寸的拉索，它的振动频率与预应力成正比，这一简单的步骤就是利用了钢丝绳频率、钢丝绳直径和松紧程度（预应力）之间的相互关系。具体来说，它是指拉索在自然频率状态下完成20次振动所需要的时间。对于不同的钢丝绳直径所期望的预应力如表9.2所示。

表9.2　钢丝绳直径与期望的预应力

钢丝绳直径	预应力
1/2in(12.7mm)	908kg
7/16in(11.1mm)	681kg
3/8in(9.5mm)	454kg
5/16in(7.9mm)	341kg
1/4in(6.4mm)	227kg

a. 确定拉索的频率和振动时间：

ⓐ 拉索顶部到地面的距离和拉索底部距塔架底座中心的距离决定了拉索长度；

ⓑ 把长度除以2.75；

ⓒ 上述所得数值就是钢丝绳完成20个完全振荡所需要的秒数；

ⓓ 通常情况下，我们建议调整拉索张力直到与以上所得理论时间的时间差控制在1s以内。

举例说明如下。

假设拉索塔架的几何参数如下：拉索顶部离地27.5ft(8.4m)，拉索的地面半径18ft(5.5m)，按照上面的参数并根据几何计算得拉索长度为32.9ft(10.04m)，用之除以2.75(0.839)，得到振荡20次需要的理论时间为12s，那么在11～13s都是可以接受的。如果超出，改变拉索张力直到得到所需要的振动频率。

也可以用下例中的拉索自然频率图来获得振荡 20 次需要的合理时间值。

任何拉索在一定的张力下都会在一个自然频率或者基准频率下振动，振动程度取决于张力、每英尺的重量和长度。钢丝绳应该处于自然状态，不能打节，不能扭曲。注意：振动频率和振动幅度无关。

b. 用拉索自然频率图（图 9.13）决定拉索自然频率，举例如图 9.14 中虚线所示。拉索离地 60ft(18.3m)，拉索地面半径 75ft(22.9m)。

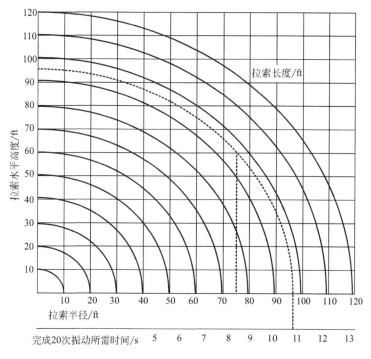

图 9.13 拉索自然频率图一

解：从水平轴上读取 75，从垂直轴上读取 60，找到交点，按照图中的圆弧可以看到，拉索的长度是 96ft(29.3m)。从 96ft 的位置上往下读取时间轴，得到 10.75s，这就是在自然频率下完成 20 次振动所需要的时间（见图 9.14）。

图 9.14 拉索自然频率图二

c. 如何进行拉索张力的测试

ⓐ 站在一个地锚处，使拉索在自然频率下前后移动；

ⓑ 对完成 20 次完全振动的秒数进行计时；

ⓒ 和前面计算所得数据进行比较；

ⓓ 如果必要，调整张力并重复前面 3 个步骤，直到满意为止。

④ 注意事项、提示和建议

a. 用常识进行判断，如果拉索变得非常紧，就停止上述步骤，也许用户在某些方面操作不当；

b. 这一步骤并不是在任何风况下都能进行，当风速大于 6.7m/s 时，由于较大的风施加了一个额外的力在塔架的拉索上，导致测试结果不准确；

c. 如果钢丝绳的直径和推荐的不一样，则按照本方法操作所得到的结果也不同，如果拉索的直径大了，则相应的预应力也应该比所推荐的大；

d. 斜倾塔架一般有 4 个地锚，它们的高度相同，但位置相对，为了保证塔架的垂直，两相对的拉索要同时调整；

e. 当钢丝绳上结冰的时候，不要使用此方法，因为此时的结果会有很大的偏差。

（2）斜倾式塔架

根据斜倾式塔架的特点，斜倾式塔架地基除了按照拉索式塔架地基的要求设计制作外，在设计时，还要对中心地基的水平受力进行分析校核，因为斜倾式塔架的中心地基不仅垂直方向受力，在竖塔时，中心地基在水平方向也要承受很大的力，为了在竖塔过程中保证中心地基不移动、不歪斜等，必须要有这一步骤。

斜倾式塔架的中心地基和周边地基的上端面必须在同一水平面内，在起落方向两侧的地基必须保证与中心地基等距离和等高，周边地基要有固定拉索用的地锚。

如果由于周围地形的原因导致起落方向两侧的地基水平面不在同一平面上，在起落塔架时要采用额外的方法来不停调整某一侧的拉索的长度，以保证塔架始终是垂直的。

（3）单柱式塔架

单柱式塔架需要非常坚固的水泥地基。风力发电机和塔架就是依靠塔架底部和地基连接进行安装的，结构上很简单，但塔架地基很重要，全部塔架和风力发电机在运行过程中受到的力和力矩都由地基支撑。一般情况下，连接塔架的螺栓在制作地基时预埋在地基内（也有地基做好后再钻孔埋螺栓的）。最重要的一点是螺栓的强度以及与塔基的配合精度。螺栓的布局必须符合风力发电机制造商的要求。配合精度的偏差会导致安装时的麻烦，尤其是在偏远地区缺乏动力和工具的情况下，要扩孔或重新钻孔是非常困难的事情。单柱式塔架地基占地最少，这在地基用地需要缴费的情况下很有意义。对微型风机，也可以使用木杆以减少成本。

9.2.2 地基的制作

（1）严格按《混凝土结构工程施工质量验收规范》要求制作塔架

《混凝土结构工程施工质量验收规范》详细规定了混凝土的材料、配合比、施工、温度控制、低温季节施工、预埋件施工、质量控制与检查的基本要求，遵循这些基本要求是制作合格的混凝土基础的必要条件。

基本要求说明如下：

① 基础在浇筑混凝土前，检查轴线、标高、方位、模板、钢筋、预埋地脚螺栓、预留孔模、预埋件、金属支撑架等符合要求；

② 基础混凝土应配合适比例试验报告；

③ 同一基础混凝土应选用同一个工厂生产的同品种、同标号水泥；

④ 钢筋混凝土中，禁止加入含氯盐的外加剂；

⑤ 浇筑混凝土时，如需搭设操作平台，不得站在钢筋上操作；

⑥ 地脚螺栓、预埋件、预留孔模、预埋管等附近的混凝土必须振捣密实，避免碰撞，施工过程中应检查位移偏差，确保其在允许的误差范围内；

⑦ 在常温条件下，混凝土浇筑完毕后 12h 内开始覆盖和浇水养护，浇水次数以保持混凝土湿润状态为宜，养护时间不少于 7 天（风力发电机基础的养护周期要求，通常为 28 天），具体还应参照所用水泥的生产厂家的具体要求。

验收基础时，应符合下列基本规定：

① 基础混凝土不得有裂缝、蜂窝、露筋等缺陷；

② 基础周围土方应及时回填、夯实、整平；

③ 螺栓、预埋件应无损坏、腐蚀；

④ 螺栓预留孔和预留管中的积水、杂物必须清理干净；

⑤ 基础偏差应在允许的误差范围内；

⑥ 由多个独立基础组成的设备基础，各个基础间的轴线、标高等应在允许的误差范围内。

（2）要确保混凝土地基的养护期

因为混凝土浇捣后有一个逐渐凝结硬化的过程，一般来说，混凝土的凝结时间和水泥的凝结时间有关。混凝土之所以能逐渐凝结硬化，主要是因为水泥水化作用的结果，而水化作用则需要适当的温度和湿度条件，因此为了保证混凝土有适宜的硬化条件，使其强度不断增长，必须对混凝土进行养护。

混凝土强度的增长不仅与养护时间有关，还与水泥的品种、养护条件、环境温度有很大的关系。如使用 425 号普通硅酸盐水泥配制的混凝土在自然条件下养护，环境温度 20℃时，7 天可达到设计强度的 60%，28 天可达到设计强度的 95%～100%；而在环境温度 10℃时，7 天只能达到设计强度的 45%左右，28 天也只能达到设计强度的 80%左右。在负温度的条件下，只要混凝土受冻前强度已达到设计强度的 30%以上，混凝土的强度也能增长，但增长较慢。

（3）严格按照工艺要求和操作规程制作地基

必须严格按照工艺要求和操作规程制作地基，任何粗制滥造都可能造成风力发电系统的运行不良，严重的会导致倒塔，造成不可挽回的损失。

9.3　和建筑物相结合的小型风力发电机安装

人们都习惯把风力发电机安装在"高处"，而建筑物就是一个"高处"，于是人们就很自然地想到把小型风力发电机安装在建筑物上。图 9.15 为各种和建筑物相关的小型风力发电机安装，从左往右：墙上安装、屋顶安装、建筑物群安装和建筑一体化安装。

图 9.15　各种和建筑物相关的小型风力发电机安装

实际上，无论风力发电机怎么安装，是地面安装还是和与建筑物相结合，建筑物对大多数中小型风力发电机的安装场地来说都是一个障碍物，它会造成气流的不稳定，形成湍流，影响风力发电机的正常运行，这一点在后面微选址时再展开。这里专门讨论在建筑物上安装风力发电机的塔架和位置问题。

9.3.1 建筑物屋顶的类型

常见的建筑物的屋顶形状有平屋顶、斜屋顶、金字塔屋顶及三角形屋顶四种，见图 9.16。

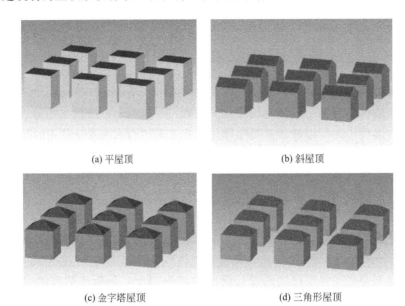

(a) 平屋顶   (b) 斜屋顶

(c) 金字塔屋顶   (d) 三角形屋顶

图 9.16 常见屋顶类型

用计算机流体动力学仿真（CFD）对不同类型的建筑物屋顶以及屋顶不同位置（建筑物群内中心建筑物顶面上中心、拐角和边缘）的研究表明：

① 与斜屋顶、金字塔屋顶及三角形屋顶相比较，无论是从湍流强度角度分析，还是从加速效应角度分析，平屋顶最有利于屋顶风力机的安装；

② 斜屋顶、金字塔屋顶及三角形屋顶中，金字塔屋顶最有利于屋顶风力机的安装，其次为斜屋顶和三角形屋顶；

③ 假设建筑物含屋顶的高度为 H，当屋顶风力机安装高于 $1.35H$ 时，可安装在平屋顶顶面任何位置；当屋顶风力机安装高度高于 $1.5H$ 时，可将风力机安装于金字塔屋顶。

屋顶各位置示意图见图 9.17。

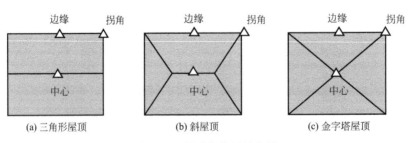

(a) 三角形屋顶   (b) 斜屋顶   (c) 金字塔屋顶

图 9.17 屋顶各位置示意图

9.3.2 建筑物的组合

建筑物除了屋顶的形状不一样，建筑物本身的排列也千变万化，如图 9.18(a) 为顺列排列，9.18(b) 为错列排列。这仅仅是一个不同排列的例子，实际上建筑物排列的组合非常多，有相对位置的顺列或错列，有高低不同的组合，有不同建筑物形状的组合。就是屋顶，也还有很多不同的类型，比如是否带女儿墙。图 9.19 是从美国芝加哥威利大厦 412.5m 高处看到的芝加哥市容，各种高度的大楼，各种屋顶形状。

(a) 顺列排列　　　　　　　　　　　　　(b) 错列排列

图 9.18　建筑物的不同排列

图 9.19　从芝加哥威利大厦 412.5m 高处看到的芝加哥市容

因此在屋顶上安装风力发电机，一定要事先做好湍流分析，这样可以做到事半功倍。

错列和顺列布置对斜屋顶、三角形屋顶、金字塔屋顶及平屋顶建筑物群面上方湍流强度的影响可以忽略，当塔架高度达到 $1.4H$ 后，建筑物群内所有建筑物顶面的湍流强度都降低到了 16% 以下。

错列布置的斜屋顶、三角形屋顶、金字塔屋顶及平屋顶建筑物群顶面上方的风速恢复速度较慢，当塔架高度高于 $1.6H$ 后，建筑物顶面的风速基本达到了来流风速，可保证屋顶风力机的良好输出特性。

在错列布置的建筑物顶面安装屋顶风力机时，其安装高度应略高于顺列布置，一般相差 $0.1H$ 即可。

在各顶面形状的、错列布置的建筑物群内，第一排建筑物顶面的湍流强度和风速仍然恢复得最快，一般塔架高度高于 $1.2H$ 后，即可将屋顶风力机安装于第一排建筑物顶面的所有位置上。

9.3.3 在建筑物上安装小型风力发电机的注意事项

风电行业与建筑物相关的细分市场仍在发展中，和常规小风电或分布式应用相比还很不成熟。在这个新兴的应用过程中，在屋顶上安装小型风力发电机是一项非常有挑战的任务。实践证明，大多数在建筑物屋顶上安装的风力发电机的运行都不理想。

利用计算流体动力学仿真（CFD）对风力资源进行建模的科学方法，或在实际风力发电机现场进行测量，将增加我们对风能玫瑰图和风力发电机输出特性的理解。CFD可以进一步用于"尝试"屋顶上不同的特定位置。周边城市和农村地区存在着对安装位置的敏感性，但对城市地区尤为敏感。

在建筑物上安装风力发电机，除了考虑周围环境（各种障碍物）导致的湍流影响，还需要对建筑物的强度等进行评估，而风力发电机的安装位置和安装高度是至关重要的。

（1）塔架的高度

塔架的高度因场地而异，由周围的风阻或其他的事物决定。

选择塔架高度时要注意高于周边的树木。图9.20中树丛里的风力发电机，安装时高度很合适，但树木生长几年后就不合适了。

(a) 1983年　　　　　　　　　　　　　　　(b) 2010年

图 9.20　风力发电机和周围的树木

（2）塔架的位置

根据模型、二维和三维的风资源测量和实测选址对风力发电机运行的影响，目前已经获得了一些经验法则或指导原则。这些结果可能还没有到具体可量化的标准，但它们非常值得关注，特别是小型风力发电机安装在屋顶上或其他高湍流区域。

一般来说，由于缺乏安全性和运行性能较差，不建议在屋顶上安装小型风力发电机。

实践告诉我们：

① 屋顶安装小型风力发电机不会像在平地塔上安装的小型风力发电机那么高效；

② 屋顶安装更加复杂，需要对建筑物和发电机的结构进行评估；

③ 不要在建筑物的墙上安装小型风力发电机，不要把小型风力发电机安装在"峭壁"上，如果客户把小型风力发电机安装在"峭壁"上，有些生产商就不承诺质保了；

④ 在屋顶安装风力发电机时需特别注意安全，确保安装系统的结构完整性；

⑤ 建筑的迎风角有较高的风速和较低的湍流强度 TI；

⑥ 建筑物屋顶的女儿墙（栏杆）为位移高度设置了一个新的"零"点（比原来的零点高）；

⑦ 比周围建筑高的建筑提供了最好的屋顶安装地点；

⑧ 风力发电机的可靠性和安全性是至关重要的，因为风力机通常没有在屋顶环境中进行测试，而在高密度人口地区的屋顶安装风力发电机可能会造成灾难性的后果；

⑨ 屋顶上的小型风力发电机应满足 IEC 61400-2 的要求；

⑩ 屋顶安装小型风力发电机可能造成振动，通过振动隔离系统可以减轻和减少共振。

（3）屋顶风力发电机的选择

从避免或减少振动的角度，垂直轴小型风力发电机可能比水平轴小型风力发电机更适合安装在建筑物上。

9.3.4 案例

（1）上海世博会印度馆屋顶垂直轴风力发电机

2010 年，上海世博会充分发挥环保理念，出现了很多"零排放"场馆，其中印度馆在屋顶上安装了一台小型垂直轴风力发电机（见图 9.21）。

（2）广州珠江城大厦风力发电机

广州珠江城大厦根据大楼造型和结构特点，在塔楼中区和高区设置 4 个贯穿南北的增速风洞，设置芬兰 WINDSIDE 垂直轴风力发电机（见图 9.22），该风力发电机启动风速小、振动低、噪声轻、安全性高，开创了在建筑上应用风洞进行风力发电的先河，在实现大楼部分区域电力自给自足的同时，减少了大楼的风荷载，提高了安全性，节约了结构用钢量。4 台 WS-12 风力发电机组每年发电量约为 20 多万千瓦时。

图 9.21 上海世博会印度馆垂直轴风力发电机

图 9.22 广州珠江城大厦垂直轴风力发电机❶

❶ 图片来源于 http://www.szjs.com.cn，2013-01-14。

图 9.23 美国波特兰 Twelve West
屋顶上的小型风力发电机
（照片来自 Flickr 4852149002）

（3）美国波特兰 Twelve West 屋顶上的小型风力发电机

美国波特兰 Twelve West 屋顶上安装了 4 台 Skystream3.7（见图 9.23），每台 2.4kW，年发电量约 5500kW·h，2009 年安装。

（4）某处楼顶的小型风力发电机

某处的楼顶上安装的 4 台 1kW 的小型风力发电机（见图 9.24）。

（5）巴林世贸中心（Bahrain World Trade Center）

巴林世贸中心有 3 台风力发电机（见图 9.25），每台 225kW，共 675kW 的风力发电能力。这些发电机的直径为 29m。风电机组所发的电能满足两座塔楼总耗电的 11%～15%，或每年发出 1.1～1.3GW·h。

图 9.24 某处楼顶的小型风力发电机

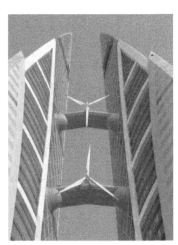

图 9.25 巴林世贸中心风力发电机
（照片来自 iStock/6924031）

第10章

燃油发电机和带燃油发电机的可再生能源发电系统

在离网型或分布式可再生能源发电系统中，为了保证稳定的电力供应，除配置储能系统以及与其他可再生能源发电设备组成互补系统外，还会考虑将燃油发电机作为辅助的互补供电单元。

10.1 可再生能源离网供电系统中引入燃油发电机

在可再生能源离网供电系统中如果要引入燃油发电机，大多是采用柴油发电机。这既有来自原有柴油发电系统的需求，也有来自新兴可再生能源发电系统的需求。

10.1.1 源自原有柴油发电系统的需求

柴油发电系统本身存在的问题：

① 柴油运输常常会由于天气原因而无法保障；

② 系统运行成本会受到油价波动的影响，尤其是国际油价高企的时候；

③ 柴油发电需要周期性维护，当地往往缺乏必要的维护保养能力，也常常会缺乏必要的配件；

④ 燃烧柴油排放废物，造成环境污染。

因此，原油柴油发电系统需要更新完善，甚至被替代。

10.1.2 源自新兴可再生能源发电系统的需求

由于可再生能源的不确定性（间歇性和随机性），如果要保证百分百地满足负载要求（比如对一些不能断电的非常重要的负载，如移动通信、手术室），系统中储能装置的容量就需要按照最坏的可再生能源资源情况来配置，这就可能导致系统的储能装置容量非常庞大，在储能装置的投入比较高、更换周期比较频繁（蓄电池需要每3～5年更换一次）的情况下，这是很难接受的。用蓄电池组支撑的可再生能源独立供电系统一般无法为感性负载（如农机维修车中的机床设备）使用，需要有一个更合理的解决方案。柴油发电机在独立可再生能源发电系统中作为后备电源的技术方案就应运而生了。柴油发电机可以作为独立风能电站的备用电源，在风资源不足的时候为蓄电池补充充电，或在风能电站发生故障的情况下直接供电，同时，通过柴油充电器可向蓄电池进行补充充电。

柴油发电机组具有效率高、体积小、重量轻、启动及停机时间短、成套性好、建站速度快、操作使用方便、维护简单等优点；但也存在着电能成本高、消耗油料、机组振动大、噪声大、操作人员工作条件差等缺点。尤其是柴油发电机采用柴油作为燃料，柴油的使用会产生环境污染。环境问题已经引起人们越来越多的关心和重视，这是导致人们越来越不愿意使用柴油发电机的原因之一。另外，如果油价高涨，会使使用柴油发电的成本越来越高。

10.2 燃油发电系统

10.2.1 燃油发电系统基础

燃油发电机主要是柴油发电机和汽油发电机。

一般，汽油发电机被用在较小的发电装置上，其容量小于 10kW，而柴油发电机被广泛地用在 7kW 以上，甚至 10MW 的发电设备上。柴油发电机结构结实，适合 24h 连续运行，汽油发电机较轻巧，一般只适合每天工作几个小时。应该注意到，燃油发电也可以是采用其他可替代燃料的发电机，如当地生产的天然气、生物燃料（乙醚、菜油）和沼气。这类燃料可以用来和其他传统燃料混合使用，以减少对基本矿物燃料（柴油和汽油）的依赖。

燃油发电系统的额定发电能力能够很容易地满足负荷的需求。通常，燃油发电系统通过低压电网输向负载。发展燃油发电系统的一个重要的考虑因素是负荷中是否包含生产性负荷。小于 25kW 的小系统，一般为单相 220V，主要为居民和社区设施供电。很多这样的系统仅在晚上运行。然而在用电方面，互补的燃油发电系统更为多见：白天系统为生产性用户供电，到了晚上，则向居民和社区公共设施供电。这样的系统，由于有来自生产性用户用电部分的收入，系统能更有效地在经济上获得持续运行。

虽然燃油发电系统的初期投入很低，但由于它的设备寿命较短（汽油发电机 3～4 年，柴油发电机 5～7 年）和要消耗燃料，使得运行成本很高。合理地管理和维护这类系统能够延长发电机的使用寿命，降低总体运行成本，但是购买燃料是这类发电系统的主要运行成本。在运输费用很高的地区，这类系统的发电成本有时很高。定期的维护保养能够延长系统的使用寿命从而降低系统的总体运行成本。通常，燃油发电系统都在当地聘用懂维护保养的人员来运行管理系统，而电费一般由当地的管理机构（如村委会）收取，电价一般按运行成本测算，或定一个可以接受的最高价。

10.2.2 燃油发电系统的效率及优化运行

燃油发电系统的消耗 [g/(kW·h)] 是由其实际工作点（OP）与设备的额定功率决定的，人们往往通过优化系统管理来降低燃料的消耗。这类发电设备的燃料消耗取决于两个因素：一是空载消耗，这是设备运行时的一个固定的消耗，和发电设备的大小有关；另一是参数则随设备的运行状态而变化，每一个设备都有一个最佳效率点，通常在一定的功率因素（0.8）下，当系统的实际负荷是它的额定功率的 80% 时，系统达到最佳工作点。如果发设备的工作点（实际负荷）偏离它的最佳工作效率点，油耗就会增加，负荷越小，单位燃料消耗就越多。另外，再加上上面提到的固有的空载消耗，发电设备的输出越低，系统工作的效率就越低。值得注意的是，这种发电设备一旦开始运行后，再增加它的负荷，所增加的燃料消耗成本是非常有限的，因此负荷管理在柴油发电系统中并不常用，在许多情况下，家里的电灯根本就不安装开关。另外，如果柴油发动机组长时间地运行在小负荷情况下，有可能损坏设备。因此，柴油发电机组的制造商一般都规定了柴油发电设备的最低工作点，通常为0.4。燃料发电设备的燃料消耗也随着设备的年龄而变化，并与系统的保养密切相关。图 10.1 为柴油发电机功率。

　　一般情况下，选用燃油发电设备时，它的总功率是由满足社区的峰值负荷来决定的。然而在很多情况下，这一额定总功率总是比通常的负荷要大很多。例如，短时间使用的电焊机和其他的电动工具的功耗都计算在系统的总功率内，而实际上它们并不经常使用。结果，我们发现燃油发电设备往往总是工作在非常小的负荷状态下。由于设备的空载消耗几乎是满负荷的 40%，设备的功率定得过大，将会消耗很多不必要的燃料。

　　为了优化燃油发电设备的运行，系统应该具有必要的调节手段，根据系统的负荷来调节

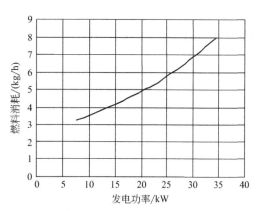

图 10.1　柴油发电机功率

系统的输出而不大幅度地影响系统的效率。一个有效的方法是用若干个中小功率的发电机来构成系统的总功率以满足负载的需求，而不是用一台大功率的发电机，哪怕这样一台大功率发电机是有的，而且价格比几台中小机器的组合来得便宜。组合燃油发电设备中设备的数量和每台设备的功率由系统的负荷和负荷的变化曲线来决定。

　　组合式柴油发电机组中柴油发电机组的数量和每一台柴油发电机组的额定功率要根据负荷和负荷的实际变化来决定。通常两个临近发电机的额定功率之比约为 0.8。柴油发电机组的数量可能是 2 个、4 个、6 个。最小发电机的容量是最低负荷变化的平均值，多个柴油发电机的总额定功率要大于负荷的峰值功率值。对于较大的柴油发电系统，这种由多个柴油机来构成系统的方法尤为重要。例如，社区负荷显示了最低负荷为 30～50kW，最高是300kW。根据这些，可以设计一个包括 75kW、125kW 和 200kW 柴油发电机的柴油发电机组，并按照额定功率大小顺序分别标上 1#、2#、3#，并形成一定的组合运行状态。几种组合如表 10.1 所示。

表 10.1　柴油发电机组的几种组合

模式	组合方案	最大输出能力	负荷匹配范围
1	1	75kW	30～75kW
2	2	125kW	50～120kW
3	3	200kW	80～200kW
4	3+1	275kW	110～275kW
5	3+2	325kW	130～325kW
6	3+2+1	400kW	160～400kW

一旦柴油发电系统的配置模式和每一台的额定容量决定后，我们就应考虑不同工作模式之间的切换规律。如果已经事先知道负荷的变化，那么柴油机工作模式之间的切换就能够很精确地控制。不管怎样，在通常情况下，我们总是有富裕的功率来覆盖负荷的突然增加。通常对较小的社区，间断性大负荷的运行者，一般都会在启动这些负荷之前先通知柴油机组的操作者，以便有足够的时间来启动相应的柴油机组。燃料发电机组，特别是柴油发电机组是为连续工作运行设计的，如果在短时间内频繁地启动和停止柴油发电机组，会降低燃料的效率并缩短发电机组的寿命。因此，一旦系统启动就应当让它运行一段时间（至少不短于制造商在产品说明书上标明的最短工作间隔）。

10.3　柴油发电机简介

常见的柴油发电机如图 10.2 所示。

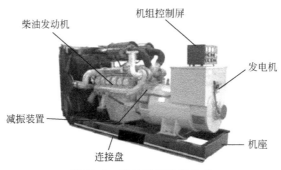

图 10.2　常见的柴油发电机

10.3.1　柴油发电机的组成

柴油发电机组由柴油发动机、交流同步发电机、联轴器、散热器、机座、控制屏、燃油箱、蓄电池以及备件工具箱等组成，参看图 10.2。有的机组还装有消声器和外罩。为便于移动和在野外条件下使用，也可将机组固定安装在汽车或拖车上，作为移动电站使用。

10.3.2　柴油发电机主要技术参数与选型

柴油发电机组或汽油发电机组的选型如下。

① 转速　柴油发电机组：1000r/min；

　　　　　汽油发电机组：3000r/min。

② 油箱容量　可供 1～8h 发电。

③ 电机速度控制装置　对不同的负荷有稳定的电压和频率输出。

④ 喷气系统　含消声器。

⑤ 油机的启动　手动曲轴启动；

　　　　　　　电启动（需要蓄电池组和起动电机）。

⑥ 输出　交流 380/220V 三相或 220V 单相。

⑦ 减振底盘、底座　一般均需紧紧地固定在地面上。

⑧ 冷却系统　风冷（简单）、水冷（复杂）。
⑨ 控制屏　电流、电压显示，控制开关，照明灯，报警灯等；
　　　　　　油压、温度测量仪表。
⑩ 自动停机保护　电机超速、电机转速不够、温度过高、油压过低、输出过压、输出
　　　　　　　　　欠压等。

10.3.3　柴油发电机工作原理

柴油发电机的基本工作原理为：柴油发电机的工作过程就是进气、压缩、做功、排气四个行程。柴油机驱动发电机运转，将柴油的能量转化为电能。在柴油机汽缸内，经过空气滤清器过滤后的洁净空气与喷油嘴喷射出的高压雾化柴油充分混合，在活塞上行的挤压下，体积缩小，温度迅速升高，达到柴油的燃点。柴油被点燃，混合气体剧烈燃烧，体积迅速膨胀，推动活塞下行，称为"做功"。各汽缸按一定顺序依次做功，作用在活塞上的推力经过连杆变成了推动曲轴转动的力量，从而带动曲轴旋转。将无刷同步交流发电机与柴油机曲轴同轴安装，就可以利用柴油机的旋转带动发电机的转子，利用"电磁感应"原理，发电机就会输出感应电动势，经闭合的负载回路就能产生电流。

交流电经过节能变压器的降压隔离，然后通过硅整流元件整流调压，反馈环节调整最终输出所需要的电压、电流，其原理如图 10.3 所示。

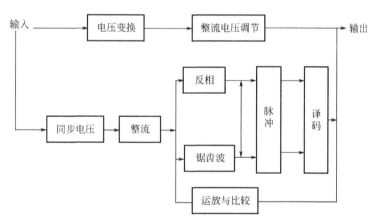

图 10.3　柴油发电机的工作原理

10.3.4　柴油发电充电机

柴油机蓄电池充电机采用国际先进的开关电源技术及智能充电技术，集手动、自动工作模式选择功能，可根据电池容量进行充电电流选择，具有多重保护功能，延长电池的使用寿命，可做到免人工值守的全自动工作状态。

蓄电池充电机分为：全自动充电机、UPS 电池充电机、可调式稳压稳流充电机三类。

（1）全自动充电机
严格按照蓄电池充电特性曲线进行自动充电，设计的充电模式是"恒流→（均充稳压值）定压减流→（自动判别转为）涓流浮充"三阶段式。充电电流可在 10%～100% 范围内连续调整，且不受输入交流电压变化的影响，在恒流充电期间电流维持不变，无须人为

干预。

（2）UPS 电池充电机

UPS 电池充电机专门用于 UPS 后备电池充电。

（3）可调式稳压稳流充电机

可调式稳压稳流充电机的充电电压连续可调，充电电流 10%～100% 连续可调，稳压稳流二阶段充电。

表 10.2 是充电机的主要技术性能参数。

表 10.2　充电机主要技术性能参数

功率	400～80000W	效率	≥92%	电压调整率	≤0.1%
电压	2～600V	功率因数	≥0.85	纹波电压	≤1%
电流	3～1000A	负载调整率	≤1%	过热保护阈值	80～85℃

10.3.5　选择柴油发电机充电控制器的基本参数

可再生能源供电系统中，应根据系统的总体设计来选择柴油发电机的充电控制器技术参数。下面是一般小系统的常用参数：

① 功率：由系统的总装机容量确定。通常，先由所期望的能把蓄电池组充满的时间和系统电压来估算功率。比如：蓄电池组为 48kW·h，直流母线电压 120V，期望柴油发电机能用 10h 把蓄电池组充满，则

$$48kW·h/(120V×10h)＝40A$$

柴油充电控制器的功率＝40A×120V＝4.8～5kW。

上述估算是基于蓄电池组完全放空的情况，而实际上，蓄电池组的放电深度在 50%～70%。另外充电时间假设为 10h，可以适当延长。延长柴油充电控制器的功率可以适当选择小一点的柴油发电机以降低资金投入。

② 额定输出电压：0～300V。

③ 额定输出电流：0～200A。

④ 输入电源：380(1±10%)V、50～60Hz。

⑤ 稳定电压、稳定电流的精度为 ±1%。

⑥ 软启动时间 0～180s 可调。

⑦ 额定容量：根据不同供电系统要求，定做加工。

10.3.6　柴油发电机基本功能特点

（1）具有自动稳压限流、稳流限流的功能，输出电压、电流连续可调

① 稳压限流功能　整流器在该状态下工作时，若负载变化，则呈现电压稳定、电流随负载变化而变化的状态。当电流达到或将超过额定电流时，自动处于限流状态，即最大电流不超过额定电流，保持恒压充电。

② 稳流限流功能　整流器在该状态下工作时，若负载变化，则呈现电流稳定、电压随负载变化而变化的状态。当电流达到或将超过额定电流时，自动处于限流状态，即最大电流不能超过额定电流。

（2）具有相序保护功能

当三相电源线出现相序不正确时，整流器将自动封锁输出脉冲。

（3）具有软启动功能

防止大电流冲击，延长设备寿命，保证了镀层或氧化膜的质量。

10.3.7　选择柴油发电机燃料、润滑油或冷却水

（1）选择柴油发电机燃料

柴油机的燃油可分为轻柴油和重柴油两类。轻柴油适用于高速柴油机；重柴油适用于中、低速柴油机。与柴油发电机组配套的柴油机转速较高，通常采用轻柴油。

轻柴油按其凝固点温度的不同，分为 10 号、0 号、−10 号、−20 号、−35 号等 5 种牌号。牌号的数字表示其凝固点的温度数字，例如−10 号轻柴油的凝固点为−10℃。

10 号轻柴油适合于全国各地夏季使用；0 号轻柴油适合于全国各地 4～9 月使用，长江以南地区冬季也可使用；−10 号轻柴油适合于长城以南地区冬季和长江以南地区严冬使用；−35 号轻柴油适合于东北和西北地区严冬使用。若机组安装在室内，应根据冬季取暖的情况来选择轻柴油牌号。

重柴油按其凝固点温度不同，分为 10 号、20 号、30 号等 3 种牌号。10 号重柴油适合于 500～1000r/min 的中速柴油机；20 号重柴油适合于 300～700r/min 的中速柴油机；30 号重柴油适合于 300r/min 以下的低速柴油机。

柴油应储存在干净、封闭的容器内，使用前必须经过较长时间的沉淀，然后抽用上层油。加油时应再经过滤网过滤。使用清洁的柴油，可避免供油系统的故障，并可延长喷油泵、喷油嘴的使用寿命。

（2）选择柴油发电机的润滑油

根据环境温度选用《柴油机润滑油》（SY 1152—77）中规定的 HC-8 号、HC-11 号和 HC-14 号柴油机润滑油。

不同油号的润滑油其黏度有差异，号数越大，油越稠。在低温环境下要使用黏度较低的润滑油，而在高温环境下要使用黏度较高的润滑油。在低温环境下使用高黏度的润滑油，会引起柴油机运转滞重、启动困难、功率减小。在高温季节用低黏度的润滑油，会降低润滑作用，影响柴油机的使用寿命。

环境温度高于 25℃，用 HC-14 号柴油机润滑油。

环境温度在 0～25℃，用 HC-11 号柴油机润滑油。

环境温度低于 0℃，用 HC-8 号柴油机润滑油。

润滑油必须清洁，应经过过滤。盛放润滑油的桶或壶，应经常清洗。

（3）选择柴油发电机的冷却水

冷却水的水质对柴油机的运行和使用寿命很有影响。水质不良，将引起汽缸水套沉淀水垢，恶化汽缸壁的导热性能，降低冷却效果，使柴油机受热不均，汽缸壁温升过高，以致破裂。

一般应尽可能使用软水，如清洁的雨水和雪水等。不要使用含有矿物质和盐类的硬水，如江水、河水、湖水，尤其是井水和泉水。如果无软水，可将硬水进行软化处理后使用，其方法有以下数种：

① 将河水、湖水等除去杂草、泥沙等脏物，在干净无油质的水桶中加热煮沸，等沉淀

后取上部清洁的水使用；

② 在 1kg 水中溶化 40g 苛性钠，然后加到 60kg 的硬水中，搅拌并过滤后使用；

③ 在装硬水的桶中放入一定数量的磷酸三钠，仔细搅拌，直到完全溶解为止，待澄清 2～3h 后，再灌入柴油机水箱。

软化硬水时所需兑入的磷酸三钠的数量为：软水（雨水、雪水）0.5g/L；半硬水（江水、河水、湖水）1g/L；硬水（井水、泉水、海水）1.5～2g/L。

10.3.8 使用柴油发电机的基本条件

① 海拔高度不超过 1000m，超过 1000m 应降容使用；

② 工作环境温度：风冷为 -10～+40℃；

③ 相对湿度：5%～90%（无霜冻、结冰，在相当于空气 20℃±5℃时）；

④ 运行地点应无导电或爆炸尘埃，无腐蚀性气体，不受阳光直接照射，不会因温度的变化而产生凝露，具有良好的通风条件，设备应与镀槽隔离；

⑤ 设备应水平放置，勿斜放或倒放，四周散热空间不小于 1.5m，且应放置在干燥通风处，整流器离地面高度应在 0.3m 以上；

⑥ 安装地点所允许的振动条件：振动频率严酷等级为 10～150Hz，振动加速度不大于 5m/s^2；

⑦ 交流电网电压幅值的持续波动范围不超过额定值的 ±10%；

⑧ 放置柴油发电机的机房单独设置，不应与其他设备（如蓄电池、控制仪器）混放一室，柴油发电机房应保证良好的通风，门要足够大，保证设备能进出方便。

10.4 互补系统中的柴油发电机

需要说明的是：在可再生能源独立系统中，柴油发电机并非是必需的，尤其当环境污染问题日益突出，可再生能源独立发电系统的成本（尤其是储能装置的成本）越来越低的时候，完全可以不需要柴油发电机作为后备。

10.4.1 可再生能源供电系统中柴油发电机的工作方式

柴油发电机在可再生能源发电系统中，有两种基本工作方式：完全后备型和电网主导型。

在完全后备型中，系统主要靠可再生能源发电，如风能或太阳能。当系统出于亏电状态（蓄电池到了释放下限）而可再生能源又不能发电时（如枯风、夜晚无太阳、阴雨等），柴油发电机才会启动。这类系统往往采用直流母线结构。

在电网主导型中，系统需要柴油发电机来产生一个交流电网，可再生能源发电设备以交流电的方式挂在电网上，柴油发电机一直处于运行状态。这类系统往往采用交流母线结构。

10.4.2 在直流母线型系统中的柴油发电机的运行

由风力发电机组发出的电，直接通过逆变器提供给负载或者用来补充蓄电池。蓄电池在风力资源不足时，根据负载的要求向系统提供电力。柴油机组作为一个后备电源在风速较低的时候或者负载达到高峰的时候启动（见图 10.4）。柴油发电机组一方面通过低压电网直接向负载供电，同时又用剩余的电力来补充蓄电池，这样可使柴油机组工作在负载较大的状态。当蓄电池充满或风力足够大时，柴油发电机组将停止运行。这样，柴油机组总是能够在高效率状态下运行并且不会频繁地启动或停止。系统能够最大限度地利用风能，而柴油机组也能始终在较理想的工作点附近工作。大部分时间柴油机组是不工作的，因而和传统的柴油发电系统相比，这个系统能最大限度地减少柴油消耗。在风力资源非常丰富的地区，对 24h 不间断供电的风/柴混合发电系统，风能一般能提供总用电量中的 80％～90％。

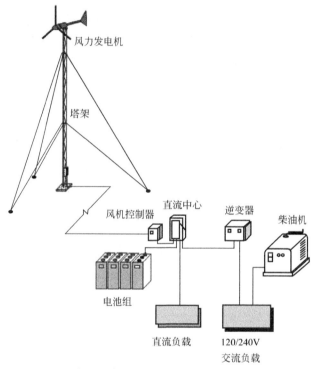

图 10.4　直流母线型风力发电系统和后备柴油发电机

10.4.3　在交流母线型系统中的柴油发电机的运行

　　交流母线的混合发电系统往往不采用蓄电池或者蓄电池只是用来作为启动柴油发电机组的，如图 10.5 所示，在交流母线的混合发电系统中，交流母线是一个基本的汇合点，因此必须非常注意系统中交流电的质量，不应由于可再生能源发电设备的波动而受到影响。在这类系统中，可再生能源发电设备的功率不能太大。图 10.5 为交流母线型风力发电系统和后备柴油发电机。

　　在交流母线型的风/柴互补系统中，系统有风力发电机和柴油发电机两种基本发电设备。在大多数情况下，系统由风力发电机发电，并通过充电控制器向负载供电的同时向蓄电池充电。当由

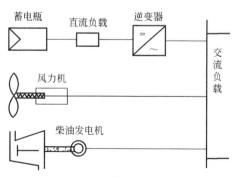

图 10.5　交流母线型风力发电系统和
后备柴油发电机

于各种原因蓄电池到了放电下限时，蓄电池不再供电，这时系统启动柴油发电机（通常由逆变器发出启动信号）。柴油发电机一边向负载直接提供交流电以驱动用电设备，一边通过充电机向蓄电池组充电。承担柴油发电机向蓄电池组充电任务的设备就是柴油发电机。

10.5 风/光/柴独立发电系统实例

以下为墨西哥农村电气化项目中圣胡安尼克（San Juanico）村的柴油发电系统改造。

圣胡安尼克是一个孤立的渔业和旅游社区，位于墨西哥的下加利福尼亚半岛的西海岸，有近 100 户居民。圣胡安尼克是一个知名的冲浪地。社区离最近的电网 30km，电网延伸的费用高昂，所以由政府投入，在 San Juanico 建设了一个 200kW 的柴油发电机供电系统。由于社区必须提供燃料和维修，费用很高，所以他们只让系统在晚上运行 3～5h。白天学校也没有电，当地的渔业企业不得不自己为冷库供电。在圣胡安尼克的某一地点周围就有 40 多个小型柴油发电机组。

1996 年，美国亚利桑那州公共服务（APS）电力公司与墨西哥国家电力公司合作，为墨西哥的若干个社区利用风能和太阳能供电。在圣胡安尼克，项目决定对现有的柴油发电系统进行改造。项目资金由美国能源部、美国对外合作委员会和亚利桑那州政府提供，而当地社区组成一个电气化委员会，并同意支付较高的电价以使项目可持续运行。

离网可再生能源柴油发电互补系统于 1999 年安装投运。该系统由 10 台 7.5kW 的风力发电机（塔高 37m，拉索式桁架塔架，17kW 的光伏阵列，420kW·h/240V 的电池组，一个 90kW 的逆变器）和新的、更高效的 120kW 柴油发电机组成。

墨西哥圣胡安尼克的风/光/柴互补系统见图 10.6。

图 10.6 墨西哥圣胡安尼克的风/光/柴互补系统

第11章

局域电网和控制房

可再生能源发电系统分为并网应用和离网应用。并网应用又有大型电站和分布式之分。大型电站的并网方式在本书中不做讨论。分布式并网，对于有升压站的，并网点为分布式电源升压站高压侧母线或节点；对于无升压站的，并网点为分布式电源的输出汇总点。这些并网应用都无须建设额外的局域电网。

智能微电网现在成为可再生能源并网发电的又一种新的应用形式，具有很好的推广应用前景。智能微电网具有一些新的特点，它大多数带有储能，可以并网或者孤岛运行，就智能微电网中的电网而言，无论是建设新的局域电网，还是改造原有电网，它都具有自己独特的特点。

离网可再生能源发电应用也分两种基本情况，即集中供电系统或单用户系统。单用户系统无须建设局域电网，而集中供电系统必须建设一个局域电网，以便在电站建成后，把电力服务输送给各个用电户或者用电部门。

本章主要讨论离网可再生能源发电的局域电网并简要介绍智能微电网。

11.1 局域电网

11.1.1 离网可再生能源电站的主要电力设备

离网电站的设备一般分发电设备、控制设备、变电设备、储能设备、站内输电和配电设备等几类设备。

常见的发电设备有：风力发电机、太阳能电池方阵、微小水力发电机、生物质能发电机、海洋能发电机、柴油发电机和 LPG 发电机等。

控制设备有：风力发电机充电控制器、太阳能充电控制器、柴油发电机整流充电控制器、系统模块控制器等。

变电设备有：DC/AC 逆变器。

储能设备有：主要是铅酸阀控电池的蓄电池组。但其他先进的储能设备也开始进入应用，尤其是在微电网中，比如超级电容等。

配电设备有：低压配电柜、直流开关柜。

站内输电有：站内各设备之间的连接电缆。

11.1.2　局域电网

供电系统是指由发电、变电、输电、配电和用电构成的整体，通常将发电与用电之间属于输送电力和分配电力的中间环节叫传输电网。图 11.1 是一个实际的风/光互补独立发电系统向两个村庄供电的局域电网布局。

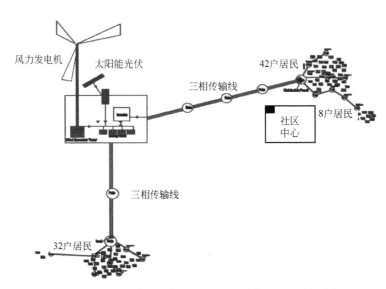

图 11.1　风/光互补独立发电系统向两个村庄供电的局域电网布局

完整的可再生能源独立供电系统是指由可再生能源发电、变电、输电、配电和用电构成的整体，它不和常规电网相连，自己单独形成一个独立电网。在可再生能源独立供电系统中，一般指从配电控制房中的低压配电柜的输出到最终用户之间的电网。这种可再生能源发电与用电之间输配电的中间环节叫局域电网。

当送电距离较长时，在发电端装有升压变压器，用户端装有降压变压器。以用户端变压器为界限，在电站一侧叫输电线路，在用户一侧叫配电线路。以"送电到乡"项目为例，由于大多数可再生能源供电系统（风能独立系统、风/光互补系统、风/柴互补系统、风/光/柴互补系统）装机容量不大（100kW 以下），送电距离不长（小于 1km），一般不使用升压变压器或降压变压器等变电设备，而是直接用低压三相 380V（甚至单相 220V）向用户送电，此时输电线路也同时具有了配电线路的功能。

典型的可再生能源供电系统示意图如图 11.2 所示。

从电网方面看，可分为站内线路和站外配电线路两部分。站内线路主要包括电力母线和系统各部件之间的联络线路；站外配电线路主要包括向负载输送和分配电力的线路，以及用户端的接户线。站内线路多数以地埋（电缆）线路为主，有条件地区可采用电缆沟铺设；站外配电线路基本采用架空线路，特殊地段也有用地埋线的。

局域电网的设计、线型选择、安装架设及巡检维护等环节，对电站的经济性和安全性都有重要影响。为实现对输配电线路的操作和保护，通常在线路的始端和末端设有配电柜或配电箱。

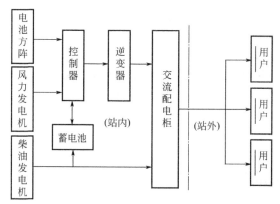

图 11.2　典型的可再生能源供电系统示意图

风力、光伏及其互补系统三者的结构与部件配置虽有不同，但是对系统配线和局域电网的技术要求是一致的。

11.1.3　控制房

控制房是可再生能源独立供电系统的配套设施，它用来放置系统的控制设备，包括风力发电机组的充电控制器、太阳能光伏的充电控制器、逆变器和配电柜。有时充电控制器和逆变器会做成一体的，图 11.3 是太阳能光伏充电控制和逆变一体机，分别用于两个独立供电网络。

控制房中还有配电柜以及泄荷器（如果系统需要）等。

对于独立供电的可再生能源系统，往往配有储能装置，目前储能装置主要为蓄电池组。出于安全考虑，蓄电池组不应该和其他控制设备处于一室。主要原因如下：

① 电池在工作时产生有害气体，容易对控制器设备部件产生腐蚀，影响控制器的性能；

② 控制器使用过程中有可能发生故障：自燃或者使用中产生火花，会给蓄电池房带来火灾隐患；

图 11.3　太阳能光伏充电控制和逆变一体机

③ 充电控制器使用时设备会产生很大热量，电池房内温度会随之升高，影响电池的使用寿命。

11.1.4　微电网

微电网是指由分布式电源、储能装置、能量转换装置、相关负荷和监控、保护装置汇集而成的小型发配电系统。微电网中的电源多为容量较小的分布式电源，即含有电力电子接口的小型机组，包括微型燃气轮机、燃料电池、光伏电池、小型风力发电机组以及超级电容、飞轮和蓄电池等储能装置。它们接在用户侧，具有成本低、电压低以及污染小等特点。

微电网是一个可以实现自我控制、保护和管理的自治系统，它作为完整的电力系统，依靠自身的控制及管理供能实现功率平衡控制、系统运行优化、故障检测与保护、电能质量治理等方面的功能，既可以与外部电网运行，也可以孤岛运行。它是将分布式电源、储能装置、能量装换装置、相关负荷和监控、保护装置汇集而成的小型发配电系统。

11.1.5　独立风力发电供电系统的局域电网

独立风力发电供电系统只是可再生能源独立发电系统中的一类，系统中的发电设备是风力发电机，控制器是充电控制器，其他部分如储能和逆变是一样的。如果系统中的用户是单一用户，比如农牧民，则系统中不涉及局域电网问题。只有当系统需要向若干用户供电，无论是一个包含若干个居民住户的村庄，还是一个单位中的若干用电部门，系统都会涉及配电问题，也就需要有控制房和局域电网。

11.2　局域电网的设计

11.2.1　设计局域电网的一般步骤

设计局域电网一般遵循以下步骤：

① 详细统计用户、用电器及其他负载的数量、性质、容量，作为设计依据；
② 根据电站设备和用户负载的参数计算出局域电网的参数；
③ 选择配电设备和输电方式，确定使用材料；
④ 选择和推荐低损耗、高效能的照明设备及其他用电电器；
⑤ 根据负载的重要性，制定科学、合理的用电时段和用电分级；
⑥ 供电线路布局合理，布线按相关的国家标准要求设计，并满足安全规范和环境要求。

11.2.2　低压配电柜

如图 11.4 所示，可再生能源发电设备发出的电，经蓄电池组，直接或间接地进入逆变器，由逆变器把电能转换成标准的交流电，进入交流配电柜。

低压配电柜在电力系统中也称为交流电压配电柜，是交流配电线路始端必不可少的供电设备。交流配电设备是用来接收和分配交流电能的电力设备。设备中主要由控制电器（断路器、隔离开关、负载开关）、保护电器（熔断器、继电器、避雷器）、测量电器（电流互感器、电压互感器、电压表、电流表、电度表、功率因数表等）以及母线和载流导体等组成。

交流配电装置的分类：按照设备所处场所，可分为户内配电装置和户外配电装置；按照电压等级，可分为高压配电装置和低压配电装置；按照结构形式，可分为装配式配电装置和成套式配电装置。低压配电柜的主要功能是分配调度电能、保护送电线路、监视供电状况、记录负载用电量。在风能离网独立发电系统中，一般系统的装机容量都不大，所以只有低压配电柜。

（1）低压配电柜的基本原理

可再生能源交流电站一般供电范围较小，采用低压交流供电基本可以满足用电需要，因此低压配电装置在离网型可再生能源供电系统中就成为连接逆变器和交流负载非常必要的用于接收和分配电能的电力设备。

可再生能源交流电站规模由于投资规模的限制，有时不能完全满足当地用电需求。为了增加可再生能源交流电站系统的供电可靠性，同时减少蓄电池的容量，降低系统成本，各电站有可能配有柴油发电机组作为后备电源。后备电源的作用是：

　　① 当蓄电池亏电，而可再生能源发电设备又无法充电时，需由后备柴油发电机组发电，经整流充电设备给蓄电池组充电，同时，通过交流配电装置直接向负载供电，保证供电系统正常运行。

　　② 当逆变器或者其他部分发生故障，可再生能源交流系统无法供电时，作为应急电源，启动后备柴油发电机，经交流配电系统直接为用户供电。因此交流配电系统除在正常情况下将逆变器输出电力提供给负载外，还应具有能够将后备应急电源输出的电力在特殊情况下直接向用户供电的功能。

　　由上可见，离网可再生能源交流电站交流配电系统至少应有 2 路电源输入（1 路用于主逆变器输入，1 路用于后备柴油发电机组输入）。在配有备用柴油发电机的可再生能源供电系统中，其交流配电装置还应考虑增加 1 路输入。为了确保逆变器和柴油发电机的安全，杜绝逆变器与柴油发电机同时供电的极端危险局面出现，交流配电系统的两种输入电源切换功能必须有绝对可靠的互锁装置，只要逆变器供电操作步骤没有完全排除干净，柴油机供电便不可以进行。同样在柴油发电机组通过交流配电装置向负载供电的时候，也必须确保逆变器绝对接不进交流配电装置。

　　交流配电装置输出一般可根据用户实际需要情况进行设计。通常离网可再生能源交流电站，其供电保障率很难做到百分之百，为了确保某些特殊负载的供电需求，可以将交流负载按轻重缓急分成两组，而交流配电装置至少应有 2 路输出，这样就可以在蓄电池电量不足的情况下，切断一路低等级的负载，确保向主要负载继续供电。在某些情况下，交流配电装置的输出甚至还可以分成 3 或 4 个等级（3～4 路），以满足不同需求。例如，有的地方需要远程送电，进行高压输配电；有的地方需要为政府机要、银行、通信等重要单位设立供电专线等。

　　通常可再生能源交流配电装置主电路基本原理结构如图 11.4 所示。

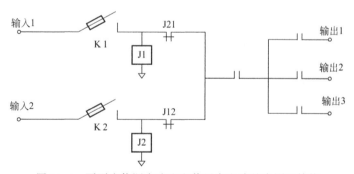

图 11.4　可再生能源交流配电装置主电路基本原理结构

　　图 11.4 中所示为 2 路输入、3 路输出配电结构，其中 K1、K2 是隔离开关。接触器 J1 和 J2 用于 2 路输入的互锁控制，即：当输入 1 有电并闭合 K1 时接触器 J1 线圈有电、吸合，其触头 J12 将输入 2 断开；同理，当输入 2 有电并闭合 K2 时，接触器 J2 自动断开输入 1，起到互锁保护的作用。另外，配电装置的 3 路输出分别由 3 个接触器进行控制，可根据实际情况及各路负载的重要程度分别进行控制操作。

　　需要指出的是，对于大多数无电地区，电力建设中互补系统的柴油发电机，由于要消耗柴油，大多数村民都不愿意启动柴油发电机，柴油发电机成了一种摆设，尤其是在油价飙升的时候。而对于其他的工业用户，如移动通信，为了保证系统的可靠性，后备柴油发电机是必备的，不然可再生能源发电系统的功率和储能能力要做得很大，才能有充分的供电能力。

（2）低压配电柜的基本功能

① 电力调度和分配电能

a. 电力调度：在低压配电柜中装有多组自动或手动的开关负责电力资源调度。例如，风力、光伏以及互补系统何时供电，向哪些负载供电，什么情况下启动柴油发电机组等，在配电柜里均可以实现上述操作。

b. 分配电能：根据负载的重要性，可以把负载分为若干个级别。在配电柜内对应不同级别的负载线路，都可以设置专用开关对其进行切换。例如，蓄电池组已充满，日照又很充足时，可以同时向各个级别负载供电；当阴天系统发电不足或蓄电池未完全充满电时，应切断次级负载（2级或3级负载等）的供电开关，仅向主要级别负载（1级负载）送电，等等。

② 保护输电线路安全

a. 防止线路短路和过载：线路短路和过载是系统比较容易发生的故障。国家电气标准规定了各种导线截面积的最大安全载流量。为防止电流超过导线的最大安全电流，每条线路都必须设置过流保护。两种常见的过流和短路保护措施是空气开关和熔断器。当电流超过空气开关设定的最大电流时，电路被断开，电流被切断。空气开关跳闸后通过简单的复位可以继续使用。当电流超过熔断器承载的最大电流时，熔丝或熔片烧毁，电路被切断。熔断器有多种形式，其特点和使用范围可参考相关产品说明。

空气开关不适合用在直流系统中，更多的是用于交流电路里，原因是当用其断开直流电路时，开关的触头往往会被引起的电弧烧坏。在交流回路里使用空气开关时，如果开关触头没有足够的断流能力，也会起弧并烧坏触点。如果空气开关没有被鉴定可用在直流系统里，设计者应使用熔断器或带有灭弧罩的直流熔断器对过流进行保护。

b. 防止线路漏电和欠电压：在安装有漏电保护器和欠压继电器的配电系统中，当线路漏电或交流供电电压低于允许值时，漏电保护器和欠电压继电器都会动作，切断电路。当系统故障排除后，方可恢复供电。

c. 电源互锁：当风力、光伏及互补系统配有柴油发电机组时，在配电柜中必须设有电源互锁装置，以防止各种供电电源设备之间发生短路事故。

③ 显示参数和监测故障

a. 显示电参数和记录电能消耗：在配电柜面板上装有指针式或数字显示仪表，主要显示的电参数有：三相或单相电压、电流、功率和频率。另外，在面板上或柜内还装有电度表，用以记录负载消耗的电能。

b. 声光报警和指示故障：在配电柜面板上装有两类信号灯，一类显示供电系统和配电线路的工作状态，如供电系统正在供电还是停电；另一类是故障类别信号，当供电系统或配电线路发生故障时，信号灯闪亮或颜色改变，从而指示出故障的性质，如供电过载、欠电压或三相严重不平衡等。

11.2.3　低压配电柜的形式和结构

低压配电柜有多种形式和结构，如配电柜、配电屏、配电箱，以及固定式、移动式等，但它们的内部都装有"配电开关板""保护元件板"，在前面装有指示仪表等。

（1）配电开关板

通常安装有断路器（空气开关）、隔离开关（刀闸）、双位刀闸及交流接触等。

（2）保护元件板

通常安装熔断器、过流保护器、欠电压保护器、漏电保护器及事故报警单元等。

（3）指示仪表

通常指电压表、电流表、频率表、功率表、瓦时计以及信号指示灯等。

11.2.4　配电盘

配电板由总配电盘和定时控制配电盘两部分构成。

（1）总配电盘

总配电盘位于控制机房内，是控制、管理和计量用户用电情况的重要组成部分，内装有总保险、空气开关、总电度表。总配电盘接线如图 11.5 所示。

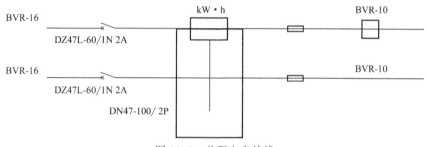

图 11.5　总配电盘接线

总配电盘的使用注意事项如下：

① 严禁用铁、铜等代替保险丝使用；

② 严禁打开电度表、铅封，严禁调整电度表接线；

③ 如保险烧断或空气开关断开，应先用万用表测量负载是否有短路情况；

④ 负载短路情况下，应先排除负载短路；

⑤ 确保负载无短路后，方可更换保险或合上空气开关送电。

（2）定时控制配电盘

定时控制配电盘位于控制机房内，内装有空气开关、交流接触器、KG316T 微电脑时控开关，是控制和管理定时供电用户的重要部分。定时控制配电盘接线如图 11.6 所示。

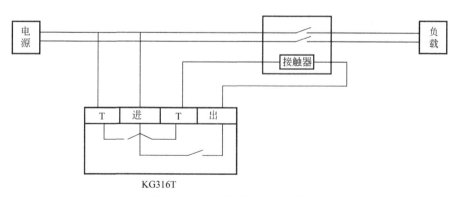

图 11.6　定时控制配电盘接线

11.2.5 低压配电柜的容量及元件的选择

确定低压配电柜的容量主要包括以下内容：

① 空气断路器电压等级、额定容量和过流保护范围；

② 隔离开关电压等级、额定容量；

③ 接触器电压等级、额定容量和断流能力；

④ 熔断器形式、适用范围、短路容量。

元件选择主要包括以下内容：

① 过流保护继电器；

② 欠压保护继电器；

③ 漏电保护继电器；

④ 监视仪表。

以上有关配电柜容量确定和元件的选择方法，均可以参照《农村低压电力技术规程》和《低压配电设计规范》的有关内容和规定。

一般以上工作和步骤都有系统集成单位负责设计和制造。系统运行管理人员无须设计选择，但如果需要维修，则需要充分了解所用元器件的性能规格参数。

11.2.6 离网可再生能源供电系统对低压配电柜的基本要求

(1) 对通用交流配电装置的要求

① 动作准确，运行可靠；

② 发生故障时，能够准确、迅速地切断事故电流，避免事故扩大；

③ 在一定的操作频率工作时，具有较高的机械寿命和电气寿命；

④ 电器元件之间在电气、绝缘和机械等各方面性能配合协调；

⑤ 工作安全，操作方便，维修容易；

⑥ 体积小，重量轻，工艺好，制造成本低，设备自身能耗小。

(2) 对可再生能源交流配电装置的技术要求

① 选择成熟可靠的设备和技术 低压配电柜选用符合国家技术标准的 PGL 型低压配电屏，它是用于发电厂、变电站交流 50Hz、额定工作电压不超过 380V 低压配电照明之用的统一设计产品。为把产品可靠性放在第一位，一次配电和二次控制回路均采用成熟可靠的电子线路。

② 充分考虑高原地区的自然环境条件 对于应用于海拔 1000m 以上的低压配电柜，应根据项目点的海拔高度，充分考虑高原地区的自然环境条件对低压配电柜的影响并做出相应的调整。

按照对电器产品的技术规定，通常低压电气设备的使用环境都限定在海拔 2000m 以下。高海拔地理环境主要气候特征是气压低、相对湿度大、温差大、太阳光及紫外线的辐射强、空气密度低。随着海拔高度增加，大气压力、相对密度下降，电气设备的外绝缘强度将随之下降，因此，在设计配电系统时，必须充分考虑当地恶劣环境对电气设备的不利影响。

③ 低压配电柜面板电表 低压配电柜前面板应有：

电流表：读输出的三相电流；

电压表：监测各相电压；

功率因数表：测量逆变器/柴油机输出功率因数。

另外在低压配电柜应有电度表，分别记录风电供电电量、光伏供电电量、柴油发电机供电电量。电度表应装在便于查看的位置。查电度表时注意，实际电量应等于电度表的读数乘以互感器变比，这才是真正记录的电量值。例如：互感器变比为 200：5，电度表读数为 222，则实际计测的电量为 $222 \times 40 = 8880 \mathrm{kW \cdot h}$。除上述电表外，交流配电柜还应具有所有输入、输出通断指示。通过安装专用的累积电量检测、记录仪表，可以分别对系统的发电量和用电量进行统计。

大部分风力发电系统的控制器只有显示瞬时电流和电压的，它们不具备功率累计功能。功率累计显示仪是专门用来检测、显示、传输电气系统参数（电压、电流、电量等）数据的仪表。对风力发电系统的实际运行情况关注的，尤其是发电量（用电量）感兴趣的用户，可以通过安装功率累计显示仪来获得有关功率的信息，也可以将功率累计显示仪加装到风机充电控制柜中（尤其对于有多台风力发电机的可再生能源发电系统）。

功率累计显示仪检测采集系统电流和电压模拟信号，经功率累计显示仪设定、处理、运算后，显示系统发电参数（系统电压、充电电流、即时功率、累计功率等），同时再累计、存储、打印、上传系统信息。图 11.7 说明了功率累计显示仪的基本工作原理。

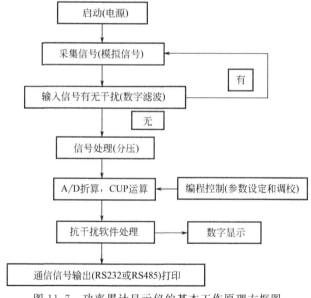

图 11.7　功率累计显示仪的基本工作原理方框图

(3) 可再生能源交流配电装置的其他要求

① 维修维护　低压配电柜应具有开启式、双面维护结构，采用薄钢板及角钢焊接组合而成。屏前有门，屏面上方有仪表板，为可开启式的小门，可装设各种指示仪表，维护方便。

② 接地　低压配电柜应具有良好的保护接地系统，主接地点一般焊接在机柜下方的骨架上，仪表盘也有接地点与柜体相连，这样就构成了一个完整的接地保护电路。可靠接地电路可以防止操作人员触电。

③ 保护功能　配电柜具有多种线路故障保护功能。一旦发生保护动作，用户应根据情

况进行处理,排除故障,恢复供电。应有的保护功能如下所示:

a.输出过载、短路保护:当电路有短路或过载等故障发生时,相应断路器会自动跳闸,断开输出。当更严重的情况发生时,甚至会发生熔断器烧断。这时,应首先查明原因、排除故障,然后再接通负载。

b.输入欠电压保护:当输入电压降到电源额定电压的70%~35%时,输入控制开关自动跳闸断电;当输入电压低于额定电压的35%时,断路器开关不能闭合送电。应检查原因,使配电装置的输入电压升高,再恢复供电。

c.蓄电池欠电压保护:低压配电柜在用逆变器输入供电时,具有蓄电池欠电压保护功能。当蓄电池放电达到一定深度时,由控制器发出切断负载信号,控制配电柜中的负载继电器动作,切断相应的负载。恢复送电时,只需进行按钮操作即可。

d.输入互锁保护:电站低压配电柜最重要的保护是两路输入的继电器及断路器开关双重互锁保护。互锁保护功能是当逆变器输入或柴油发电输入只要有一路有电,另一路继电器就不能闭合,按钮操作失灵。断路器开关互锁保护是只允许一路开关合闸通电,此时如果另一路也合闸有电,则两路将同时跳闸断电。

④ 散热要求 高海拔处气压低,空气密度小,散热条件差,这对于低压电气产品尤其重要,必须在设计容量时留有较大的余地以降低电气工作时的温升。

11.2.7 高海拔对低压电器的影响

对于在高海拔地区应用可再生能源供电系统,应充分考虑海拔高度的影响,对系统中的低压电器进行降容使用。

(1) 对风力发电机组的影响

高原气候环境对风力发电机组电控系统的影响主要包括:a.绝缘等级降低;b.电子元件容量降低;c.防雷保护要求增加;d.接地要求增加。

针对以上影响,对电控系统主要部件的改进设计措施有:a.电气控制柜需要根据海拔高度重新设计;b.加粗主设备(如发电机、液压站、整机)的接地导线线径;c.现场线的线径,尤其是安全链信号线(振动、扭缆、急停等)要予以加粗处理;d.电气、电子元件要降容使用,如断路器、继电器、接触器的容量按表11.1进行其容量校核;e.进行变频器控制器设置,如转矩控制等。

表 11.1 断路器、继电器、接触器容量表

高度 H/m	2000	3000	4000	5000
额定绝缘电压U_i/V	1	0.88	0.78	0.68
额定工作电压U_e/V	1	0.88	0.78	0.68
额定电流I_e/V	1	0.98	0.95	0.90
额定短路分断能力I_{cu}/kA	1	0.93	0.88	0.82

(2) 对断路器的影响及对策

海拔超过2000m后,对空气断路器的性能影响很大,将使电器的灭弧性能降低、通断能力下降和电寿命缩短,另外,海拔升高将使断路器的绝缘等级降低,如部分厂家提供的断路器在海拔达到3000m时工作电压只能达到550V,到4000m时只能达到480V,不能满足690V的要求,所以必须更换。

用于电压信号采集的断路器，在海拔升高、工作电压无法达到 690V 时，首先要选择寻找专门设计的替代产品；如没有，可以用带隔离功能的熔断器代替。

（3）对电抗器及变压器的影响及对策

在海拔升高到 2000m 后，电抗器及变压器这类产品需要降容使用，降容数值按照每升高 100m 降容 1%，则海拔 3700m 需要降容 17%，即所有电抗器及变压器需要按照现在的容量的 120% 重新设计制造，这样变压器及电抗器的体积将有所放大，相应的柜子的布置将有所改动。

（4）对接触器的影响及对策

接触器和断路器类似，也属于开关类电器产品，因此也存在灭弧性能降低、通断能力下降和电寿命缩短等问题。如果海拔升高，现在使用的接触器工作电压下降，则要重新选用工作电压。

中间继电器，由于加热器功率的增加，如原有继电器的容量不够，也需要更换容量更大的继电器。

（5）对电流互感器的影响及对策

为保证电流互感器外绝缘有足够的耐受电压值，所以，现在使用的电流互感器如不能在高原上使用，需使用专门的高原型电流互感器。

（6）对熔芯的影响及对策

由于高原空气稀薄，散热比较困难，因此熔断器需要降容使用，需要更换，按照新的要求选型。刀熔开关，根据在高原上的使用条件，也可能需要更换容量更大的熔芯，熔断器座也相应需要换大一号的。

（7）对蓄电池的影响及对策

高原寒冷的空气将使蓄电池寿命大大缩短（现在的产品在 20℃ 的寿命为 10 年），估计需要 4～5 年更换一次。

（8）对电缆的影响及对策

海拔在上升到 3700m 时，由于散热条件差，流经电缆的最大电流降为原来的 0.9 倍，我们也将把设备内的功率电缆的线规放大一号。在使用电缆上，可以参考青藏铁路建设使用中的电缆方法。

（9）对冷却回路的影响及对策

高原天气寒冷，在特殊情况下的储存温度可能会达到 −40℃，平原地区使用的冷却水管的软管在这么低的温度下存放的话将加速老化、开裂，因此需要换用耐低温软管。

（10）对显示屏的影响及对策

液晶显示屏的物理特性决定了它在低温下不能使用，考虑到它在变流器中的作用及特点，可以在高原低温型变流器中不用显示器，但需保留接口及安装位置，以便在装机调试的时候能够使用笔记本电脑来快速方便地并网。

（11）对电容的影响

正常情况使用的滤波电容如果不能适应低温的环境，需要更换。

（12）其他

高原寒冷，考虑运行环境可能达到 −30℃，经过计算后得到，现在使用的加热器的加热效果不能满足变流器的运行条件的话，需要增加加热器面积或者再增加一个加热器。

按照国家标准的规定，安装在海拔高度超过 1000m（但未超过 3500m）的电气设备，在平地进行试验时，其外部绝缘的冲击和工频试验电压 U 应当等于国家标准规定的标准状态下的试验电压 U_0 乘以一定的系数，该系统与海拔高度 H 有关：

$$U=U_0 \frac{1}{1.1-H/10000} \tag{11.1}$$

式中，H 为安装地点的海拔高度，m。例如，以 $H=5000$m 代入公式，则 $U=1.667U_0$。

广州电器科学研究所总结在高海拔地区实际试验数据和模拟高海拔地区人工试验箱中所得数据后，提出经验公式（$H<4$km）：

$$U=U_0 [1+0.1(H-1)] \tag{11.2}$$

式中，H 为安装地区海拔高度，km。若以 $H=5$km 代入上式，则：$U=1.4U_0$。我国低压电器耐压试验电压通常取 2000V，用在海拔 5000m 处低压电器设备的耐压试验电压应当取为 2800～3333V。

绝缘试验电压之所以要求增高，是因为高海拔处空气相对密度 δ 要下降，而击穿电压为：

$$U=\frac{K_d}{K_n}U_0 \tag{11.3}$$

式中，U_0 为标准状态下外绝缘击穿电压；U 为实际状态下外绝缘击穿电压；K_d 为空气密度校正系数；K_n 为湿度校正系数。

K_n 变化不大，通常 0.9～1.1；$K_d=\delta^m$，m 通常取 1。统计资料表明，中国地区海拔 5000m 处，平均气压为 415mmHg(1mmHg=133.322Pa)，相当于 0.54atm，平均空气密度为 0.594kg/m^3，故 $U=0.594U_0$。这表明在海拔 5000m 高的地区，电气设备的绝缘强度下降 40%，绝缘试验电压须提高 50%～60%，因此，配电系统中的所有电气元件必须严格考核绝缘耐压而且彼此间应有足够的绝缘距离以免击穿。

总之，对于高海拔地区，要充分考虑到当地的环境条件，按照上述设计要求，交流配电系统在设计上对低压电器的选用都应留有足够的余量，以确保系统的安全可靠。

11.3 局域电网基本要求和设计

11.3.1 低压线路的分类和技术要求

低压配电线路由输电线路和配电线路组成，为保证电站对外供电的稳定性和可靠性，必须保证电站内线路在输送电能时是安全、高效的。

对输电线的技术要求：在额定功率下输电时，站内直流输电线路的总电压损失≤3%～5%；在风力发电机至控制器及蓄电池至控制器之间，直流输电线路必须设有短路保护装置和人工断开点，以保护线路和便于维修。

配电线路的技术要求：按照《配电网规划设计技术导则》（DL/T 5729—2016）规定，10(20) kV 及以下三相供电电压允许偏差为标称电压的±7%，即三相 380V 电压偏差在 +7%～−7% 范围内，电压允许在 353.4～406.6V 的范围内变化；220V 单相供电电压允许偏差为标称电压的 −10%～+7%，即电压允许在 198～235.4V 的范围内变化。

可再生能源电站应靠近主要负载，供电距离一般不超过 500m。中性线电流不应超过额定电流的 25%，且依据负载重要性，应将全部用户分级。

11.3.2　低压配电线路的组成

低压配电线路由电杆、导线、横担、绝缘子、金具、拉线 6 部分组成。

① 电杆是用来架设导线的，因此电杆应有足够的强度。目前电杆用的是钢筋混凝土电杆。它的特性是坚固耐久，使用寿命长，日常维护工作少。不得用铁器、石器击打或车辆撞击水泥电杆。

② 导线是用来传输电能的，因此应保证输电导线的完好。

③ 横担装在电杆的上部，用来安装绝缘子或者固定避雷器，它具有一定的长度和机械强度。

④ 绝缘子也叫瓷瓶，用来固定导线，并使导线与导线之间、导线与横担之间、导线与电杆之间保持绝缘，同时也承受导线的垂直荷重和水平荷重。绝缘子必须具有良好的绝缘性能和足够的机械强度。每个绝缘子保证不能有裂痕及脏物，釉面要完好。日常防止用石头击打瓷瓶，以防运行中发生闪络放电。

⑤ 金具是架空线路中用来固定横担、绝缘子、拉线的各种金属联结件，如抱箍、线夹、花篮螺栓、球头挂环、穿芯螺栓等。金具全部采用镀锌防腐，日常应注意检查各部固定螺栓是否紧固，若松动应及时紧固。

⑥ 拉线用在架空线路终端电杆、转角杆、分支杆和耐张杆中，起着受力平衡的作用，以保证电杆稳固。

11.3.3　室内配电的组成

室内配电由导线、PVC 穿线管、分线盒、开关、灯头、灯泡、插座、配电箱组成。

① 每个用户在进线处安装 1 个配电箱，主要控制用户的用电功率及收费计量、安全保护。应注意检查电表工作是否正常，空气开关是否跳动灵活，保险配备是否合适，若有异常及时检修，以防隐患。

② 导线采用 PV 单芯铜芯线，导线的横截面积根据用户功率来配备，在设计时应大于线路的工作电压。日常要经常检查导线是否老化、开裂，若有应及时更换。

③ 导线接头处在安装时应按规定要求用绝缘胶带包扎。使用年久后会腐蚀老化，应重新进行包扎、固定，以杜绝安全隐患。

④ 开关、插座、灯头都已固定在设计所要求的部位，应经常检查各器件的功能及灵活性。若检查有故障，应及时排除。排除故障前，应先断开进户总电源开关，以确保人身安全。

11.3.4　电网电缆线的选择

造成局域电网电力质量下降有很多因素，其中很重要的一条是电网电缆线的选择。

(1) 选择电网电缆的类型

① 裸导线　裸导线的特点是导体外表面没有绝缘包裹，因此散热良好，用铝制成的绞线成本低廉，经常用于电力架空线。

② 绝缘线　绝缘线的特点是导体外表面有绝缘包裹，安全性能良好，种类多，用途广泛。

③ 橡胶绝缘电缆　它的特点是若干根绝缘导线外还包有橡胶保护层，因此安全性能比较好，用于容易产生扭曲、磨损等苛刻情况的场所，一般铺设在电缆沟内。

（2）选择电缆的截面积

① 确定电缆的载流量和线损。

② 确定线径。在满足电缆的载流量和线损的情况下，测算出所选回路可能通过的最大电流值，在线规表中查找合适的线径。根据所选回路的长度、截面积和最大电流值，计算导线的电阻和压降，确定电缆的截面积是否合适。

（3）电缆规格的具体选择

下面举例说明电网电缆线的选择。

以 1 台 10kW 风机为例，假设局域电网为单相 220V，初选的电缆规格为 10mm^2，传输距离 500m。初步确定风机使用电缆截面积后，使用下列公式可以计算出线路电阻，再利用电阻和电流的关系计算出压降，判断压降是否在使用电压的正常范围内，然后就可以判断出电缆截面积是否合适。

电缆电阻的计算公式为：

$$R = \rho L/S \tag{11.4}$$

式中，R 为电缆的电阻；ρ 为电缆材料的电阻值；L 为电缆的长度；S 为电缆的截面积。

首先查设计手册可以得出环境温度为 20℃时，铜的电阻率为 0.01756Ω·mm^2/m。于是根据上式，10mm^2、长 500m 的铜线电缆的电阻为：

$$R = \rho L/S = 0.01756 \times 500/10 = 0.878(\Omega)$$

上述公式是指铜线工作在标准稳定的环境下（20℃）。铜线的实际工作稳定不会是 20℃，这时铜线在其他温度 t 时的电阻率 ρ_t 可以计算如下：

$$\rho_t = [(235+t)/(235+20)] \times 0.01756$$

线损 ΔU 就是线路损失电压，与传输电流有关，假设每台风机最大电流为 40A，则：

$$\Delta U = IR = 0.878\Omega \times 40A = 35.12V$$

即电流通过这一段线路时的压降是 35V。单相 220V 电压允许的偏差范围为 −10%～+7%，即 −22V 或 +15.4V，所以以上电缆的线损超出了要求；可以改为截面积 16mm^2 或以上的电缆。重新计算可以发现，用截面积 16mm^2 的电缆能够满足压降的要求。

下面再给一个"风/光/柴供电系统"具体例子。

① 系统配置：风力发电机为 10kW×8、光电 30kWp、柴油机 110kW；

② 系统母线电压：240V（直流）；

③ 负载类型：220V/50Hz；

④ 系统用途：该风/光/柴互补电站用于一个苏木的电力供应。

根据各部分的实际使用情况选择电缆类型：

① 室外输电线路选用铝制裸导线，通过电杆架空使用；

② 风力发电机、太阳能光阵：由于需要将输电电缆埋入电缆沟内，选用铠装电缆或类似电缆；

③ 室内设备连接：选用聚氯乙烯包装缆线或橡胶绝缘电缆。

根据各部分供电设备的最大电流查线规表（请查阅相关电工手册），各类设备选用的电缆的截面积为：

① 风力发电机设备：3×10＋1×6 铠装电缆，这种尺寸的导线在全负荷功率运行时的电气功率损耗低于 10％，以平均功率水平运行时低于 2％；

② 光电设备：25mm^2 的电缆；

③ 柴油机：50mm^2 的电缆；

④ 其他设备电缆：以此类推。

典型系统安装结构见图 11.8。

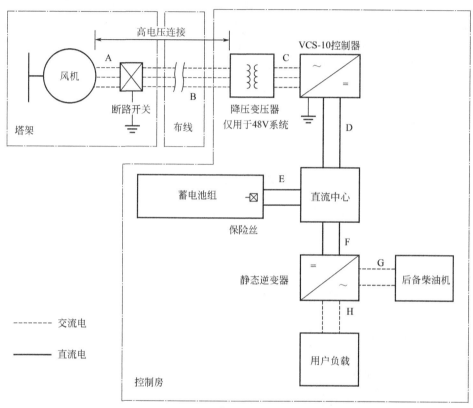

图 11.8　典型系统安装结构

11.3.5　电杆

(1) 电杆的距离

对于离网可再生能源独立供电系统的局域电网，电杆的距离一般情况下是 50m；如果电线杆上有路灯的话，一般是 30m。距离不一定是固定值，如果地形复杂，要根据现场情况而定，要避让树木等高耸物；如果是山区，还要规划线路走向，合理布局。

(2) 电杆的高度

电杆的高度主要由电压等级决定，电压等级越高，电杆越高。架空线距地的最低点国标中有规定，电杆的高度安装完导线后，弧垂最低点应符合国标要求，这样的电杆高度才是合适的。

电杆高度也与通过的地区有关系，通过无人区或居民居住区的最低点不同，电杆的高度也有所不同。

总知，电杆高度要根据线路情况来决定。低压局域电网的一般的电线杆总长 7～10m 不等，地下一般埋 1～1.8m。

11.3.6 可再生能源局域电网的传输半径

离网可再生能源发电系统的功率一般比较小，如果传输距离过大，会造成传输线路线损太大；末端电压太低，超出正常使用范围，严重的会导致用电设备无法正常工作。另外，如果要保证末端的压降在正常许可的范围内，则要通过增加电缆截面积来降低线损，则系统的造价就会上升。通常，按我国的电力标准，电站输出功率在 100kW 以下、配电半径小于 1km 时，输电线路通常以三相 380V 电压或单相 220V 电压传输。电站输出功率 100kW 以上、配电半径大于 2km 时，输电线路通常应以 6kV 电压传输。

通常，对于离网小型风力发电系统，供电半径不宜过大（不超过 1km）。

11.4 控制房

11.4.1 可再生能源独立电站的基本土建设施

电站根据系统要求应配置电气控制房、蓄电池房、柴油机房（如果系统内有柴油发电机）。图 11.9～图 11.11 是一个在巴基斯坦山区的风/光互补独立供电系统的控制房、蓄电池房和管理人员工作室。房间的布局如图 11.12 所示。

图 11.9 控制房

图 11.10 蓄电池房

图 11.11 管理人员工作室

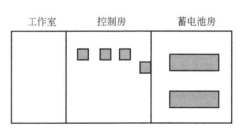

图 11.12 房间布局

（1）蓄电池房

蓄电池房用来放置蓄电池组。蓄电池房的大小要根据系统中单个蓄电池的尺寸（长×宽×高）、数量和摆放方式决定。

根据场地条件电池的主要放置方式有三种：

①置地安装　对于一些电源房比较宽敞的场合，把电池安装区域的地面或台面处理平整，将电池分成单列、两列或几列排放在地面或台面上，连接安装。

②电池柜安装　对于一些空间比较紧凑的场合，为了减少电池的占地面积，又能和电源设备保持一致，可以采用电池柜安装。

③电池架安装　这种安装方式既能减少电池占地空间，又便于适应不同组合电压的电池组的安装排列。根据组合电压和电池容量等级的不同，还可以分成单层单列及多层多列等几种方式。注意，放置蓄电池，除了考虑场地和空间的条件外，还要遵循厂商对蓄电池的放置要求。现举例说明确定蓄电池房大小的方法。

假设系统中总共采用了 240 个 $1000A \cdot h/2V$ 的 GEL 蓄电池，总储能容量为 $480kW \cdot h$。每个蓄电池的尺寸如图 11.13 所示：$181mm \times 370mm \times 365mm$（长×宽×高）。

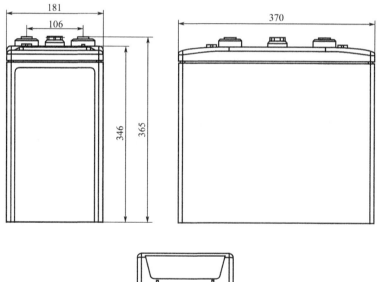

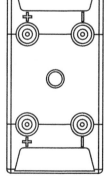

图 11.13　蓄电池尺寸图

240 个电池分两组，每组 120 个。蓄电池安放在电池架上，上下两层；每层 60 个，分两列。考虑到间隙，每列电池组 30 个电池，长度为 $200mm \times 30 = 6000mm$，两列电池组的宽度为 400mm × 2 = 800mm，电池架的高度为 900mm。如此，每组蓄电池的占地为 6m × 0.8m。

按标准 DL/T 5044—2014，通道一侧安装蓄电池时，通道不小于 800mm；两侧安装蓄电池时，通道不小于 1000mm。据此，蓄电池房的大小可以确定如图 11.14 所示，面积约 44.2m^2。

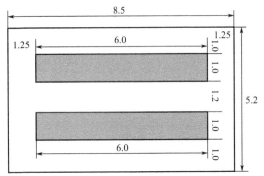

图 11.14　确定蓄电池房的大小（单位：m）

各蓄电池制造商生产的蓄电池的尺寸不一样，蓄电池房的大小要在蓄电池容量和具体蓄电池型号规格都确定后才能最终确定。

蓄电池房要有良好的通风和保暖/降温措施。电池主要控制方式分为阀控和开口两大类型。无论电池是什么类型，在电池充电时都会产生一定的有害、易燃气体，当这些气体达到一定浓度后，如遇明火或短路，非常容易引发爆炸或火灾。所以蓄电池房要求有良好的通风条件，有效地保持空气流通。由于各个地区的地理位置不同，所以气候条件也不相同，要根据当地条件因地制宜地选用通风设施。

电池房的保暖/降温十分重要，电池的最佳工作温度是 25℃。电池的充放电实际是化学反应，该反应会随温度的升高而加速，随温度的降低而变慢。蓄电池房的温度应该控制在15～35℃。电池的浮充使用寿命与使用环境有直接关系，以 20℃ 为基础，电池使用环境温度每升高 8～10℃，电池的浮充使用寿命要递减 50%。

很多可再生能源电站的蓄电池组使用 2～3 年后就失效就是因为冬天的气温太低且没有任何保暖措施。对于没有取暖条件的地方，挖地窖把蓄电池组放在地窖内，冬暖夏凉，是个既经济又实用的方法。另有一些地方，夏季温度很高，蓄电池房应尽可能采用被动式降温的方法（通风）或者电扇等使室内的温度下降。一般不建议在蓄电池房内采用空调。采用空调降温，系统发出的电力很大一部分会被空调消耗掉，会使系统的经济性变得很差。

（2）控制房

控制房主要用来放置充电控制器、逆变器、交流配电柜和计算机数据采集系统等，也可能要放置泄荷器。具体房间的大小也要等设备的型号规格确定后才能确定。

（3）管理人员工作室

随着科学技术的发展，现在的离网可再生能源独立供电系统都是自动控制的，很少需要人为干预。系统管理人员可以采用兼职的形式，既可减少管理费用，又可不建专门的管理人员工作室，这对偏远欠发达地区电力建设尤为有意义。

管理人员的办公地点不应该设在蓄电池房内，电池工作时产生的有害气体会对工作人员产生不良影响，会造成咳嗽、头疼、昏迷、窒息，严重的还可能导致死亡。另外，由于工作人员在日常工作中会频繁地进出办公地点，如果办公地点设置在电池室内，不利于电池房的温度保持，影响电池的使用寿命。电池室内人员过多，也存在意外触电的安全隐患。

11.4.2　土建设施的基本要求

土建设施应满足以下要求：

① 土建设施的设计要保证设备安全、施工方便、使用效率高、方便用户使用；

② 在规划这些房间时，要充分考虑各种进出的电缆走线，比如风能太阳能电缆线的进入，交流配电柜的电缆的穿出，以及房间与房间之间的电缆走线，比如蓄电池房到控制房的电缆；

③ 建筑必须能承受规定的风压负载，正面应朝向正午太阳方向；

④ 建筑能防雨、防尘、防潮、防沙、防雪灾；

⑤ 建筑内要有通风、排水设施；

⑥ 建筑要有防火设施，建材要符合防火要求；

⑦ 建筑要有防盗门窗和相关锁具设施；

⑧ 建筑保证光线充足，窗户视野开阔；

⑨ 建筑出入口要足够大，方便设备进出；

⑩ 柴油机房有通风设施，方便尾气排放；

⑪ 开口蓄电池室要有通风和隔离设施，避免酸雾腐蚀或漏液的化学污染；

⑫ 建筑内部有符合接地要求的接点。

11.4.3　标识和安全警示

安全非常重要。可再生能源发电系统在各相关的位置（包括室内和室外现场）要有清晰的安全标识和安全警示，对系统的操作者要有系统的培训，对用户要有充分的安全用电教育，以保证人身安全、设备安全和系统安全。要做好防雷击、防火和防盗的安全措施，确保系统的安全运行。有关详细的标识和安全警示方面的内容将在第 18 章展开。

第12章

风力发电系统及其互补系统的集成设计

12.1 概述

如前所述，风力发电的应用主要分两大类：并网分布式应用和离网独立发电应用。并网分布式应用中，又有各种类型：全额上网、自发自用余电上网和完全自发自用上网三类；离网独立发电应用中有集中供电系统、互补供电系统和户用系统；互补系统中常见的又有风/光互补、风/柴互补和风/光/柴互补系统，如图12.1所示。当然风能也能和其他的能源类型互补，比如与小水电组成的风/水互补。

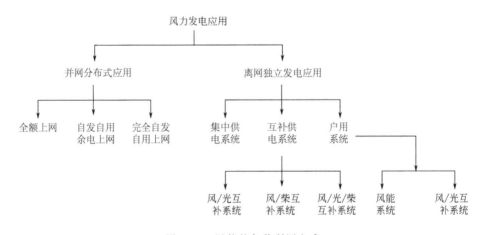

图 12.1　风能的各种利用方式

以上各种风能利用形式的系统结构如图12.2所示。图12.2显示了三种基本风能并网分布式的系统结构。

图12.3显示了三种基本离网风能集中供电和互补供电的系统结构，以及两种风能户用供电的系统结构。

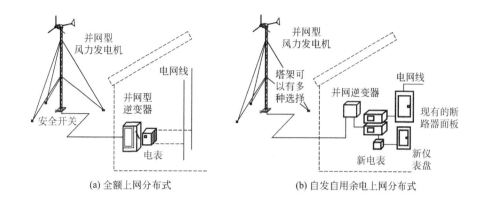

(a) 全额上网分布式　　　　　　　　　(b) 自发自用余电上网分布式

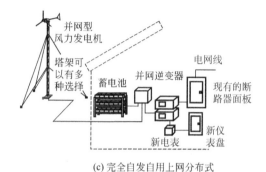

(c) 完全自发自用上网分布式

图 12.2　三种基本风能并网分布式的系统结构示意图

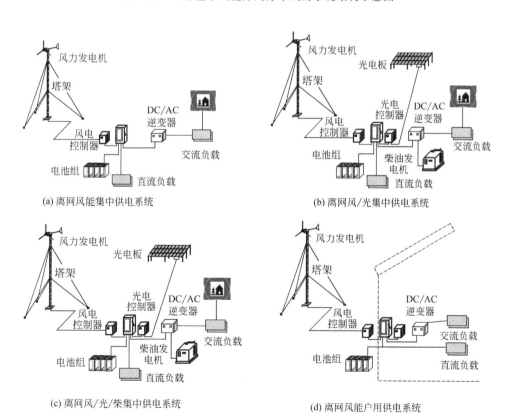

(a) 离网风能集中供电系统　　　　　　　　(b) 离网风/光集中供电系统

(c) 离网风/光/柴集中供电系统　　　　　　　(d) 离网风能户用供电系统

图 12.3

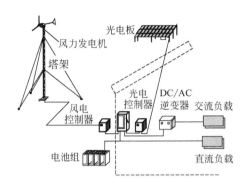

(e) 离网风/光户用供电系统

图 12.3　三种基本离网风能集中供电系统及两种风能户用供电系统结构示意图

这些不同的系统所包含的基本组件不一样，所涉及的设计步骤也不一样，因此需要确定不同的技术参数，表 12.1 列出了各种系统所包含的基本组件，这些基本组件都需要在系统设计中根据实际来确定其参数。

表 12.1　各种系统所包含的基本组件

组件		并网系统			离网系统					
		全额上网	余额上网	自发自用	风能集中	风/光集中	风/柴集中	风/光/柴集中	风能户用	风/光户用
风力发电机	并网型风力发电机	√	√	√						
	离网型风力发电机				√	√	√	√	√	√
	塔架	√	√	√	√	√	√	√	√	√
其他发电设备	太阳能光伏电池					√		√		√
	柴油发电机						√	√		
电控	AC/DC/AC 并网逆变器	√	√	√						
	DC/AC 逆变器				√	√	√	√	√	√
	充电控制器				√	√	√	√	√	√
储能	蓄电池组				√	√	√	√	√	√

对于风能的并网分布式应用，系统都采用并网型风力发电机，而且，风力发电机制造商都有配套的并网控制器，或者推荐使用某些品牌的并网控制器，使用者主要是根据当地的风资源选择系统的功率、塔架的高度和安装地点等。风能（可再生能源发电）并网的技术难点有：

① 联网方式和输电规划；

② 针对风电的不稳定性和与负荷的不匹配，保证电网安全稳定运行的手段；

③ 对分散的分布式风电（包括其他可再生能源，如太阳能光伏）的调度；

④ 低电压穿越（LVRT）；

⑤ 无功控制调节；

⑥ 电压偏差、电压变动、谐波、闪变；

⑦ 其他。

这些技术难点大多是在电网一侧需要由电网加以克服的，当然也有一些需要在风力发电一侧解决的，比如低电压穿越，即风力发电机配置的并网控制器需要具有低电压穿越能力。这些问题除了在电网方面不断改进电网对可再生能源发电的适应性，还要在风力发电机和并网控制器的研发和生产中解决，而不是在系统应用时解决。分布式应用，主要是根据当地的风资源条件和相关政策，加上经济可行性研究，来决定是否适合建设并网型风力发电系统，设计决定风力发电机的容量，选择适当的并网型风力发电系统。

相比而言，离网风力发电系统，尤其是互补系统，系统设计要复杂得多。系统设计者要评估当地的风资源，要评估负载以及负载的增长趋势，评估安装条件，然后设计具体的系统，并对系统的技术经济方案进行优化，以期获得最合适的方案。因此，本章将先介绍离网风能及其互补系统的设计，然后再介绍并网系统。

12.2　可再生能源供电系统设计

12.2.1　独立可再生能源集中供电系统设计的基本步骤

本节以相对复杂的离网风能互补系统的设计为列，介绍独立可再生能源集中供电系统设计的基本步骤。独立可再生能源集中供电系统设计的基本流程如图 12.4 所示。

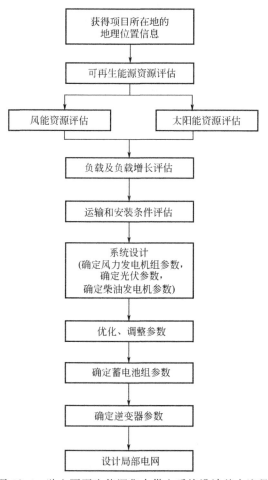

图 12.4　独立可再生能源集中供电系统设计基本流程

系统设计包含如下具体步骤。

第一步：了解系统安装地点的地理位置信息。首先必须了解系统安装地点的地理位置信息，包括经纬度和海拔高度、地形地貌。如果是集中供电系统，要了解人口和家庭数量、公共设施数量，如村委会办公室、学校、卫生所、寺庙、小卖部和农机具维修站等。

① 安装地点　在用户不了解项目地点风资源数据的情况下（实际大多缺少测风数据），系统设计者需要向最终用户了解项目的确切地点（经纬度），以便系统设计者根据项目地点的具体位置或经纬度来检索相应的资源数据库，从而为系统设计获取尽可能多的可再生能源资源参考信息，同时了解项目安装地点的地形地貌。

② 项目点的海拔高度　风资源受海拔高度的影响，了解海拔高度以调整风力发电机的发电量。

第二步：评估风资源信息和太阳能信息。根据经纬度和海拔高度，获得当地的风资源信息和太阳能信息。

从数据库中检索到的资源数据并不一定能真实地反映项目地点实际的自然资源情况，如果不能在现场开展建立测风站进行长期（一年到两年）监测风资源情况的工作，则需要系统设计者做多方面的调查走访，尤其是与当地的老百姓进行沟通，对当地的可再生能源资源情况做出间接评估。在资源评估时，要特别关注关键月份，如枯风期、阴雨天（尤其是连续阴雨天、雪天）、冬季（日照少）、旱季等。对于风资源的评估，请参看本书第1章。

可再生能源资源本质上是在不断变化的。一般来说，用年平均风速数据做项目的初步设计。如果初步设计显示系统有良好的前景，则应该用月平均风速数据来做最终设计，以便根据资源最差月份的情况来计算系统的运行情况。瞬时风速数据对整个系统的设计意义不大。同样，对太阳能资源数据，也是用月平均数据。

第三步：负载和未来负载增长的评估。可再生能源离网独立发电系统每个电站都针对具体特点的负载群，在各个电站之间无法调度，因此它对负载的大小非常敏感。在设计离网型风力发电系统时，一项非常重要的工作就是调查潜在的用电负载，根据用电负载来决定系统的规模、配置及系统预算。由于可再生能源的单位初期投资大，正确估算系统负载尤为重要。过低估算负载对电力的需求和增长速度，会在系统刚安装完就出现供电不足的困境，而过高估算系统的负载则引起本来就有限的资金投入的浪费。再则，能耗的大小是影响可再生能源发电系统设计规模和投资的最主要因素。因此设计单位必须全面了解用户用电需求，分析减少系统损失的方法，提高供电系统效能。

（1）负载评估的主要内容

负载评估的主要内容是了解用户基本情况、了解当地非电力耗能负载性质和规模、掌握用户对电费的承受能力、了解负载对电能质量和供电可靠性的要求和当地经济发展潜力。

① 用户基本情况　可再生能源发电系统是一种初期投入较高的发电方式，系统设计是否可行、运行是否可靠、系统的效率是否高效、系统是否可持续运行等一系列问题，不单纯是系统自身的技术问题，也与系统所在地的人文、地理、气候、资源等条件有很大关系。为了降低系统初投资和发电成本，使建设的系统与用户要求和当地特点相适应，规划和设计单位必须对用户的类型与经济和文化水平进行调查和评估。通过对经济与文化水平的调查，评估用户在系统投资方面的能力和对新技术的接受能力。

当然，针对某些特定领域的可再生能源供电系统应用，可以简化以上工作，比如：利用可再生能源为通信基站的微波设备等提供电力供应，设计单位只需要根据基站的实际用电负载进行一对一的系统设计即可。

② 当地非电力耗能负载性质和规模　在无电地区建设可再生能源发电系统时，要考虑目前用户非电力耗能负载的性质和规模，了解哪些耗能负载可转为电负载，哪些仍不需要或不适合使用电能，调查和评估不同的非电耗能负载转为电负载的合理性和可能性。上述问题对系统规划、方案设计和投资都有着直接影响。

③ 用户对电费的承受能力　可再生能源发电系统的发电成本受系统技术方案、系统规模、系统运行的可靠性和供电保证率等多方面因素的影响。另外电费是电站的唯一收入，要使电站能维持生存，就必须分析经济可行性。要了解各方有关制订和收取电费的计划、方案的可行性。根据当地的电费政策和用户在电价方面的承受能力，对上述诸因素进行选择和调整，以求尽量满足或接近用户的要求。

④ 负载对电能质量和供电可靠性的要求　由于系统供电对象不同，负载性质不同，用户对系统供电的可靠性和保证率要求也不一样。例如，一般居民的生活照明用电是最重要的，看电视要次于照明用电，而乡镇医院用电较居民用电又重要一些。为此，必须了解并评估不同用户和不同负载对系统供电可靠性和保证率的要求。提高供电系统可靠性和保证率不仅需要提升系统部件质量和技术等级，更重要的是系统初投资和运行费用都将大大提高。

⑤ 当地经济发展潜力　随着经济的发展，一个地区的用电量将不断增加，这是一种必然趋势。因此，对建设可再生能源发电系统所在地区的经济发展潜力应进行调查和评估，以使新建的系统不仅能满足当前需求，也能满足近期经济发展对电力增长的需求。

（2）区分负载中的直流负载和交流负载

负载信息要区分直流负载和交流负载。直流负载所使用的电源为直流电。采用直流电作为电源的设备主要有直流灯、直流收音机、直流电视机以及采用直流的通信设备等。目前我国通信设备的直流电源标准是 $-48\mathrm{V}$。直流电可以由蓄电池提供，如手机用蓄电池进行工作时；也可以由交流电整流稳压后得到，如手机用充电器进行工作时。

交流负载所使用的电源为交流电。交流电又分单相交流电和三相交流电。负载功率较小的一般采用单相交流电，而功率较大的则采用三相交流电。在我国，单相交流电为 $220\mathrm{V}$，$50\mathrm{Hz}$；而在欧洲，单相交流电为 $120\mathrm{V}$，$50\mathrm{Hz}$；在美国则为 $120\mathrm{V}$，$60\mathrm{Hz}$。大部分家用电器都采用交流电作为电源，如电视机、洗衣机、冰箱、电扇、空调机和各种机床设备等；较大功率的机床设备采用三相交流电作为动力电源。电网上传输的一般都为交流电。

由于采用的技术不同，有的可再生能源发电系统提供的是交流电，如微小水电站；这类电站可以为交流设备直接提供电力，但如果要为直流设备供电，则必须经过整流稳压。有的可再生能源发电系统提供的是直流电，如直流母线型的风能、太阳能或风/光互补电站，这类电站可以直接为直流设备供电。但如果要为交流设备供电，则必须采用直流-交流逆变器，把直流电变换成标准的交流电才能向交流设备供电。

（3）区分交流负载中的阻性负载和感性负载

对负载信息还要区分阻性负载和感性负载。电工学中，电路有阻性、容性和感性之分。同样，用电负载也存在着电阻性负载、电感性负载和容性负载。

① 电阻性负载　电阻性负载是指负载的耗能部件呈电阻性，如白炽灯、电熨斗、电炉、电热水器等，都是典型的阻性负载。电阻性负载的特点是，当电流流经阻性负载时，电流与电压的幅值和相位不会产生突变。流过负载的电流值与外加电压大小成正比，即符合电工学中的"欧姆定律"（在同一电路中，导体中的电流跟导体两端的电压成正比，跟导体的电阻

成反比）。

使用电阻性负载无特殊要求，只要按电气规程或负载设备的使用说明书安装和操作即可。一般应注意以下几点：

a.负载设备的额定电压与外接电源电压应一致；

b.电气设备有明确要求的，接线时应注意火线、零线及地线的正确接法；

c.为控制负载设备的通断，在线路里需接入"开关"，"开关"的额定电流通过能力应符合用电规程要求，通常要略大于负载设备的最大电流；

d.负载设备和电源之间连接导线的线型和截面，应符合用电规程要求；

e.为保护电源和设备免受设备过载或短路的危害，在电路中应根据电气规程的要求安装熔断器（保险管或熔丝）。

② 电感性负载　电感性负载是指负载的耗能部件是由带铁芯或不带铁芯的线圈构成的，它具有电学上定义的"感抗特性"，也称为"感性负载"。确切讲，应该是负载电流滞后负载电压一个相位差特性的负载为感性负载。典型的感性负载包括水泵、电冰箱、洗衣机、空调、电焊机、电动机、微波炉、电动工具等。

感性负载的特点是设备启动时的"瞬间启动电流"远远大于该设备的额定电流，当设备停止运转需要切断电源时，感性负载还产生高于外加电压的"感应过电压"。

使用感性负载时，除遵守使用电阻性负载的同样要求外，还应注意以下几点：

a.由于感性负载启动时的瞬间电流远远大于设备的额定电流，在选用开关、导线和熔断器时，应依据电气规程有关感性负载的规定或负载设备使用说明书中的要求确定（例如，根据电动机容量大小不同，启动电流是其额定电流值的5～7倍）。例如，一台正常运转时耗电150W左右的电冰箱，其启动功率可高达1000W以上。

b.由于感性负载断开时产生较高的过电压，小功率的感性负载应选用空气开关控制设备的启停；大功率的感性负载应选用带有灭弧装置的电磁接触器等设备控制启停。

c.为保护电源和设备免受过载或短路的危害，在大功率的感性负载电路里，除根据电气规程的要求安装熔断器外，还应设置过流及过热继电器等多重保护。

d.严禁普通隔离开关用于接通或断开感性负载电路。

③ 容性负载　容性负载一般是指带电容参数的负载，就是工作时电压相位滞后于电流相位，一般家里用到开关电源的电器都是此种负载，比如电脑、电视。

负载除阻性外，绝大多数呈感性特性。

（4）区分生产性负载和非生产性负载

按负载用途把用电负载分成生产性负载和非生产性负载。生产性负载是指该用电设备是用于生产经营性活动的，能产生经济效益的。与之相对的是非生产性负载，或称生活性负载。生活性负载是指该用电设备是用于日常生活的，是非生产经营性活动，不直接产生经济效益。

常见的生产性负载（小型企业）的用电负载有：

a.照明灯、收音机、电视机、手机（充电器）；

b.电动工具、磨面机或其他维修站，带电机的设备，轻型工业设备；

c.电焊机、机床加工设备（车床、铣床、刨床等）；

d.移动通信设备；

e.水泵、制冰机、电池充电站；

f.生产用热、食品保存的蒸煮或干燥机。

常见的生活性用电负载有：照明灯、收音机、电视机、DVD 机、冰箱、洗衣机、家用电扇、家用电脑等。

当我们考虑一个负载是不是生产性负载，不是看它具体是什么设备，而是看它主要用于什么目的。同一样设备，既可能是生活性负载，也可能是生产性负载。比如，电视机和 DVD 机一般认为是家用电器，非生产性负载，但是如果通电后，有人拿它开了一个放映室盈利，就是生产性负载了。又比如，电脑、打印机等一般都是自用的设备，但是，如果用它们开了一个计算机室对外营业，就成了生产经营性负载。甚至当洗衣机在内蒙古主要被用来搅拌奶酪时也成了生产经营性负载。

讨论可再生能源独立供电系统中的生产性负载，主要是考虑系统的负载承受能力、系统的初期投入以及系统的经济性和可持续性。

① 负载承受能力　受诸多因素的约束，除小水电外，其他可再生能源离网独立电站的功率一般都很有限，无力承受较大的负载，比如由于离网集中供电电站功率一般都在十几到几十千瓦，日发电量几十到几百千瓦时，冬天更少，大多数太阳能光伏电站都只能把负载严格限制在非生产性负载的范围，绝不允许任何生产性负载的使用。

由国家发改委实施的"送电到乡"项目于 2002 年启动，在中国西部的七个省、自治区共建设 989 个可再生能源社区独立供电系统，其中包括 721 个太阳能光伏和风/光互补电站，装机容量 18413.5kW；268 个小型水力发电站，装机容量 284455kW。这七个省、自治区包括：西藏、青海、甘肃、新疆、四川、内蒙古和陕西，总投资约 47 亿元，其中 29.6 亿元来自国务院，其余由自各省自治区政府投入。这是中国乃至世界上最大的可再生能源无电地区电力建设工程。

调查发现，几乎所有的光伏电站的电站功率都不能满足负载的需要，即使只供应生活用电，很多也只能每天供电几小时，尤其在冬天，要求扩容的呼声非常高。而大多数水电站的功率远远大于用电负载，一般负载只有 1/3～1/2，具有极大的发展生产的潜力。

有些大功率的负载，如空调和电焊机，需要很大的功率，消耗大量的电能，启动时还会产生冲击电流。只要离网风能、太阳能供电系统的装机容量、蓄电池组的容量和逆变器的功率足够大，理论上是可以带动空调的。注意，空调机应考虑为感性负载。所以，如果系统中有一台 1kW 的空调机，在不考虑其他任何负载时，逆变器的功率应为 5～7kW。如果系统中有这样两台空调机，则逆变器的功率应为 10～14kW。14kW 的逆变器是一个比较昂贵的设备，这还没有考虑系统中的其他负载。另外，1kW 的空调机每小时大约耗电 1kW·h。在湿热地区，每天至少运行 16h，这意味着一台空调机要消耗 16kW·h 的电。这对可再生能源供电系统来说，是一个很大的负担。对于无电地区电力建设项目，一般不建议接入空调。而通信基站为了给通信设备提供一个合适的温度环境，一般都配有空调。在可再生能源供电系统设计时，要充分估计空调机的功率和能耗。

另外，对于上述两台空调机或多台感性负载的系统，在设计系统时可考虑在控制电路上加以改进，如加入延时电路，使得任何两台感性负载型的设备不会同时启动，这样就能非常可贵地减少逆变器的容量。在可再生能源离网系统中要非常谨慎地使用这些设备。电焊机与空调类似。和上述空调机一样，理论上，离网风力发电系统可以带动电焊机。

但是电焊机也是感性负载。出于同样的理由，设计者要慎重考虑在离网风力发电系统中使用电焊机，尤其是在小规模风能、太阳能系统中。

② 初期投入　大多数可再生能源独立电站都是由各级政府出资建设的（有些地方由用

户出资非常小的一部分），负载越大，电站规模（额定功率）就越大，越需要更多的初期投资。这往往超出了政府的财力。

③ 经济性　非生产性负载不产生直接经济效益，因此如果一个可再生能源独立电站的负载都是非生产性负载，则这个电站主要产生的是社会效益而非经济效益。经济发展、实现脱贫致富是非常有益的。

另外，如果电站纯粹是为生产性负载建设的，如偏远的移动通信的可再生能源独立供电系统，它的主要负载就是生产性负载（通信设备），它的收入不是依赖于"售电"，而是通过使用电力而产生的增值效益（移动通信服务），这类可再生能源独立电站本身的经济性就不是问题了。例如菲律宾某通信基站的运营商，采用风力发电，一年就能收回投资。

④ 可持续性　可再生能源独立电站在经济上是否能可持续运行是一个十分值得关注的问题。任何电站都有一个经济平衡点，如果电站自身无法平衡，就需要外部资金的注入，否则电站的运行难以为继。这一点要在电站规划时就充分地加以考虑，这也是目前世界各国在采用可再生能源解决无电地区用电问题的最为棘手的问题。当可再生能源电站作为社会福利、社会责任来进行建设的时候，它所提供的服务基本都是非生产性应用，因此不可能产生直接经济效益；另外，无电地区往往是贫困地区，人均收入低，很多是国家级贫困县，而可再生能源发电的成本较高（水电除外），往往高出当地居民的支付能力，于是问题就出现了：如果按较低的价格收取电费，或者作为福利不收取电费，则为了维持电站的运行，政府必须源源不断地注入资金，否则，电站在经济上就不具备可持续性。

（5）测算负载时的注意事项

测算负载时应注意：

① 在负载逐户评估的基础上进行用户负载需求统计和测算，这一步工作非常重要。可再生能源发电系统的负载估算是系统设计和成本核算的关键环节，它将直接影响到系统的设计质量和项目的实施效果。负载需求统计和测算必须做到认真仔细、精打细算。

② 系统设计单位应提倡在可再生能源发电系统中使用高效率用电设备，例如白炽灯应该被高效的节能灯代替。

③ 负载需求统计和测算的主要项目包括生活用电、生产用电、季节性用电；一般性负载、重要负载、感性负载（电动机等）；总功率、峰值功率、负载同时系数等。负载需求统计和测算还应包括预测近期负载增长趋势和分析系统运行后的负载变动因素。

④ 切忌毫无根据地估计用电设备的功率值，应以设备的使用说明书给出的数据为准。用电设备的功率需求可以通过测量或从厂商提供的产品技术资料获得。

⑤ 低能耗负载和隐蔽负载也必须计入，如微波炉、录像机面板上的数字钟、备用（预热）状态的电视机、录像机、电脑及充电器等。上述这些"小"负载和隐蔽负载看上去消耗功率不多，但都是昼夜连续地消耗电能，因此统计负载时不能忽略。

在最终确定可再生能源发电系统设计方案前，设计单位需对负载进行几次评估和复核，特别注意负载的总数和接入系统的总功率值。

（6）测算负载运行时间

欲准确获得负载实际运行的时间数据并非如想象的那样容易，这是因为虽然多数负载在通电后都是连续消耗电能，但是某些负载接通电源后进入自行接通和断开状态，这类设备的运行时间指的是通电运行的那些循环周期。电冰箱就是一个很好的例子，由于四季环境温度不同和各型号电冰箱制冷效率的差别，电冰箱的实际运行时间占全天的 $50\%\sim60\%$。又如带储水箱的水泵系统，水泵的运行和停机视水箱水位情况而定，水泵的实际运转时间可通过现场调查或测定确定。

（7）估算负载的方法

估算负载主要包括两个参数：负载的总功率和总需电量。可以利用负载测定表和利用公式进行计算。

① 利用负载测定表　由于一年四季中的负载用电情况是有变化的，应测算出各个月份不同的日平均消耗电量。首先统计系统用户已有负载和希望增加的负载，以及同一类型设备的数量；然后将不同类型设备的电气性能，包括每个负载的交流（或直流）电压、电流、功率等参数一一记录，汇总成表。

设计单位使用如表 12.2 所示的负载测定表时，顺序按栏目内容要求计算并将结果逐项填入表中，系统负载需求统计与测算工作即告完成。

表 12.2　负载测定表（1～12 月）

负载名称	负载数量	×	电压/V	×	电流/A	=	功率/kW		×	使用时间/(h/月)	×	实际天数(天数/月)	÷	30 日	=	各月日均耗电量/kW·h	
							AC	DC								AC	DC
		×		×		=			×		×		÷	30	=		
		×		×		=			×		×		÷	30	=		
		×		×		=			×		×		÷	30	=		
		×		×		=			×		×		÷	30	=		
		×		×		=			×		×		÷	30	=		
		×		×		=			×		×		÷	30	=		
交流总接入功率/W							—		交流平均日耗电量/kW·h							—	
直流总接入功率/W								—	直流平均日耗电量/kW·h								—
总接入功率/W									总日平均耗电量/kW·h								

② 利用公式　在统计和测算系统总用电负载时，将所有用电器的额定功率相加后，得到的是系统的最大负载理论值。系统实际运行时，不是全部用电器都投入使用，存在着所有用电器是否同时工作的概率问题。在计算系统负载时，使用一个同步系数 C_i 来反映所有用电器同时工作的概率。考虑同时系数后计算出的系统实际可能出现的最大负载值称为最大负载估算值。

系统用电负载功率计算方法如下。

a. 计算系统最大负载的理论值。系统最大负载理论值的计算公式为：

$$P_m = \sum P_i N_i \tag{12.1}$$

式中，P_m 为系统最大负载的理论值，kW；P_i 为每一类相同用电器的额定功率，kW；N_i 为该类用电器的数量（具有相同额定功率的用电器数量）；i 为不同用电器类别数。

如前所述，在统计负载时，要分清阻性负载和感性负载。

b. 计算系统最大负载估算值。系统最大负载估算值的计算公式为：

$$P_e = \sum P_i N_i C_i \tag{12.2}$$

式中，P_e 为系统最大负载估算值，kW；P_i 为每一类相同用电器的额定功率，kW；N_i 为该类用电器的数量（具有相同额定功率的用电器数量）；i 为不同类用电器的数量；C_i 为同时系数。

系统最大负载估算值一般小于系统最大负载的理论值；当 $C_i = 1$ 时，两者相同。

c. 系统用电量估算。

系统用电量估算公式为：

$$Q_m = \sum P_i N_i H_i \tag{12.3}$$

式中，Q_m 为系统负载最大日用电量，$kW \cdot h$；P_i 为每一类相同用电器的额定功率，kW；N_i 为该类负载的数量（具有相同额定功率的用电器数量）；H_i 为每类用电器的平均日用电时间，h；i 为不同类用电器的数量。

（8）估计设备"同时系数"

要关注各类负载的日平均使用时间以及设备"同时系数"。所谓设备"同时系数"，是指多台设备运行时，各台设备用电的最大值不会用时出现，同时系数总是小于 1.0。

举例说，风/光互补集中供电系统中有 20 户人家，每户人家有 3 个 14W 的节能灯，1 台吊扇 70W。这样系统中就有 60 个 14W 的节能灯，节能灯的功率小计 840W；有 20 台 70W 的吊扇，功率小计 1.4kW。但是，这 60 个灯不一定都同时开启，比如晚饭的时候，一家人可能都在一个屋子吃饭，其余两盏在其他房间的灯不一定开启。另外，20 户人家不一定在同一时间吃饭，而且可能某些人家外出了，家里没人。所以在计算系统对节能灯的负载需求，可以不按 840W 计算，而是考虑一个"同时系数"，比如 0.9。同样的方法也适用于计算电扇的负载功率。一般动力设备按 70% 同时率计算，照明按 50% 同时率计算。

了解各设备的"同时系数"，对系统容量设计和确定系统中的逆变器的功率有帮助。如果系统中有若干类不同的设备，功率各不相同，例如，第一类设备的总功率为 1kW，第二类设备的总功率为 2.5kW，第三类设备的总功率为 4kW。如果它们之间的"同时系数"都为"1"，则表明在任何情况下，这些设备都会同时使用，在不考虑其他因素的前提下，逆变器的功率至少应为 1kW＋2.5kW＋4kW＝7.5kW。但是如果它们的"同时系数"为"0.8"，则表明它们同时工作的概率为"0.8"，这样，逆变器的功率就可以适当地选小一些，例如，7.5kW×0.8＝6.0kW。

注意，这里仅说明"同时系数"的概念，没考虑负载的性质，如感性还是阻性，以及功率余量。

（9）估算系统负载的增长

需要注意的是，在用电负载估算时，要充分考虑负载的增长。负载增长有两种情况：

第一种情况，当地在通电后用电负载猛增。内蒙古曾经建设一个风能电站，由于不收电费，电站供电后每家每户都用上了电饭锅和电"水加热器"，结果电站很快就因为超负载运行而崩溃。

第二种情况，当地在通电后，周边无电地区的居民向用电村迁徙，使当地居民户数大增，远远大于当初系统设计时的估算。

这两种情况都要引起充分注意。处理系统负载增长的方法有三个：a. 在设计时留有充分余地；b. 在通电后必须对负载加以管理；c. 负载增长时扩容。

应参考周边类似有电的社区，根据当地的社会经济发展情况来估算负载增长率，通常可以估计一个年平均增长率，比如每年 2%～5% 来计算系统的逐年负载，确保系统在若干年后仍能满足负载的需求。

本步骤的结果应该是得到该独立可再生能源供电系统需要服务的对象的负载情况，包括按月估算的负载表、总功率（包括具体的阻性负载功率和感性负载功率）、日平均需电量等，

表 12.3、表 12.4、图 12.5 为某一风/光互补系统的负载情况。

表 12.3 系统负载的功率和全部耗电量

全部负载功率/kW	16.26
全部耗电量/kW·h	161.752

表 12.4 系统负载的月平均日耗电量

月份	日耗电量/kW·h											
	1	2	3	4	5	6	7	8	9	10	11	12
全村落	70	68	65	97	130	150	162	153	133	101	69	70

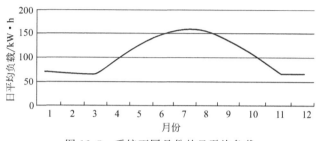

图 12.5 系统不同月份的日平均负载

可以看到，全部功率是 16.26kW，最大耗电日负载发生在 7 月份，每天耗电达到 162kW·h。系统在 3 月份日用电最少，7 月份日用电量最大，7 月份是 3 月份的 2.5 倍，可见系统设计之难。

第四步：运输和安装条件评估。

现场安装条件评估很重要的一项是安装地点的选择。中小型风力发电系统，无论是并网还是离网，都分布在居住区、村落或者用电单位（企业）周边，周围不可避免地有各种建筑物、树木、灌木、庄稼等，或者是起伏的山坡等。这些障碍物都会对风力发电机组的运行带来影响。选择合适的安装地点是一个非常关键的工作，本书将在第 13 章中详细讨论湍流及其影响，以及风力发电机组安装的微选址。

运输和安装条件评估的另一个方面是设备运输和现场安装条件的评估。建设离网可再生能源集中供电系统的村落大多数非常偏僻，这给电站建设带来很大的困难：

① 地处偏僻，山路崎岖，没有能供汽车通行的路，建设电站的设备无法用汽车拉到安装现场。设备不得不先在工厂安装调试完，然后再全部拆散，变成小包装运输。到车辆不能继续时，施工安装单位不得不用驴、骆驼等牲畜，甚至人抬肩扛，把设备扛进去。

② 重型辅助设备，如起重吊车无法开到现场。考虑到运输、搬运和安装时的重量，大的重的设备要拆成小包装，部件有大有小的时候，尽可能选择小的，易于搬动的。比如说蓄电池，一块 2V/1000A·h 的铅酸蓄电池的容量与两块 2V/500A·h 的铅酸蓄电池一样，但是一块 2V/1000A·h 的铅酸蓄电池重约 58.5kg，一块 2V/500A·h 的铅酸蓄电池重约 29.6kg。在系统设计时，如果设计师了解现场的交通运输条件，就会选择 2V/500A·h 的铅酸蓄电池而不选择 2V/1000A·h 的，因为前者较容易由人力或畜力搬运，而后者就较困难了。比如双登 2V/500A·h 电池（365mm×191mm×181mm，29.6kg），双登 2V/1000A·h 电池（365mm×370mm×181mm，58.5kg）。

③ 因为现场无电，在现场安装时没用动力，除非用移动的柴油发电车等。因此要尽可能在工厂内把设备等加工好、组装好，减少现场的工作，尤其是要用到动力的工作。

④ 当地无法采购到必要的备品、备件，要在准备阶段备齐，而且要有足够的余量。螺栓螺帽，尤其是垫圈之类的小零件，在偏远乡村很难买到。施工单位要做好充分的准备。

⑤ 很难找到合适的有一定技术经验的施工队伍，尤其在国外施工，语言是很大的障碍。非本地的，尤其是在一些大城市的项目实施单位，不可能带一个队伍去现场安装施工，而在当地，由于距离、交通、受教育程度的差异、文化习俗等各种原因，就地雇人的难度很大，甚至会遭遇漫天要价。

因此，项目实施单位要充分了解当地项目实施的条件，事先做好充分准备，以避免临到现场出现意外情况，甚至导致安装无法完成。

第五步：具体系统设计。

(1) 根据当地风资源决定单位风力发电机装机容量的发电量

通常我们用年平均数据来判断当地的风资源是否能被利用，一旦结论是可行的，就要用月平均风速来分析其一年中的变化，尤其是在光伏互补系统中，与太阳能资源是否互补。在北半球大多数地区，夏天的风资源不是很好，但是太阳能很好，可以互补。对具体系统应用分析风资源时，要注意以下几点。

① 风资源的单位　一些国家采用英制 mp/h（英里/小时），1mp/h＝1.609344km/h＝0.447m/s；有些风速单位是 kn（节），1kn（节）＝1n mile/h（海里/小时）＝1852m/h＝1852/3600m/s＝0.5144m/s，千万不能混淆。

② 注意所获得的风速的参考高度　一般从气象站或者某些网站上获得的风速数据是10m 高度或者 50m 高度等，而系统中的风力发电机，一般为 18m 或者 24m，甚至更高如36m 等等。在计算所选择的风力发电机的发电量时，要首先把风速调整到风力发电机的中心高度，即用风切变公式计算。具体方法在第 2 章第 2.2 节中已经介绍了。比如说，从某网站 1 得到的某地的月平均风速如表 12.5 所示。

表 12.5　网站 1 某地月平均风速表　　　　　　　单位：m/s

月份	1	2	3	4	5	6	7	8	9	10	11	12	年平均
网站 1 (10m)	2.86	3.2	3.67	3.91	3.88	3.89	3.46	3.03	3.01	3.04	2.95	2.79	3.31

应用风切变公式计算，取 $\alpha=0.143$，则该地风力发电机中心高度 24m 处的风速见表 12.6。

表 12.6　网站 1 某地不同高度月平均风速表　　　　　单位：m/s

月份	1	2	3	4	5	6	7	8	9	10	11	12	年平均
网站 1 (10m)	2.86	3.2	3.67	3.91	3.88	3.89	3.46	3.03	3.01	3.04	2.95	2.79	3.31
网站 1 (50m)	3.62	4.05	4.63	4.95	4.91	4.93	4.38	3.84	3.81	3.85	3.74	3.53	4.19

由于网站上的风能数据的分辨率较粗，比如有些网站的一个点代表了经纬度各 1°，这是一个很大的区域，维度 1°跨越的距离为一个经线圈的 1/360，约等于 111km；而一度经度跨越的距离不是一个定值，在赤道，360°的经度跨越 40000km 左右，所以 1°跨越距离为

111.11km，但是在两极的极点上，经度 1°所跨越的距离为 0。我国大陆最北端，漠河以北，北纬 53°；南部陆地，广西的湛江，约北纬 20°。在北纬 20°的湛江附近，一经度大约跨越 98km，也就是说，1°经纬度的格子，代表了一个 98km × 111km 的矩形区域（约 10878km²），而在北纬 53°的漠河附近，1°经纬度的格子，代表了一个 67km×111km 的矩形区域（约 7437km²）。而风力发电机的安装地点是在这个区域内的一个极其微小的点，再加上局部地形地貌和障碍物，在分析风资源时要尽可能细致。

为此，要从尽可能多的渠道获得当地的风资源信息，以便作为较为可靠的数据。上述例子里的数据，笔者是从网站 1 获得的。而笔者从网站 2 获得的数据，与网站 1 有很大的差别，见表 12.7。

表 12.7 网站 2 某地 50m 高度月平均风速表 单位：m/s

月份	1	2	3	4	5	6	7	8	9	10	11	12	年平均
网站 2（50m 高度）	6.77	6.09	6.5	6.74	7.49	7.4	5.91	5.74	6.14	7.22	7.2	6.38	6.63

这个数据是 50m 高度的，笔者把它转换成 24m 高度，见表 12.8。

表 12.8 网站 2 某地 24m 高度月平均风速计算表 单位：m/s

月份	1	2	3	4	5	6	7	8	9	10	11	12	年平均
网站 2（24m 高度）	6.1	5.49	5.86	6.07	6.75	6.67	5.33	5.17	5.53	6.51	6.49	5.75	5.98

可以发现，从两个网站间接所获得的 24m 高度的风速相差很大。为稳妥起见，对两者进行了平均处理，见表 12.9。

表 12.9 两网站某地平均 24m 高度月平均风速计算表 单位：m/s

月份	1	2	3	4	5	6	7	8	9	10	11	12	年平均
两网站平均（24m）	4.67	4.56	5.01	5.25	5.58	5.54	4.63	4.30	4.47	4.98	4.92	4.46	4.86

③ 计算风力发电机的发电量 有了月平均风速，就可以计算风力发电机的发电量了。计算风力发电机的发电量，要用到以下这些基本信息：

a.月平均风速（m/s）；

b.海拔高度，用以按高度来调整风力发电机的输出；

c.所选择的风力发电机的功率曲线，根据第 4 章第 4.4 节中的方法，用平均风速、风频分布和功率曲线来计算风力发电机的日发电量（kW·h）。

假设所选的风力发电机的功率曲线如图 12.6 所示。

逐月计算，得到风力发电机每月的日平均发电量，见图 12.7。

很显然，这个地区的风资源在 7～9 三个月不是很好。这样的发电量，将被用来计算多大的风力发电机或者多少台风力发电机能向负载提

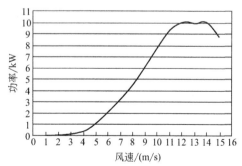

图 12.6 风力发电机功率曲线图

供足够的电量。这也就表明了建设互补系统的必要性和可能性。

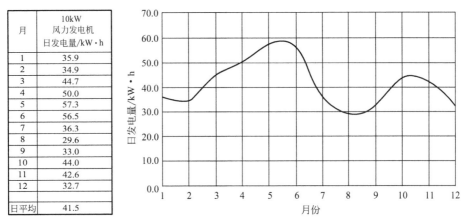

月	10kW 风力发电机 日发电量/kW·h
1	35.9
2	34.9
3	44.7
4	50.0
5	57.3
6	56.5
7	36.3
8	29.6
9	33.0
10	44.0
11	42.6
12	32.7
日平均	41.5

图 12.7　月平均风速下的风力发电机日发电量

在设计中，首先要根据系统的大致负载需要（功率和耗电量）选择风力发电机。选择风力发电机涉及如何决定风力发电机的类型、组合及其单机功率等。

a.关于风力发电机的类型，肯定得选择离网型的风力发电机；

b.初步决定系统中所需要的风力发电机和风力发电机的功率。

前面第 3～5 章已经详细介绍了风力发电机、风力发电机系统和互补系统，这里再说一下具体的功率选择。

（2）选择风力发电机的基本考虑

选择风力发电机时首先要确定风力发电机组的技术条件，可以归结为以下几个方面：

① 整机安全可靠　了解和评价候选机组的调速机构和制动系统的性能和质量，以及机组的安全风速是否满足当地大风季节高风速的要求。有关风力发电机组整机安全性、机组调速机构和制动系统性能等方面的具体要求，在有关离网型风力发电机组的标准和规范中都有明确的规定。最主要是要了解这一风力发电机在市场上多久了，用户的评价怎么样。

② 发电性能满足要求　风力发电机组的发电能力是除安全可靠性外用户最关心的问题。这里需要注意的是：

a.选定适合当地风况条件的额定风速；

b.额定风速下机组的输出功率应满足独立运行风电系统和风/光互补发电系统的设计要求；

c.机组的风能利用系数和整机效率指标应满足有关技术标准的要求。

③ 适合当地资源与气候条件　要关注风力发电机的经第三方有资质的检测认证机构给出的 AEO（年发电量）。只注意选择额定输出功率大的风力发电机组，并不一定能够获得很高的年发电量，还必须使机组的输出功率特性与当地的风能资源和风况条件相适应。特别要注意候选机组的切入风速与切出风速指标应满足有关技术标准要求，通常希望风力发电机组的切入风速低，切出风速高，这样机组可以在较宽的工作风速段内发电，从而获得更多的有效运行小时数和发电量。

风力发电机组要适合当地的气候条件，主要指机组能在当地的恶劣环境如风沙、盐雾、低温、高温和长期阴雨等条件下长期运行发电。只有能适应当地环境气候的风力发电机组才能保证较长的工作寿命。

④ 机组安装方便、维护简单　在偏远地区使用的风力发电机组必须做到安装方便、维护简单，否则不仅给用户带来麻烦，而且也给厂家的售后服务带来很大困难。所谓安装方便是指不需要大型专用工具（如汽车、起重机械等）和太多的人力；维护简单有两层含义，一是机组要求的维护工作量少，二是维护工作的技术难度不高。

⑤ 价格　价格肯定是选择风力发电机的一个重要考虑。但是价格不应成为选择风力发电机的唯一考虑，或者最主要的考虑。应该注意到，独立风力发电系统大都用在偏远地区，当地基本不具备服务条件，甚至是无人值守站。一旦系统出现故障，无论是业主还是设备供应商，从所在地赶赴项目点，既费时又费钱。如此反复，就会浪费购买设备所节约的资金。所以说，选择风力发电设备，"高可靠性永远是第一位的"。

⑥ 功率　有人认为，有 1kW 的负载，就选择一台 1kW 的风力发电机，这种想法是不正确的。一台标定为 1kW 的风力发电机，意味着在额定风速下它的额定功率为 1kW。假设它的额定风速为 10m/s，这说明如果当地能一直吹 10m/s 的风，则这台风力发电机的输出功率为 1kW，这样的风每吹 1h，这台风力发电机就发 1kW·h 的电，如果 24h 内能一直吹这样的风，则一天可以发 24kW·h 的电。但是，事实上，一个地方不可能一直持续吹 10m/s 的风，它的平均风速远低于 10m/s，比如说 5m/s，这时风力发电机的输出功率就达不到 1kW，它每小时的发电也就没有 1kW·h，可能远少于 1kW·h。在多数情况下，一台 1kW 的风力发电机在平均风速为 5m/s 的风速下，一天能发 4～5kW·h。

一台额定功率为 1kW 的用电设备，每运行 1h，就要消耗 1kW 的电。如果该设备每天运行 8h，就要消耗 8kW·h 的电。可见，即使该设备每天只运行 8h，一台风力发电机在风况尚可的地区所发的电，也不足以向该设备供电，需要 2kW 甚至更多的风力发电机。如果风况更差些，设备运行时间更长些，则所需配备的风力发电机就更大了。一般情况下，风力发电机或光伏发电都采用 5 倍的经验数据，也就是说，1kW 的设备需配 5kW 的风力发电设备。

⑦ 单台还是多台风力发电机　首先，风力发电机不像光伏电池，光伏电池可以组成几瓦到几十兆瓦之间的任意功率，但是风力发电机不行。风力发电机单台功率有一个序列，从 100W，150W，200W，400W，500W 到 1kW，2kW，…，5kW，10kW，20kW，50kW，100kW 等等不等。用户只能在这些序列里找合适的，而无法要求任意的功率值，比如，无法要一台 270W 的风力发电机，风力发电机不能像买豆腐那么切一块。更进一步，一般一个厂商不可能生产所有的系列，这就需要设计者根据自己系统的要求来选择适当的风力发电机组。

假如系统设计需要 10kW 的风力发电机，设计者可以选一台 10kW 的风力发电机，也可选择两台 5kW 的风力发电机。虽然两者在总功率上是一样的，但是在运行等方面并不完全一样，见表 12.10。

表 12.10　一台 10kW 的风力发电机和两台 5kW 的风力发电机的异同

	一台 10kW	两台 5kW
总功率（如果塔架都一样高）	相同	
总功率（如果塔架都不一样高，一般 5kW 的会低些）	实际发电多	实际发电略少
占地	少	多
造价	可能略低	可能略高（因为需要两个塔架和基础）
可靠性	出现故障系统会停止工作	略高。如果一台出现故障另一台还能继续工作

从用两台较小的风力发电机来替代一台较大的风力发电机的例子中，有人就想到能不能在一个塔架上安装两台风力发电机？有可能。图 12.8 为国外一移动通信电源开发商在一个原通信塔架上安装了多台风力发电机。

图 12.8　一个原通信塔架上安装多台风力发电机

在这样安装的时候，必须充分分析塔架的强度，以保证整个通信设备和发电设备的安全。另外，安装在塔架侧面的风力发电机所接受的来流会受到塔架的影响，对风力发电机的运行不是很有利。这样的结果只能用于较小的风力发电机，不能用在较大的风力发电机上。

如果选用某个规格功率不够而选用高一规格功率过大怎么办？这样的问题通常有两个解决方案：

第一，选择高一个规格的风力发电机组，使系统的发电能量留有一定的余量，以适应今后可能的负载增加，但系统初投资会高一些。

第二，选用若干台兼容的风力发电机组，组成一个风力发电机组群。比如，某品牌的风力发电机组只有 1kW、5kW 和 10kW，现在需要 7kW，则可选择 1 台 5kW 和 2 台 1kW 的风力发电机组组成一个机群。

当然要尽可能避免出现"大马拉小车"和"小马拉大车"情况。"大马拉小车"是指风力发电机组的功率远远大于负载的需求，或者说蓄电池的容量和风力发电机组的功率相比过小。在这种情况下，风力发电机组会经常处于放空或卸载状态，浪费了系统的资源，浪费了投资（购买大风力发电机耗费资金较大）。

"小马拉大车"是指风力发电机组的功率远远小于负载的需求，或者说蓄电池的容量和风力发电机组的功率相比过大。在这种情况下，蓄电池组会经常充不满，风力发电机组始终处于工作状态，得不到"休息"，最终可能导致风力发电机组"过劳死"。

计算风力发电机发电量的时候，要用到功率曲线。要注意以下两点：

a.功率曲线反映了一台风力发电机的基本特性，是决定风力发电机发电量的关键技术参数。不同厂商不同型号的风力发电机的功率曲线是不一样的。在计算风力发电机发电量时，一定要用将来考虑选用的那些风力发电机的功率曲线，不能拿其他的风力发电机的功率曲线来替代。

b.厂家提供的功率曲线要经过第三方有资质的检测结构的检测认证，切忌使用随手画出来的功率曲线。

（3）根据当地太阳能资源决定单位太阳能阵列装机容量的发电量

类似于风力发电，太阳能光伏发电也要根据当地的太阳能资源对单位太阳能的发电能力逐月进行评估，以便决定采用多大的太阳能电池组件。从网站上获得的月平均太阳能资源数据见表 12.11，月平均太阳能辐照曲线见图 12.9。

表 12.11　月平均太阳能资源数据

月	1	2	3	4	5	6	7	8	9	10	11	12	平均
平均/(kW/m^2)	3.26	4.13	5.08	6.24	7.12	7.14	6.01	5.56	5.19	4.63	3.76	3.08	5.10

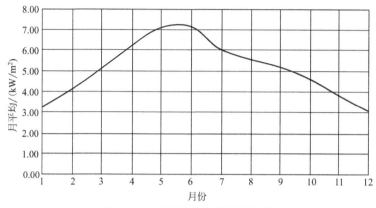

图 12.9　月平均太阳能辐照曲线

太阳能组件的材质分为单晶硅和多晶硅，不同组件的转换效率不一样。单晶硅能效较高，转化效率 17% 左右；多晶硅能效略低，转化效率在 15% 左右。在标准日照条件（$1000W/m^2$）下，$1m^2$ 的太阳能电池板上输出的电功率为 $130 \sim 180W$。换言之，如果需要 1kW 的太阳能光伏的发电能力，则需要 $5.6 \sim 7.7m^2$ 的太阳能电池板。实际应用时，1kW 的太阳能电池板可以选用 4 块 250W 的电池板，单块电池板尺寸是 $1650mm \times 992mm$，组装 4 块面积大约是 $4m \times 2m$，即 $8m^2$。

太阳能电池方阵可以固定向南安装，也可以安装成不同的向日跟踪系统，如全跟踪、东西向跟踪、水平轴跟踪、极轴跟踪等。在离网应用系统中，太阳能阵列一般都采用固定倾角安装。要计算不同运行方式下太阳能电池的输出发电量，必须首先建立不同情况下系统的数学模型，得到太阳能阵列的安装倾角。目前计算倾斜方阵面上的太阳辐射的计算机辅助设计软件有很多，如世界上广泛流行的加拿大环境资源署和美国宇航局（NASA）共同开发的光伏系统设计软件 RetScreen。通过这些软件，可以很方便地计算固定方阵固定倾角、地平坐标东西向跟踪、赤道坐标极轴跟踪以及双轴精确跟踪等多种运行方式下太阳能电池方阵面上所接收的太阳辐射。在不具备计算机辅助设计软件的情况下，人们通常采用经验公式，根据当地纬度由表 12.12 关系粗略确定固定太阳能电池方阵的倾角；为了消除冬夏辐射量的差距，一般来讲，纬度越高，倾角也越大，见表 12.12。

表 12.12　当地纬度与固定太阳能电池方阵的倾角粗略关系

纬度	太阳能电池方阵倾角
$0° \sim 25°$	等于纬度
$26° \sim 40°$	纬度加 $5° \sim 10°$
$41° \sim 55°$	纬度加 $10° \sim 15°$
$>55°$	纬度加 $15° \sim 20°$

图 12.10 北极地区垂直于地面的
太阳能电池安装

笔者 2017 年在北极时，在北极圈内靠近北纬 80°的地方，就见到了垂直于地面的太阳能电池安装（见图 12.10）。

太阳能阵列安装的倾角决定了太阳能电池板在不同时间（月份）的发电量。改变固定安装太阳能阵列的倾角可以调节太阳能阵列在不同月份的发电量，从而满足负荷的需求。

笔者曾经在北纬 32°26′的地方实施一个离网风/光互补集中供电项目。按上面的经验公式，北纬 32°地区，倾角采用 32°+5°＝37°。但是由于当地夏天天气非常炎热，负载特别大，因此希望夏天尽可能地多发电，而风资源恰恰在 7～9 月不佳。因此，系统设计时尽可能调整倾角，使太阳能夏天多发电。笔者对不同倾角（17°、27°、29°、32.1°、35°和 37°）进行了仿真计算，结果见表 12.13、图 12.11。

表 12.13 不同倾角的太阳能辐射量

月份	日太阳能辐射/[kW·h/(m²·日)]	日太阳能辐射-倾角/[kW·h/(m²·日)]					
	水平面	17°	27°	29°	32.1°	35°	37°
1	3.26	4.37	4.63	4.70	4.80	4.89	4.94
2	4.13	5.12	5.20	5.25	5.31	5.35	5.38
3	5.08	5.80	5.76	5.77	5.78	5.78	5.77
4	6.24	6.66	6.38	6.35	6.29	6.22	6.17
5	7.12	7.25	6.72	6.65	6.53	6.40	6.31
6	7.14	7.16	6.51	6.42	6.28	6.13	6.03
7	6.01	6.12	5.60	5.53	5.43	5.32	5.24
8	5.56	5.93	5.48	5.44	5.37	5.30	5.24
9	5.19	5.93	5.61	5.61	5.59	5.56	5.54
10	4.64	5.74	5.74	5.78	5.83	5.87	5.90
11	3.76	5.04	5.29	5.37	5.48	5.57	5.62
12	3.08	4.28	4.55	4.63	4.75	4.84	4.90
年平均	5.10	5.78	5.62	5.63	5.62	5.60	5.58

显然，在倾角为 17°的时候太阳能电池在夏天能发出尽可能多的电量。系统的设计没有采用 37°角，反而采用了 17°角。

（4）按月计算系统中总的发电量对负载的覆盖率

在设计步骤的第三步，计算出了系统负载的总功率以及月平均日耗电量。本步骤中的第一分步计算了当地风资源条件下单位风力发电机装机容量的发电量，第二分步计算了当地太阳能资源条件下单位太阳能阵列装机容量的发电量，现在这一步，就是用一定量的风力发电机装机容量和一定量的太阳能装机容量来满足系统负载的要求。

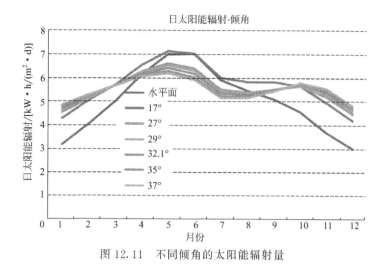

图 12.11　不同倾角的太阳能辐射量

　　可以先选择一个发电功率的总量，比如 40kW，再选择一个风能和太阳能阵列的比例，比如 50∶50，然后用第一分步的单位风能发电量得到总的风力发电电量，用第二分步的太阳能单位发电量来得到太阳能阵列的发电机，取得两者之和。再继续往下设计时要先引入系统效率的概念。

　　风力发电机发出电以后，要经过充电控制器、蓄电池组、导线等才能到达直流负载，还要经过逆变器后才能到达交流负载。每经过一个环节，都会由于这个环节自身的效率（任何设备的效率都＜100％）而导致系统总效率的降低。假如系统中各部件的效率如表 12.14 所示，则在经过所有这些部件的传输控制后，直流系统的效率只有 79％，而交流系统的效率只有 75％。换言之，对于直流系统，如果系统每天需要消耗 20kW・h 的电，则风力发电机组要发出 20kW・h/0.79＝25.3kW・h 的电；而如果一个交流系统每天需要消耗 20kW・h 的电，则风力发电机组要发出 20kW・h/0.75＝26.7kW・h 的电。

　　系统中各部件的效率是假设的，设计者应尽可能选取效率高的部件设备，见表 12.14。

表 12.14　各部件效率及总体效率

影响效率的因素	部件效率	DC	AC
电池	0.85	0.85	0.85
逆变器	0.90	N/A(不适用)	0.95
调节仪表	0.98	0.98	0.98
导线	0.98	0.98	0.98
其他	0.97	0.97	0.97
系统总效率		0.79	0.75

　　了解系统效率的概念后，我们就知道，如果系统在 3 月份每天要消耗 65kW・h 的电，系统必须能至少发出 65kW・h/0.75＝86.7kW・h 的电，而在夏天的 7 月份，系统至少要发出 162kW・h/0.75＝216kW・h 的电。这些电就由系统中的发电设备：风力发电机和太阳能阵列来承担。

　　基于上面的分析，系统取 40kW 的发电能力，先尝试其中风能 20kW，太阳能 20kW，负载覆盖率如图 12.12 所示，计算发现，这个系统的配比在夏天不能百分之百地覆盖负载需求，原因是当地海拔较高，风力发电机的输出受到较大的影响。

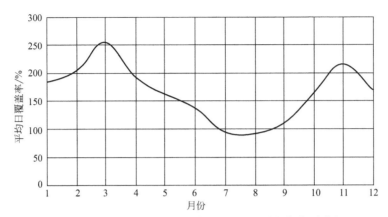

图 12.12　系统风能和光伏比例为 20∶20 时的负载覆盖率

第六步：优化互补系统的配置，调整参数，使系统达到最优。

因为太阳能受海拔高度影响较小，遂减少风力发电机，增加规范，以 15∶25 和 10∶30 试之，计算所得负载覆盖率如图 12.13 所示。当配比为 10∶30 时，系统在夏天的覆盖率超过了 100%，满足设计要求了。

系统不同配比时的覆盖率/%

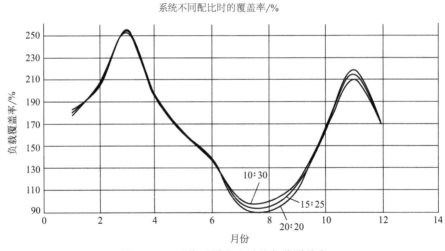

图 12.13　系统不同配比时的负载覆盖率

附带说明一下，这个系统如果用 40kW 的风电或者 40kW 的光伏，都不能满足系统负载额要求。读者如有兴趣，可尝试验证。

第七步：计算蓄电池组的容量和组合。

根据系统的负载估算，我们已经知道了系统的最大日用电量。为了计算蓄电池的容量，我们还要确定系统的储能天数。

蓄电池储能天数，也称为"自主天数"，是指当蓄电池充满电后，在没有任何外部充电电源的支持下，在规定的放电深度范围内，蓄电池组独立维持系统供电的天数。此术语的含义与可再生能源供电系统设计人员通常使用的"连续阴天数"基本相似。

确定储电天数的主要依据是可再生能源发电系统所在地区的可再生能源数据（风能资源

数据、太阳能资源数据）、系统负载及其类型，以及用户对供电连续性与可靠性的要求。

气候条件是决定储电天数的主要因素，调查和分析当地气候变化模式和小气候特点十分重要，在设计和确定储电天数时，通常以最大连续无风天数（如果系统中有光伏，则也要考虑最大连续阴天数）作为参考。

确定储电天数时，还需要考虑在连续无风的日子，是向全部负载供电，还是只向部分比较重要的负载供电。如果向全部负载供电，则蓄电池组的投资将会增加许多；如果仅保证重要负载用电，则系统设计单位应恰当地界定"重要负载"的范围。

储电天数的确定与投资规模、用户在资金方面的承受能力以及所应用的领域有很大关系。一般情况下，对单一风力发电系统和光伏发电系统，可定为 3～5 天；对带有备用柴油发电机组的系统或风光互补发电系统，一般可定为 2～3 天。另外，根据项目应用领域的不同，储电天数也有不同，如对于一般家庭等对电源要求不是很高的应用，可定为 2～3 天；通信基站等对电源要求很高的应用，可定为 5 天左右。

根据第 7 章中计算蓄电池组的方法：

$$C = LD / [DOD \times E_1 \times (1 - E_2)] \tag{12.4}$$

式中：L 为系统日耗电量，$kW \cdot h$；D 为估计最多的无风无光照的天数，或要求的储能天数；DOD 为蓄电池的最大放电深度，$50\% \sim 80\%$；E_1 为系统能量转换效率，$80\% \sim 90\%$；E_2 为电力传输损失，约 5%。

单体蓄电池的电压等级有 2V、6V 和 12V，2V 蓄电池的单体容量为 $100 \sim 3000 A \cdot h$，6V 蓄电池的单体容量为 $1.2 \sim 200 A \cdot h$，12V 蓄电池的单体容量为 $80 \sim 200 A \cdot h$。同样的储能容量，比如 $57.6 kW \cdot h$，可以用若干种不同的组合来实现，比如：选择 $12V/200A \cdot h$ 的单体电池，则 4 个蓄电池组成一串，形成 $48V/200A \cdot h$ 的电池串，然后用相同的 6 个电池串并联实现总储能要求，总共需要 $12V/400A \cdot h$ 的蓄电池 24 个；也可采用 $2V/600A \cdot h$ 的单体电池，24 个同类电池组成一串，形成 $48V/400A \cdot h$ 的电池串，然后用相同的 3 个电池串并联实现总储能要求，总共需要 $2V/600A \cdot h$ 的蓄电池 72 个。由于蓄电池是按安时来定价的，这两种方案在总费用上基本相同，不同的是它们的组成方式。$12V/200A \cdot h$ 的重量为 70kg 左右，体积 $500mm \times 260mm \times 230mm$（长×宽×高）；而 $2V/600A \cdot h$ 的重量为 41kg 左右，体积 $300mm \times 180mm \times 330mm$（长×宽×高），不同厂家生产的蓄电池的形状略有不同。另外，根据经验，蓄电池组可以并联使用，但并联的串数不宜过多，最多不宜多于 7 串。

系统设计者在做系统配置的时候，要充分考虑当地的搬运和安装条件，合理选用单体电池的规格。

在确定可再生能源离网发电系统中蓄电池容量时，并不是容量越大越好，过大的电池组容量会产生一系列问题。这是由于在可再生能源资源不足时，蓄电池组可能维持在部分充电状态，蓄电池长时间充电不足或放空状态，将导致极板硫酸化加重、容量降低、寿命缩短。同时，不合理地增加蓄电池容量规模还会增加可再生能源供电系统的成本。

如果蓄电池容量过小，在可再生能源资源好的情况下，会很快将蓄电池充满。蓄电池充满后，发电系统有再多的发电能力也无法将多余的电量存储到蓄电池中，无法将可再生能源的利用最大化，发电系统的效率低下。

因此，恰当合理地确定可再生能源发电系统中蓄电池的容量配置是一项重要而细致的工作，一定要请专业的设计单位进行合理的设计，认真对待。

第八步：计算逆变器的容量和组合。

这一步，将根据系统的内负载的功率来决定逆变器。

① 决定逆变器功率 逆变器是按系统中的负载功率以及负载性质决定的。

如果是纯阻性负载，逆变器的功率等于负载功率的 1.5～2 倍。关键是系统中的感性负载，如果系统中有多台感性负载，且感性负载很大，根据 5～7 倍的原理，逆变器的功率会要求非常大，这是一笔很大的支出，很多业主会承受不了。

一个可行的方案是：确定系统中最大的感性负载的功率，按这功率乘以 5～7，然后把其余的感性负载的功率叠加后乘以 1.5～2，两者相加，由此来决定逆变器的功率。另外，在这样设计系统时，系统中必须有控制电路，保证任何两台感性负载不在同一时间启动，即当一台感性负载正在启动时，另一台的启动要延迟几秒钟。

说明：如果系统中的感性负载由于某种原因无法做到可控的延迟，则此方法要慎用。

② 选择逆变器 一般同规格的逆变器中，正弦波的逆变器输出品质最好，但价格也最贵；调制正弦波的逆变器其次，价格也偏中间；方波的输出品质最差，尤其很难启动感性负载，有较大的电磁干扰，但价格最低。

方波和调制正弦波的逆变器一般功率做得不大，所以在小功率且要求较低的场合，可以选择方波或调制正弦波，否则应当选择正弦波的逆变器。

在要求体积和充电/逆变双向控制的场合，可以选用高频双向逆变器，但价格较高。对于充电和逆变分开的系统，可以选用低频逆变器，价格较低，但相对体积较大。

如果系统中有三相交流设备，则要选择三相逆变器。除了把三相负载接在三相上，均匀地将阻性负载分配到每一个单相上，避免三相不平衡。另外，还有一些单相逆变器，允许用三个单相组成一个三相逆变器。其中每一个单相逆变器可以单独向一个支路的负载供电，同时，三个单相逆变器加一个相控制器来实现三相电，为三相负载供电。但是随着电子器件集成度的不断提高发展，这种用三个单相逆变器来替代一个三相逆变器的做法无论是在技术上还是在经济上都不再占优势，这种方案已经很少使用了。目前，如果需要三相电，就选用三相逆变器。现在有一些逆变器输出三相，但是允许三相不平衡，这给独立可再生能源供电系统的负载连接带来极大的方便。

逆变器的功率不宜选得过小，当负载全部启动时，逆变器会处于满负载工作状态，甚至超出它的承受能量而导致关机（逆变器进入保护状态）。建议选择逆变器的合适功率，使得在正常情况下，逆变器工作在它的额定功率的 80% 左右。

第九步：设计局域电网。

可再生能源的系统结构如图 12.14 所示，由三部分构成：发电子系统、传输子系统和用户子系统。

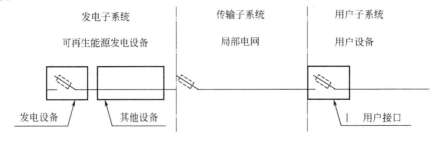

图 12.14 可再生能源系统结构

局域电网属于传输子系统。在离网可再生能源集中供电系统中的局域电网，与传统农村电网并没有什么不同。如果当地原来有电网，比如柴油发电用的电网，则可以继续使用原来的电网。对原来的电网要进行必要的检查，如有需要，应对原来老旧的局域电网进行一定的改造。如果原来没有电网，则应按照国家农村电网的规范要求设计并建设一个局域电网。

要尽可能减少在传输过程中的损耗，提高可再生能源供电系统的利用效率。

12.2.2　辅助设计工具

离网风/光互补发电集中供电系统的设计相对比较复杂，尤其是根据当地的平均风速和风力发电机的功率曲线计算风力发电机的发电量。有许多计算机软件可以被用来帮助做系统设计和分析，其中有功能齐全包括中长期经济分析，但使用较复杂的，如 Hybrid2、HOMER[❶]，需要经过一段时间的学习或培训才能熟练掌握其使用方法；也有主要用来优化系统配置的，使用较简单，如一些专业风力发电机生产单位为自己生产的风力发电系统开发的"风光混合发电系统设计工具"，或太阳能光伏利用单位为系统设计开发的简单易用的软件辅助工具。

(1) Hybrid2

Hybrid2 是一个很方便的用于多种可再生能源详细的长期运行和经济分析的软件工具。Hybrid2 是一个概率/时间模型，采用负载、风速、太阳能日照、温度和所设计的或用户选择的发电系统，预测互补系统的运行表现，在每一个时间间隔内的风速和负载的变化会相应地反映到系统运行的预测中。模型没有考虑系统动态和过渡过程短期波动的影响。

Hybrid2 是在广泛研究了各种互补系统后设计的。互补系统可以包含三种电气负载、多台不同类型的风力发电机、太阳能光伏电池、多台柴油发电机、蓄电池组和四种能量转换设备。系统可以为直流、交流或者直流/交流建模，可以实现多种控制策略/选择，包括柴油发电机的调度方案和柴油发电机和蓄电池组之间的切换，同时还包括一个经济分析模型，包含了许多系统运行和经济可变参数。

Hybrid2 采用了非常友好的用户界面 Graphical User Interface（GUI）和互补系统常用的术语库，同时包含了一个设备数据库来帮助用户设计互补系统，所包含的设备都是成熟的商业化的产品并使用生产商的技术参数。另外，资料库还包括系统案例和可供用户直接使用的系统模板。用户从 Hybrid2 可以得到两个结果：a.所设计的系统摘要；b.详细的输出电能的时间序列流。图形化的输出结果让用户能方便地看到结果和深入地评估仿真结果。

Hybrid2 的基本功能：

a.概率/时间模型：该模型是基于时间序列但是采用了统计的方法来计算在每一个时间间隔上风和负载的变化，从而能够更好地调度柴油发电机的运行。

b.允许多种多样的系统配置：系统可以有三种母线结构，包括风力发电机、太阳能光伏电池、蓄电池组、逆变器和卸荷器。

c.具体的调度方案：大约 180 种系统配置，包括 12 种最常用的调度方案。根据决策来调度系统中的蓄电池组和柴油发电机。用户可以决定柴油发电机何时启动、启动的次序（如果系统中有多台柴油发电机）、和蓄电池组如何配合工作以及何时停止工作。

d.在线设备库：允许设计者用可选设备和资源数据下拉菜单的方式方便地生成项目和

---

❶　美国能源部国家可再生能源实验室 NREL 开发。

系统。资料库里包括了大约 150 多种的风力发电机、太阳能模块、柴油发电机、蓄电池组、发电系统和资源数据。

e.采用最普遍的数据来定义系统部件和系统：所有的设备都是很方便地按制造商的技术参数来定义的，所以用户可以把任何美国国家可再生能源实验室（NREL）的设备参数输入进去。新输入的参数将成为数据库的一部分，为今后其他人所有。

f.各种详细的经济分析：允许使用者对潜在的系统，根据各种不同的输入，从税收到负载，进行详细的分析。

g.在线术语库：最通用的术语来帮助使用者定义项目和互补系统。

（2）HOMER

HOMER 是一个简化的计算机模型，用来评估为偏远地区、独立运行或分布式发电而设计的离网系统和并网系统。在设计可再生能源电力系统时，必须对系统的配置做出决定：在系统中包括哪些组件，每个组件的功率多大，等等。大量的技术选择以及技术成本的变化和能源的可用性使得这些决策变得很困难，尤其是长期的经济效益。HOMER 的系统优化和敏感因子的分析算法帮助用户在大量可变信息和经济技术方案中，给出项目经济技术可行性的分析。

能源形式：

① 太阳能；

② 风能；

③ 小水电；

④ 发电机：柴油发电机、汽油发电机、生物质能发电机、替代能源、常规能源、火电厂；

⑤ 电网；

⑥ 多台发电机；

⑦ 燃料电池。

储存：

① 蓄电池组；

② 氢气。

负载：

① 考虑季节变化的负载模型；

② 次级负载（如水泵、冰箱）；

③ 热利用（如取暖、谷物干燥）；

④ 效率测度。

（3）RETScreen

RETScreen 是一种标准整体可再生能源工程分析软件，用以评估各种能效、可再生能源技术的能源生产量、节能效益、寿命周期成本、减排量和财务风险，也包括产品、成本和气候数据库。该软件由加拿大政府通过 CANMET（加拿大矿业能源技术中心）向全世界提供，免费使用，并提供中文支持；其构成核心是已标准化的能源分析模式，可以在全球范围内使用，用于评估各种能效、可再生能源技术的能源生产量、节能效益、寿命周期成本、温室气体减排量和财务风险。

该软件功能比较强大，可对风能、小水电、光伏、热电联产、生物质能供热、太阳能采暖供热、地源热泵等各类应用进行经济性、温室气体、财务及风险分析；它是目前中国经常使用的对光伏发电系统倾角和发电量进行计算的软件，而计算光伏发电系统发电量只是其功能之一。软件中的全球气象数据来自美国航空航天局，其地面数据与中国的气象站提供的地面数据有较大差别，在使用时应予注意。

12.2.3 独立风/光互补集中供电系统设计案例

根据上述系统设计步骤，逐步设计一个案例。社区基本信息如下。

社区坐标：32°26′53.77″N，72°03′27.99″E；

海拔：800m；

地形：山区；

用户：80 户居民，一所学校和一个社区活动中心，要求安装路灯。

（1）风资源

见表 12.15。

表 12.15 月平均风速表

月	1	2	3	4	5	6	7	8	9	10	11	12	平均
平均风速 /(m/s)	4.67	4.56	5.01	5.25	5.58	5.54	4.63	4.30	4.47	4.98	4.92	4.46	4.86

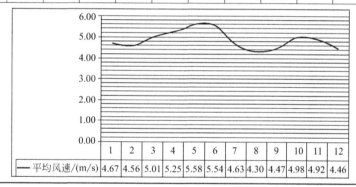

（2）太阳能资源

见表 12.16。

表 12.16 月平均太阳辐照度表

月	1	2	3	4	5	6	7	8	9	10	11	12	平均
平均辐照度 /(kW/m^2)	3.26	4.13	5.08	6.24	7.12	7.14	6.01	5.56	5.19	4.63	3.76	3.08	5.10

太阳能阵列倾角17°。

(3) 负载和未来负载增长的评估

① 负载概况 每户人家3盏10W的灯、一台电扇、一台电视机和一个手机充电器插座，没有冰箱。社区公共设施包括路灯、活动中心里的灯、电扇、电脑和显示器，以及打印机。这些设备的单机功率以及在不同季节每天平均使用时间见表12.17。

同时系数：在一个非常偏僻的山村，假设大家的生活习惯差不多，同时系数取100%。

② 负载评估 具体的负载评估如下。

a. 家庭负载分析见表12.17。

表 12.17 家庭负载分析

类别	单机功率/W	数量	功率小计/kW	日平均运行/h												信息
				1	2	3	4	5	6	7	8	9	10	11	12	
灯	10	3	0.03	12	11	10	9	8	7	7	8	9	10	11	12	LED
电扇	70	1	0.07	0	0	0	6	12	16	18	16	12	6	0	0	48°
电视机	100	1	0.1	5	5	5	5	5	5	5	5	5	5	5	5	18°65W,32°
手机充电器	0.1	1	0.0001	1	1	1	1	1	1	1	1	1	1	1	1	160L.93W
冰箱	100	0	0													
每户总功率/kW			0.2001													
全部居民户功率/kW			16.008													

b. 社区公共负载分析见表12.18。

表 12.18 社区公共负载分析

类别	单机功率/W	数量	功率小计/kW	日平均运行/h												信息
				1	2	3	4	5	6	7	8	9	10	11	12	
路灯和活动中心	7	16	0.112	12	11	10	9	8	7	7	8	9	10	11	12	LED
电扇	70	2	0.14	0	0	0	8	16	20	24	24	20	16	8	0	48°
电脑	800	0	0	12	12	12	12	12	12	12	12	12	12	12	12	
显示器	200	0	0	12	12	12	12	12	12	12	12	12	12	12	12	
打印机	200	0	0	1	1	1	1	1	1	1	1	1	1	1	1	
社区总功率/kW			0.252													

c. 全部家庭耗能见表12.19。

表 12.19　全部家庭耗能

月份 类别	家庭负载各月日耗电量/kW·h											
	1	2	3	4	5	6	7	8	9	10	11	12
灯	0.4	0.3	0.3	0.3	0.2	0.2	0.2	0.2	0.3	0.3	0.3	0.4
电扇	0	0	0	0.4	0.8	1.1	1.3	1.1	0.8	0.4	0	0
电视机	0.5	0.5	0.5	0.5	0.5	0.5	0.5	0.5	0.5	0.5	0.5	0.5
手机充电器	0	0	0	0	0	0	0	0	0	0	0	0
冰箱	0	0	0	0	0	0	0	0	0	0	0	0
单个家庭功率/kW	0.9	0.8	0.8	1.2	1.6	1.8	2	1.9	1.6	1.2	0.8	0.9
全部家庭耗电量/kW·h	69	66	64	95	126	146	158	149	129	98	66	69

d. 全部社区公共负载耗能见表 12.20。

表 12.20　全部社区公共负载耗能

月份 类别	社区公共负载各月日耗电量/kW·h											
	1	2	3	4	5	6	7	8	9	10	11	12
路灯和活动中心	1.3	1.2	1.1	1	0.9	0.8	0.8	0.9	1	1.1	1.2	1.3
电扇	0	0	0	1.1	2.2	2.8	3.4	3.4	2.8	2.2	1.1	0
电脑	0	0	0	0	0	0	0	0	0	0	0	0
显示器	0	0	0	0	0	0	0	0	0	0	0	0
打印机	0	0	0	0	0	0	0	0	0	0	0	0
社区公共设施耗电量	1.3	1.2	1.1	2.1	3.1	3.6	4.1	4.3	3.8	3.4	2.4	1.3

e. 全部负载总功率和不同月份日平均总耗能，见表 12.21，系统不同月份的日平均负载
见图 12.15。

表 12.21　全部负载总功率和不同月份日平均总耗能

月份 项目	日耗电量/kW·h											
	1	2	3	4	5	6	7	8	9	10	11	12
全社区	70	68	65	97	130	150	162	153	133	101	69	70
全部负载功率/kW	16.26											
全部耗电量/kW·h	162											

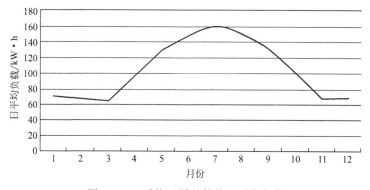

图 12.15　系统不同月份的日平均负载

（4）负载增长率分析

假设负载年增长率为 2%，10 年后的总负载为 19.4kW，最大日耗电量为 193.3kW·h，见表 12.22。

表 12.22　负载耗能增长率表

年	1	2	3	4	5	6	7	8	9	10
负载/kW	16.26	16.6	16.9	17.3	17.6	18.0	18.3	18.7	19.1	19.4
耗能/kW·h	161.75	165.0	168.3	171.7	175.1	178.6	182.2	185.8	189.5	193.3

10 年后一年中各月的耗电量如表 12.23 所示。

表 12.23　各月耗电量对比表

月份 项目	不同月份日耗电量/kW·h											
	1	2	3	4	5	6	7	8	9	10	11	12
全社区当前	70.2	67.6	65.1	97.3	129.5	150.0	161.8	153.1	132.6	101.0	68.8	70.2
全社区 10 年后	83.8	80.8	77.8	116.3	154.8	179.3	193.3	182.9	158.5	120.7	82.2	83.8

第四步：运输和安装条件评估。

村庄位于山区，道路崎岖，下雨后泥泞，但干燥天气汽车勉强能进（见图 12.16）。

图 12.16　相对恶劣的运输和安装条件

（5）计算系统对负载的供电能力（负载覆盖率）

先考虑系统采用 50kW 的发电能力，风能和太阳能各占一半（50:50），用 Excel 表对风力发电、太阳能光伏发电的发电量以及对负载的覆盖能力计算，见表 12.24。

表 12.24　风力发电、太阳能光伏发电的发电量以及对负载的覆盖能力计算统计表

月份	10kW 风力发电机日发电量/kW·h	1m² 太阳能光伏日发电量/kW·h	风能日总发电量/kW·h	太阳能日总发电量/kW·h	日系统总发电量/kW·h	考虑效率后总供电量/kW·h	日平均负载耗电量/kW·h	平均日覆盖率/%
1	35.9	3.3	119.8	109.3	229.1	163.2	83.8	195
2	34.9	4.1	116.4	128.1	244.5	174.1	80.8	215
3	44.7	5.1	149.0	145.0	294.0	209.4	77.8	269
4	50.0	6.2	166.8	166.4	333.2	237.3	116.3	100
5	57.3	7.1	190.9	181.4	372.2	265.1	154.8	228
6	56.5	7.1	188.3	178.9	367.2	261.5	179.3	146
7	36.3	6.0	121.0	153.1	274.1	195.2	193.3	101

续表

月份	10kW 风力发电机日发电量/kW·h	1m² 太阳能光伏日发电量/kW·h	风能日总发电量/kW·h	太阳能日总发电量/kW·h	日系统总发电量/kW·h	考虑效率后总供电量/kW·h	日平均负载耗电量/kW·h	平均日覆盖率/%
8	29.6	5.6	98.5	148.3	246.8	175.8	182.9	96
9	33.0	5.2	110.1	148.2	258.3	184.0	158.5	116
10	44.0	4.6	146.7	143.6	290.3	206.8	120.7	171
11	42.6	3.8	142.0	126.1	268.0	190.9	82.2	232
12	32.7	3.1	109.1	106.9	216.0	153.8	83.8	183
年日平均	41.5	5.1	138.2	144.6	282.8	201.4	126.19	171

计算结果表明，25kW 风能＋25kW 太阳能的系统基本能保障电力供应，但是夏天较为紧张，尤其是 8 月份，只能达到 96%。

（6）系统优化

调整系统中风能和太阳能的比例，成为 20kW 风能＋30kW 太阳能，系统的覆盖率得到改善，如表 12.25 和图 12.17 所示，8 月份的覆盖率达到了 100%。

表 12.25 优化后风电、光伏发电量以及对负载的覆盖能力计算统计表

月份	10kW 风力发电机日发电量/kW·h	1m² 太阳能光伏日发电量/kW·h	风能日总发电量/kW·h	太阳能日总发电量/kW·h	日系统总发电量/kW·h	考虑效率后总供电量/kW·h	日平均负载耗电量/kW·h	平均日覆盖率/%
1	35.9	3.3	95.8	131.2	227.0	161.7	83.8	193
2	34.9	4.1	93.1	153.7	246.8	175.8	80.8	217
3	44.7	5.1	119.2	174.1	293.2	208.8	77.8	268
4	50.0	6.2	133.4	199.7	333.1	237.2	116.3	100
5	57.3	7.1	152.7	217.6	370.3	263.8	154.8	227
6	56.5	7.1	150.6	214.7	365.3	260.2	179.3	145
7	36.3	6.0	96.8	183.7	280.5	199.8	193.3	103
8	29.6	5.6	78.8	177.9	256.7	182.9	182.9	100
9	33.0	5.2	88.1	177.8	265.9	189.4	158.5	119
10	44.0	4.6	117.4	172.3	289.7	206.3	120.7	171
11	42.6	3.8	113.6	151.3	264.9	188.6	82.2	230
12	32.7	3.1	87.3	128.3	215.6	153.5	83.8	183
年日平均	41.5	5.1	110.6	173.5	284.1	202.3	126.19	171

系统将采用直流母线结构，使用两台 10kW 的风力发电机，30kW 的太阳能光伏电池，倾角 17°。

太阳能光伏组件的安装结构如图 12.18 所示。

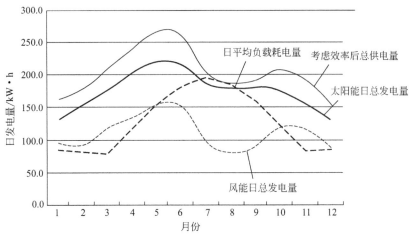

图 12.17   风/光互补系统发电量对负载的覆盖率

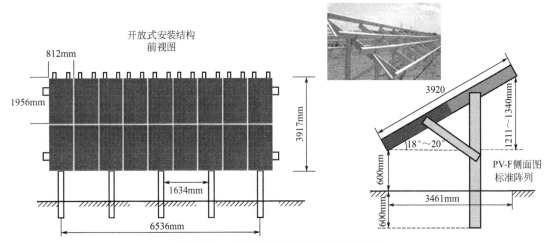

图 12.18   太阳能光伏组件的安装结构图

现有的光伏电池如图 12.19 所示。

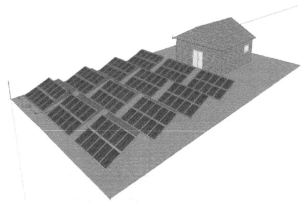

图 12.19   现有光伏电池示意图

(7) 设计蓄电池组

系统考虑储电一天半，系统最大日耗电 193.3kW·h。

$$C = LD/[DOD \times E_1 \times (1-E_2)]$$
$$= 193.3kW \cdot h \times 1.5/[0.8 \times 0.9 \times (1-0.05)]$$
$$= 193.3kW \cdot h \times 1.5/(0.8 \times 0.9 \times 0.95)$$
$$= 193.3kW \cdot h \times 1.5/0.684$$
$$= 193.3kW \cdot h \times 2.19$$
$$= 423.3kW \cdot h \approx 440kW \cdot h_\circ$$

系统将采用直流母线电压 220V，铅酸密封电池单体 2V/1000A·h，110 个电池串联，然后 2 串并联。

(8) 逆变器

系统中的主要感性负载是电扇，每户人家 1 台，社区中心 2 台，共 82 台。但是每台功率不大，70W，而且 82 台电扇一般不会在同一时间启动，故不专门区分感性负载。

系统总功率为 19.4kW≈20kW，逆变器功率=总功率×1.5=20kW×1.5=30kW。

这个社区由两个村庄组成，相距一定距离，因此系统设计时考虑把电站放在两个村子的中间，电站的输电线路分两路走，同时考虑系统的安全可靠性，系统把光伏电池分成两组，然后和各一台风力发电机、一组蓄电池和一个光伏充电逆变器组成一组，向一个村庄供电。系统中有 2 台光伏充电逆变器，每台选用规格为 30kV·A（约为 24kW）。

(9) 系统总体结构

至此，系统设计完毕。整个离网风/光互补集中供电系统的框图如图 12.20 所示。

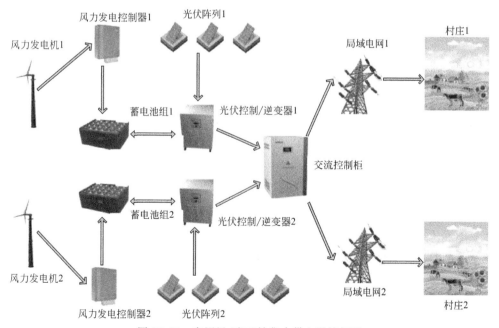

图 12.20 离网风/光互补集中供电系统框图

图 12.21 是实现后的离网风/光互补集中供电系统。

(10) 数据监控系统

随着离网可再生能源技术和应用的深入发展，各方机构（如系统开发商、业主、移动通

图 12.21　实现后的离网风/光互补集中供电系统

信运营商等）都需掌握系统运行的第一手资料。而这些项目点，往往都地处偏远地区，不具备实地采集和人工采集数据的可能性，技术信息的缺乏阻碍了可再生能源技术的进一步推广应用。为了全面反映系统的运行情况，提高系统的效率和品质，作为一个先导项目，为了充分了解系统的运行，为未来的项目推广提供科学的依据，需要用计算机数据采集系统（data acquisition system，DAS）来自动采集可再生能源发电系统的各种参数信息。

数据监控系统主要是两大功能：

① 得到当地可再生能源资源的信息；

② 检测系统的运行情况。

数据监控系统采集如下基本信息并具有一些基本的功能。

① 可再生能源资源和环境信息：

风速，m/s；

方向（角度）；

太阳能水平面的辐射，W/m^2；

室外气温和相对湿度。

② 系统运行状态：

直流母线电压，V；

风力发电机充电电流，A；

太阳能充电电流，A；

逆变器向社区供电的各相电流（A）和电压（V）；

累计供电量，kW·h。

③ 其他功能：

数据能存储、输出；

能按要求的方式显示；

故障显示和报警（过压、欠压、短路等）。

④ 显示功能：图 12.22～图 12.28 是运行后的部分监控结果。

可以看出，三相逆变器的输出是很不平衡的，但是逆变器能很好地正常工作。

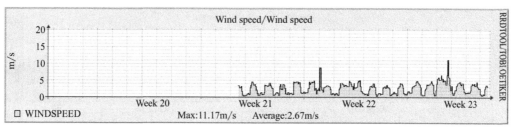

图 12.22　风速

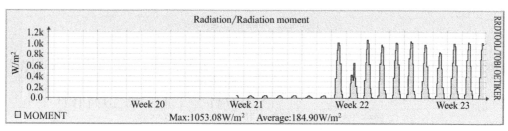

图 12.23　太阳能辐射

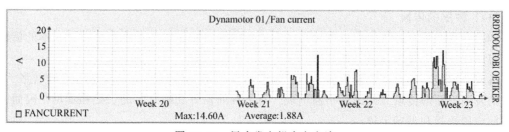

图 12.24　风力发电机充电电流

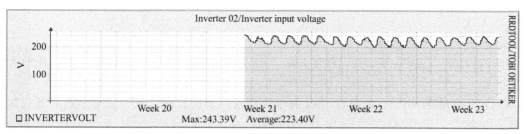

图 12.25　二号逆变器输入电压

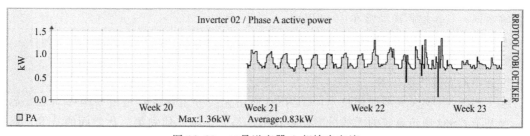

图 12.26　二号逆变器 A 相输出电流

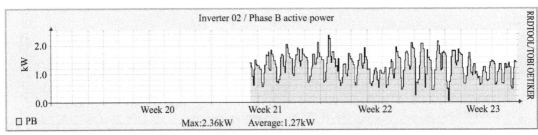

图 12.27　二号逆变器 B 相输出电流

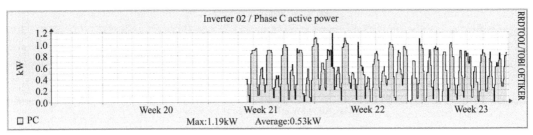

图 12.28　二号逆变器 C 相输出电流

（11）数据的传输

如果在数据采集系统中配备通信接口和通信模块，则能进行远距离传输。基本的传输方式有有线传输和无线传输，具体如下。

远程数据传输的方式的确很多，而且随着通信技术、计算机技术及专用集成电路 ASIC 技术的发展，新的传输方式还会不断出现。每一种通信方式都有它的长处和不足，因而就有不同的应用选择和市场定位。

① 有线方式　有线方式较无线方式可靠性高、传输容量大，无线方式较有线方式灵活方便、设备加运行费用低（在距离较远时）。

② 无线方式

a. 近距离无线通信技术

ⓐ Zig-Bee：Zig-Bee 是基于 IEEE 802.15.4 标准而建立的一种短距离、低功耗的无线通信技术。

ⓑ 蓝牙（bluetooth）：能够在 10m 的半径范围内实现点对点或一点对多点的无线数据和声音传输。

ⓒ 无线宽带（wi-fi）：它是一种基于 802.11 协议的无线局域网接入技术。

ⓓ 超宽带（UWB）：UWB 是一种无载波通信技术，利用纳秒至微秒级的非正弦波窄脉冲传输数据，其传输距离通常在 10M 以内。

ⓔ NFC：NFC 是一种新的近距离无线通信技术，其工作频率为 13.56MHz，由 13.56MHz 的射频识别（RFID）技术发展而来。

b. 远距离无线传输技术

ⓐ GPRS/CDMA 无线通信技术：GPRS（通用无线分组业务）是由中国移动开发运营的一种基于 GSM 通信系统的无线分组交换技术，是介于第二代和第三代之间的技术，通常称为 2.5G。

ⓑ 数传电台通信：数传电台是数字式无线数据传输电台的简称，它是采用数字信号处

理、数字调制解调、具有前向纠错、均衡软判决等功能的一种无线数据传输电台。数传电台过去是、目前是而且将来还会是实时遥控遥测类无线数据传输应用的主要通信方式。

ⓒ 扩频微波通信：扩频通信，即扩展频谱通信技术，是指其传输信息所用信号的带宽远大于信息本身带宽的一种通信技术。

ⓓ 无线网桥：无线网桥是无线射频技术和传统的有线网桥技术相结合的产物。无线网桥是为使用无线（微波）进行远距离数据传输的点对点网间互联而设计的。

ⓔ 卫星通信：卫星通信是指利用人造地球卫星作为中继站来转发无线电信号，从而实现在多个地面站之间进行通信的一种技术，它是地面微波通信的继承和发展，能覆盖全球任何角落，但租用线路费用较大。

ⓕ 短波通信：短波通信是指利用短波进行的无线电通信，又称高频（HF）通信。

目前大多数可再生能源发电系统配备了 SCADA（supervisory control and data acquisition）。SCADA 系统的远距离采用基于 PSTN、GPRS 和 Internet 网络的数据传输。

12.3　其他与风能有关的离网系统的设计

其他和风能有关的离网系统还有离网风能集中供电系统、风/柴互补系统、风/光/柴互补系统、风能单用户系统和风/光互补单用户系统。

12.2 节详细介绍了离网风/光互补系统的设计步骤和案例。在案例中，除了柴油发电机，系统设计几乎经历了所有的步骤。表 12.26 给出了其他与风能有关的离网系统的设计可能包含的步骤。读者可以看到，以离网风/光互补系统的设计步骤为模版，只要跳过不相关的步骤，就能实现其他与风能有关的离网系统的设计。比如纯风能系统，只需跳过太阳能资源评估和太阳能阵列的设计；离网风/光互补户用系统，只需跳过局域电网的设计。这里单用户包含了两类可能的用户：单居民户和单机构户。对于单居民户，尤其是我国，用电量不大，一般都无须获得地理位置信息和评估运输安装条件。但对于一个机构，比如一个小企业、加工厂，负荷有可能比较大，采用的风力发电机也会比较大，这时做这些评估是必要的。

表 12.26　其他与风能有关的离网系统设计可能包含的步骤

设计步骤	离网风/光互补	离网风能	离网风/柴	离网风/光/柴	离网风能单用户	离网风/光互补单用户
获得地理位置信息	√	√	√	√	√	√
评估风能资源	√	√	√	√	√	√
评估太阳能资源	√			√		√
评估运输和安装条件	√	√	√	√	√	√
评估负载和增长率	√	√	√	√	√	√
决定风力发电机配置	√	√	√	√	√	√
决定太阳能发电机配置	√			√		√
决定柴油发电机配置						
分析负载覆盖率与优化	√	√	√	√	√	√
决定蓄电池配置	√	√	√	√	√	√
决定逆变器配置	√	√	√	√	√	√
设计局域电网	√	√	√	√		

需强调这里系统中加入柴油发电机的方法。选用柴油发电机与选择逆变器相似，也要区分系统中的阻性负载和感性负载，并分类计算和叠加。

① 电感性负载对容量的影响　电感性负载（如笼型三相异步电动机）的特性是，启动时有很大的电流，而且功率因数大大低于正常运行值。如果直接启动，其启动电流为正常运转时的 5～7 倍，例如，柴油发电机组启动一台额定电流值为 100A 的三相异步电动机时，启动电流可以达到 600A。这就要求柴油发电机组的容量足够大，以满足其启动要求。但是随之而来的问题是机组的功率选大了，而正常运行时功率又小于机组的额定功率，这显然是不经济的。

② 非线性负载（又称为整流性负载）对容量的影响　非线性负载设备都有启动冲击电流、谐波反馈、电流突变等干扰，因而往往对机组电压降值有很高的要求。由于柴油发电机组所送出的电源本身不但电压畸形变率不大，而且随着机组额定输出功率容量的减小，其内阻增大的矛盾会显得更加突出。当带电阻性负载时，这种影响不易被觉察。然而带像计算机和通信设备这种整流滤波形负载或 UPS 等非线性负载时，会影响负载的正常运行乃至使用寿命，出于安全方面的考虑，应把机组容量选大些。

各典型负载的启动和运行特性如表 12.27 所示。

表 12.27　各典型负载的启动和运行特征

典型负载	启动时	正常运行时
阻性负载(灯泡、电热器等)	1 倍	1 倍
卤素负载(荧光灯、水银灯等)	2.1～2.8 倍	1.2～1.8 倍
整流型负载(转孔机、喷砂机等)	2.0～3.0 倍	1.3～1.6 倍
感性负载(笼型三相异步电机等)	5.0～6.0 倍	1.3～2.0 倍

在计算柴油发电机组容量时，应明确各个负载的性能，并做出正确的选择。本案例中，假设负载总功率为 20kW，柴油发电机工作在 80% 的工作点，系统总效率 85%，则柴油发电机的功率＝20kW/0.8/0.85＝29.4kW≈30kW，30kW/0.8＝37.5kV·A。

③ 其他影响柴油发动机输出功率的因素

a.海拔高度的影响。发电机的额定功率是基于它在海平面上的运行。柴油发动机的功率随高度增加而降低（空气变稀薄），发电机的最大输出功率随之下降。对汽油、柴油或丙烷燃料发电机而言，典型的情况是海拔每上升 100m，约有 1% 的功率损失；而以天然气为燃料的发电机每上升 100m 可能会损失 1.5% 的电力。比如说一个带柴油发电机后备的互补系统安装在海拔 1000m 的山区，则它的柴油发电机的功率会损失 10%。在上述例子中，如果系统是在海拔 1000m 的地区，则柴油发电机的容量应该为 30kW/0.9＝33.3kW。

此外，发电机的化油器可能需要修改，以适应高空作业，甚至达到降低功率额定值。

b.环境温度的影响。环境温度是影响柴油发电机出力的另一个因素，一般，环境温度每高于柴油发电机的额度环境温度 5℃，功率就会下降 1%～2%。如果柴油发电机的额定环境温度是 25℃，而实际环境温度可达 40℃，则额定功率还要增加 5%。

c.考虑浪涌电流。柴油发电机也会遭到浪涌电流，柴油发电机要能接受不超过 30min 的浪涌电流，在决定柴油发电机的功率时，要给浪涌电流留有空间，这个空间大约比一个发电机的正常等级高出 20%。

因此，即使从 20kW 负载开始，需要一台额定功率至少为 30kW 的柴油发电机，而为了考虑环境温度和浪涌电流，所需柴油发电机的功率更大，尤其是当负载功率因数较低且运行在较高的海拔高度时。

另外，为了提供柴油发电机的利用效率，一般总是让柴油发电机一边向负载直接供电，另一方面给蓄电池充电。这样就意味着在正常系统负载的基础上还要加上充电负载。这种情况下，柴油发电机的功率会很大，但是工作时间并不是很长，只有在系统无风无光而且蓄电池亏空时才会出现，因此一般不宜把柴油发电机选得很大。

系统中加入柴油发电机作为后备后，也要在电站线路中加入相应的柴油发电机向负载直接供电和向蓄电池组充电的线路。

12.4　并网型风力发电系统设计

分布式风力发电主要指风力发电机组分散布置在高负荷附近、非远距离传输、产生的电力由就近电网消纳的项目，分布式风电的特点是：规模小、投资少、运行成本低、灵活性高、系统可靠性高、就地并网就地消纳等。

分布式风力发电与集中式风力发电相比，节省了输送电力设施（升压站系统及送电线路）的初期建设费用和后期的维护费用，其经济效益明显。

如本章 12.1 节所述，并网型分布式风力发电大致有三种类型：全额上网型、自发自用余电上网型和完全自发自用型。下面介绍相关类型的系统结构。

12.4.1　全额上网型

全额上网型风能分布式系统（见图 12.29）就是风力发电系统所发的电全部卖给电网，电网以当地标杆上网电价收购电站所发的全部电量；全额上网的电价是国家规定的相应的标杆电价。国家对标杆电价和上网电价（feed-in-tarif，FIT）每经过一段时间就根据总体需求和产业/市场规模进行一定的调整。

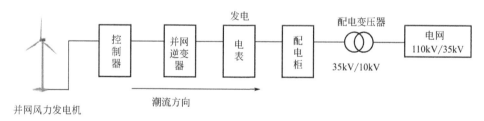

图 12.29　全额上网型风能分布式系统

从风力发电系统的角度看，全额上网型分布式应用是三个类型中结构最简单的。系统就是两大块：风力发电机系统和并网控制器。风力发电机发出的电，经过并网逆变器输入电网。系统的技术难点在于并网控制器如何工作和电网的接受调度上，比如风能随机性导致的电压电流的波动、频率的同步、遇到故障时的退出、低电压穿越和电网调度等等。但这些问题都是在电力电子设备的研制中或通过电网一侧的技术进步来解决，很少在风力发电机一侧解决。对用户来说，根据功率需要，采购合适的风力发电机和风力发电机制造商推荐的并网逆变器，正确连接到电网上即可。

按照电网的要求，分布式电源并网电压等级可根据装机容量进行初步选址，参考标准如下：

  ① ≤8kW 可接入 220V；

  ② 8～400kW 可接入 380V；

  ③ 400～6000kW 可接入 10kV；

  ④ 5000kW(5MW)～30000kW(30MW) 可接入 35kV。

  最终并网电压等级应根据电网条件，通过技术经济比选确定。若高低两级电压均具备接入条件，应优先采用低电压等级接入❶。要根据需要的功率选择并网型风力发电机，并选择与风力发电机相匹配的并网型逆变器。

  图 12.29 只是一个示意图，图中有些部件是不是需要，比如配电变压器，取决于风力发电机的功率以及系统在哪一级电压上并网。

  全额上网型风能分布式发电是一种投资，除了技术方面的考虑，更重要的是要从当时当地的政策，包括分布式上网电价等因素，做好经济可行性分析，判断投资回报率和回收周期是否在可接受的范围，要选择与风力发电机相匹配的并网型逆变器。

12.4.2　自发自用余电上网型

  自发自用余电上网型风能分布式系统（见图 12.30）就是风力发电系统发的电用户自己用一部分，用不完的卖给电网，同时获得相应的补贴。自发自用余电上网型的风能分布式系统在结构上要比全额上网型复杂。系统在并网线路的基础上，要增加一个自己使用电量的环节。

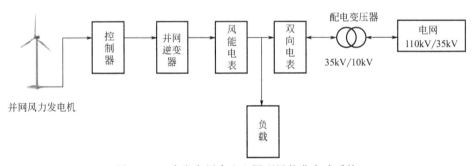

图 12.30　自发自用余电上网型风能分布式系统

  当风力发电机发电时，首先提供给自己的负载，如果风力发电机发出的电量多于本系统的负载耗电量，多余的电量就上网，电网接受电量；如果风力发电机发出的电量少于本系统负载所需的电量，则电网提供电量；如果风力发电机完全不工作（无风或者保养），则负载全部由电网供电。因此负载与电网之间的电流是双向流动的。

  余电上网的电价是：自发自用部分电价＝用户电价＋国家补贴＋地方补贴，余电上网部分电价＝当地脱硫煤电价＋国家补贴＋地方补贴。

  建设这类系统同样要关注当地的风资源情况，国家和地方对风电分布式项目的政策。

12.4.3　完全自发自用型

  在完全自发自用的风能分布式系统（见图 12.31）中，风力发电只能向自己的负载供

---

❶　国家电网关于促进分布式电源并网管理工作的意见（修订版）。

电，多余的电量不能馈送到电网上。在这种系统中，用户需要评估自己所在位置的风资源和自己的负载，设计一个合适的风力发电系统，更重要的是风力发电系统不可能与负载在功率上和时间上完全匹配。当风力发电的电量少于负载需要的电量时，系统可以从电网上获得需要的电量；但是当风力发电的电量多于负载需要的电量时，系统不能把多余的电量馈送到电网时，这时可以：a.启动卸荷器，但这样清洁能源就白白浪费了；b.系统配置蓄电池组，把多余的电量存储到蓄电池组中，以备以后电量不足时使用。另外系统中还要增加一个防逆流装置。这种方案，系统的风能得到了充分利用，但是引入蓄电池组、充电器和防逆流装置会增加系统的投资。用户需要做好经济可行性分析，全面权衡系统的配置，一方面使技术可行，另一方面使经济可行。

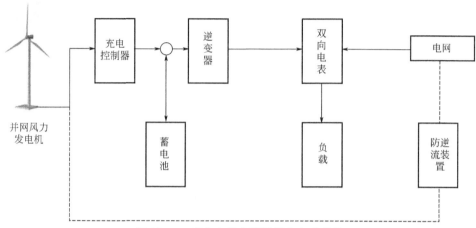

图 12.31　完全自发自用风能分布式系统

第13章

湍流与风力发电机安装微选址

13.1 湍流

分布式发电虽没有统一的容量规定，但都是在用户现场或者用户附近安装一台或几台几千瓦到几兆瓦的风力发电机，涵盖了风力发电机组的全部功率范围。也就是说，根据用户的需求，小至几千瓦的小型风力发电机（我国以前主要用于农村无电地区），大至兆瓦级的大型风力发电机，都可能用于分布式风力发电。

分布式风力发电靠近用户现场这一特征，使得分布式风力发电现场的气流条件与以前大规模风电场的气流特征有很大的区别。周围的地形、障碍物和用户的一切设施都可能对入流产生干扰，形成湍流（turbulence），而湍流不仅严重影响风力发电机组的运行，严重的还会导致设备损坏。光伏发电不会把太阳能电池放置在阴影区域，但是分布式风力发电很有可能将风力发电机放在一个强湍流环境中，因为"影子"可见而湍流不可见。

13.1.1 湍流的概念及成因

湍流，也称紊流，是指流场中某点流动速度的大小和方向随时间不规则地变化的流动。飞机航行过程经常会有遇到湍流的情况：飞机有时颠簸，甚至剧烈颠簸，还会有突然下坠的感觉，此时观察窗外，可能万里晴空，什么也看不出来。风力发电机如果被安装在湍流环境下，也会遭到类似的气流的剧烈波动，轻则影响运行，重则损坏设备。

产生湍流主要有两个基本原因：

① 当气流流动时，气流会受到粗糙地面的摩擦或者阻滞作用；

② 由于空气密度差异和大气温度差异引起的气流垂直运动。

上述两个原因往往同时存在，同时导致湍流的发生。障碍物对气流的影响见图13.1。

湍流用湍流强度（turbulence intensity，TI）来描述。TI定义为脉动速度与平均风速（轮毂中心高度）之比，即：

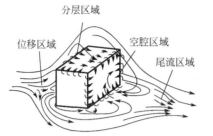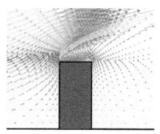

图 13.1　障碍物对气流的影响

$$TI = \frac{\sigma}{\overline{V}_{轮毂中心}} \tag{13.1}$$

式中，σ 为脉动速度；$\overline{V}$ 轮毂中心为平均风速。

衡量湍流影响的另一个物理量是湍流动能 TKE（turbulence kinetic energy）。湍流动能是湍流速度涨落方差与流体质量乘积的 $1/2$，有分量湍流动能和湍流总动能之分。湍流总动能随时间的变化体现湍流动能的净收支，是衡量湍流发展或衰退的指标。湍流扩散方差与分量湍流动能成正比，是衡量湍流混合能力的重要指标。

湍流动能 TKE 是湍流模型中最常见的物理量（k）之一，可以利用湍流强度估算湍流动能，其计算公式为：

$$k = \frac{3}{2}(uI)^2 \tag{13.2}$$

式中，u 为平均速度；I 为湍流强度。

湍流不仅仅使风速的大小发生了变化，而且对风向也产生了影响。对于目前普遍采用的水平轴风力发电机组，水平入流的方向变化，不仅会影响风力发电机组的发电输出，甚至会产生致命的损坏。

湍流的形成，除了时间因素，主要还受到风力发电机组安装地点的地形、植被和障碍物的影响。障碍物可以是树木，也可以是各种建筑物；在大规模风力发电场建设中很少存在障碍物，但在分布式应用时通常都会受到障碍物的影响。

13.1.2　国际能源署风能技术合作计划对强湍流环境下风能利用的研究

国际能源署（International Energy Agency，IEA）风能技术合作计划（IEA Wind TCP）是一项国际合作项目，共享信息和研究活动，推动成员国的风能研究、开发和部署。以前称为"风能系统研究、开发和部署合作实施协议"，该联盟由国际能源署（IEA）主持。IEA Wind 针对全球风能利用和风能产业的发展需求，批准设立了若干项研究课题，称之为"Task"。Task27 是诸多 Task 中的唯一一项和小型风力发电有关的研究课题，即"强湍流环境下小型风力发电机组的实践指南"和"微选址"。

要制定这一"实践指南"，首先需要正确理解复杂环境（例如建筑物环境）中的风资源，然后制定相关的风力发电机的测试和设计标准，以及应用指南。

13.1.3　我国对湍流及其对微选址影响的研究及发现

国内对湍流及其对微选址影响的研究主要以内蒙古工业大学汪建文教授的团队为主。他们一方面对建筑物群的流场进行实测和分析，还采用计算机 CFD 仿真技术对不同屋顶形状的建筑物群流场进行细致的分析，分析内容包括湍流强度及其分布、风速的变化和加速特性、气流不同的入流角度等等。研究主要在三个方面展开：a. 复杂的组合建筑物周边的湍流；b. 不同屋顶形状的建筑物群流场分析；c. 和丹麦 DTU 大学合作，以篱笆墙为障碍物，对由此产生的湍流进行实测和通过计算机 CFD 进行比对分析。

(1) 组合建筑物屋顶上方气流湍流特征

研究之一是选取校园内某建筑物为研究对象，开展该多体组合建筑物屋顶上方气流湍流特征及风力机微观选址的研究。该建筑为一平顶"回"字形建筑物，实景如图 13.2 所示。

图 13.2　组合建筑实景图

按照与实际建筑 1∶1 的比例进行建模，简化后的组合建筑模型如图 13.3 所示。CFD 仿真研究揭示了组合建筑物屋顶周围流速的分布，如图 13.4 所示。图 13.5 精确预测了组合建筑物周围尤其是屋顶上方的湍流强度的变化。

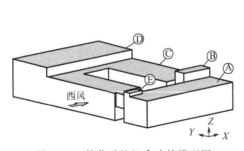

图 13.3　简化后的组合建筑模型图

图 13.4　组合建筑物屋顶周围流速分布

从 CFD 仿真清楚地得到组合建筑某立剖面的流速分布（图 13.5）和湍动能分布（图 13.6）。

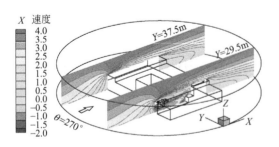

图 13.5　组合建筑某立剖面流速分布

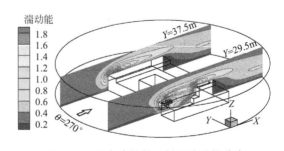

图 13.6　组合建筑某立剖面湍动能分布

CFD 仿真还揭示了组合建筑某水平剖面的流速分布（图 13.7）和湍动能分布（图 13.8）。可以清楚地看到，在建筑物的正前方和正后方，风速明显减慢，尤其是在图 13.3C、D 角的后面风速最慢。若将风力发电机安装在这个位置上，则运行效率将会大大减少。

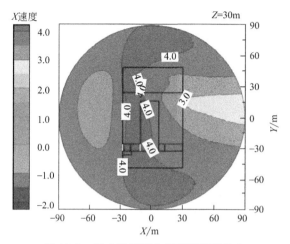

图 13.7 组合建筑某水平剖面流速分布

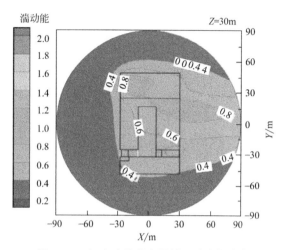

图 13.8 组合建筑某水平剖面湍动能分布

这个研究揭示了：a. 建筑物屋顶湍流场的分布规律、流线特性、屋顶立面及平面特征参数；b. 如果要安装风力发电机，风力机的安装高度应为地面以上 1.30 倍的建筑高度，且安装位置为屋顶前沿；c. 最佳安装高度区间应为地面以上 1.5～1.8 倍的建筑高度。

（2）等高建筑物群不同屋顶形状周边的湍流

通常同一小区同一开发商建造的建筑物的形状都一样，这些等高建筑物群可能有不同形状的屋顶类型。研究人员选择了四种常见的屋顶类型：平屋顶（flat roof）、斜屋顶（gabled roof）、金字塔屋顶（pyramidal roof）及三角形屋顶（pitch roof），如图 13.9 所示，该建筑物群单体建筑物为一梯两户的五层居民建筑，层高为 3m。研究人员对四种形状屋顶的强扰动区域进行了研究。

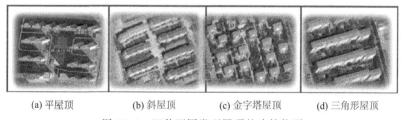

(a) 平屋顶　　(b) 斜屋顶　　(c) 金字塔屋顶　　(d) 三角形屋顶

图 13.9 四种不同类型屋顶的建筑物群

对错列和顺列的四种屋顶形状的建筑物群顶面上方的湍流强度进行对比分析：

① 选择 0°、45°及 90°三种不同入流条件；

② 在不同高度（建筑物高度的 1.1 倍、1.2 倍和 1.3 倍）分析湍流强度的变化。

为简化说明，这里只给出了错列排列的斜屋顶和金字塔屋顶建筑物群（图 13.10）上方不同风向、不同高度的湍流强度云图（图 13.11 和图 13.12）。

图 13.11 为斜屋顶错列建筑物上方不同风向、不同高度的湍流强度云图。建筑物高度

图 13.10　错列排列的建筑物群

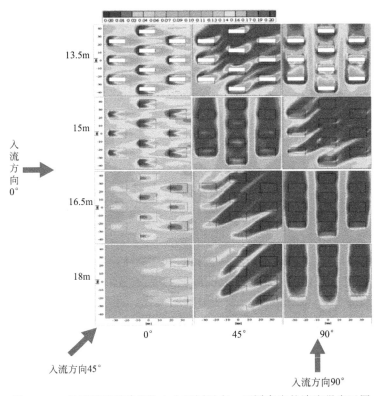

图 13.11　斜屋顶错列建筑物上方不同风向、不同高度的湍流强度云图

15m，CFD 总共分析了四个不同的高度位置：13.5m、15m、16.5m 和 18m。图中的三列（从左到右）分别为入流方向 0°、45°和 90°。

从 CFD 仿真研究中可以看出：

① 当入流以 0°角度吹来，高度为 1.1H（H 为建筑物总高）时，前排的影响几乎没了，到 1.2H 时，只有后排还有影响；

② 当入流以 45°角度吹来，高度为 1.1H 时影响还很大，到 1.2H 时，正面和侧面的第一排湍流才得以消退；

③ 当入流以 90°角度吹来，高度为 1.1H 时影响还很大，到 1.2H 时，正面和侧面的第一排湍流才得以消退；

④ 对于斜屋顶而言，顺列和错列布置对湍流强度的影响很小；

⑤ 当高度达到 1.5 倍建筑物高度后，建筑物群内的气流才基本恢复到入流状态。

如图 13.12 所示，建筑物高度 15m，CFD 总共也是分析了四个不同的高度位置：13.5m、15m、16.5m 和 18m。图中的三列（从左到右）也是分别为入流方向 0°、45° 和 90°。

从 CFD 仿真研究中可以看出：

① 对于金字塔顶而言，在屋顶周围不同高度的湍流强度分布与斜屋顶类似；

② 顺列和错列布置时，湍流强度的分布特征基本一致；

③ 错列布置时，建筑物间的夹道效应较小。

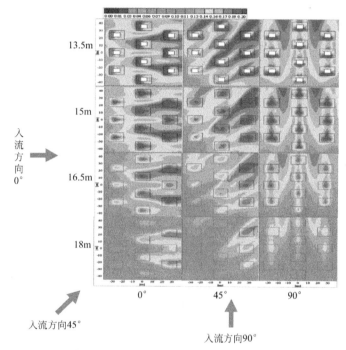

图 13.12　金字塔屋顶错列建筑物上方不同风向不同高度的湍流强度云图

为了能定量地对各屋顶形状建筑物群顶面上的湍流强度进行认识，CFD 还提取了建筑物群内中心建筑物顶面上中心、拐角及屋檐周边上湍流强度值随高度的变化曲线，具体位置如图 13.13 所示。

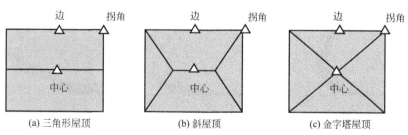

图 13.13　屋顶各位置示意图

图 13.14 给出了三种不同类型屋顶建筑物顶面各位置上的湍流强度。仿真揭示：

① 三种屋顶形状顶面中心位置上的湍流强度分布特征与顺列布置时的基本一致，只是

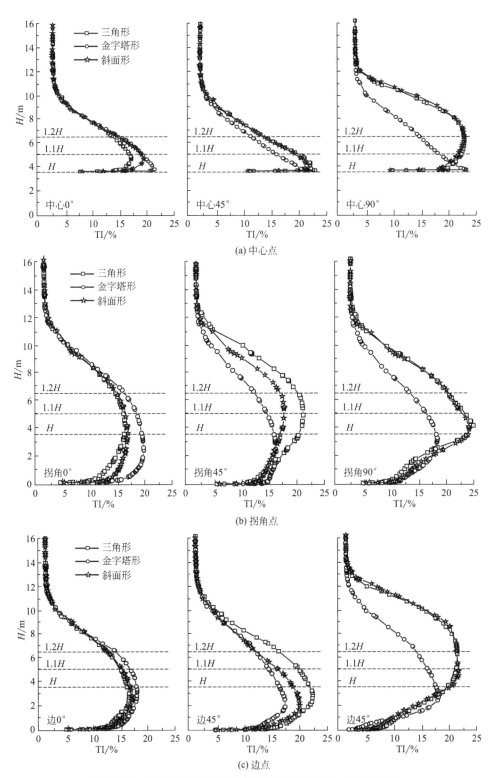

图 13.14　三种不同类型屋顶建筑物顶面各位置上的湍流强度

湍流强度的恢复速度较低；

　　② 在高度大于屋檐 6.5m 后，金字塔屋顶的 TI<16%，而高度高于屋檐 10m 后，斜屋

顶和三角形屋顶的 TI<16%，也就是说，金字塔形的屋顶导致的湍流强度恢复得比斜屋顶和三角形屋顶快；

③ 在屋檐至屋顶最高点的垂直高度范围内，三种屋顶形状的拐角位置的湍流强度在某一风向条件下都超过了 16%；

④ 金字塔屋顶，高度高于 $1.1H$ 后湍流强度在可接受的范围内，而其他两种屋顶形状，高度要高于 $1.5H$ 才进入可接受的范围；

⑤ 研究发现，障碍物的上方除了湍流，还有风速加速区等等。

研究还针对建筑物的密度对湍流的影响进行了分析。考虑建筑物密度对流场的影响，引入建筑物密度 λ_p。底面建筑密度 λ_p 是指建筑底面占地面积 A_p 与所在地面面积 A_T 的比值（图 13.15）。

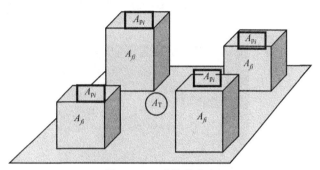

$$\lambda_p = \frac{\sum A_{pi}}{A_T} \qquad (13.3)$$

研究发现：

图 13.15　建筑物密度

① 建筑物群的建筑密度越大，建筑物群顶面上方湍流强度大的区域就越大，建筑物之间的"夹道效应"也越弱，顶面湍流强度回落的就越慢；

② 建筑密度越大，建筑物顶面的风速恢复得越慢；

③ 当高于 $1.4H$ 后，建筑密度不再对建筑物群顶面上方的湍流强度产生影响；当高度高于 $1.5H$ 后，建筑密度不再对建筑物顶面的风速产生影响。

这些 CFD 仿真研究告诉我们，如果在建筑物上安装风力发电机，风资源和风力发电机的运行将受到建筑物的极大影响，安装位置的选择要慎而又慎。

(3) 篱笆墙对风力发电机运行影响的仿真研究

丹麦科技大学在实验场安装了一个篱笆墙，篱笆尺寸为长（L）×宽（W）×高（H）=30m×0.04m×3m，如图 13.16 所示，用作障碍物对气流影响的研究，并实际监测了大量数据。内蒙古工业大学的研究团队对丹麦科技大学篱笆墙采用数值模拟方法，分析计算了篱笆墙尾流流场特性，并与其实验进行对比。以来流风向 $\theta=0°$、$\theta=+30°$ 和 $\theta=-30°$ 为变量（图 13.17），通过分析实体篱笆下游区域的速度特征和湍流特征，得到实体篱笆下游风力发电机的安装位置。图 13.18 为 $\theta=0°$ 时，篱笆湍流动能云图。

图 13.16　篱笆墙实景图

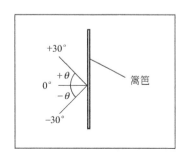

图 13.17　来流风向示意图

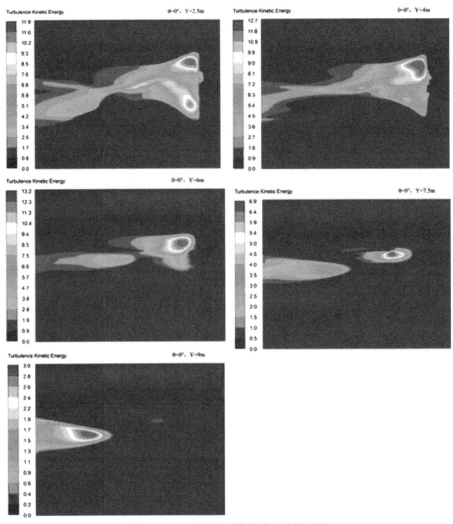

图 13.18　$\theta = 0°$ 时，篱笆湍流动能云图

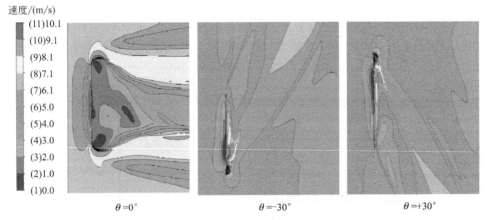

图 13.19　CFD 的 $Y = 1.5\text{m}$ 处 XOZ 面速度云图

　　图 13.18 是 $\theta = 0°$ 时，篱笆的湍流动能云图；图 13.19 是 CFD 的 $Y = 1.5\text{m}$ 处 XOZ 面速

度云图。从湍流动能云图可以发现：

①　在篱笆的下游形成类似"金鱼"形状的湍流动能区域，随高度的升高，湍流动能存在区域先增大后减小；

②　沿风的流向方向，湍流动能区域逐渐收缩，篱笆的两端处形成 2 个高湍动能圆形区域，沿外径方向湍流动能递减；

③　篱笆对下游湍流场产生影响的范围：最宽为 $11H$，最长 $27H$，最高为 $3H$（H 为障碍物高度）。

从速度云图 13.19 可以发现：

①　篱笆对下游速度 u 造成的影响，其整体形状呈"凸"字形；

②　在篱笆两端的外侧，形成类似"半圆"的风加速区域，在篱笆两端的内侧，$1H$ 篱笆高度内形成 2 个圆形回流区域，随高度增加，2 个回流区域的范围逐步减小，当高度为 $3H$ 时回流区域完全消失；

③　沿篱笆高度方向，随高度的增大，篱笆对速度 u 的影响范围逐步扩大，然后减小，由平面 $Y = 7.5\text{m}$ 可知，高度为 7.5m 时，即 $y = 2.5H$ 时，篱笆对风速的影响范围达到最大值。

总之，这个篱笆墙实验和 CFD 计算结果说明，由障碍物造成的湍流是实实在在存在的，而且有时是非常强烈的。它所造成的湍流的特征是：

①　沿风的流向方向，湍流动能区域逐渐收缩，篱笆的两端处形成 2 个高湍动能圆形区域，沿外径方向湍流动能递减；

②　篱笆对下游湍流场产生影响的范围：最宽为 $11H$，最长 $27H$，最高为 $3H$；

③　篱笆下游的湍流强度，在拐点区域 $Y = [0.5,1]H$ 处达到最大值，在过渡区域 $Y = [1,2]H$ 处达到最大值，中心区域 $Y = [0.5,2]H$ 范围内达到最大值，且湍流强度大致相等。

IEC 61400-2 定义的各等级小型风力发电机的湍流强度为 $I_{15} = 18\%$，而由于障碍物造成的湍流强度往往大于 18%，而小型风力发电机是按照 IEC 61400-2 的标准设计、检测和认证的。也就是说，在存在较大湍流的环境下，小型风力发电机的工作条件超出了它的设计工作条件，按现有标准设计的小型风力发电机不宜在强湍流环境下运行。

13.1.4　国际上对湍流的研究

国际上在分布式应用中发现湍流对风力发电机运行的不可忽视的影响，因此对湍流和湍流环境下的风资源评估给予了高度重视。美国能源部国家可再生能源实验室（National Renewable Energy Laboratory，NREL）专门设立课题，对分布式项目的风资源评估进行了研究，美国还针对分布式发电项目安装地点资源条件的复杂性提出了"现场评估师"的概念并加以推广。爱尔兰也对在不同安装环境下的小型风力发电机的运行数据进行了比对，以揭示周边环境对小型风力发电机运行的影响。

(1)　爱尔兰邓多克理工大学校园内的 Vestas V52

①　风力发电机安装地点概况　在邓多克理工大学（Dundalk Institute of Technology，DkIT）的校园里有一台 Vestas V52 风力发电机，功率 850kW，塔架中心高度 60m，见图 13.20。

V52 被安装在校园中，环境如图 13.21 和图 13.22 所示，周围有很多建筑物和树木。

图 13.20　Vestas V52 风力发电机

从较为微观的角度看风力发电机组的安装环境，如图 13.23 所示，图中的"X"是风机的位置，具体描述见表 13.1。

图 13.21　V52 安装的微观环境

图 13.22　V52 安装的较为宏观的环境

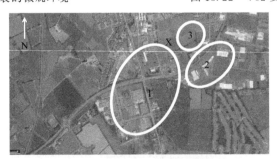

图 13.23　V52 风机安装的微观环境

表 13.1　周围建筑物特征描述

障碍物群	描述
1	离风机 150～1200m 是工厂厂房，大多数 11m 高，一座较小的厂房 25m 高。从风机位置望过去，全部建筑群的宽度是 670m。这个区域中还有一排朝西的住宅，高 7m
2	酒店和办公楼，离风机 350～650m。酒店高 47m，宽 33m。从风机位置望过去，办公楼 12m 高，220m 宽
3	运动场在东北方向，北边有一个小镇（照片中不可见）

V52 风机安装位置更为宏观的环境如图 13.24 所示，图中引线点为风机安装位置，三个特征区用 A、B 和 C 列出。安装地点区域特征描述见表 13.2。

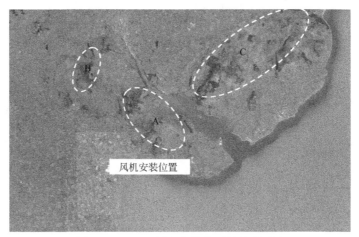

图 13.24　V52 风机安装位置的宏观环境

表 13.2　安装地点区域特征描述

区域	距离/km	海拔高度/m
A	7.5～15	75～563
B	13～18	10～540
C	17～40	0～663

邓多克是一个港口城市，平均海拔高度 18m。风机安装的区域环境总体较为平坦，如图 13.24 所示，但在其东北和西北面有高地。东北方向距风机安装位置大约 7.5km 开始为一西北-东南走向的小丘 A，最高点为 563m；同方向过了这个小丘，为一东北-西南走向的小丘 C，最高点为 663m；在风机位置的西北方向有小丘 B，距风机 13km，最高点为 540m。

② 周边环境对 V52 运行的影响　邓多克理工大学的 Ray Byrne 教授团队对 V52 的运行数据进行了长期观察和分析。图 13.25 是监测到的风速玫瑰图，图 13.26 是各风向湍流强度，图 13.27 是根据各风向发电量绘制的发电量玫瑰图。

从观察数据和图表可以发现：

图 13.25 的风速玫瑰图和图 13.27 的发电量玫瑰图非常相似。基于风能与风速的关系：$P = \frac{1}{2}\rho A v^3$，这一点不难理解。

图 13.26 揭示湍流强度在各个方向上是不一样的；各方向的风速和发电量与周围的障碍物高度相关。

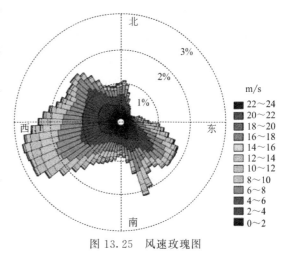

图 13.25　风速玫瑰图

观察图 13.22 可以发现，无论是风速玫瑰图还是发电量玫瑰图都与地面上的障碍物相吻合。研究人员把发电量玫瑰图置于地形图上，如图 13.28 所示。

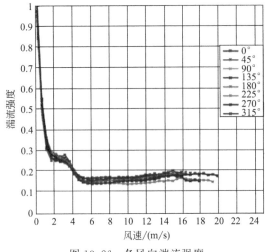

图 13.26　各风向湍流强度

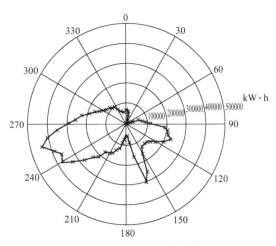

图 13.27　发电量玫瑰图

可以发现，发电量玫瑰图与地貌障碍物的轮廓线高度吻合，主要发电量集中在约 260° 方向，即图 13.23 障碍物群 1 中两栋建筑物中间的空隙，以及约 160° 方向，障碍物群 1 和障碍物群 2 之间的缝隙。图 13.29 是障碍物群 2 中对风力发电机组的运行产生干扰的办公楼和酒店。

图 13.28　重叠于地形图上的发电量玫瑰图

图 13.29　障碍物群 2 中对风力发电机组的运行产生干扰的办公楼和酒店

（2）其他相关研究

邓多克理工大学的 Ray Byrne 教授的研究团队在湍流对风力发电机组运行影响方面还做了其他研究。他们至少研究了 3 对小型风力发电机在不同安装环境下的运行表现，每对风机都选择同一厂家同一型号规格的产品，采用同样的系统配置和安装方法，只是安装在不同的环境中，见表 13.3。

研究团队对这 3 对风力发电机组都进行了超过一年的运行数据采集，在这些数据基础上绘制了风速玫瑰图、发电量玫瑰图，并获取了地貌图；根据地貌图，分析了各方向的湍流强度变化，以及障碍物对风力发电机组运行的影响。结论是显而易见的：

表 13.3　3 对安装在不同地貌环境下的风力发电机组

风机对	风机 1 安装环境	风机 2 安装环境
1	农村:较为平坦开阔 	农村:有较多的房屋和树木
2	农村 	都市
3	农村:复杂地貌 	农村:开阔地貌

① 障碍物引起入流气流的湍流是明确的，湍流强度在各个方向上是不一样的，在复杂地貌环境中，TI 会超过 0.18（IEC 61400 规定的），甚至达到 0.3；

② 湍流影响风力发电机组的运行，通常情况下会减少风力发电机的发电量，如果风力发电机处于由于湍流导致风速加速的区域中，发电量有可能增加，但对风力发电机组的可靠性是一个挑战，严重的会导致风力发电机组损坏。

上述国内外对湍流的研究都表明，风力发电机周围的障碍物对风力发电机的运行是有着显著影响的。

① 强扰动区域可以用流速、湍流强度、湍流厚度、加速因子等表示流场特征，仔细研判风力发电机安装地点的湍流强度（IEC 61400 中的 TI）是非常重要的，尤其是分布式应用时；

② 相同的风力发电机安装在不同地方，系统运行和发电量会千差万别；

③ 湍流强度在各个方向上是不一样的，它会影响风力发电机的使用寿命和安全；

④ 如果风力发电机安装在湍流的加速区，风力发电机的输出功率增大，但对风力发电机的可靠安全性是一个考验；

⑤ 在风力发电应用中，尤其是分布式发电，应对湍流的影响给予高度的重视。

13.2　风力发电机的安装选址

随着技术的发展，风能的开发和利用越来越受到人们的重视。在风能利用中，人们遇到的一个重要问题就是如何选择好风力发电机组的安装场址。场址选择适宜与否，对于能否达到风能利用的预期目的有着关键的作用。中小型风力发电机的应用，无论是并网式还是离网式，都属于分布式。分布式风力发电系统安装地点的选择，首先要考虑当地的风资源条件，然后根据项目的目的选择安装地点。如果是全额上网，就要尽可能靠近电网；如果是离网供电，则要根据当地负载的需求，尽可能靠近相关的负载（村落或用电设备），以减少传输损失，然后综合考虑地形、电力传输半径、当地潜在的生产线负载等因素加以确定。在选择安装位置时，即使在同一个地区，由于局地环境不同，也会有不同的气候效应，要充分考虑可能存在的湍流影响。

如果场地选择不合理，即使性能再好的风力发电机也不能很好地发电，更有其者，由于选址的不正确，很可能导致设备的损坏。

在进行风力发电机安装场地选择时，首先应该考虑当地的风能资源的总体情况、负载的性质和每昼夜负载的动态变化；在此基础上，再根据风资源的情况选择有利的场地，以获得尽可能多的发电量。另外，也应考虑风力发电机安装和运输方面的情况，以尽可能降低风力发电成本。

因此，如何选择有较好风能资源条件且湍流较小的位置来安装风力发电机，对获得风力发电机组最佳气动性能和最好的经济效益有着重要意义。

13.2.1 风力发电机选址的原则——宏观选址

(1) 选择在风能丰富区

在风能潜力普查的基础上，风力开发尽可能选取在风能丰富区。根据风能资源普查的原则，首先进行宏观的、全国（或全省）范围的风能资源普查，调查站点的网格尺度约为100km，由此做出区划，从风能区划图上确定重点风能开发地区。其次，由于上述普查是宏观和比较粗略的，因此还需要进一步做风能资源详查。风能资源详查是在风能资源普查基础上进行的重点和地区性的风能资源调查，需要网格尺度约为10km的风速观测资料，由此确定哪些地区可以进行风能开发。最后是在风能资源详查的基础上最终确定具体的风力发电机安装地点。为了了解和确定复杂地形下的风场分布，需要布置尺度为1km左右的补充观测网。

根据上述步骤，可以确定风力资源较好的地点，这部分工作是重要的和必不可少的。

(2) 要求有尽量稳定的盛行风向

对于风力发电机的安装地点，除了要求风能资源好以外，还要求有比较稳定的风向。如前所述，我国气象观测规范规定的风向观测是按 16 个方位表示的。在气象报表上都记有"各风向频率"，可以将各风向频率绘制成风向玫瑰图。

要了解盛行风向，或称"常年主风向"、主导风向，所谓盛行风向就是出现频率最多的风向。实际选址考虑风向影响时，最好使用风向风速玫瑰图，为此需要按风向统计各个风速的出现频率和能量。实际统计表明，对于大多数地点上的风来讲，总有一个风向占着支配地位，在选址时考虑主导风向就比较容易考虑地形的影响和确定风力发电机的布局。

(3) 风速日变化和季节变化小

① 风速日变化　从全国来看，低层风速的日变化可以分为：

a. 大陆型。表现为白天风力变大，夜间风力变小。这是由于白天地表温度上升快，空气变得不稳定，上下对流旺盛，使上层动量下传，从而造成低层风速变大。

b. 海上型。表现为下半夜到中午之前风速较大而午后到上半夜风速较小。其原因在于上午海温高、气温低，而下午情况则相反。海上与陆地相比，一般来说海上风力的日变化比陆地要小，上述规律也是指在没有大风的天气过程时才比较明显。风速日变化与日负载曲线变化趋势一致时，表明风能质量高。

② 风速季节变化　风速季节变化指的是风速在一年四季内的变化。在一年中，各月各季风速大小不同，一般春季、冬季风大，夏季、秋季风小。风速的年变化曲线与年负载曲线变化趋势一致时，风况最为理想。

（4）风力发电机高度范围内风垂直切变要小

引起风的垂直切变的原因有热力的因素也有动力的因素。风力发电机选址主要考虑因下垫面粗糙而引起的不同垂直剖面风速廓线，特别是对于两种截然不同的下垫面，上空存在着相当大的垂直切变风速剖面，这种切变对于风力发电机的工作极为不利。因此，应尽量选择下垫面相一致的地点，使风的垂直切变尽可能小。

（5）湍流强度要小

无规则的湍流给风力发电机带来难以预计的危害，它一方面减少了可利用的风能，另一方面也使风力发电机产生振动和受载不均匀，缩短风力发电机的寿命，严重时使叶片发生不应有的损坏。因此，在选址时要尽量使风力发电机避开粗糙的地表面或障碍物。可能的情况下，风力发电机的风轮要比附近的障碍物高出 $6\sim7m$，离开障碍物的距离应是障碍物高度的 $5\sim10$ 倍。

（6）关注具体的主导风向

对于由单台风力发电机组成的风力发电系统来说，只要风力发电机有偏航系统，风向数据没有太大的意义。

而对于由多台风力发电机组成的风力发电机群来说，风向数据就是有意义的，它是多台风力发电机组在现场布局的主要考虑因素。当气流经过一台风力发电机组时，气流发生了变化，称为"尾流"。在风轮的迎风面的背后形成了一个扰动，对应太阳能利用中的"影子"。如果另一台风力发电机组正处于这个扰动区内，它的输出就要受到影响。因此安排多台风力发电机组时，要尽可能避免把一台风力发电机组安排在另一台风力发电机组的"影子"里，也就是说，每两台风力发电机组之间要保证一定的间隔距离。

（7）尽量避开灾害性天气频繁地带

灾害性天气包括强风暴（如台风、龙卷风等）、雷电、电线结冰、沙尘暴、大雪、盐雾等。但有时在选址时不可避免要将风力发电机安装在上述地区，这时在设计与使用时必须考虑对风力发电机进行相应的保护。

上述风力发电机选择的原则主要是针对大型风力发电机的。小型风力发电机的选址由于项目规模都较小，不可能耗费大量时间和资金做这样的选址，但是其中的基本原则还是要遵循的。

13.2.2　微观选址

（1）分布式风资源评估（微观风资源评估）

分布式风资源评估，既有基于模型方法的，也有基于实际测量的。基于模型方法的使用预先存在的数据集，例如风能地图或再分析数据❶作为能量评估的输入，然后利用比例模

---

❶　再分析数据是指描述全球大气长期状态的一系列数据产品。

型、专家判断或经验法则，对特定的风力发电机位置进行修改，以确定地形、粗糙度和障碍物等特定地点条件的影响。这种方法不包括现场测量，但可以包括现场访问，以进行现场评估。该方法有很大的可变性，从简单使用获得的年平均风速估计到使用详细的、具体的物理模型。这种方法还可以用附近地点的测量数据进行评估，以便更好地了解本地情况，基于测量的方法毫无疑问就是进行实实在在的现场测量，无论在时间和费用上都耗费大量资源，但是准确度高。因此，评估的方法从采用模型到数据监测可以分为三个层面。

① 第一层次：简单的模型方法。

适用项目规模：1～49kW；

资源评估花费：较少；

具体方法：采用静态风能地图，采用现场的年平均风速；

评估需要时间：不到一个星期的时间完成；

准确性：根据供应商、项目复杂度、位置和输入准确性而变化很大，最大有可能会有高达50%的误差；

假设：瑞利分布，理想化损失，理想化风力发电机功率曲线，没有年际变化，没有不确定性，没有集成的方向敏感性。

② 第二层次：复杂的模型方法。

适用项目规模：50～750kW；

花费：较高；

方法：包括详细的现场环境特征，风速和风向的频率分布、空气密度等；

评估需要时间：不超过1个月；

准确性：根据供应商、项目的复杂性、位置和输入的准确性而有很大的不同，一般认为估计精度在±20%，极端情况下精度误差会比较大；

假设：频率分布建模，计算损失，理想化的风力发电机功率曲线，没有年际变化，没有不确定性。

③ 第三层次：基于测量的方法。

适用项目规模：500～750kW；

项目评估花费：十几万人民币或更多；

方法：使用现场仪器和先进的模型来量化长期性能和不确定性；

评估需要时间：3～12月的最少测量时间，30～60天时间的建模时间；

评估的精度：取决于项目的复杂性和输入的真实性，通常精度在±20%范围内。

（2）分布式风力发电机现场选址的一般方法

在前面的单元中介绍了宏观的和微观的风资源评估。在具体现场应该如何贯彻这些原则，需要大量现场经验的累积。一般负责的项目建设者，都会在风力发电机组建设起来以前，安排有资质有经验的工程人员在现场实地勘察，对用户选址进行具体指导。实践表明，那些用户自己选址，由于经验不足导致系统运行不佳的情况屡屡发生。下面简要介绍具体现场的选址。

① 不同地形下的流场特点

a. 平坦地形。平坦地形可定义为：在风力发电机地址周围4～6km半径范围内，其地形高度差小于50m，同时地形最大坡度小于3°。实际地形分类时，对于场地周围，特别是场址的盛行风的上风方向，没有大的山丘或悬崖之类地形时，仍可视为平坦地形。

　　ⓐ 粗糙度与风速的垂直变化。平坦均匀地形下,在选址地区范围内,同一高度上的风场分布可以看作是均匀的,可以直接使用邻近气象站风速观测资料来对站区进行风能估算;同时在这种均匀地形下,风的垂直方向上的廓线与地面粗糙度有着直接的和相对简单的关系。在均匀地形下,提高风力发电机输出的唯一方法是增加塔架高度。在近地层中,风速随着高度有显著的变化,造成这种风在近地层中垂直变化的原因主要有两方面:第一,动力因素,主要来源于地面的摩擦效应,即地面的粗糙度;第二,热力因素,主要表现为与温度层结和与近地层大气的垂直稳定度有关。

　　ⓑ 障碍物的影响。由于气流流过障碍物,在它的下游会形成尾流扰动区。在尾流中不仅风速降低,而且有很强的湍流,对风力发电机的运行十分不利,因此在风力发电机设置时必须注意避开障碍物的尾流区。尾流的大小和强弱与障碍物的大小和形状有关。

　　在障碍物下风方向 20 倍障碍物高度的地区是强的尾流扰动区,安装风力发电机时应尽量避开这个范围。同时可以看到尾流扰动区可达到障碍物高度的 2 倍,如果必须在这个区域内安装风力发电机,其安装高度至少应高出地面 2 倍障碍物高度。由于障碍物的阻挡作用,在上风向以及障碍物的外侧也会造成湍流涡动区。一般风力发电机安装地点如果在障碍物的上风方向,也应距障碍物有 2～5 倍障碍物高度的距离。

　　b.复杂地形。复杂地形是指平坦地形以外的各种地形,大致可以分为隆升地形和低凹地形两类。局地地形对风力有很大的影响,这种影响在总的风能资源分区图上显示不出来,需要在大的背景上做进一步的分析和补充测量。然而,复杂地形下的风场特征分析是相当困难的,只有了解典型地形下的风场分布规律才能进一步分析复杂地形下的风场分布。

　　ⓐ 山区风的水平分布和特点。在河谷内,当风向与河谷走向一致时,风速将比平地大;反之,当风向与河谷走向近于垂直时,气流受到地形的阻碍,河谷的风速将大为减弱。一般在谷地选择安装风力发电机位置时,首先要考虑山谷风走向是否与当地盛行风向相一致,这种盛行风向是指大地形下的盛行风向,而不能按山谷本身局地地形的风向确定,然后考虑山谷中的狭管效应。另外,由于地形变化剧烈,会产生强的风切变和湍流,在选址时应该注意。

　　ⓑ 山丘、山脊地形的风场。对于山丘、山脊等隆起地形,主要利用它的高度抬升和对气流的压缩作用,来选择安装风力发电机的有利地形。

　　孤立的山丘或山峰由于山体较小,气流流过时主要形式是绕流运动;同时山丘本身又相当于一个巨大的塔架,是比较理想的风力发电机安装场址。国内外研究和观测表明,在山丘与盛行风相切的两侧上半部是最佳场址位置,这里气流得到最大的加速,其次是山丘的顶部。应该注意的是,由于水平轴风力发电机组是按照水平气流的特征来设计的,适用于水平气流,安装风力发电机组的山坡其坡度应该不大。如果坡度大,使气流由水平气流变成上升垂直气流(或接近垂直),将对风力发电机组造成非常不利的影响,风力发电机组不但不能很好地发电甚至会导致机组的损坏。

　　应避免在整个背风面及山麓选择场址,因为这些区域不但风速明显降低,而且有强的湍流。

　　② 风力发电机位置的选定　综合以上分析内容,在总的风能资源区划背景下,还需进一步针对具体地形特点来分析和确定风电机组的最佳位置。

　　在风力发电机选址各项工作中,首先要做的是确定盛行风向,进而考虑地形的有利影响,采取相应对策,这样就可以找到最合理的风力发电机安装地点,避免由于盲目布局而达不到预期效果。

(3) 现场微观选址的实践

美国威斯康星州 Sagrillo Power & Light 公司的 Mick Sagrillo 从事小型风力发电推广应用和培训 36 年，总结出非常有实践指导意义的现场选址经验。他认为，由于中小型分布式风力发电机紧靠用户，风力发电系统难免会被各种障碍物遮挡堵塞，因此在做中小型分布式风力发电的选址时，要特别关注：

① 地形和地表上的内容（树林、灌木、庄稼、草地、住房等等）；

② 场地的大小；

③ 在一些国家或地区，要关注区域性的高度要求；

④ 周边邻居的意见。

而最主要的是分析周围环境可能对中小型风力发电系统造成的湍流影响，参看图 13.30。

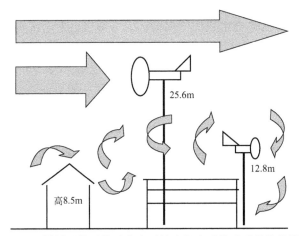

图 13.30 周围环境可能对中小型风力发电系统造成的湍流影响

Mick Sagrillo 的经验如下。

第一条：关于障碍物造成湍流的区域。

通常在大多资料上看到的湍流影响区域如图 13.31 所示，给人的感觉影响范围是对称的弧形空间，但实际影响如图 13.32 所示，在障碍物的后面有很长的影响区域，且不是对称的。如果把风力发电机安装在影响区域内，系统的运行就会受到很大的影响。

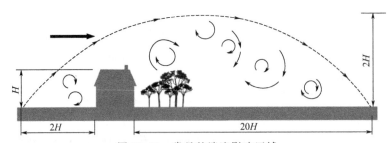

图 13.31 常见的湍流影响区域

第二条：障碍物造成湍流的范围。

树木或村舍的影响范围可能会达到 9m 以上的高度，延伸 150m 以上。

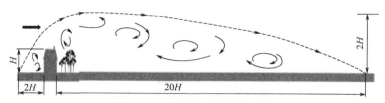

图 13.32　实际湍流影响的区域

第三条：塔架的高度因项目地点不同而不同，见图 13.33。

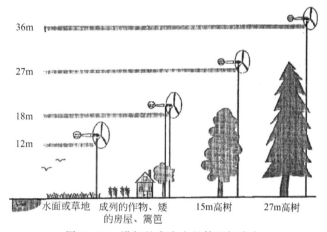

图 13.33　塔架的高度由具体现场决定

第四条：塔架的高度由周围障碍物的高度决定，见图 13.34。

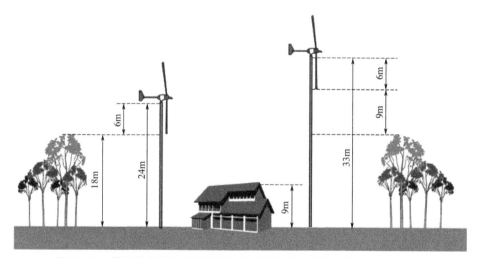

图 13.34　塔架的高度由周围障碍物的高度决定（资料来源：Dan Chiras）

第五条：树木会长高，塔架不会长高。

要预先考虑到 10 年后的周围树木高度。图 13.35 中（a）是 27 年前风力发电机周围的树木，（b）是 27 后风力发电机周围的树木，风力发电机陷在树木丛中快找不到了。

第六条：按系统的生命周期来决定塔架高度。

也就是说要考虑周边环境在未来可能的变化，比如原来的空地后来盖房子了等。

(a) 27年前风力发电机周围的树木　　　　(b) 27年后风力发电机周围的树木

图 13.35　风力发电机周围树木变化

第七条：转子越大，转子上下受力的差异越大，见图 13.36。

第八条：地面粗糙度严重影响风轮廓线，见图 13.37。

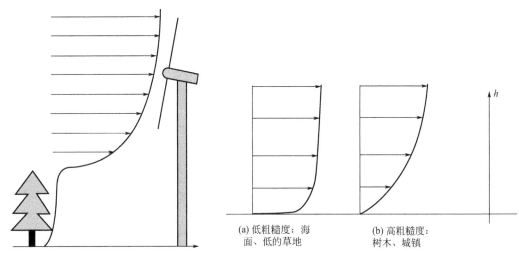

　　　　　　　　　　　　　　(a) 低粗糙度：海　　　　(b) 高粗糙度：
　　　　　　　　　　　　　　　　面、低的草地　　　　　树木、城镇

图 13.36　转子越大，转子上下受力的差异越大　　图 13.37　地面粗糙度严重影响风轮廓线

第九条：实际风切变指数 α 要比教科书上的大得多，见表 13.4。

表 13.4　美国威斯康星州实测计算的风切变指数 α 值

序号	地形类型	风切变指数 α（教科书）	风切变指数 α（美国威斯康星州实测）
1	冰	0.07	0.20
2	雪覆盖的平地	0.09	0.20
3	平静的海面	0.09	0.20
4	吹陆上风的海岸	0.11	
5	冰雪覆盖的留茬的庄稼地	0.12	
6	平坦开阔的地面（如水泥地）		0.20
7	割过的草地	0.14	0.25
8	短草的草原	0.16	0.25
9	没有围栏的农田		0.30
10	农田、高草的草原		0.30

续表

序号	地形类型	风切变指数 α（教科书）	风切变指数 α（美国威斯康星州实测）
11	有农舍、篱笆高 1.25m 的农田		0.35
12	篱笆	0.21	
13	分散的树木或围栏	0.24	0.35
14	有农舍、篱笆 2.5m 的农田		0.40
15	树，篱笆，少量房子	0.29	0.45
16	城市郊区，村庄，分散的树林	0.31	
17	有高大建筑的大城市		0.60
18	林地	0.43	0.50
19	非常大的城市，摩天大楼		需测量计算

注：数据来源于 Mick Sagrillo，Sagrillo Power & Light，Small Wind（up to 100kW）Issues and Site Assessor Best Practices。

第十条：风轮廓线由于树丛向上移动一段距离，见图 13.38。

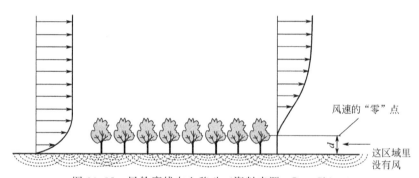

图 13.38　风轮廓线向上移动（资料来源：Dan Chiras）

如果风轮廓线经过一段高度为 d 的障碍物，则风轮廓线的"零点"会被抬高"d"。

第十一条：位移高度规则。

上面第十条中的位移高度 d 与障碍物的类型有关，比如落叶乔木的位移高度 d＝落叶乔木高度的 2/3，而常青树的位移高度 d＝常青树高度的 3/4。

第十二条：该地区盛行的林木顶部线成为有效的地面水平（不是地面）。

第十三条：安装在盛行风向上的上风位置，见图 13.39。

要找到当地的盛行风向，并把风力发电机安装在盛行风向上的上风位置（迎风吹向所有障碍的位置）。

第十四条：现场有植物标记表明有一个确定的风资源的盛行风向，但没有标记并不表明风资源不好。

图 13.39　盛行风向上的上风位置

第十五条：风在平坦的地面上走得越长越好。

第十六条：注意山脊，它们的上升和持续对风资源的影响，见图13.40。

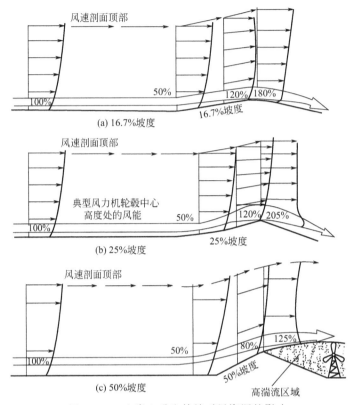

图 13.40　山脊上升和持续对风资源的影响

第十七条：在平坦地的小山丘或山脊上，在200m×200m范围内，海拔每增加100m，风速就会增加0.5m/s。

第十八条：注意悬崖边，悬崖边的安装位置如图13.41所示。

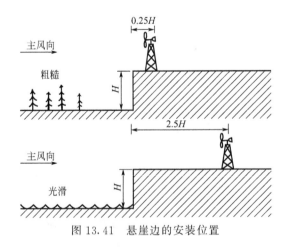

图 13.41　悬崖边的安装位置

第十九条：注意山脊（不是山）对风速的影响。在山脊顶部的后面会形成一个最大风速点（加速作用），见图13.42。

第二十条：地形图（等高线图）在帮助了解风资源方面是没有用的。

第二十一条：湍流只影响风力发电机的输出，而不影响风速。

第二十二条：在没有数据时需要凭经验估计湍流强度。

湍流强度 TI：

① 开阔地为 15%；

② 一些杂乱的，有分散的树木和建筑物的地点为 20%；

③ 有许多树木或建筑物，安装点比周围环境低的为 25%；

④ 一些地面杂乱，有分散的树木和建筑物的为 30%。

第二十三条：风资源的不同影响因素和结果。

① 风切变指数 α 值影响风速；

② 位移高度影响风轮廓线；

③ TI 影响风力发电机的输出，最终影响 AEO。

第二十四条：矮塔架是非常糟糕的选择。

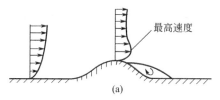

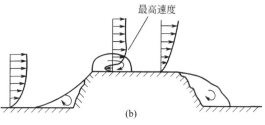

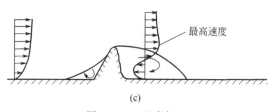

图 13.42　山脊加速

高度从 0~18m 的阶段风切变引起的风速变化很大，到 18m 以上才逐步趋于一致。低于 24m 的塔架大多运行不良：有湍流、受高 TI 困扰、年发电量非常差、寿命被证明大大缩短，而这一切都和发电机叶轮大小无关。

第二十五条：适合安装分布式风力发电机的环境看上去应如图 13.43 所示，不应如图 13.44 中的选址。

图 13.43　比较理想的安装分布式风力发电机的环境

图 13.44　非常糟糕的选址

13.3 多台风力发电机组布局

这一节将介绍一个安装地点如何安排多台分布式风力发电机（不是风力发电场）。一个具体的现场往往具有一个"常年主风向"，图13.45所示表明常年主风向为东北偏北风。

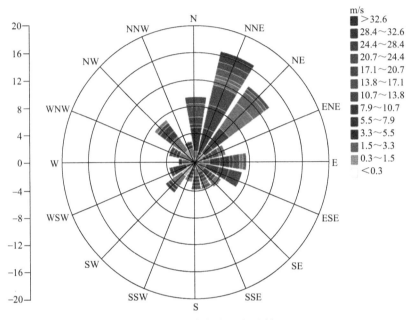

图13.45 常年主风向示例

在一个现场安装若干台风力发电机，除了上节提到的微选址原则外，还要考虑多台风力发电机之间的排列方式。应该注意到，当风经过一个物体后受到该物体的阻挡，风速和风向都会发生变化，在迎风面的后面形成尾流区，产生"尾流效应"。尾流效应是指风力发电机从风中获取能量的同时在其下游形成风速下降的尾流区。若下游有风力发电机位于尾流区内，下游风力发电机的输入风速就低于上游风力发电机的输出风速。尾流效应造成该区域内风速分布不均，影响每台风力发电机的运行状况。美国加州风电场的运行经验表明，尾流造成损失的典型值是10%；根据地形地貌、机组间的距离和风的湍流强度不同，尾流损失最小是2%，最大可达30%，基本的排列方式如图13.46(a)、(b)所示，其中图13.46(a)是与常年主风向平行排成一列，图13.46(b)是与常年主风向垂直排成一列。显然，在图13.46(a)中，风经过第一台风力发电机后形成的尾流会影响到第二台，而第二台产生的尾流会影响到第三台。而图13.46(b)中，风力发电机组垂直于常年主风向，风经过风力发电机时产生的尾流对其他风力发电机基本不产生影响。因此，在现场安装若干台风力发电机时，要在事先判断常年主风向后做好适当的安排。

通常，当风力发电机组的排列与风向一致时，两台风力发电机间的距离应保证为风轮直径的8~10倍；而风力发电机组的排列与风向垂直时，两台风力发电机间的距离应保证为风轮直径的4~5倍。尽可能将风力发电机组群安装在垂直于主风向的位置上，这样可以有效减小风力发电机组相互之间的影响，减少占地，高效利用风能。

这样做有两方面的好处：一方面能使风力发电机组发出更多的电量；另一方面在有限的

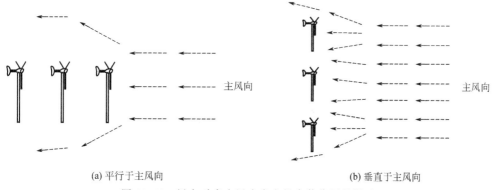

(a) 平行于主风向　　　　　　　　　　　　(b) 垂直于主风向

图 13.46　风向对多个风力发电机安装位置的影响

面积上安装尽可能多的风力发电机组，这一点在海岛等地形条件下尤为重要。海岛上往往平坦地稀少，找不到足够的土地安装风力发电机组，遵循上述原则，则可适当提高风力发电机组的安装密度。

　　如果由于受安装地点的约束，多台风力发电机组实在没办法拉开一定的距离，又必须安装多台风力发电机组的，风力发电机之间的间距可能无法保证前述的平行主风向方向 8～10 倍和垂直主风向方向 4～5 倍的要求。在这种情况下，可以通过采用不同高度的塔架来减少扰动气流的影响。图 13.47 就是建于北京某地的 9 台风力发电机组，由于安装紧凑，分别采用了 7m、8m 和 9m 的塔架高度来躲开彼此间可能的干扰。

图 13.47　北京某地 9 台高低错落的风力发电机组

第14章

风力发电系统安装

14.1 系统运输与风力发电机安装

14.1.1 运输

组成风力发电系统的设备有很多部件，比如：风力发电机、塔架、控制柜、蓄电池、逆变器、光伏组件、光伏支架、电缆线等。

设备在包装、运输、拆卸的过程中，都要小心保护设备不受损坏，尤其是避免"野蛮施工"，避免设备在没有安装前就遭到人为的损坏。这一工作，需要设备供应商、货物承运单位以及接货方的共同配合，以保证设备完好无损地到达项目实施地点。

一般来说，设备供应商都应对提供的产品进行完善的包装，以满足运输包装及运输要求。对设备供应商的基本要求如下：

① 设备包装应符合水运、空运以及长途运输要求；

② 产品标识、包装需要按照国家相关标准执行，在包装箱的显著位置以中文或英文标明"保持干燥""小心轻放""此面向上"等国际惯用图示；

③ 有的设备包装还需要防潮、防尘、防沙、防腐等；

④ 包装箱内应有货物清单；

⑤ 收货联系方式，可以包括电话、联系人、地址、公司名称等。

对于设备承运单位，则要求其在运输过程中，使设备不受到外力损伤，根据现场情况制定相应的运输方案。比如：首先，根据交通道路的状况考虑使用何种运输车辆、搬运工具；其次，根据季节气候对道路的影响确定设备包装的体积大小、个体重量、包装方式；再次，装卸过程中，需小心操作，以免损坏设备。

对于货物接收方，同样要注意在卸货、搬运时，避免出现二次搬运损坏设备的情况。比如：对有要求"轻拿轻放"的电子类等设备，在搬运过程中，一定要注意轻拿轻放，切不可野蛮作业。

14.1.2　风力发电系统的现场布局

风力发电系统的现场布局一般分"初步布局"和"具体布局"两步进行。

（1）初步布局

初步布局设计的目的是决定风力发电机组安装的大致位置和控制器、蓄电池房和小电网的大致布局。

（2）具体布局

这一阶段选址的目的是为每一台风力发电机确定确切的位置，或对一个风力发电机组阵列布局，包括风力发电机组、太阳能阵列（如果是互补系统）、蓄电池房和控制房，以及局部电网走线。通过合理的布局使得在一个安装地点的风力发电机组的运行效果最大化。

如前所述，这个"微观布局"过程不仅要考虑当地气流的自然变化，而且要考虑风力发电机组彼此之间产生的扰动，应考虑避开建筑物、树木和其他障碍物，以避免干扰和能量损失。一般原则如下：

① 如风力发电机组在上风位置，风力发电机组与障碍物之间的距离应不小于障碍物高度的 2 倍；

② 如风力发电机组在下风位置，风力发电机组与障碍物之间的距离应不小于障碍物高度的 8～10 倍；

③ 如果风力发电机组在紧挨着障碍物的下风位置，则风力发电机组的叶轮下缘应高出障碍物至少 6m 以上。

除了上述的基本规则以外，还有许多其他因素会影响风力发电机组的运行，例如气流的影响会随着建筑物的形状和风力发电机组的朝向而变化。当风力发电机组在建筑物下风时，风力的影响范围一直可以延伸到建筑物高度的 15 倍的距离。另外，小型风力发电机组不能安置得离用户太远，否则拉线的成本会大幅度增加[1]。

微观布局需要考虑的另一个问题是风力发电机组安装的高度。因为风切变的原因，一般而言，风速随高度而增加；然而，我们必须在多发电和增加塔架的成本之间进行权衡。随着风力发电机组功率的增加，塔架也要相应增高。例如 10kW 的风力发电机组一般应安装在 20～30m 高的塔架上。作为最基本的规则，假设最高的建筑物和障碍物的高度为 H，如果风力发电机安装在 $20H$ 的范围内，则风力发电机组转子旋转时的最低点应高于 2 倍的最高建筑物和障碍物，即高于 $2H$。

① 安装风力发电机组的地点应尽可能靠近控制房以减少线路损失。

② 风力发电机组的塔架必须要良好接地，以防雷击，控制设备尤其是电子设备也必须良好接地。

③ 风力发电机必须远离道路、其他线路（如电话线）等。

风力发电机的塔架较高，在安装和放倒时，所占的空间较大，且由于各种原因，在起吊和放倒过程中可能会向各种方向倾斜。因此，以风力发电机塔架的中心地基为圆心，塔架高度 1.5 倍的半球空间内不应当有任何的道路和其他架空线路，如电话线，也不应当有任何建筑物。图 14.1 所示是风力发电机组的不当安装位置，风力发电机位于交叉的电网线中。

---

[1]　Vaughn Nelson，Wind Energy and Wind Turbines，Alternative Energy Institute，West Texas A&M University，May 2002。

图 14.1　风力发电机组的不当安装位置

如果系统是一个风/光互补系统，则在具体布局时要充分考虑满足太阳能阵列所需功率的组件数量、组件矩阵的排列、彼此之间的间隙、阵列的倾角、彼此可能发生的遮挡、周围事物在不同季节恶化时间产生的阴影、太阳能阵列需要的地面面积等等。风力发电机产生的阴影不应投射到太阳能阵列上。

在系统布局方面，要考虑走线（地埋/架空）、控制房和蓄电池房与外部及彼此之间的走线、各种检测和控制线路的入室、资源和气象检测仪的位置等等，以及蓄电池房的通风、系统的防雷接地等。

14.1.3　风力发电机安装

风力发电机安装中，安全是第一位的。

无论何时，在安装塔架时，保证现场的人员和设备的安全都是需要放在首位考虑的问题。无论采用何种起落方式，施工现场都是存在危险的。

无关人员不得进入施工现场。无关人员进入施工现场，首先，会在一定程度上加大现场人员的流动性，从而增加人员管理的难度。其次，无关人员会分散施工人员的注意力，导致人为故障发生。再次，无关人员没有相应的保护措施及设备，一旦出现危险，会导致意外的伤亡事故。

安装风力发电机系统必须严格按照厂家推荐的安装程序，事先做好各项准备工作，准备好现场需要的各种部件、零配件、工具、材料和仪器仪表，选择在无雨雪、风速≤5m/s 的气象条件下的白天进行安装，切忌赶工或摸黑施工。

(1) 安装拉索塔系统

拉索塔的安装方式一般有三种：吊车、吊杆、拔杆（起重杆）。

① 吊车安装方式：首先在地面完成拉索塔的组装工作，再利用吊车竖起塔架。该方式方便、快捷、安全。但是，多数情况下因受到场地条件、道路状况、费用的影响，无法使用此安装方式。大多数偏僻地区很难在周边找到吊车。

② 吊杆安装方式：吊杆是安装在塔顶部、自身顶部带滑轮的装置。利用吊杆可以把风力发电机部件吊到塔顶部进行安装，塔上安装应该由熟练人员完成。该方式操作简单、起重量轻，但是塔上操作人员会有一定的高空作业危险。

③ 拔杆（又称起重杆）安装方式：组装完成的塔架倾斜放在地面上，使用与塔架成一定角度并且和塔底部相连的拔杆，通过设备牵引或者人力牵引竖起塔架。该方式对起落塔架技术要求较高，难度比较大；但是这种方法不受场地、道路、环境的影响，风力发电机组装在地面全部完成，操作人员比较安全。图 14.2 为拔杆安装方式安装塔架示意图。

(2) 安装单柱塔系统

通常在以下两种情况下使用单柱塔：一是从景观的角度考虑，比如一些示范项目；二是由于现场安装面积的局限性，比如狭小的孤岛。

图 14.2　拔杆安装方式安装塔架示意图

一般情况下，使用起重机（吊车等）吊装单柱塔。按照厂家提供的设备组装说明书，完成风力发电机的组装、连接后，利用起重机整体吊装。但是，也有很多因施工现场道路状况、气候条件、施工预算的限制而无法使用起重机。图 14.3 为单柱塔吊装示意图。

图 14.3　单柱塔吊装示意图

比较常用的另外一种方法是使用吊杆和机动绞磨（卷扬机等），这种方法在美国等国家已经非常成熟，被用户广泛使用。具体操作如下：首先，在风力发电机基础旁边人工竖起辅助吊杆，辅助吊杆的高度比单柱塔的高度略高；然后，使用机动绞磨和辅助吊杆吊装塔架逐层安装；最后，单柱塔——吊装完毕后，拆除辅助吊杆。

采用这种吊装方式，要求参与的施工人员能够高空作业，要避免造成人身伤害。

（3）安装斜倾拉索塔系统

斜倾拉索塔最大的优点在于安装方便，特别是在没有起重设备的地方，更能体现出它的优点。一般情况下，三个人在两天的时间内就能完成斜倾拉索塔的安装工作：用一天时间能够完成混凝土的浇筑工作；在混凝土固化后，再用一天时间就可以完成塔架的组装及风力发电机的安装工作。另外，在整套系统的使用寿命期限内，任何诸如更换发电机等工作的成本都会保持在最低的水平，这是因为这些工作并不需要雇用吊车等设备，对风力发电机的日常维护保养及检修都可以通过攀爬塔架或放倒塔架来完成。

各厂家研发生产的中小型风力发电机组千变万化，没有统一的标准，下面就以某 10kW 风力发电机及其标准配套塔架（高度 18m）为例，详细说明风力发电机系统的安装过程及注意事项。

① 塔架安装时的安全注意事项　任何设备的安装，首要关心的问题是参与安装人员的人身安全。塔架安装工作本身就是一项危险的工作，即使安装人员很小心地注意这些危险，但也总会存在着受到潜在伤害的风险。使用斜倾拉索塔的一个主要优点在于所有的安装工作在地面就可以完成。

安装过程中，用户应当遵守以下安全规则：

a. 不直接参与安装的人员应当远离工作区；

b. 位于塔架附近的所有人员都应当戴上符合标准的安全帽；

c. 接受安装培训的人员应当严格监督塔架的安装施工工作；

d. 不要在公共输电线路附近安装塔架，因为一旦塔架或设备的任何部位接触到公共输电线路，就可能会导致施工人员受到意外伤害或死亡；

e. 在塔架上施工的所有人员都应当佩戴高空作业人员专用安全带以及工具安全带；

f. 作业人员在攀登塔架时，不要手执任何工具和部件，我们建议用户用吊装来运送工具或部件；

g. 要尽可能地减少攀爬塔架的次数和在塔架上施工的工作量；

h. 任何人不要直接站立或工作于塔架上施工人员的下方；

i. 施工现场，不要独自一人在塔架上作业；

j. 只有在无风且发电机短路的情况下才可爬上塔架；

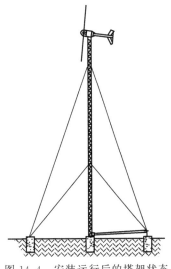

图 14.4 安装运行后的塔架状态

k. 在有雷击、强风、塔架结冰以及其他恶劣环境下，所有人员都要远离塔架，停留在安全区域内。

安装运行后的塔架状态如图 14.4 所示。

首先，根据厂家建议（或者按计算），截取钢丝绳（拉索），左右两侧的钢丝绳要一样长。由几何对称原理，塔架两边的拉索构成了一个三角形，而塔架位于中线上（假设左右两边的拉索地基连接处到塔架中心等距离）。如果塔架两边的拉索等长，则这个三角形是一个等腰三角形，塔架对地面是垂直的。如果塔架两边的拉索不等长，则这个三角形不是等腰三角形，塔架不垂直于地面，这会给塔架的提升和放倒带来很多麻烦，还会有安全隐患。

另外，竖起斜倾塔时，要保证两侧拉索松紧度一致，不能超过提拉钢索的强度。两侧钢索在塔架提升和放倒过程中要保持受力一样。拉索从塔底部到顶部应该是一段平缓的弧线。但是，拉索也不能太松，否则塔架起落时塔身会摇摆，容易造成倾倒。

为安全起见，塔架的竖起和放倒过程应在具有专业水平人员的指导下进行，以免造成塔架倒塌事件，更有甚者，造成人身伤亡。

另外，还要引起重视的是：用户要把斜倾拉索塔安装在相对平坦的地形上。如果塔架地基不处于相同的水平面，那么在塔架的提升和放倒过程中，由于塔架拉索受力不一致，单边拉索受力过大，很可能导致意外事故的发生，严重者机毁人亡。

按照正常的要求，风力发电机组的安装需要有非常结实、坚固的基础，对于平坦地形而言，只要按照设备厂家提供的相应的"风力发电机基础施工图"加工、制作基础，就能满足塔架提升和放倒的要求。

但是往往由于风力发电机现场的地形等条件的限制，比如山坡、岩石等，使得风力发电机组基础的建造不能在同一个水平面内，或者由于施工过程的失误，没有严格按照厂家提供的"风力发电机组基础施工图"进行施工，从而导致风力发电机组的基础不在同一个平面内。

竖塔时，出现左右两侧的地基不在同一水平面上的情况时，会影响到塔架提升过程中拉索的张力。这时，在提升过程中不仅要格外小心操作，还要不断地对提升的塔架和拉索张力进行调整。

条件允许时，当出现以上情况，最好交给具有相当丰富经验的人员处理，以免造成不必要的损失。

风力发电机工作的安全注意事项如下：

a. 禁止在风力≥5m/s 的情况下安装风力发电机；

b. 禁止在有雷雨天气的情况下安装风力发电机；

c. 全部拉索调整收紧后才能攀爬塔架；

d. 攀爬塔架时要使用安全带；

e. 以塔架的中心地基为原点，1.5 倍塔架高度半径范围内不应有建筑物、道路、各种管线；

f. 严禁违反操作规程进行安装工作。

② 斜倾拉索塔安装概述　斜倾拉索塔的组件包括塔架部件（通常情况下 5m/节或者 6m/节）、塔架附件（包括用于塔架安装的专用螺栓、钢丝绳、紧线器、锁夹等零部件）、电缆线（建议采用铠装电缆）以及塔架安装的专用工具（通常情况下，客户根据塔架到控制房的距离自行购买电缆线）。

塔架提升专用工具（拔杆、绞车）用于竖立和放倒塔架，提升工具为起重绞车。

③ 检查塔架地基及安装地锚连接件

a. 检查塔架地基，确认地基合格后，进行安装场地的规划。根据厂家塔架的规格，要求清理足够大的场地，方便塔架的起落工作的进行。

b. 安装拉索和地锚附件，保证塔架与地锚之间正确连接。四个周边地基将提供拉索的固定，而中心地基则作为塔架可转动的枢轴的支撑点。将塔架基础套进地基中的地脚螺栓，将每个地脚螺栓拧紧至 108N·m。如果塔架组件中有防腐蚀选件，那么地脚螺栓和螺母须是不锈钢的，而且一定要使用螺纹锁固剂来防止滑扣。

④ 安装塔架　首先，将塔架从中心地基向后地基一侧，按要求顺序摆放好；然后将每节塔按一定顺序依次用厂家提供的或指定的螺栓、平垫、弹垫、螺母来连接，螺纹上加螺纹锁固剂后拧紧（注意，在安装塔架和风力发电机组时应使用力矩扳手，施加正确的拧紧力矩，不能使用蛮力）。

18m 高塔架各塔段的安装连接顺序为（从塔底向塔顶排列）：基础塔→拉索塔→顶部塔。然后，连续实施以上步骤，直到完成塔架的装配。要拧紧每个螺母，但要注意不要拧得太紧。

安装塔架时，应检查每一节塔的立柱与斜拉杆、横拉杆是否焊接牢固，并对运输造成的弯曲进行校直。安装顶部塔时应用支撑架将塔架垫起。

⑤ 拉索的安装　安装拉索钢缆应当按照以下步骤进行：

a. 将用于上层拉索的钢缆切分成等长的四段，根据塔架的不同高度截取所对应的钢缆的长度。

b. 将用于下层拉索的钢缆切分成等长的四段，根据塔架的不同高度截取所对应的钢缆的长度，下层的拉索短于上层的。

c.上层拉索的安装：将钢丝绳套在鸡心环的槽中，弯回后并在一起，在适当的长度上用三个钢丝绳卡子将钢丝绳锁紧。钢丝绳卡子之间的距离为400mm。然后用U形卸扣连接在拉索塔耳孔中，卸扣螺杆应用10#铁丝加封。

注意：不要因钢丝绳卡子没锁紧而使钢丝绳脱出卡子造成倒塔事故。

d.下层拉索的安装：与上层拉索相同。

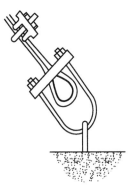

图14.5　拉索在地基一头的安装

e.左右拉索的安装：把左右两边的钢丝绳分别拉到左右两个地基旁边，把UT型紧线器钩在地锚环上，并用10#铁丝把钩口封住，防止竖杆时脱钩，如图14.5所示。把钢丝绳穿过紧线器的孔折回，调整好松紧，插入榫头，夹上钢丝绳卡子。钢丝绳卡子数量、间距和拧紧力矩与前面索耳处相同，注意左右两边钢丝绳长度基本相等，且不要太紧。

f.后拉索的安装：把塔架后面的钢丝绳也留下与左右同等长度，套上紧线器并锁在后部地基上，严防竖塔时脱钩。

g.前拉索的安装：竖起方向的钢丝绳应该略短于其他钢丝绳长度的0.5m，并将钢丝绳的下端锁紧在提升杆顶端的孔中；如果用户选择了防腐型塔架，那么就应当在此时将防腐油涂在后部的拉索线缆上。

⑥ 塔架安装用提升杆的安装　提升杆为提升和放倒塔架提供了杠杆的作用，其安装步骤如下：

a.先把提升杆连接好，拧紧连接螺栓；

b.在底托下部的支撑板中装入提升杆，然后用高强度的双头螺栓固定；

c.在提升杆顶端的孔中系好两根粗绳索，一定要系牢靠，保护提升杆不会向左右两边倾倒；

d.在提升杆顶端孔中安装索具卸扣，并分别在上部的两个孔中安装塔架未连接的两根拉索，注意一定要测量这两根拉索的长度，保证一致，并防止打结，调整上下两层拉索受力一致，防止提升时塔架弯曲变形；

e.用卸扣把滑轮组（见表14.1）装到提升杆顶端板上，从绞车上倒出一定长度的钢丝绳，绳头勾挂在地锚内侧环中，再挂入滑轮组的滑轮槽内，连入绞车，绞车连接在地锚外侧环中。起重滑轮组配置如表14.1所示。

表14.1　起重滑轮组配置

塔高	12m	18m	24m	30m
上滑轮数	单	单	双	双
下滑轮数			单	单
起重索长	20m	20m	66m	66m

注：如一个电站是由多台风力机组成的机群时，起重应采用如下滑轮和起重索组合：绞盘上滑轮3个，下滑轮2个，导向滑轮1个，起重索长80m，以及辅助钢索卸扣、索夹等，可缩短竖机时间。

⑦ 竖起提升杆　固定提升杆时，应将装到提升杆上的绳索拉紧。如果太松，则提升杆在拉索承受张力之前会弯曲；如果太紧，则无法使提升杆竖到位。这时，必须重新调整拉索

的张紧度。

通过人们合力将其提高（随着提升杆的升高，向塔架基础行走）来提升提升杆，并且由绞盘车（或许多人）继续拉着钢缆。在钢缆获得足够的机械力之前，一定要手动地将提升杆提升 10°～15°，建议至少用四个人来牵拉提升杆。

当把钢缆安装到绞盘车上时，要确保用一个大套环，以便使钢缆不打结。

用牵拉相结合的方法，将提升杆升高到接近垂直的位置；此后，装在提升杆上的拉索线缆相对来说应当被拉紧或只松一点点。如果拉索线缆太松，那么在提升操作过程中，拉索线缆开始绷紧之前，提升杆一定会明显地弯曲；在这种情况下，将不得不放倒提升杆以便将螺栓扣再拧紧一点。如果拉索线缆太短，就不要再拉起提升杆太多；在这种情况下，将不得不放倒提升杆以便将螺栓扣再松一点。

⑧ 绞车的安装　把绞车固定在前地基外侧，一定要牢固。

注意：在安装风力发电机之前应将塔架先试竖起一次，然后放倒至一个合适安装机头的位置。

⑨ 提升塔架　一定要在安装风力发电机之前，试竖起和"调整"塔架一次。在首次竖立塔架之前，不要安装风力发电机。

可以用下列方法来提升塔架：手扳绞车、绞盘。

a.用手扳绞车起升。

注意：

ⓐ 在起升过程中要注意必须保持塔架与前后拉索地基在同一直线上，不能偏移，如有偏移，要及时调整；

ⓑ 在起升过程中塔架下不得有人停留或行走。

b.用绞盘起升。绞盘在起落过程中是至关重要的，所使用的绞盘一定要遵循风力发电机组生产厂家提出的要求，例如绞盘的要求如下（假定使用塔架提升用组件）：

工作负载：1140kg；

钢缆的规格：98m、直径 7mm×19mm 的镀锌钢缆。

⑩ 调整拉索张力　可以使用张力仪来检测钢缆的张力，并调整到厂商建议的张力。如果没有张力仪，可以采用第 9 章中介绍的经验方法来判断张力。

⑪ 装配及吊装风力发电机　装配斜倾拉索塔的同时，可以装配风力发电机，由于风力发电机外形有很大区别，要求根据风力发电机厂家的说明书进行安装，依次安装叶片、尾翼板、尾翼臂等部件；风力发电机整体安装后，要进行全面的检查，避免设备故障隐患。

风力发电机的主要结构如图 14.6 所示。

完成风力发电系统安装的步骤是，把风力发电机安装到塔架上，完成走线，以及把塔架和风力发电机作

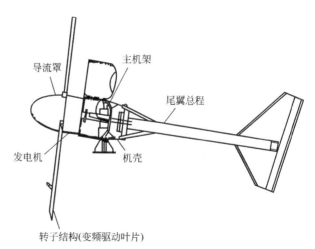

图 14.6　风力发电机主要结构

为一个整体竖起来，具体的操作步骤如下：

a.把绞车和塔架连接好。

b.把塔架稍稍抬起，使它的顶部平台刚好和风力发电机机头底部的塔架配合器的平面高度相当；如果机头还在包装箱内，则抬起的塔架顶部平面的中心高度略高于地面 1.2m，把机头包装箱的位置调整，使它和塔架中心的位置保持一致。

c.把机头旋转，使它的塔架配合器平面对准塔架平面，使得机头上的走线孔和塔架顶部平台上的孔对准；然后用一个大螺丝刀（螺钉旋具）把六个安装螺栓孔对准，用螺栓把机头固定在塔架上，作用在螺栓上的力矩应遵循厂家的建议。

d.按下列步骤在塔架上走线：

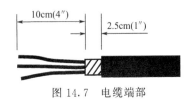

图 14.7 电缆端部

ⓐ 把电缆从塔架的中间穿过，在塔架顶部外面留出一小部分；

ⓑ 如图 14.7 所示，把电缆露出塔架顶部的部分剥去外面的护套，千万别损坏 3 根导线的绝缘护套；

ⓒ 参考图 14.8，拆开连接器，把密封螺母和绝缘垫圈套在电缆上，从连接器内拿出内插件，检查电缆并用锉刀除去所有的毛刺，把内插件旋到电缆上，用手旋紧，把导线插入连接体内，把内插件放入连接器内，旋紧密封螺母；

连接器图

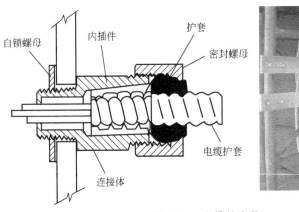

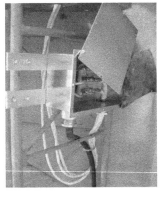

图 14.8 电缆的安装

ⓓ 把 3 根导线每一根都剥去 2cm；

ⓔ 打开塔架上终端接线盒的盖；

ⓕ 将 3 根导线的头部做好接线鼻子，对应 A、B、C 三相连接固定；

ⓖ 把 3 根导线固定在接线盒上，无须考虑极性，涂上厌氧胶；

ⓗ 盖上接线盒的盖子；

ⓘ 把电缆做成一个很自然的 S 形，附在塔架的某个杆上；

ⓙ 把电缆从塔上顺着塔架的某一主干放倒地上，每间隔 2m 用卡箍绑扎在塔架主干上，直到离地 2.5m，此处用卡箍固定好。

e.卸掉包装箱内固定机头的螺母，把塔架顶部升到离地约 1.5m，这样，风力发电机的机头就可以自由转动了，撤去包装箱。

f. 安装尾翼臂。这项工作至少需要 3 个人。

g. 用提供的紧固件，把尾翼板安装在尾翼臂上。

h. 保证缓冲器的叉位于尾翼臂安装板上的中心位置。如果需要，用锤子调整尾翼臂安装板的位置，把缓冲器安装在尾翼臂上。

i. 把塔架顶部提升到大约离地 2.5m 的位置，然后用一个约 2.5m 高的木支架或者其他的东西支撑尾翼臂，同时使得机头垂直向下。

j. 如图 14.9 所示，用提供的紧固件把叶片安装在机头上。如有需要，适当增加垫圈，叶片已经经过平衡，安装时无须考虑它们的位置顺序；用叶片螺母紧固叶片，需要较深的套筒扳手。不能用任何其他的非自锁螺母和垫圈来替换随机提供的紧固件。

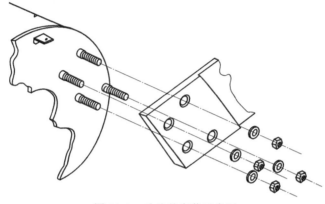

图 14.9　叶片的安装示意图

k. 把塔架紧固，抬高 1m 左右，安装导流罩，用紧固件紧固，如图 14.10 所示。

l. 注意：风力发电机竖起时的风速一般不超过 5m/s。

m. 把塔架和风力发电机竖到垂直位置。

n. 把风力发电机输出铠装电缆固定好后，留出余量埋入地下。

o. 估计电缆进入控制器后的总体长度，然后把多余的剪掉，剥去电缆护套，保证留下足够的导线长度能够在控制器里进行连接，然后把导线的绝缘护套剥去，在接线盒内完成所有的连接。连接导线时无须考虑 3 条线的相位。

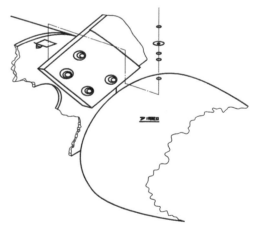

图 14.10　导流罩安装图

p. 在控制器内安装避雷器，避雷器的 3 根线应该和接线盒内接线端子的上部分连接，即塔架电源线进来的部位。避雷器的接地线要和开关上的地线相连，并不能有任何破损，且越短越好。

q. 把塔架、拉索地锚用铜导线接地柱接地，如果接地柱不能入地 2.5m 深，则再插入一根接地柱，并连接它们。

按照以上步骤，就基本完成了风力发电机、塔架的安装。组装完成后的风力发电系统如

图 14.11 所示。

图 14.11 组装完成的风力发电系统

（4）如何放倒塔架

放倒塔架基本上是沿着提升塔架相反的方向进行的。步骤概括如下：

① 要确保绞盘车经由塔架提升用组件连接到提升杆上，而且钢缆绳要收紧。

② 拆走将提升杆连接到前端地脚板上的那个大螺栓扣。

③ 现在就可以放倒塔架了。开始时使塔架倾斜，继续拉安装在后端地脚板地基上的和塔架顶部的拉索线缆。不要升起提升杆。

④ 放倒塔架的时候，要注意监控左右两侧拉索线缆张力的变化。如果张力发生变化，那么就要停止放倒塔架，调整侧边的螺栓扣。要牢记将螺栓扣调整了多少，以便再一次提升塔架时能够将其恢复到原来的位置。

⑤ 继续放倒塔架，直到塔架顶端距地面以上 1.5m 为止。

一般来说，风力发电机生产厂家都会提供基本配套的塔架安装工具，比如拔杆、绞磨、绞车、手动葫芦等，有这些辅助工具，再配以人工，用户基本可以很轻松地完成风力发电机塔架的安装，而不需要机械设备。这种情况下，要求塔架的高度不超过 24m，塔架的重量要轻。塔架的安装以及其他相关辅助工作在地面完成，最后固定塔架紧固附件，安装即告完成。

对于较大型的风力发电机组塔架，还是需要机械设备的辅助才可以完成。

风力发电机机头本身一般都是在出厂时安装调试好的。用户可能需要按设计要求和程序组装一些部件，比如安装尾翼，更需要严格按照厂家提供的安装步骤一步一步地完成安装。

塔上部分（由机头和尾翼等部件构成的一个整体）与塔架顶端的连接方法，各厂出产的产品不一样，只要遵照厂家用户手册的程序步骤，就能完成组装。

风力发电机的结构和安装方法因不同的制造商而异。上述安装和放倒步骤是针对某一特定的 10kW 风力发电机组的，仅是一个示例。不同厂家生产的风力发电机组在结构、尺寸上不完全相同。用户在安装风力发电机组前，应非常认真地阅读厂家提供的安装说明书，并准备好所有必需的工具和材料。必要时，尤其是安装较大规格的风力发电机组时，应当有生产厂家专业人员进行督导。

14.2 系统中其他部件的安装

14.2.1 蓄电池

① 蓄电池的安装使用应该严格遵守生产厂家的要求以及系统设计、管理和运行要求。

② 安全与其他事项：

a. 所有蓄电池，包括它们的包装必须能够适应恶劣的运输条件。

b. 蓄电池安装要注意人员安全。安装人员要求佩戴保护装置，一旦出现漏液、酸腐蚀，应该及时使用中和剂和清水冲洗。

c. 蓄电池必须安放在室内并防雨；特殊情况，如小型通信基站，没用控制房，蓄电池应该放在室外的防护箱内，防水、防腐和防盗。

d. 蓄电池房内不应有其他电气设备和明火，应设有明显的"无火""无烟"标志。

e. 电池受环境温度变化影响很大，不合适的温度会缩短它的使用寿命。安装电池的地方，温度应该控制在 15～30℃，电池房内温度最低不得低于－5℃，如有必要应考虑保暖；电池房内温度最高不得高于 30℃，如有必要应考虑降温，可以采用电扇通风或其他被动式降温，但不建议使用空调。

f. 电池应避免安装在阳光能够直射、空气流通不畅、灰尘大的地方。

g. 蓄电池的正负极要准确无误地连接到对应端。蓄电池正负极接反会影响电池内部活性物质的化学反应过程，造成不可修复的损伤，使其容量减小、寿命缩短，严重的直接导致失效，不能使用。

h. 蓄电池正负极接反还会烧毁用电设备电源，导致设备损失严重。

i. 尽量使多支路电池组的每个支路参数、连接一致。

j. 不允许不同型号、不同容量和新旧不一的蓄电池混用。

k. 虽然有的蓄电池允许并联 7 组，但建议不要超过 4 组。

l. 蓄电池连接条和出线端子在完成连接后，应当涂油并装护套绝缘。

m. 新安装的蓄电池一定要进行初充电，充满电以后再开始使用。干荷电的蓄电池应当以 10h 率电流充电 5h 以上；非干荷电蓄电池应当以同样倍率电流充电 20h 以上。

14.2.2　系统其他部件和控制房内的安装

（1）连接风力发电机、充电控制器和蓄电池

① 连接风力发电机、充电控制器和蓄电池之前，仔细阅读设备厂家的安装说明书。

② 逐个确定风力发电机、充电控制器和蓄电池是否已经安装到位，检查每种设备的连接端点是否异常。

③ 关闭风力发电机、充电控制器的开关装置，断开电池组的连接，卸下设备连接端的保护挡板。

④ 确定风力发电机、充电控制器和蓄电池之间电能传输相匹配的传输电缆和导线的规格。

⑤ 确定风力发电机、充电控制器和蓄电池之间的距离和走线方式，根据它们连接端的要求加工导线。

⑥ 进行风力发电机、充电控制器和蓄电池的连接，按国标要求注意电缆线的颜色区分、线标放置和走线要求。

⑦ 注意连接风力发电机、充电控制器和蓄电池的交、直流导线的相位和极性要求。

⑧ 每种连接设备连接完成后，要求设备外壳接地。

（2）连接蓄电池组、逆变器

① 连接蓄电池、逆变器之前，仔细阅读厂家的说明书。

② 如果系统中还有连接着其他设备，请先关闭。

③ 确定电池组、逆变器是否已经固定安装。

④ 检查电池组每个支路是否已经从中间断开，逆变器是否关闭。

⑤ 根据电池组与逆变器的距离确定传输电缆的长度、走线方式、电缆的规格。

⑥ 根据电池、逆变器连接端的要求，加工电缆的连接端。

⑦ 连接电缆时注意电缆极性不能接反。

⑧ 逆变器、电池架要求接地。

再次说明，本章介绍的安装方法只是以某一款风力发电机为例展开的一般安装步骤及注意事项，并不适用于所有的风力发电机。用户或系统集成商在安装某一具体的风力发电系统时，要仔细阅读系统设计书和图纸，以及有关具体设备和产品的使用安装说明书，严格按照厂家的要求进行安装使用。另外国际上和我国针对此行业制定了许多相关的标准，这些标准将在第 15 章中详细介绍，系统设计人员和系统集成商应按这些标准贯彻执行。

第15章

中小型风力发电系统的相关
标准、检测、标识与认证

目前各行各业的产业链越来越成熟，生产和市场的国际化越来越广泛，而这一切得以实施和实现的前提就是标准化。

（1）标准（standard）

标准是记载着包含技术规格或其他精确判据的协议，一致地用来作为规则、指南或定义，以确保材料、产品、过程和服务符合特定的目的。标准不仅用于标准化，而且也作为"指导方针"，即能力建设。

（2）认证（certification）

认证是一种信用保证形式。按照国际标准化组织（ISO）和国际电工委员会（IEC）的定义，是指由国家认可的认证机构证明一个组织的产品、服务、管理体系符合相关标准、技术规范（TS）或其强制性要求的合格评定活动。

（3）标识（labelling）

标识是指在产品上提出的某种声明，这种声明可能会被政府机构监管，也可能没被政府监管。认证是一个标识或者是一个符号，它表明该产品或者服务已被证实符合某一项（或者若干项）标准。如果一个产品满足某个机构，比如政府管理部门的标准并被监管，则"认证"就是一个可以使用的标识。换言之，所有的认证都是标识，但并非所有的标识都是认证。标识的使用通常由标准设定机构来控制。

认证是卖方和买方之间的一种沟通形式，而标识总是与最终消费者沟通的一种形式。要使这种沟通有效，标识必须是有确切意义的。标准、认证和标识三者的关系如图 15.1 所示。

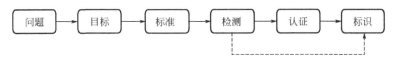

图 15.1　标准、认证和标识三者的关系

无论是为了获得认证及认证标识，还是为了获得标识，按相关标准进行检测都是不可或缺的一个环节。

15.1 中小风电的相关标准

标准在产业发展中起着非常重要的作用，它主要体现在：

① 标准化为科学管理奠定了基础；

② 标准在科研、生产、使用三者之间建立起桥梁；

③ 标准保证各生产部门的活动，在技术上保持高度的统一和协调，标准化为组织现代化生产创造了前提条件；

④ 标准保证产品质量，维护消费者利益；

⑤ 标准在社会生产组成部分之间进行协调，确立共同遵循的准则，建立稳定的秩序。

在国际合作和产业国际化的过程中，标准起着两个方面的作用：一方面，如果大家共同参与制定标准，共同遵守国际标准，标准则在消除贸易障碍、促进国际技术交流和贸易发展、提高产品在国际市场上的竞争能力方面起着促进作用；另一方面，如果某些国家或企业依据自己的优势和主导地位，率先制定了标准，尤其是国际标准，并以此作为检测的依据，颁发认证或标识，则标准就成了别国进入该国市场的壁垒。企业如果要进入国际市场，就必须对国际市场和进入国的标准充分了解，熟悉并认真贯彻执行；如果有检测认证要求，就必须委托有资质的第三方检测机构进行检测和从第三方认证机构获得认证。

在中小风力发电领域，IEC 和相关国家包括我国已经制定了一系列标准。

15.1.1 国际标准

（1）IEC 61400 系列及其他国家的相关标准

目前引用最多的和中小风电有关的国际标准是 IEC 61400 系列，见表 15.1。

表 15.1 和小型风力发电机组有关的国际规范和标准

标准号	名称	简介
IEC 61400	风力发电系统（Wind Turbine Generator Systems）	关于风力发电机组的一系列标准
IEC 61400-2 ed3	小型风力发电机组安全（Small Wind Turbine Safety）	这一国际标准是关于安全原则、质量保证和工程完整性以及风力发电机组安全的特殊要求，包括设计、安装、维护保养和在特殊环境条件下的运行。目的是在设备计划运行的寿命期间为设备提供适当的保护，防止各种损坏。标准考虑了风力发电机组的全部子系统，如控制器和保护装置、内部电子系统、机械系统、支撑系统、地基和设备间的电气连接。标准适用于：a. 所有连接到电网的风力发电机组；b. 风力发电机组的扫风面积小于 40m^2
IEC 61400-11	噪声测试（Acoustic noise measurement techniques）	提供噪声测量程序，以获得风力发电机组的噪声特性。这包括运用可靠的方法在靠近设备的现场评估噪声情况，从而避免由于声音的传播而产生误差，又足够远以保证声音的规模。所描述的程序在某些方面和那些在社区中监测噪声的方法有所不同。此方法主要是获得风力发电机组的噪声和相应风速范围以及风向的关系，并在不同的风力发电机组之间比较

标准号	名称	简介
IEC 61400-12-1	功率特性 （Power performance）	此标准为所有类型和规格的并网风力发电机组的功率特性测试规定了检测程序。它可以既用来确定一台具体的风力发电机组的功率特性,也可以进行不同风力发电机组配置之间功率特性的比较。在一定的风速范围内采集输出的功率数据,分析这些数据,生成功率曲线,并据此用韦伯分布计算年发电量
IEC 61400-13	机械负载检测 （Measurement of mechanical loads）	提供风力发电机组结构负载的检测指南
IEC TS 61400-14:2005	公称视在声功率级和音值 （Declaration of apparent sound power level and tonality values）	对一批风力发电机组给出公称视在声功率级和音值指导。IEC 61400-11 给出了测量公称视在声功率级和音值的步骤,本标准和 IEC 61400-11 一起应用
IEC 61400-21	电力质量 （Power quality）	风机功率特征的测量及评估
IEC 61400-22	风力发电机组符合性检测及认证 （Wind turbine Certification）	根据提供的测试数据进行分析,作为风力发电机组认证和形式批准的指南
IEC 61400-23	叶片全尺寸结构检测 （Full scale structural testing of rotor blades）	对叶片结构整体性设计的最后核实,本标准提供对风力发电机组叶片全尺寸测试的指南
IEC 61400-24	风力发电机组 第 24 部分:防雷击保护 （Wind turbines—Part 24: Lightning protection）	风力发电机的雷电保护、接地和人身安全等

　　IEC 61400 系列标准在很大程度上是针对大风电机或者说基于大风电机的情况编制的。虽然 IEC 61400-2 是特定针对小风电机组的,但是限于小风电机组的具体情况,在实际操作上有一定的困难。因此,根据 IEC 61400 系列标准,美国和英国都依照小风电产业的实际情况,各自制定了小型风力发电机组运行和安全规范。

（2）美国和英国等主要国家中小风力发电产业的标准现状

美国曾经制定过许多和小风电有关的标准,如:

a. Standard Performance Testing of WECS-Standard 1.1,风力发电机系统运行测试标准;

b. Procedure for Measurement of Acoustic Emissions,Tier I-Standard 2.1,声频测试程序;

c. Design Criteria Recommended Practices-Standard 3.1,推荐的设计标准;

d. WECS Terminology-Standard 5.1,风力发电机系统术语;

e. Recommended Practice for the Installation of WECS-Standard 6.1,推荐的安装实践;

f. Standard Procedures for Meteorological Measurements-Standard 8.1,气象数据监测步骤标准;

g. Guidebook for the Siting of WECS-Standard 8.2,选址指导;

h. Wind/Diesel Systems Architecture Guidebook-Standard 10.1,风/柴互补系统配置的指导。

目前,美国主要贯彻实施的是 AWEA Standard AWEA 9.1-2009《AWEA Small Wind Turbine Performance and Safety Standard 》（美国风能协会小型风力发电机运行和安全标准）以及与之相关的标准,如关于逆变器的 IEEE 1547/UL 1741 标准和与电控有关的 UL 标准,以及和塔架安全性设计有关的标准。

"美国风能协会小型风力发电机运行和安全标准"包含以下内容。

① 概述

a.标准由小型风机生产企业、科技研究人员、政府相关机构和小型风机用户共同参与制定，目的是向用户提供实际的和可比较的风机性能评定，并确保小型风机产品能通过一些标准的鉴定，标准都是经过严格论证的。

b.本标准的目标是提供一套可靠的方法，用来验证小型风机的品质是否满足标准，同时，为对比两种竞争机型的性能提供一个改良的依据。

② 标准适应范围　本标准普遍适用于并网型和离网型小型风力发电机。

本标准适用于风轮扫风面积小于 $200m^2$ 的风机。

被评估风力发电机系统包括风轮、风机控制部分、逆变器，如果需要，还包括配线、断电保护以及安装和使用说明。

风力发电机系统有很多种类型，我们希望对其中最具代表性的一系列风力发电机进行一个完整的评估。

塔架和基础并不属于本标准的范畴，因为塔架的机构必须符合国际建筑物规范、统一建筑规范或其他同等规范的要求，以获得建筑许可证，这是前提条件。

③ 服从性　本标准将由一个独立的验证机构完成，自证明是不被允许的。

本标准允许来自制造商的测试数据，这些数据都通过了鉴定机构的检验。

为了实现宣传的目的或产品获得认证或其他任何目的，制造商需要服从本标准，这是制造商的责任。

④ 有关定义和术语

a.额定功率：依据 IEC 61400-12-1 的功率曲线，在风速 11m/s 下的风机输出功率。

b.额定年发电量：假设风速分布按照瑞利分布，数据有效性 100%，在平均风速 5m/s 的条件下风机一年所产出的能量，所依据的功率曲线来源于 IEC 61400-12-1（海平面处的环境下）。

c.额定噪声等级：这个噪声等级在 95% 的时间不会被超过，假定平均风速是 5m/s，风速分布为瑞利分布，数据有效性 100%，观测点距风机轮毂中心距离为 60m。

d.切入风速：风机有功率输出的最低启动风速（图 15.2）。

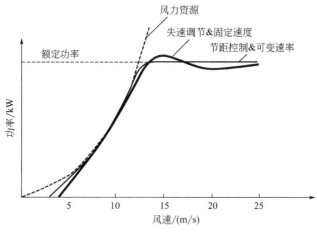

图 15.2　风力发电机的输出控制

e.切出风速：由控制部分决定的风机最大风速，超过这个风速，风机将停止工作（图 15.3）。

f.最大电压：在包括开路情况的运行状态下，风机可产生的最大电压。

g.最大电流：风机系统在控制部分或功率转化电子控制器的作用下，可以产生的最大电流。

h.超速控制：用来防止风力电机超速运转（通过负载或控制机构）。

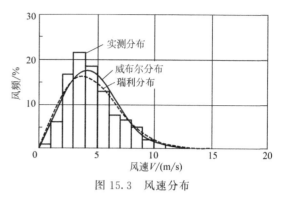

图 15.3　风速分布

i.风轮扫风面积：风机正常运行状态下（无偏转的位置），风轮旋转形成的面积在风向垂直平面上的投影面积。

j.湍流强度：标准风速偏差值与一段时间内平均风速的比率。

⑤ 风力发电机功率曲线的测试

a.测试标准：根据最新版的 IEC 61400-12-1 附件 H 的规定进行测试，并包含本标准所给出的附加指导，测试内容要记录在测试报告中。

b.风力发电机系统包括：风力发电机、塔架、风机控制器、调节器、逆变器、风机与负载之间的连线、变压器及蓄能负载。

c.功率的测量应该在有负载的情况进行，以获得完整风机系统的能量损耗。风力发电机的负载应该与风力发电机设计负载一致，如并网负载、蓄电池负载或蓄电池模拟器等。但是对联网并带有蓄电池类型的风机，蓄电池被认为是风机系统中的一部分。

d.风机安装高度：风机应根据制造商所规定的安装要求进行安装调试，风机轮毂至少安装在离地面 10m 高度的地方。

e.总的电缆长度：从塔架的基础位置开始测量，至少是 8 倍的风轮直径，并且电缆的尺寸要根据制造商的安装说明制作。

f.数据采集和整理：

ⓐ 预处理周期：1min；

ⓑ 数据库应包括：低于切入风速 1m/s 和等于或大于 14m/s 之间的数据，风速范围划分为以 0.5m/s 的整数倍风速为中心，每个区间至少包含 10min 的采样数据，数据库至少包含不少于 60h 的采样数据。

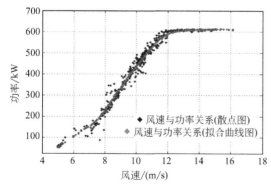

图 15.4　功率曲线检测

g.AWEA 额定功率：依据 IEC 61400-12-1 的功率曲线，在风速 11m/s 下的风机输出功率。

h.风力发电机年发电量计算

ⓐ 年发电量的计算：为了进行比较，建议用一个统一的计算方法来计算。

ⓑ 计算的条件：年平均风速 5m/s，风频分布按照瑞利分布，数据有效性 100%。依据来源于 IEC 61400-12-1 的功率曲线（图 15.4，海平面处的环境下）计算风力发

电机的年发电量。

$$W_{AEP} = 8760 \times \sum_{i=1}^{n} [F(V_i) \times P_i] \tag{15.1}$$

式中，W_{AEP} 是风力发电机组年发电量；V_i 为 bin i 中的平均风速；$F(V_i)$ 为年平均风速为 5m/s 的瑞利风频分布曲线 bin 中 V_i 段平均风速出现的概率，%；P_i 为 bin 中 V_i 段平均风速对应的平均功率，W。

⑥ 发电机噪声测试

a. 测试方法：依据最新一版的 IEC 61400-11 2002-12。

b. 补充规定：

ⓐ 取值的平均时间段应是 10s 而不是 1min。

ⓑ 风速应该直接测量，而不应通过功率间接获得，这应是首选的办法。

ⓒ 测定整数风速下的声压水平。

ⓓ 只要防风保护罩有效，那么测量时的风速范围应尽可能地宽一些。

ⓔ 在超风速保护功能开始起作用时可能会出现一些状况，例如：切出保护、摇摆、振动。这些在高风速下产生的一些显著变化应该被记录下来。

ⓕ 音调的分析不是必需，但是一些显著的变化部分还是应该被观测和记录下来。

⑦ 强度和安全性

a. 风机系统的机械强度需要进行评估，通过 IEC 61400-2 ed2 的 7.4 节中的一次方程并结合 7.8 节中提到的一些安全因素进行评估，或是通过 IEC 标准中提到的空气弹性变形建模的方法来进行评估。通过这些方程的输出结果，可以得到对叶片根部、主轴、偏航轴极限载荷的评估。对其他一些可能产生明显缺陷和危害的机构部位，如果需要进行判定，对这些危害和缺陷的快速核查也需要进行。所以，额外的分析也可能是必要的。

b. 变速风机需要避免与风机塔架配合中的一些动态变化所产生的危害。单速/双速风机却存在着潜在的由动态变化所产生的危害。因此，对于那些单速/双速风机，例如一些使用一个或两个异步发电机的风机，风机和塔架应该标明，以避免潜在的动态配合的危害。一个具有动态配合的变速风机，如可以从它们的控制功能体现出它们的变速，也需要标明，同样也是为了避免这些配合产生的潜在危害。

c. 需要评估的其他安全因素包括：

ⓐ 用于操控风机的软件；

ⓑ 高风速下运行时，防止产生危险的规定；

ⓒ 在紧急状态下或在日常维护时，可以降低风机转速或停止风机转动的方法；

ⓓ 关于风机维护适当性和对更换零件的一些规定要求；

ⓔ 规定风机允许运行的最低环境温度下，控制功能的降低可能产生的危害。

⑧ 耐久性测试

a. 可靠性的最低基准是 IEC 61400-2，并根据有关规定进行测试。

b. 对上述标准的修改和补充说明包括：

ⓐ 这个测试需要持续 2500h 的功率输出。

ⓑ 测试中必须包含 15m/s 以上风速的至少 25h 的测试数据。

ⓒ 风机停测的时间和数据的有效性应该在报告中写出，数据有效性需要达到 90%。

ⓓ 允许有小的修理，但是必须在报告中说明。

ⓔ 测试期间，任意一个主要部件例如叶片、主轴、发电机、塔架、控制器或是逆变器需要更换，那么这个测试就必须重新开始。

ⓕ 耐久性测试期间，对风机和塔架都应仔细观察，并且在测试报告中对观测到的现象进行陈述。

⑨ 报告和认证　测试报告应该包含以下方面的信息：

a. 报告摘要，包括功率曲线图、年发电量及声压等级；

b. 性能测试报告；

c. 噪声测试报告；

d. AWEA 额定年发电量；

e. AWEA 额定声压等级；

f. AWEA 11m/s 风速额定功率；

g. 风机强度和安全性报告；

h. 耐久性测试。

⑩ 标识　目前美国对小型风力发电机的认证主要由 SWCC（Small Wind Certification Council）执行。SWCC 颁发的认证标识见图 15.5。

⑪ 对改变已通过认证产品的有关规定通过认证的风机可以更改，但以下更改需要通过认证机构的重新审查：

a. 改动的积累影响造成 AWEA 额定功率/AWEA 额定年发电量降低比例超过 10%；AWEA 额定声压等级超过 1dB（A）的数量；认证机构需重新测试并重新颁发认证。

b. 改动会使风机的强度和安全性降低 10%，或是以 10% 比例增大了工作电压或电流，这些改动需要满足风机强度和安全性报告，并且由认证机构换发新的认证。

c. 改动可能本质上影响耐久性测试的结果，这些改变需要重新测试，并服从新的耐久性测试报告，由认证机构重新颁发认证。

d. 在风机认证后两年内，制造商需要将产品的所有改动通告认证机构，包括硬件和软件，认证机构将决定是否进行重新测试。

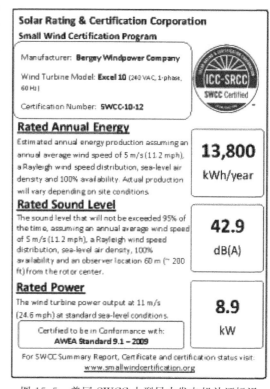

图 15.5　美国 SWCC 小型风力发电机认证标识

与 AWEA Standard AWEA 9.1-2009《AWEA Small Wind Turbine Performance and Safety Standard》（美国风能协会小型风力发电机运行和安全标准）相似，英国风能协会 BWEA 的《British Wind Energy Association Small Wind Turbine Performance and Safety Standard》（英国风能协会小型风力发电机组运行和安全标准，BWEA 于 2009 年 12 月更名为 RenewableUK），也是基于标准 IEC 61400-2。

与《英国风能协会小型风力发电机组运行和安全标准》在认证中同时贯彻实施的还有：

a. MIS-3003——Standard covering the supply, installation, and commissioning of small wind turbines，关于小型风力发电机组供应、安装和验收的标准；

b. MCS-006——Product certification in accordance with BWEA Small Wind Turbine Standard，与 BWEA 依据小型风力发电机组标准的产品认证；

c. MCS-010——Factory production control requirements，工厂生产控制要求。

执行这些标准的目的是保证从工厂生产出来的产品始终与设计参数保持一致。核心内容是：首先是对风力发电机生产的质量保证体系进行核查，包括对关键部件的额外检查，随后是每年的审查以维持认证。

加拿大标准协会（Canadian Standards Association）也制定了类似的标准《CSA Guide to Canadian wind turbine codes and standards》（加拿大标准协会风力发电机组规范和标准），这个规范涵盖了不同规格、并网型和离网型的风力发电机组。

日本的 ClassNK 认证要求满足标准 JSWTA0001 以及并网的"电气合规要求"。

(3) IEC 62257 标准

IEC TC82 为国际电工委员会太阳能光伏能源系统技术委员会。为了促进小型可再生能源及互补系统在农村电力建设中的应用，TC82 成立了与风能合作的联合工作组 JWG1（Joint Working Group 1），制定了和正在制定相关标准 IEC 62257《Recommendations for Small Renewable Energy and Hybrid Systems for Rural Electrification》（农村电力建设中小型可再生能源互补系统指南）系列。

IEC 62257 标准是一个系列标准，目前包括：

① IEC 62257-1 Part 1：General introduction to IEC 62257 series and rural electrification，IEC 62257 系列标准和农村电力建设介绍；

② IEC 62257-2 Part 2：From requirements to a range of electrification system，农村电力建设范围的要求；

③ IEC 62257-3 Part 3：Project development and management，项目开发和管理；

④ IEC 62257-4 Part 4：System selection and design，系统选择和设计；

⑤ IEC 62257-5 Part 5：Protection against electrical hazards，电气危险保护；

⑥ IEC 62257-6 Part 6：Acceptance, operation, maintenance and replacement，验收、运行、维护和更换；

⑦ IEC 62257-7 Part 7：Generators，发电设备；

⑧ IEC 62257-8 Part 8：Battery，蓄电池；

⑨ IEC 62257-9 Part 9，微型电网；

⑩ IEC 62257-10 Part 10，技术参数：能源管理；

⑪ IEC 62257-11 Part 11，技术参数：能源管理微型电网互联；

⑫ IEC 62257-12 Part 12，电气设备；

⑬ IEC 62257-13 Part 13，其他议题。

其中 IEC 62257-7 Part 7：Generators（发电设备）是专门制定互补系统中关于发电设备的子标准组，具体包括太阳能光伏、离网风力发电机、燃料发电机等的发电设备，具体如下：

IEC 62257-7-1 Part 7-1：Generators-Photovoltaic generators，第一部分：太阳能光伏；

IEC 62257-7-2 Part 7-2：Generator set-Off-grid wind turbines，第二部分：离网风力发电机；

IEC 62257-7-3 Part 7-3：Generator set-Selection of generator sets for rural electrification systems，第三部分：燃料发动机；

IEC 62257-7-4 Part 7-4：Generation-Integration and management of different generators within hybrid power systems，第四部分：系统中不同发电机的集成和管理。

今后可能还会扩充。

IEC 62257 标准系列中的 IEC 62257-7-2 Part 7-2 Generator set-Off-grid wind turbines（第二部分：离网风力发电机）得到中国农业机械工业协会风能设备分会（风力机械分会，CWEEA）的全力支持，同时宁波锦浪新能源科技股份有限公司、上海致远绿色能源有限公司和合肥为民电源有限公司等企业也给予了实质性的帮助。

15.1.2　中国国家标准

(1) 中国国家标准

目前，中国有关小型风力发电机组的国家标准如表 15.2 所示。

表 15.2　中国有关小型风力发电机组的国家标准

序号	标准号	标准名称	标准性质	备注	适用类型
1	GB/T 10760.1—2017	小型风力发电机组用发电机 第1部分:技术条件	推荐	2018-05-01 实施,代替 GB/T 10760.1—2003	离网型
2	GB/T 10760.2—2017	小型风力发电机组用发电机 第2部分:试验方法	推荐	2018-05-01 实施,代替 GB/T 10760.2—2003	离网型
3	GB/T 13981—2009	小型风力机设计通用要求	推荐	2010-01-01 实施,代替 GB/T 13981—1992	离网型
4	GB/T 17646—2013	小型风力发电机组安全要求	推荐	2013-10-20 实施。这是基于 IEC 61400-2 ed2 的翻译版	通用型
5	GB/T 18451.2—2012	风力发电机组　功率特性测试	推荐	2012-10-01 实施。这相当于 IEC 61400-12-1；2005	通用型
6	GB/T 19068.1—2017	小型风力发电机组 第1部分:技术条件	推荐	2018-05-01 实施,代替 GB/T 19068.1—2003	离网型
7	GB/T 19068.2—2017	小型风力发电机组 第2部分:试验方法	推荐	2018-05-01 实施,代替 GB/T 19068.2—2003	离网型
8	GB/T 19068.3—2003	离网型风力发电机组 第3部分:风洞试验方法	推荐	修订	离网型
9	GB/T 19115.1—2003	离网型户用风光互补发电系统 第1部分:技术条件	推荐	2003-10-01 实施	离网型
10	GB/T 19115.2—2003	离网型户用风光互补发电系统 第2部分:试验方法	推荐	2003-10-01 实施	离网型
11	GB/T 20321.1—2006	离网型风能、太阳能发电系统用逆变器 第1部分:技术条件	推荐	2007-01-01 实施	离网型

续表

序号	标准号	标准名称	标准性质	备注	适用类型
12	GB/T 20321.2—2006	离网型风能、太阳能发电系统用逆变器 第2部分:试验方法	推荐	2007-01-01 实施	离网型
13	GB/T 22516—2015	风力发电机组 噪声测量方法	推荐	2016-06-01 实施,代替 GB/T 22516—2008	通用型
14	GB/T 25382—2010	离网型风光互补发电系统 运行验收规范	推荐	2011-03-01 实施	离网型
15	GB/Z 25458—2010	风力发电机组 合格认证规则及程序	指导	2011-01-01 实施	通用型
16	GB/T 29494—2013	小型垂直轴风力发电机组	推荐	2013-10-20 实施	通用型

说明:

① 风力发电机分类界定。目前对小型风力发电机,IEC 61400-2 界定为叶轮扫风面积≤200m²,IEC 61400-1 主要针对大型风力发电机,但对中型风力发电机没有明确的界定范围,也没有哪些标准是明确针对中型风力发电机的。即使是小型风力发电机,上述的国家标准中,这个界定也并不是很明确。读者在应用这些标准时一定仔细阅读这些标准的适用范围。

② 这些标准大多数都是针对离网型的。

(2) 行业标准

小型风力发电机组的行业标准如表 15.3 所示。

表 15.3 小型风力发电机组的行业标准

序号	标准号	标准名称	适用类型
1	JB/T 6939.1—2004	离网型风力发电机组用控制器 第1部分:技术条件	离网型
2	JB/T 6939.2—2004	离网型风力发电机组用控制器 第2部分:试验方法	离网型
3	JB/T 10395—2004	离网型风力发电机组 安装规范	离网型
4	JB/T 10397—2004	离网型风力发电机组 验收规范	离网型
5	JB/T 10398—2004	离网型风力发电系统 售后技术服务规范	离网型
6	JB/T 10399—2004	离网型风力发电机组 风轮叶片	离网型
7	JB/T 10401.1—2004	离网型风力发电机组 制动系统 第1部分:技术条件	离网型
8	JB/T 10401.2—2004	离网型风力发电机组 制动系统 第2部分:试验方法	离网型
9	JB/T 10403—2004	离网型风力发电机组塔架	离网型
10	JB/T 10404—2004	离网型风力发电集中供电系统 运行管理规范	离网型
11	JB/T 10405—2004	离网型风力发电机组 基础与联接 技术条件	离网型
12	NB/T 34002—2011	农村风/光互补室外照明装置	离网型
13	NY/T 3022—2016	离网型风力发电机组运行质量及安全检测规程	离网型

注:JB 为机械标准;NB 为国家能源局标准;NY 为农业部标准。

(3) 其他标准

除上述标准外,中国目前还采纳了其他一些相关国家标准和国际标准,如《电工电子产品环境试验 第2部分:试验方法 试验L:沙尘试验》(GB/T 2423.37—2006)等。

15.2　风力发电机的认证❶

15.2.1　认证的过程

目前对一般意义上的"小型风力发电机"分类如表 15.4 所示。

表 15.4　小型风力发电机的分类

类型	扫风面积/m²	大约相当于功率①/kW
微型风力发电机(Micro)	≤5	≤1
微小型风力发电机(Mini)	>5,≤40	>1,≤6
小型风力发电机(Small)	≤200	≤45～50

①按国际标准,风力发电机的大小按扫风面积来定义。由于各风力发电机制造商定义的额定风速不一样,扫风面积与功率没有严格的对应关系,同样的扫风面积可能对应不同的风力发电机功率。

中国目前对一般意义上的"小型风力发电机"的分类,与国际上 IEC 61400-2 标准的范围并不一致。这也不奇怪,因为一般意义上的"小型风力发电机"涵盖的范围,可以是非常小的微型风力发电机,也可以是比较简单的小型风力发电机,也可以是比较复杂、甚至接近大型风力发电机的中型风力发电机,比如 100kW 的风力发电机组。把一般意义上的"小型风力发电机"进一步进行分类,在国际上也是流行的,比如丹麦在认证过程中,就规定了对扫风面积≤40m² 的风力发电机进行简化处理。

丹麦对小风电进行了认证。丹麦规定小于 5m² 的机组则无须检测认证,但需要备案;5～200m² 则需要认证,其中又分成两个范围:5～40m² 和 40～200m²。这样的划分,对小风电的发展非常有利。另外,丹麦认为,小风电应用中出现的问题,有相当一部分缘于不正确的安装。因此,丹麦对小风电的安装者提出了认证要求。丹麦的做法对中国小风电的发展有很好的启迪意义。

中国针对不同容量的小型风力发电机的特性规定了不同的测试项目和测试方法,结果也分为了三个等级:

a. <1kW;

b. 1～10kW;

c. >10kW。

中国对小型风力发电机的认证由北京鉴衡认证中心实施,认证流程可以简单地归纳为如图 15.6 所示流程。

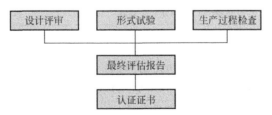

图 15.6　中国对小型风力发电机的认证流程

❶ 吕波,Small Wind Turbine Certification in China,2014.8。

（1）设计评审

设计评审是为了确定设计开发的理论或计算上的正确性，保证没有理论上的问题。

（2）形式试验

形式试验是对产品质量进行全面考核，即对产品标准中规定的技术要求全部进行检验（必要时，还可增加检验项目）。由于上述小型风力发电机的具体分类，针对每一类的测试内容和方法有所不同，具体见"测试"章节。

（3）生产过程检查

生产过程检查包含初始工厂审查、认证结果评价与批准。审查的内容为工厂质量保证能力和产品一致性检查，认证产品的制造工艺和方法，确认使用的工艺图纸、生产工艺、采购规格书、安装说明书等符合设计要求，确认现场装配方法、制造工艺及人员资格、复核材质证书和抽检采购部件等，以及审查工厂质量保证能力。

15.2.2 认证机构

目前中国有十多家提供风力发电机认证服务的机构，具体见表 15.5。

表 15.5　中国风力发电机认证服务机构一览表

序号	认证机构	主要认证业务	依据标准
1	北京鉴衡认证中心	风电机组认证、检测	GB/T 18451.1—2012、IEC 61400
2	中国船级社	风电机组认证、检测	GB/T 18451.1—2012、IEC 61400
3	中国质量认证中心	风电机组认证、检测	GB/T 18451.1—2012、IEC 61400
4	DNV GL	风电机组认证、检测	GL-IV-1/GL-IV-2、IEC 61400-22/IEC WT 01、Danish
5	通标标准技术服务有限公司	风电机组认证、检测	IEC 61400
6	TÜV 南德意志集团	风电机组认证、检测	IEC 61400、UL/CSA 认证、DIBT
7	德国 TÜV NORD 集团	风电机组认证、检测	GIEC 61400、EN、GL、DIBT、TAPS
8	必维国际检验集团	风电机组认证、检测	IEC 61400、GL 导则
9	中国电力科学研究院	风电机组检测	
10	CTI 华测检测认证集团	风电机组检测	
11	Intertek 天祥集团	风电机组认证、检测	IEC 61400、ETL、CE 认证标准
12	德国莱茵 TÜV 集团	风电机组认证、检测	IEC 61400、DIBt、GL 导则
13	苏州 UL 美华认证有限公司	风电机组认证、检测	UL 6142、AWEA 9.1、IEC 61400-2、MCS 006、JSWTA 0001、CAN/CSA-C61400-2
14	上海中认尚科新能源技术有限公司	风电机组检测	

但这些机构大多提供的是针对大型风力发电机的认证，有些虽然也提供小型风力发电机的认证，但是少有国内的小型风力发电机制造商被要求做认证。

国外的中小型风力发电机大多应用于并网分布式发电，而为了得到上网电价的补贴，国家的管理部门都要求所选用的风力发电机是经过"认证"的，甚至是必须经过该国认可的本国认证机构的认证。世界各国都有自己的中小型风力发电机认证机构。美国的是"小型风力发电机认证委员会（SWCC）"，英国的是"微型电力认证计划（MCS）"，日本是 Class NK，丹麦则由"丹麦能源署风力发电机认证计划秘书处"采用丹麦能源署 2013 年颁布的第

73 号风力发电机技术认证规划政令，由丹麦技术大学风能部（Technical University of Denmark，DTU Wind Energy）执行。其他国家，如加拿大、意大利、德国、西班牙、韩国等也都有自己的检测认证制度。他们以 IEC 标准体系为基础，制定相应的"小型风力发电运行和安全标准"，并且与国家可再生能源上网电价补贴政策挂钩。获得国家"认证证书"的机组才有可能进入该国市场。因此，获得一国的认证已经成为进入该国市场的必要条件。于是，往往一个产品（风力发电机）为了进入多国市场，不得不获得多国认证机构的认证，比如，某家公司的 10kW 风力发电机组就获得了英国 MCS、美国 SWCC 和日本 Class NK 的认证。制造商希望认证能互通，一次检测一次认证就能用于多国，但是实现这一点显然还有很长的路要走。

15.2.3　认证的标识

下面以图 15.7 SWCC 小型风力发电机认证证书为实例来说明认证的结果与认证的标识。一台风力发电机如果通过了某一个认证机构的认证，则这个机构会颁发认证证书和标识给申请单位，认证证书如图 15.7 所示，认证标识可以粘贴在生产销售的设备上，而检测结果等是可以公开查阅的。

图 15.7　SWCC 小型风力发电机认证证书

认证的标识包含了两部分内容：直接内容和间接内容。

（1）直接内容

以下这些内容就直接写在标识里：

① 认证机构（SWCC）；

② 制造商（Bergey Windpower Company）；

③ 获得认证的产品型号（Excel 10，240VAC，1-phase，60Hz）；

④ 认证号（SWCC-10-12）；

⑤ 额定年发电量，即在年平均风速 5m/s，风速符合 Rayleigh 分布，海平面上的空气密度，100% 利用率条件下的年发电量（13800kW·h/年）；

⑥ 噪声水平，即在年平均风速为 5m/s，风速符合 Rayleigh 分布，海平面上的空气密度，100% 利用率，观察者距离叶轮中心 60m 时 [42.9dB(A)]；

⑦ 额定功率，即风力发电机在平均风速为 11m/s，标准海平面条件下的功率（8.9kW）；

⑧ 满足的标准（AWEA Standard 9.1—2009）。

（2）间接内容

认证标识上都有链接，通过这一链接可以查阅关于认证报告的摘要，以及证书和认证的状态，比如通过链接 http：//smallwindcertification.org/certified-small-turbines/就能查询由 SWCC 进行认证的风力发电机的摘要，以及证书和认证的状态，同样，通过链接 http：//www.intertek.com/wind/small/directory/就能查询由 Intertek 进行认证的风力发电机的摘要，以及证书和认证的状态。

在认证报告摘要中，通常包含以下内容：

① 风力发电机的评级；

② 表格化的不同年平均风速（4~11m/s）条件下的年发电量；

③ 不同年平均风速下的年发电量曲线；

④ 功率曲线；

⑤ 表格化的功率曲线；

⑥ 表格化的不同风速（6~10m/s）下的噪声水平；

⑦ 图表化的噪声数据；

⑧ 耐久性测试结果；

⑨ 机械强度测试结果；

⑩ 安全和功能性测试结果；

⑪ 对塔架的基本要求。

15.3 风力发电机的标识

如本章开始时叙述的，标识大致可以分为两类：认证标识和非认证标识。一方面，如果一个产品经过了认证，这种认证就是一种标识；而另一方面，有些产品为经过认证，但又经过一定的检测，获得了标识，这种标识的基本意义就是向最终使用者提供必要的信息。

近年来，小型风力发电机产业和应用在全球范围内得到快速发展。初步估计，到 2011 年末，全球有超过 300 家小型风力发电机制造商，多达 500 多种产品。根据世界风能协会（World Wind Energy Association，WWEA）2017 年小型风电世界报告，到 2015 年年底，全球累计装机至少达到 990966 台，累计装机容量达 948.9MW❶。这里给出的数据是以有效数据为基础的，未包括如印度的一些主要市场，世界风能协会因此估计当时全球的实际安装数量接近一百万台。

数百个小型风力发电机制造商，研发和生产着不同的小型风力发电机。对最终用户来说，这些不同主要反映在：a.不同的结构设计；b.不同的控制方法；c.不同的额定风速和额定功率；d.不同的耐久性和安全性；e.不同的噪声水平；等等。当然也包括不同的价位。用户关心的是风力发电机在安装现场究竟能发多少电，风力发电机安全不安全，风力发电机噪

---

❶ WWEA，2017 Small Wind World Report Summary（2017 年小型风电世界报告摘要）。

声大不大；每个厂商都声称自己的产品好，但是当用户面对若干个产品时，其实他们是无法判断的。广大用户迫切需要一把统一的尺子来衡量不同的风力发电机，并以此做出选择。标识在这种情况下应运而生，它的作用就是为广大用户提供一把统一的尺子。

15.3.1　IEA 标识

针对全球小风电产业产能扩张过快、产品质量不一、标准和规范不全、检测和认证滞后、产品标识不清等一系列问题，为了推动、规范和促进小型风力发电机产业的发展，为最终用户（消费者）在众多小型风力发电机中准确选择合适可靠的风力发电机提供一个公认的可操作的尺度，国际能源署（International Energy Agency，IEA）提出了研究课题（简称"课题"）：IEA Wind Task 27，即《Consumer labeling of Small Wind Turbines》（小型风力发电机消费者标识），目的是在全球范围内建立小型风力发电机标识体系。

IEA 关于小型风力发电机的标识如图 15.8 所示。标识主要给出了如下信息：

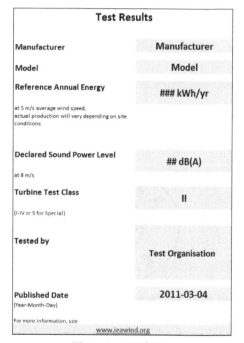

① 制造商；

② 型号；

③ 在年平均风速为 5m/s 时的年发电量（kW·h/年）；

④ 在风速为 8m/s 时的噪声水平；

⑤ 风力发电机等级；

⑥ 测试单位；

⑦ 公布日期；

⑧ 标识在最后提供了链接（www.ieawind/org），用户可以从网上看到更多的信息细节。

为了获得 IEA 标识，小型风力发电机需要经过测试，测试按如下标准进行，测试结果按 ISO/IEC 17025 记载在报告文件中：

① 耐久性测试，IEC 61400-2；

② 功率曲线，IEC 61400-12-1；

③ 噪声测试，IEC 61400-11。

图 15.8　IEA 标识

IEA 的小型风力发电机标识就是直观地回答用户关心的问题，即：a. 在年平均风速为 5m/s 时的年发电量（kW·h/年）；b. 在风速为 8m/s 时的噪声水平；c. 风力发电机的测试等级。换言之，这个标识把所有类似的风力发电机放在同一把尺子下来度量：

① 在年平均风速为 5m/s 的海平面高度的条件下，风力发电机一年能发多少电？

② 在风速为 8m/s 时，风力发电机的噪声有多大？

③ 风力发电机的安全等级是哪一级的？

因此推广使用标识能使用户较好地评价哪款风力发电机适合自己使用。这就像电视机、冰箱和空调的能效标识（见图 15.9），通过几个等级，明确告诉消费者某台电视机、冰箱或者空调的能耗属于哪个等级，是高还是低。

图 15.9 能效标识

15.3.2 其他标识

（1）北京鉴衡认证中心的认证

北京鉴衡认证中心的认证标志和认证证书见图 15.10 和图 15.11。

图 15.10 北京鉴衡认证中心的认证标志　　图 15.11 北京鉴衡认证中心的认证证书

（2）美国 SWCC 认证标志

美国 SWCC 的认证标志见图 15.12。

（3）日本的认证标志

日本的认证标志见图 15.13。

图 15.12 美国 SWCC 的认证标志　　图 15.13 日本的认证标志

（4）MCS（Microgeneration Certification Scheme）的认
证标志

MCS 的认证标志见图 15.14。

15.4　风力发电机的检测

图 15.14　MCS 的认证标志

　　这里说的检测，专指为了获得认证或者标识的检测，
不是一般意义上的检测。正因为检测是为颁发认证或标识
提供依据，这种检测一定是按照一定的标准而进行的。各个认证机构都有他们检测所依据的
标准清单。所有认证检测依据的基本标准都是 IEC 61400-2，目前是 2013 年颁布的 ed3（第
三版）。但是针对小型风力发电机的具体情况，许多国家都在 IEC 61400-2 的基础上做了一
定的调整，使检测与认证更切合实际，更具操作性。

　　各送检单位应充分了解认证机构进行认证检测时所依据的具体标准清单，首先自己进行
检测，以确信自己的产品是符合检测依据标准要求的。

15.4.1　中国鉴衡认证中心的检测

　　鉴衡认证中心认证流程的依据是 GB/Z 25458（IEC WT 01 风轮机合格性试验和认证的
IEC 系统规则和程序，IEC 61400-22 风机一致性测试与认证），测试项目如表 15.6 所示。测
试中主要参考的国内、国际标准如表 15.7 所示。

表 15.6　中国鉴衡认证中心对小型风力发电机认证的测试项目

等级	测试项目				
	运行	负载测试和叶片测试	安全性测试	耐久性测试	噪声测试
<1kW	√（在风洞中测试）	√（叶片、塔架）	√（刹车系统）	√（简化）	√
1～10kW	√（<40m² 在风洞中测试）		√	√	√
>10kW	√		√	√	√

表 15.7　中国鉴衡认证测试小型风力发电机主要参考的国内、国际标准

序号	标准
1	GB/T 17646—2013,小型风力发电机组安全要求（即 IEC 61400-2:2006）
2	GB/T 22516—2008,风力发电机组 噪声测量方法（即 IEC 61400-11）
3	GB/T 18451.2—2012,风力发电机组 功率特性测试（即 IEC 61400-12-1）
4	GB/Z 25458—2010,风力发电机组 合格认证规则及程序（IEC WT 01,IEC 61400-22）
5	GB/T 19068.3—2003,离网型风力发电机组 第 3 部分:风洞试验方法
6	JB/T 10399—2004,离网型风力发电机组风轮叶片
7	AWEA,Small Wind Turbine Performance and Safety Standard
8	BWEA,Small Wind Turbine Performance and Safety Standard

　　和国际上其他认证机构对小型风力发电机认证检测的要求相似，鉴衡认证中心的检测项
目是：性能测试、耐久性测试、强度和安全测试以及噪声水平测试。测试时间需要 6 个月或
更长时间。

中国国内认证方案的特点是：

① 把小型风力发电机分成三类，简化了测试类型；

② 对于容量小于 1kW 的微型风力发电机：

a. 在风洞中进行性能测试，减少测试时间；

b. 负载测试只对叶片和塔架进行测试，以确保安全；

c. 简化测试持续时间，降低认证费用。

15.4.2 丹麦的测试

首先，如前所述，丹麦对不同规格的小型风力发电机的认证采用不同的方案：

① 转子面积在 $40\sim200m^2$，应遵照 IEC 61400-2 规定进行形式或原型认证试验要求；

② 转子面积大于 $5\sim40m^2$ 的小型风力发电机，遵照 IEC 61400-2 规定或者丹麦的有关规定进行测试；

③ 转子面积大于 $1m^2$，不超过 $5m^2$，可免予认证要求。

所有小型风力发电机都必须完成根据 IEC 61400-11 的噪声测试，包括低频测量，以及满足电网的要求。

丹麦对扫风面积 $5\sim40m^2$ 机组认证做了以下补充规定：

① 机组塔架强度试验：轮毂高度处施加不小于"$300N/m^2 \times$风轮面积"的水平推力。

② 风轮组件的静力测试：$300N/m^2 \times$风轮面积/风轮组件数。

③ 防飞车装置运行试验：风速应大于 25% 以上的额定风速，并且不低于 12m/s。

④ 风机样品的运行试验：

a. 应保证达到至少 500h 的高峰输出负荷；

b. 测试期必须至少持续 3 个月；

c. 必须包含至少两次平均风速超过 12m/s，每次持续 6h 的测试；

d. 至少应测量风速、输出功率和发电量。

⑤ 必须进行噪声测试。

丹麦对小型风力发电机的各项检测由表 15.8 所示机构实施。

表 15.8 丹麦小型风力发电机检测机构

机构	功率曲线测试	负载测试	叶片测试
DTU（丹麦技术大学）	√	√	
叶片测试中心			√
COWI 咨询集团	√	√	
GL Garad Hassan WINDTEST	√	√	

第16章

风力发电系统项目的验收

16.1 项目验收的目的

可再生能源发电系统安装调试完毕并进行试运行后要进行验收。

项目竣工验收目的是：

① 项目建设成果转入生产或使用的标志；

② 检验设计和施工质量；

③ 全面考核投资效益。

项目竣工验收是指项目依照国家有关法律、法规及建设规范、标准的规定完成工程设计文件要求和合同约定的各项内容，项目建设完成，建设单位已经准备好各种工程文件和验收文件，组织项目竣工验收以证明项目已经达到了预期的要求和功能。

项目竣工验收是项目施工全过程的最后一道程序。验收中的检查流程是确保系统安装符合项目实施合同中的要求；验收中的测试过程是确保可再生能源发电系统按照合同和标准要求的功能在运行。

项目验收通过后，双方达成协议，系统的责任就发生了转移，系统将进入正常运行阶段。

16.2 项目验收的依据

项目验收的依据是当时项目设计所依据的标准，一般都写入合同里。在国际上，项目验收的规范是国际标准《验收，运行，维护和更换》（IEC 62257-6），它给出了可再生能源小型电站验收的一般要求和规程。我国的国家标准《离网型风光互补发电系统　运行验收规范》（GB/T 25382—2010）规定了储能型直流母线式、系统总（混合）功率 100kW 及以下的离网型风/光互补发电系统的验收程序、验收方法及文件规范。

项目验收的依据如下。

（1）相关的标准

① 相关的国际标准；

② 相关的国内标准；

③ 相关的行业标准或者企业标准。

（2）相关的合同条款

即在合同中约定的要求。

（3）相关的检测报告

上述所有的依据在签署合同时是双方都认可的。当在项目具体实施过程中任何一方发现初始拟定的标准、条款或要求需要变更时，应当提出书面申请，并与合同发包方沟通讨论，经同意后出具书面"变更书"，作为合同的一部分与合同同时生效。

16.3　风力发电系统的预测试

在电站安装调试完毕能进行正常运行后，项目建设方在提出验收前应该首先进行自我预测试。预测试包括：

① 单个设备的逐个测试；

② 不带负载的系统测试；

③ 带负载的系统测试。

在测试过程中做好记录，发现问题及时整改，最终确保系统能符合标准和按合同的要求进行正常运行，完成所有预期的功能和操作。

在完成预测试并确保系统正常后，项目实施方要为验收时的每一项正式测试做好以下准备，说明：

① 测试的目的；

② 测试的项目；

③ 测试的方法；

④ 测试用的仪器仪表；

⑤ 预期的测试结果（参考标准值和允差范围），等等。

这些都可以制成表格备用。

16.4　项目验收的程序

16.4.1　成立验收委员会

通常，验收委员会由以下各方面的人员组成：

① 赞助方；

② 业主；

③ 项目开发商；

④ 工程咨询方；

⑤ 项目实施方；

⑥ 分包商；

⑦ 运行人员；

⑧ 系统维护商；

⑨ 培训方；

⑩ 用户。

上面列举的各类人员中有可能有一些是来自同一个单位，比如项目开发商、工程咨询方、项目实施方、系统维护商和培训方。

16.4.2 验收过程

（1）概述

验收是项目实施过程中一个必需的步骤，以确保所安装的系统符合通用规范和用户方当初提出并经双方同意的所有要求。

IEC 62257-6 给出了系统验收过程的一般描述，其中定义了参与该过程的各方的行为和责任，并明确指出对具体的每一类发电设备应当特别注意的方面。

项目的验收日期需明确确认，因为项目验收日期是质保期的起点。

所有在操作规程中所描述的关于该电站的操作动作都应在该电站验收前进行测试。

（2）验收过程

① 准备阶段　在准备阶段，项目实施者应收集由不同制造商和分包商提供的所有合同文件。

② 审核文件阶段　项目发包人（或通过工程师顾问）核实所要求的所有文件：手册、备件、图纸、程序（包括操作手册）、保修合同、测试清单等均已提供并符合总规范的合同要求。尤其是在做国际项目时，那些需要用当地语言叙述的文档，如中国公司在别国做的可再生能源电站，选用中国生产的控制系统，则控制系统的显示和说明书除了有中文的外，还应该有该国语言的。

③ 验收阶段　验收阶段分五步。

第一步：评价所安装的系统与设计的一致性。

发包人应确认所有发电机、零部件、技术文件等均已按通用规范规定的清单提供和安装。

第二步：对安装质量的评估。

项目实施人员应当向项目开发人员提供分包商的证书，声明有关部件已准备就绪。

第三步：初步测试（对单个设备逐一测试）。

在开始发电前，应采取预操作动作，根据一般规范、厂家规范和操作规程，对每台发电机和其他设备进行操作准备。

每个发电设备的预操作动作应该在相关的文件中给出。

项目开发商可以由自己的专业工程师，或者是外聘公正的工程师顾问逐项核查以下内容：

a.根据已建竣工清单，所有设备的类型和型号是正确的；

b.按照检查清单，所有的设备安装都是正确、适当的安装，并对关键点进行检查，例如：

ⓐ 机械：对土建工程和设备的目视检查等；

ⓑ 电气（关机）：电气安装和布线的可视化控制；

ⓒ 防护等级（所有部分），控制的连接；

ⓓ 等电位结合试验；

ⓔ 测量接地电阻；

ⓕ 测试开关的机械操作（比如主开关、二级开关等）；

ⓖ 电气（通电）：根据第一步收集的具体测试清单，正确操作每个组件。

所有部件都应通过测试。在进入第四步之前，所有不合格的地方都要进行修复。

第四步：性能测试。

性能测试是根据合同内容进行实质性的验证系统功能的测试。测试通常由业主中有经验的工程师或者聘请的工程师顾问来实施检测。性能测试分"空载测试"和"带载测试"两步。

a.空载测试。空载测试是测试整个系统的运行程序（特别是不同发电机的耦合）。

b.带载测试。带载测试主要是：

ⓐ 测试将可再生能源发电设备连接到局域电网或应用线路的操作程序；

ⓑ 短期指标测试：合同规定的发电设备输出的电能性能，特别是供电质量，系统电压，对主要设备组成部分的评价，提供给负荷的直流电量和交流电量，系统各项保护功能，等等；

ⓒ 较长时间段内的测试（季节性或年度）：与短期指标测试相同的内容，负载管理策略或者运行中特别指出的运行条件，每台发电机在设计条件下对负荷的预期贡献百分比，设计条件下的额定发电机组运行时间，对最大负载和浪涌电流的响应，每台可再生能源发电设备在设计条件下的日平均能量输出，等等。

测试工程师应对每一项不满足要求的项目进行评估，并向项目建设承包商提出改进建议。项目建设承包商应该对这些矫正措施作出采纳或者不采纳的决定。

第五步：检测显示、数据采集系统（DAS 或 SCADA）。

这一步是检测系统的人机对话。任何系统的运行情况，都是通过这一人机对话系统反映出来的。要检查：

a.对照合同，要求监测的信息是否都监测了，计量单位是否正确，瞬时值、平均值、累计值等是否都完整；

b.显示值和实际值是否相符；

c.需要的各种图表是否清晰明了，完整无缺；

d.数据存取是否方便有效；

e.警示和报警系统是否正常；

f.人机对话是否方便；

g.监测系统所采用的语言是否合适（通用语言和本地语言）。

虽然各个 DAS/SCADA 系统不可能完全相同，但通常如下的项目在验收时都要进行检查：

a.观察各幅画面的显示和报警状况，做好异常情况记录。

b.检查、打印各类报表。

c.检查机柜内模块的工作状态、报警等及模块报警状态显示，应与实践相符。

d.键盘、开关、按钮操作应灵活，各画面操作、显示应正常。

e.所有电源开关的断、合应符合产品说明书的要求。

f.参照标准，对电源适应能力进行测试。

g.DAS/SCADA 系统进行检修后，应对连接至被测单元回路的所有设备进行系统综合误差校准。

　　h.确保所有检测环节的误差在允许范围内。

　　i.模拟量部分每一个通道测点的转换系数应符合测量系统的要求。

　　j.检查各种修正和补偿功能的准确性。

　　k.检查各种模拟量和开关量报警值的设置及报警的准确性。

　　l.实时数据检测和统计功能检查

　　ⓐ 检查各主要流程画面、主要参数监视画面、实时趋势曲线显示画面等是否正常，各动态参数和实时趋势曲线自动更新和刷新时间是否正常；

　　ⓑ 检查各报警显示画面和报警窗口显示是否正常，报警提示和关联画面连接是否正确；

　　ⓒ 检查历史数据是否显示正常；

　　ⓓ 报表管理功能是否完善，报告内容和实际数据或画面是否一致。

　　m.历史数据的存储和检索功能检查，检查数据、报表和曲线等。

　　n.检查数据传输功能。

　　如果在采集和显示的数据及图表中发现异常，应列出清单，必须找出问题的根源，判断是实际物理系统出的问题还是数据采集系统出的问题，并给予纠正。

16.5　项目验收的具体内容

16.5.1　一般检查与检测内容

　　16.4节中验收的五个步骤是对验收测试的一般程序性描述。基于不同的可再生能源发电系统的不同构成，不同类型的可再生能源发电系统的性能测试包含不同的内容。国标《离网型风光互补发电系统　运行验收规范》（GB/T 25382—2010）中列出了不同系统的测试内容，如表16.1所示。

表 16.1　不同系统的可再生能源发电系统验收时的检查、检测内容

序号	设备/零部件		检查内容
1	风力发电机组	风轮/叶片	表面损伤、裂纹及结构不连续、螺栓预紧力
		轴类零件	泄漏、异常噪声、振动、腐蚀、润滑、螺栓预紧力、齿轮状态
		机头罩及承载结构件	腐蚀、裂纹、异常噪声
		塔架	腐蚀、螺栓预紧力、拉索的张力
		安全设施及制动装置	功能检查、损伤、磨损
2	光伏阵列	光伏组件	表面损伤、裂纹、电池连接、火斑、框架损伤、裂纹
		支架及其连接件	腐蚀、裂纹、异常变形、螺栓预紧力
3	风力发电机充电控制器	充电及其控制系统	参数设定、功能、腐蚀、污损、绝缘与漏电
		电气保护系统	参数设定、功能、腐蚀、污损、绝缘与漏电
4	光伏控制器		参数设定、功能、腐蚀、污损、绝缘与漏电
5	蓄电池组	蓄电池	组内连接、组间连接、排气阀、排气、壳体变形、泄漏、腐蚀、裂纹
		支架及放置地面	腐蚀、裂纹、异常变形、螺栓预紧力、沉降、移位
6	逆变器		参数设定、功能、腐蚀、污损、绝缘与漏电

序号	设备/零部件		检查内容
7	交流配电装置		参数设定、功能、腐蚀、污损、绝缘与漏电
8	高频开关电源		参数设定、功能、腐蚀、污损、绝缘与漏电
9	机房		防漏、照明设施、通风设施、保暖设施、防火设施、布线、散热条件
10	局域电网	传输线路	连接、腐蚀、绝缘
		电杆	腐蚀、裂纹、倾斜(倒)、沉降、移位

16.5.2 风/光互补系统的验收和注意点

风/光互补系统在验收时，除了每一具体设备的检查和检测，更主要的是要在单项设备验收后对系统的验收。具体内容一般有：

① 风力发电机组、光伏阵列、建筑物、树木和局域电网架空线之间的安全距离和布局，所有这些布局应该是安全、合理的，有利于安全运行，又便于操作人员的操作；

② 风力发电机组和光伏阵列的基础材料和施工工艺应符合相关标准和规范，风力发电机组和光伏阵列的基础无裂缝或断裂、表面脱落、沉降或位移等情况，风力发电机组和光伏阵列的安装符合供应商的要求；

③ 蓄电池外观无损坏，连接条已拧紧，蓄电池已经完全被充满（如阀控电池单体蓄电池电压均应达到 2.35V），蓄电池的温度没有过高，单体蓄电池之间保持一致，电压降差不能超过 3mV；

④ 所有电缆符合设计要求，并且已可靠连接；

⑤ 传输线路的压降是否在运行偏差范围内；

⑥ 系统负载突变试验，当系统负载大于 25% 时，给系统突然增加现有负载的 5%，或者负载突然从 35% 到 100% 增加时，系统不能跳闸且运行正常；

⑦ 系统平衡（BOS）部件间的容量与性能相匹配；

⑧ 控制房内的照明、通风、防火设施齐全，高寒地区的控制房内应有保暖措施，高热地区控制房和蓄电池房内有降温措施，高海拔地区的设备得到适当合理的降容；

⑨ 系统电气设备（风力发电机组、光伏阵列、充电控制器、逆变器和交流配电装置等，或直流供电系统中的高频开关电源等）的保护性接地连接可靠，接地电阻经测量符合相关的电气标准或规程；

⑩ 防雷系统完善，固定可靠，连接紧密，接地电阻经测量符合相关的电气标准或规程；

⑪ 相关电气设备警示标志齐全、规范，符合相关的标准和规定。

16.5.3 验收表格

为了验收能顺利方便地进行，并完整记载验收结果，项目实施方可以设计一系列表格，在验收过程中使用。下面给出部分表格的例子供参考，读者可以根据自己项目的实际情况设计表格。

（1）系统基本情况表

见表 16.2。

表 16.2　系统基本情况表

现场或用户名：
现场或用户联系电话：
业主名：
业主联系电话：
项目基本情况
用户数：　　　　　　　　服务人口： 其他公共设施（如果超过一个,可标明数量） 办公室□　　学校□　　卫生所□　　小卖部□ 公共活动中心□　　饭店□　　小加工厂□
系统类型（请指明安装的是什么系统） 直流母线系统□　　　　交流母线系统□
系统部件 风力发电机 　　制造商：　　　　　　　型号：　　　　　　额定功率/kW： 　　并联串数： 风电充电控制器 　　制造商：　　　　　　　型号：　　　　　　额定功率/kW： 　　最大电流/A： 光伏阵列 　　制造商：　　　　　　　型号：　　　　　　额定功率/kWp： 　　台数：　　　额定风速/(m/s)：　　　塔架高度/m： 风电充电控制器 　　制造商：　　　　　　　型号：　　　　　　额定功率/kW： 　　最大电流/A：　　　充电技术： 逆变器 　　制造商：　　　　　　型号：　　　　　额定功率/kW： 　　台数：　　　相数：　　　输入电压范围/V：　　　输出 AC 电压/V： 蓄电池组 　　制造商：　　　　　型号：　　　　　总储能容量/kW·h： 　　蓄电池类型:铅酸电池□　　阀控电池□　　胶体电池□　　其他_____ 　　母线电压/V：　　蓄电池单体电压/V：　　蓄电池单体容量/A·h： 　　蓄电池串联个数：　　　　蓄电池并联个数： 燃油发电机 　　柴油□　　　　汽油□　　　　　LPG□ 　　制造商：　　　　　　型号：　　　　　额定功率/kW： DAS 　　制造商：　　　　　　型号： 　　数据存储方式：　　　　　数据远程发送方式： 局域电网 　　电杆材质：　　　电杆数量：　　　　电杆高度/m： 　　电缆制造商：　　　电缆型号： 其他（如给用户配备基本电器:灯具、电扇、水泵等）
系统验收日：
储能电池组验收日：
系统额定功率/储能电池组容量：
额定电压：
系统安装者：
系统安装者电话：
现场检测日期：
检测者姓名：

（2）风力发电机验收表

见表 16.3。

表 16.3　风力发电机验收表

风力发电机验收测试记录					
项目名称及编号			项目地理位置		
项目基本情况					
天气情况			环境温度		
检测单位			验收日期/时间		
检测设备名称	风力发电机		数量（台）		

项目		参考值	结果		说明
			一致	不一致	
形式	制造商				
	型号				
	技术（叶片数、上/下风、永磁/励磁等）				
叶片技术参数	叶片长度/m				
	启动风速/(m/s)				
	切入风速/(m/s)				
	切出风速/(m/s)				
	额定风速/(m/s)				
	最大安全风速/(m/s)				
发电机技术参数	直驱/变速箱				
	变速箱（倍数）				
	额定功率/kW				
	输出电压/V				
	频率范围/Hz				
	叶轮直径/m				
机罩技术参数	重量/kg				
	材料				
	锚钩形式				
塔架技术参数	类型				
	塔架高度/m				
	塔架地基				
	尺寸（长×宽×高）/m				
	重量/kg				
技术文件	有/没有				
结论					
	符合合同（标准）规定			要求	
签字栏	检测单位			施工单位	
	测试人			技术负责人	

（3）太阳能光伏组件验收表

见表 16.4。

表 16.4　太阳能光伏组件验收表

光伏并网电站开路电压测试记录

项目名称及编号						
项目基本情况						
检测单位				天气情况		
项目地理位置				测试日期		
检测时间				环境温度		
太阳能组件串编号	开路电压参考值/V	实测开路电压/V	太阳能组件串编号	开路电压参考值/V	实测开路电压/V	备注
S1			S2			
S3			S4			
S5			S6			
S7			S8			
S9			S10			
S11			S12			
S13						
测试结论						
	符合规范规定			要求		
签字栏	检测单位			施工单位		
	测试人			技术负责人		

16.5.4　风/光互补系统验收的要求

① 必须在有风有日照的天气条件下进行现场验收，在决定验收检测日期时要关注天气预报。如果测试当天没有合适的风力和日照，测试应择日另行举行。

② 风力发电机组的第一次启动应在低风速下进行，首次启动不宜在超过额定风速的情况下进行。

③ 光伏阵列的首次启动应在光照条件较好的情况下进行。

④ 无论是并网系统还是离网系统，可再生能源发电系统的核心效益是发电。尤其是离网系统，对负载用电的保障能力是最主要的指标，但是往往这一指标，由于现实的原因，比如系统测试时电网上还没有足够的负载，无法反映今后一段时间内电网负载的真实情况，这时业主和项目承包商要商量一些变通的办法，也可能在过一段时间后再对系统的整体供电能力进行一次测试和评估。

16.6　验收协议

验收结束后，有关各方（项目开发商/项目实施方、业主/运营商）应签署一份协议书。本协定可通过两个步骤加以确认：

① 在短期性能测试之后立即签署的临时协议；

② 长期性能测试后签订的最终协议。

一般情况下，如果项目通过验收，验收专家组就会签署验收通过的文件，质保期由此开始计算，项目承包商就可以以此向业主（出资方）申请应该收到的项目款项。

如果系统由于重大原因无法通过验收，验收专家组应向项目承包商提出整改意见和技术措施，并就具体时间进行沟通，以准备下一次验收。

16.7　验收报告

验收完成后，应该出具验收报告。验收报告一般包含以下内容：

① 项目背景　介绍项目建设的背景情况。

② 项目的目的　比如可再生能源无电地区电力建设、推广并网分布式发电、示范微电网技术等等。

③ 项目地点　项目地点的遴选过程、评判标准，最终选择的对象介绍等等。

④ 系统建设承包商自我测试情况。

⑤ 验收预测试过程。

⑥ 系统最终验收测试概况　测试日期，测试组人员构成（业主专家、承包商代表和工程人员、分包商和其他相关组织与部门的人员）。

⑦ 文件评审　项目建设承包商一般应提供如下文件供验收专家组评审：

a. 验收申请报告；

b. 全套技术文件（设计总图、土建工程图、电气工程图等等）；

c. 全部设备技术资料（风力发电机、光伏阵列、控制器、蓄电池、逆变器、数据采集系统、电缆及电杆、灯具等电网配件）；

d. 项目实施报告；

e. 系统管理规则；

f. 系统运行报告（至少含 7 天以上的系统连续运行的数据和分析）；

g. 培训计划；

h. 施工图；

i. 备品备件清单；

j. 土建阶段性验收报告；

k. 安装阶段性验收报告；

l. 试验调试阶段验收文件；

m. 系统运行日报；

n. 负载清单及各相连接负载分布；

o. 控制逻辑图；

p. 系统运行报告（数据和图表）。

⑧ 各项现场验收测试结果汇总。

⑨ 验收测试结论。

⑩ 项目社会、经济和环境效益的调研结果。

⑪ 验收结论。

⑫ 附录

a. 整改要求；

b. 项目管理方面的建议；

c. 其他。

⑬ 附件：测试结果表格。

第17章

风力发电系统运行管理

可再生能源分布式发电系统的基本结构如图 17.1 所示，由三个基本部分组成：

① 可再生能源分布式发电子系统；

② 用户子系统用户设备；

③ 传输子系统。

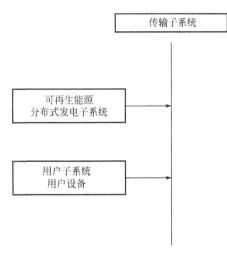

图 17.1 可再生能源分布式
发电系统的基本结构

前面已经详细介绍，可再生能源分布式发电系统基本分为两大类：并网型和离网型。这两类系统的主要区别在于系统的第三个子系统，即传输子系统的物理形式。对于并网型，传输子系统是公共电网，用户子系统是挂在公共电网上的。如果是并网型中的全额上网型，则用户子系统和发电子系统没有直接的关系，只要把发电子系统的电发出到电网上就完事了；如果是自发自用余电上网型，则加入一个双向电表，记录系统发电或者用电的净值；如果是完全自发自用型，则系统中加入反逆流装置，防止电流逆向输送到电网上。

可再生能源的波动性会对电网的调度带来很大的挑战。原来电网里的电的流动方向是确定的，虽然负载的大小可能随时变化，但是电流的方向总是从电厂流向用户。但是加入可再生能源独立发电系统后，电网里的电就可能变成双向的了，即有时是流向用户的，有时是从用户流向电网的。这就增加了极大的不确定性，尤其是当可再生能源的渗透率较高时，这种挑战尤甚。但这种挑战主要是由电网来解决的，国内外电网方面有大量的研究人员在研究电网如何适应新能源（清洁能源、可再生能源）时代的需求和发展。相对而言，对于目前自治度很高的可再生能源发电系统，可再生能源并网发电系统已经没有太多可做、可管理的。

但是分布式离网系统就不一样了。在分布式离网系统，图 17.1 中的三个子系统都是由系统运行者来管理的，从发电、配电到用电，还有系统的运维、商业模式、资金平衡和长期可持续运行等。这一系列是导致可再生能源离网独立系统不能在全世界范围内普遍推广的主要因素。

在可再生能源离网集中供电系统中，单用户（中小企业或机构等）和居民户用系统的管理相对比较简单，而离网集中供电系统（村落系统、社区系统等）要复杂得多，本章将主要探讨可再生能源离网集中供电系统（在本章中简称"离网电站"）的运行管理问题。

17.1 离网风能电站的运行和管理

17.1.1 研究离网电站管理模式的意义

建设离网电站的地方，大多数是经济欠发达地区，生产性负荷小，人们收入少，教育程度低。处于经济性考虑，电网不会延伸到这些地区，而当地又没有经济能力来自己建设一个离网电站，因此大多数情况下这类系统是由国务院或地方政府从社会效益出发投资的项目，如我国政府 21 世纪初的"送电到乡"项目，或者是由国际机构组织援助的项目，如联合国开发计划署/全球环境基金（UNDP/GEF） 21 世纪初在我国实施的《加速中国可再生能源能力建设项目（CPR/97/G31）》["Capacity Building for Rapid Commercialization of RE in China（CPR/97/G31）"]。按商业惯例，就所有权而言，谁出钱谁拥有，理论上来说，这些项目所建成的电站归出资人所有。但是，这些项目的出资人不可能到一个个偏僻的地方来行使所有权，实施对项目的管理。因此，解决这类问题的所有权或者所有权转移，并建立起一套行之有效的管理模式是有效发展离网电站的当务之急。

离网电站的运行管理主要涉及如下几个问题：所有权转移、商业管理模式、电费定价和收取等。

17.1.2 离网电站的管理模式

在离网电站的运行管理中，常见的模式有：
① 政府直接提供服务；
② 农村能源服务公司；
③ 当地电力公司；
④ 授权指定；
⑤ 合同招标；
⑥ 特许经营；
⑦ 多边合作；
⑧ 专业公司管理（谁建设谁管理）；
⑨ 以上的组合；
⑩ 其他。

由于离网电站大都是在政府的资金支持下建设起来的（不包括通信基站等产业项目），但政府远离项目实际所在地，不可能直接/亲自管理这些电站，作为政府结构，也不可能参与管理这些电站。为了使这些电站能可持续运行，自然就发展出各种管理模式。上述所述的各种管理模式，归纳起来就是政府授权/指定、承包、租赁和转移所有权几种，如表 17.1 所示。

表 17.1　各种管理模式的特点

管理机制	优点	缺点
大包干（政府通过招标选择项目实施单位）BOO	简单的管理模式	非商业运作模式； 项目实施单位对离网电站的长期运行承担全部责任； 对用户没有约束
政府授权（通过招标选择企业实施项目）管理	简单的经营管理模式	非商业运作模式； 所有者对离网电站的长期运行承担全部责任，例如继续投入资金来更换蓄电池以及对系统的维护保养，如果项目有若干个投资者，则系统的所有权是不清晰的，是未确定的，往往导致对系统较弱的技术和经济管理； 收来并上缴的电费可能被挪作他用，从而导致今后没有资金来更换蓄电池和进行其他的电站维护
承包	管理人员对系统的运行承担较多的责任； 管理人员由于不是投资者，他们没有风险，从而可以把精力集中在如何优化系统的运行上； 管理人员会尽他们的最大能力来有效地运行系统，以获得尽可能大的经济利益	在离网电站管理模式中，承包往往是一种不完善的商业化运行模式； 基于中国目前离网电站管理的实际情况，承包，尤其是让个人承包管理，是一种比较弱的合同关系，通常承包者的利益有所保证，而不承担什么风险； 所有者与承包者之间的合同往往是不完全的，它导致了一种含糊的状况，合同必须明确规定承包者应该提供的服务的"质"和"量"； 在多数情况下，运行者在付掉直接费用后，其余就是他的所得，系统没有资金储备以便将来使用，将来的长期运行资金对政府来说是一种压力，这使得政府缺乏进一步发展社区系统的热情
租赁	彻底分离所有权和经营权； 完全商业化的关系； 所有者对离网电站的运行不承担责任，而把它留给了经营者，从而经营者可以用最有效的方式来运行离网电站； 由于经营者不投资，所以风险较小，而且可以集中精力搞好管理； 政府可以为它的投资得到较稳定的资金回笼，从而能用于其他项目的建设	决定租赁的价格可能比较困难，如果门槛太高，经营者没有兴趣，如果太低，则投资者的利益无法保证，需要通过试验来取得第一手资料； 决定经营者应该为最终用户提供怎样的服务可能是困难的，有些内容，比如每千瓦小时电的电价，可能要通过协商和讨价还价解决
转移所有权	投资者不用为将来的运行和维护保养经费担心； 系统有可能高效地运行； 投资者可以将转让所得作其他项目用	必须解决法律程序问题来处理所涉及的公有资产； 如果系统是由多方投资的，谈判过程可能比较复杂； 转让费的确定比较困难，谈判可能比较艰巨； 系统运行必须比上面提到的其他模式更经济有效，否则转让所有权就没人感兴趣，也没有意义

（1）大包干

这是目前为止在我国的一种较为普遍的离网电站的基本模式。政府通过招标选择项目实施单位，中标单位承担项目的所有方面：电站建设、运维和设备更新（尤其是储能蓄电池），用户无偿使用电力服务。在这种模式下，项目实施单位一方面在县里组建"售后服务网点"，另一方面培训一些村民成为电站管理人员，以便在村里提供电站启停和一些简单维修服务。

在大包干模式中政府的职责：

a.招标，选择项目实施单位；

b. 提供项目资金；

c. 监督项目的实施；

d. 为蓄电池更换提供补贴。

在大包干模式中项目实施单位的职责：

a. 设计和建设电站；

b. 管理电站；

c. 维护电站；

d. 建立"售后服务网点"；

e. 培训村里电站管理人员；

f. 为今后的电站维护和设备更新筹措资金。

无电地区电力建设新模式：RESCO。RESCO 包括投资者所有的、公共所有的、合作社和社区等组织，管理若干个社区和户用独立供电系统，承担系统的运行和维护保养责任，并向用户收取一定的服务费用。

RESCO 的主要特点是：

a. 由政府机构或 RESCO 等外部组织拥有发电设备，这些电站设备不属于被服务的家庭；

b. 用户不进行维护，所有的维护和维修服务均由 RESCO 提供；

c. 用户支付的服务费涵盖了资本偿还要求和维修费用。

这一概念与传统的电力公司非常相似，因为发电设备不属于用户，产生的电力可以向用户收取费用。向用户收取的费用包括任何所需的资金成本和所有运行和维修费用以及运营机构的利润。

RESCO 在全球农村电气化项目的扩展中非常成功，因为：

a. 低收入的农村家庭无须投资可再生能源设备就能获得电力，由于初始成本高，他们通常无法负担得起这些设备。

b. 设备得到适当维护，部件由 RESCO 替换，确保服务不中断。

c. 设备属于直接或间接代表用户的组织（资金的受益者）。

d. 国外的一个 RESCO 实例采用如下的策略使他们自己成功：为一个地区内所有的用户服务，确定服务区域，提高业务密度，培育客户信誉；综合利用一切最适合的可再生能源技术（如交流总线系统，直流总线系统，风电、光电和生物质发电等）；用可靠的和高效的电力服务来满足不同顾客对电力不同层次的要求；收取比目前用户们所用的能源形式如煤油、干电池、小柴油机和蜡烛低的电费；以提供服务的形式收费，而不是以消耗的电的千瓦小时数收费；为用户提供技术服务，减少技术风险；采用模块化的可再生能源系统；建立就地服务网络；和当地政府及国家政府、项目发展机构分担一部分资金。

社区电力服务公司与系统所有者（政府或者国际捐赠者）签订管理合同，合同描述各方的权利和责任。由于社区电力服务公司擅长于社区电力管理，通过引入他们的管理经验能更有效地运行这些系统。社区电力服务公司也可以参与或不参与系统的建设和安装，但如果有很强的市场需求，而他们自身的经济状况又允许的话，社区电力服务公司完全可以在项目的建设中作一定的资金投入。

社区电力服务公司一般采用"收取服务费"的方式而不采用单纯售电然后收取电费的方式。也就是说，他们卖的是服务，不是电。

这种模式是完全市场经济化的。但是由于可再生能源社区独立供电系统的特殊性，在一些负载需求和支付能力较低的地区，为了保证所有的住户都能得到最起码的电力服务，政府或其他方面可能在一开始要给予一定的资金支持。

社区电力服务公司的职责：

a. 根据合同内容为社区用户提供电力服务；

b. 经济有效的运行系统；

c. 检测系统的运行状态；

d. 提供日常维护；

e. 为用户解决使用电器中的问题；

f. 购买柴油和其他一般的配件；

g. 当系统有问题时，与系统开发商联系。

系统所有者和社区电力服务公司的法律关系为完善的合同关系。

系统所有者和社区电力服务公司的经济关系由合同决定。

RESCO 这一服务模式成功的关键是：

a. 足够大的规模。受系统功率和居民收入的约束，一个可再生能源供电系统能销售的电量是有限的。为了扩大服务从而获利，一个 RESCO 必须同时管理至少 5~10 个社区系统以降低管理费用。

b. 可靠的社区供电系统。任何系统和部件的故障都将导致收入的减少和运行成本的增加。系统越可靠，运行成本越低。

c. 选择和发展合适的 RESCO。根据我国目前的实际，最合适的 RESCO 是该系统的开发者和安装者，一般是本地区的一个从事可再生能源的企业。由于外部企业进入有不可避免的差旅费和生活费，运行成本将增加，所以一般不鼓励外部企业到当地来担当 RESCO。

大包干与 RESCO 的最主要区别是我国现在的大包干不收取电费，费用全部由政府通过承担项目的企业来承担。表 17.2 给出了大包干模式和 RESCO 模式的相同点和不同点。

表 17.2　大包干模式和 RESCO 模式的相同点和不同点

不同模式比较		大包干	RESCO
相同点	拥有系统	是	是
	提供系统安装、运维和必要的更换	是	是
	在一定范围内用户密度较高	是	是
不同点	政府投资	是	不或者不全部
	决定电价	不	是
	收取电费	不	是
	提供电力还是服务	电力	服务（通过服务收费而不是电费）
	经济上可持续运行	需要政府在资金上源源不断地支持	可以，还能有适当盈利

大包干模式给政府在资金上带来长期的压力，同时也给项目实施单位在资金和管理上带来相当大的负担。由于用户只是无偿享受服务而不承担任何义务和责任，给项目实施单位在保证设备完好性和降低运维成本方面带来很大的挑战。

（2）授权管理模式

事实上，在"授权管理"的模式下，离网电站是由项目承建单位（如系统集成商）、政府或者投资者指定一个村委会或者村用电管理委员会或个人来实施管理的。村用电管理委员会是乡（村）为管理用电专门成立的，它通常由村干部、村民代表和其他机构的代表组成，或者就是有关方面指定的几个操作管理人员。

乡政府、村委会或村用电管理委员会一般有如下的职责：

① 决定电费。在为实行"同网同价"以前，电价通常是由乡政府、村委会或村用电管理委员会决定，电价从"无偿"到 2～3 元不等。可再生能源法实施后，规定了"同网同价"，这些机构理论上不再决定电价了，甚至无偿使用。

② 决定聘用操作者。

③ 决定操作者的工资。

④ 决定收入的分配。

⑤ 如果总电量不足以接通每户居民，决定哪些家庭能通上电。

主要投资者（通常为政府）或法律上的所有者（如村委会或用电管理委员会）决定 1～2 人来管理和运行离网电站。这些人由乡（村）政府付给工资，对离网电站事实上的管理者负责。对一些可靠的、自动化程度高的系统，操作工作可以是兼职的，从而节省管理人员的费用支出。工资一般一个月几百元，各地不同，而且随工作量大小变化，如兼职或全职。

在授权管理模式中操作人员的职责：

① 离网电站日常运行；

② 监测离网电站运行状况；

③ 提供日常维护，如给蓄电池补充电解液（如果是开口电池的话）；

④ 记录运行数据（如果没有计算机自动数据采集系统的话）；

⑤ 为用户提供用电咨询；

⑥ 离网电站有问题而自己或当地解决不了时，及时与离网电站安装者或生产者联系。

离网电站所有者与操作者的法律关系：

① 全时或兼职聘用。离网电站所有者与操作者的经济关系。

② 支付/获取工资报酬。如果离网电站的收支有盈余，归形式上的所有者所有；反之，有关方面（离网电站的所有者）必须注入资金使其继续运行。

当年在新疆建设的一些离网电站就是实行这种管理方法。离网电站由村电管会指定专人管理，电管会由村干部、村民代表和边防派出所副所长组成。图 17.2 举例说明了一个管理细则。

（3）承包管理模式

"承包"管理是在"授权"管理的基础上发展起来的。系统所有者把离网电站的运行管理"承包"给某个（或几个）人，或一个企业。在我国的一段时期内，大部分离网电站的承包主要是个人承包。通常，承包合同的主要内容是提供怎样的服务。操作者对系统的运行负责，系统所有者（管理委员会）决定电价，而操作者提供服务、收取电费（也可能电费由电管会或村委会收取）和支付其他运行费用（如柴油）和小的维修。剩余部分就是承包者的利润。

内蒙古的一些社区离网电站就曾经采用过这种管理模式。在某些情况下，由于承包合同

乡(村)及用电管理委员会管理细则

为实施和加强对村级独立供电系统的管理，特制定本管理细则。

一、乡(村)及用电管理委员会的组成

由于村级离网电站由国家投资建成，乡(村)及用电管理委员会由乡政府主持建立。

乡级用电管理委员会由乡政府代表、边防派出所代表和乡居民代表若干人组成，乡政府代表任乡级用电管理委员会主任，边防派出所代表任副主任。

村级用电管理委员由村长和村民代表若干人组成，村长任委员会主任，村治保员任副主任。

二、乡(村)及用电管理委员会的权力和职责

(1) 权力：

① 有权权制定村级离网电站电力使用分配方案，并监督实施。

② 有权制定电力使用收费标准， 并监督电费收缴。对拒不按收费标准缴纳电费的用电户，有权停止供电。

③ 有权依据国家"电力法"，对破坏、损坏电力设施的行为和人给予处罚，直至依据电力法移送有关部门追究刑事责任。

(2) 职责：

① 聘用或指派专人负责电站的管理。

② 聘用或指派专人负责收取电费，并建立电站管理基金。

③ 制定电站管理基金使用制度，并监督执行。

④ 督促电站管理员维护管理好电站设施，保证设备完好、正常运行、正常发电和供电。

⑤ 开展用电安全教育，及时消除用电隐患，排除用电故障。

三、电站管理基金的建立和使用

(1) 按规定的电费收费标准收缴的电费收入建立电站管理基金。

(2) 电站管理基金用于以下几方面：

① 电站维护保养所需的备品、备件、耗材(如蒸馏水等)的添置。

② 电站易损件的更新，如3~5年更换蓄电池组等。

③ 按折旧期限(一般为15年)，每年折旧金额建立电站更新备用金，以备电站折旧期满后用于电站的更新改造。

④ 电站管理人员的工资(或补贴)。

⑤ 用电管理委员会同意的其他支出。

(3) 电站管理基金专人管理，专款专用，原则上用于电站的维护保养和更新改造，不得挪作他用。并应账目清楚，接受同级或上级政府有关部门的检查和监督。每年审计一次。

图 17.2　乡（村）及用电管理委员会管理细则

的不完善或不明确导致不理想的电站管理。因此，当采用承包经营时，要仔细推敲承包合同的内容，清楚地界定所有者和承包者的权利、责任和义务。客观地说，较完善的离网电站承包合同还不多见。

离网电站承包合同中至少应包括以下基本内容：

① 离网电站管理的原则；

② 供电时间和供电质量；

③ 离网电站维护保养；

④ 电价和电费的收取；

⑤ 所收取电费的使用与分配；

⑥ 有关人员的工资；

⑦ 其他有关事项；

⑧ 违约责任。

内蒙古四子王旗的某些互补离网电站曾经采用过这种管理模式。离网电站由个人承包运行，承包人负责收电费。在收取的电费中，支付柴油、其他的小修和每年的电站维护费，其他归个人所得。承包人不承担以后的蓄电池更换费用。电站在承包人管理下运行正常，但是

电站没有将来更换蓄电池的资金。

（4）租赁管理模式

"租赁"是一种较完善的法律关系，它导致离网电站运行管理的完全商业化。合同者或租赁者可以是个人，也可以是法人（一个企业组织）。租赁的对象是具体的有形资产，如可再生能源离网电站。承租者对系统的长期（至少一段较长的时间）的运行承担很大的责任。一个详细的租赁合同明确规定了收入的分配，包括为中长期运行而准备的基金等。系统所有者通常会给出一些承租者必须遵循的系统运行的基本原则和要求，而由租赁者和他的顾客（最终用户）通过协商来决定系统应提供的服务。西藏的微水电项目曾经采用这种租赁管理方法，取得了很大的成功。

离网电站中租赁者的责任：

① 运行和管理离网电站；

② 购买柴油和其他维修小配件，包括蒸馏水；

③ 提供日常维护；

④ 为用户正确使用电和电器提供咨询和帮助；

⑤ 与系统所有者和用户协商收取电费的原则和价格；

⑥ 收电费；

⑦ 为将来的维修和部件更换建立储备资金。

租赁管理模式中租赁者的职责：

① 用租赁的设备运行系统；

② 为用户提供期望的服务；

③ 支付租赁费用。

所有者和租赁者的法律关系：

① 租赁合同明确定义的出租者和租赁者的关系；

② 所有者和租赁者的经济关系；

③ 租赁者拥有按自己的方式运行系统、提供服务和获取利润的权利；

④ 出租者在系统租赁期间获得租金。

【案例】西藏微小水电个人租赁运行

西藏地区的许多微小水电系统由于地处偏远，管理不当，系统年久失修。当年德国 GtZ 项目通过租赁合同形式来恢复系统的运行，即通过授予当地某一个管理责任人来实现分散的管理。一个典型的做法是把当地的用水权授予租赁者，租赁者把每年收入的 30％作为租赁费上缴。上缴的费用被系统所有者（乡村/当地政府/水资源委员会）用作将来大修的基金（大于 10000 元的维修）。另外，租赁者必须在银行里开设一个账户，把每月收入的 10％存入该账户，作为随时可能发生的一般小修的费用；其余部分归租赁者所有，用作支付他的劳动报酬、日常运行费用和利润。电费可以由所有者收取，也可由租赁者收取。租赁的关键是系统所有者与租赁者之间根据每个系统不同的具体情况所进行的谈判。到 2001 年 11 月，21 个微小水电站实现了租赁运行。

租赁模式的关键：

① 这个模式在经济发展较好的地区较容易实施，例如海岛，那里的负载量较大。

② 租赁运行的经济可行性与租赁者管理的项目的数量有密切的关系。管理的项目越多，经济上越可行。如果以一点为圆心（租赁者所在地），汽车一天能到达的距离为半径，在这

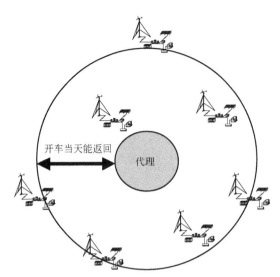

图 17.3　提供服务半径内的电站数
能改善管理的经济性

么一个圆圈的地理范围内，如果有 5～10 个离网电站，则可以由一个经营者来运行管理（见图 17.3），这种条件在中国西部的一些地方已经存在。在原来"送电到乡"等各种无电地区电力建设项目的基础上，我国政府近年来在西部大力推行"光伏扶贫"，更进一步在规模上提供了商业化管理的可行性。

③ 电费的确定是另一个关键的问题。

承包和租赁的主要区别见表 17.3。

表 17.3　承包和租赁的主要区别

内容	承包	租赁
合同对象	多为个人	个人或企业
合同内容	服务	有形资产
法律关系	弱	更正式
经济关系	灵活	简单的租金形式

(5) 所有权转让管理模式

在上面的三种管理模式中，所有者为他们所拥有的系统的管理做出一定的安排，以便让另一实体（个人和企业）来运行该系统。另一种完全不同的模式是干脆转让所有权。在这个模式下，系统拥有者把他对系统的所有权按一定的形式和可接受的价格转让给某个企业甚至个人，把对系统的经验管理彻底交给企业来运作。

一个详细的转让合同至少应该包含：受让者应当提供最起码的服务水平和这种服务所能收取的最高电价限额。另外，转让费和付款方式也应当包含在转让协议中，难点是如何确定转让价格。谈判是不可避免的。通常，由于转让的资产中有公有资产，所以需要通过法律程序来完成一些法律文件，以确保转让的合法性和有效性，可能需要通过试点来观察这种模式的可行性。一旦有了经验，就可以推广了。

实现所有权转让的关键：

① 解决公有资产转让的法律问题；

② 选择合适的候选人；

③ 合理确定转让金。

在我国，目前还没有一个离网电站采用这个模式。如果能尝试这种管理模式，则离网电站可以从纯社会福利项目向完善的商业运行过渡，从而可以把政府从对离网电站长期运行的负担中解放出来，以便有精力从事其他项目，更有效地使用政府资金。

在所有权转让中承让者的责任：在所有权转让中接受转让的一方，将根据转让中涉及的前提条件，如电费的上限，对系统的运行承担起完全的责任。

转让者与承让者的法律关系：

① 非常正式的转让者和承让者的法律关系；

② 转让完成后，承让者一般永远地拥有该产业；

③ 如果转让协议中的某些条款没有得到应有的遵守，承让者的拥有权可能被撤销。

转让者与承让者的经济关系：一次性或者几次付清转让款。

笔者在巴基斯坦实施的亚洲开发银行先导项目的管理类似于这种模式。项目是为相邻两个村庄的 80 户山区居民建设一个示范性的风/光互补离网电站。项目资金由亚洲开发银行提供，系统采用 20kW 风力发电和 35kW 太阳能光伏发电（见图 17.4）。电站建设通过招标实施，建设单位承担全部建设任务和建成后一年的运维及培训。电站聘用两位村民为管理员。电站的所有权移交旁遮普省电力局，一年后离网电站的管理由省电力局负责。每户居民家配备 14W 节能灯 3 个，70W 电扇 1 个，以及供电视机和手机充电器使用的插座。每户人家每月收取服务费 700 巴基斯坦卢比（约合人民币 42 元），管理员每月工资 12000 巴基斯坦卢比（约合人民币 700 多元）。80 户居民，如果每月都能收齐服务费，收入是 56000 卢比，两个管理人员的月工资是 24000 卢比，所剩 32000 卢比。假如没有其他花费，每年结余 384000 卢比，5 年结余 1920000 卢比，约合人民币 11.52 万元。系统配置的储能电池组容量为 440kW·h，采用 220 只 1000A·h/2V 的阀控电池。目前 1000A·h/2V 的阀控电池的价格为 2000 元/只，220 只为 44 万元，显然靠收取的服务费来更换新电池是远远不够的。

图 17.4　亚洲开发银行支持的巴基斯坦卡拉卡哈离网电站示范项目

17.1.3　离网电站的电价或服务费

电价（或者服务费）标准的制定和收取是一个非常敏感的问题。尤其是需要用可再生能源来解决通电问题的地方大都是经济贫困地区，人均收入低，如果用可再生能源电站单独核算，电成本很高，远高于常规电网的电价。这形成了一个很大的问题：如何保障用户用电，使用户有能力支付电费而电站又能可持续运行。我国政府确定了"同网同价"的政策，这是具有中国特色的解决无电地区电力建设的可持续问题的伟大尝试。

（1）同网同价

"同网同价"就是在同一电网覆盖的区域，无论是常规电网电还是可再生能源独立电站电，用户都按相同的电费标准缴纳所使用的电量的电费。由此造成可再生能源独立电站的亏损由全电网分摊，国家统一调配给予补贴。

在其他国家，政府没有如此大的力度来支持发展可再生能源无电地区的电力建设。在这种情况下，很多商业化和半商业化的电价模式应运而生。

（2）其他商业化、半商业化和非商业化的电价模式

一个社区独立供电系统的经济可行性，在很大程度上取决于通过收取电费所产生的收入。而我们常常发现，社区独立供电系统的受益社区往往经济发展落后，支付能力有限。因此，一个至关重要的问题是如何合理决定电费，使村民们既能享受到用电的好处，又不影响系统的经济可行性。可再生能源社区独立发电系统的电价大致可以分为下面四类：无偿使用（不收费）模式、补贴性费率、基本平衡费率和可盈利费率。

① 无偿使用（不收费）模式　无偿使用就是不收电费，这是国家扶贫转移支付的一种方式，用户肯定高兴。

人们往往把可再生能源社区独立发电系统看成是一个社会福利项目而不是一个可持续运行的经济活动，这就导致"这种服务应该是无偿的"观点产生。事实上，哪里的系统不收费，哪里的政府就要源源不断地注入资金。系统的可靠性越高，系统可生存的时间越长。但不管多可靠的系统，只要不收电费，早晚会由于没有维修资金而崩溃。进一步，由于已有的系统在建成后仍然依赖政府资金的不断投入，建设其他新系统就将受到严重的制约。我国曾经在一些地区建设了离网电站，由于种种原因，尤其是认为这是社会公益项目，电站不收费，结果导致电站没有任何储备资金以保证系统今后的运行，更没有资金对将来的系统维护保养提供保障。

② 补贴性费率　目前，大部分社区按"同网同价"收取电费，也就是说，每千瓦时电0.50～0.60元。少数电站收取较高的电费，如每千瓦时电收取1～2元。即使这样的费用，由于可再生能源发电的成本较高，一般或多或少仍需要政府给予一定的补贴。实际经验告诉我们，今后更换蓄电池，政府不得不做再次投入，否则，系统就不能继续良好运行，如图17.5所示。在这样的电费水平下，政府可能还需补贴操作人员的工资。造成低电费的一个原因是项目的建设费用是政府投入的，另因一些不恰当的观点，如：

a. 可再生能源（水力、风力和太阳能）是自然界自有的，是不要钱的；

b. 可再生能源的社区供电系统的电价不应比柴油的贵；

c. 社区可再生能源供电系统的电价应该与城里的电价一样。

图17.5　需要更换的蓄电池组和叶片

③ 基本平衡费率　收来的电费应能满足系统最起码的资金平衡要求，下面按优先等级列出各项资金平衡中应考虑的方面：

a. 操作人员工资；

b. 燃料和润滑油消耗；

c. 日常运行和维护；

d. 柴油发电机组和蓄电池组的更换；

e. 其他管理费用；

f. 可能的税收；

g. 投资的还本付息；

h. 利润。

表17.4是对各种可再生能源系统的最低资金平衡要求。

表 17.4　各种可再生能源系统的最低资金平衡要求

系统	最基本的运行管理资金平衡要求
柴油发电	燃料,工资,维护保养,柴油机组更换
风力发电	工资,蓄电池组保养,蓄电池组更换,风力发电机组的维护保养
太阳能光伏发电	工资,蓄电池组保养,蓄电池组更换,太阳能光伏发电系统的维护保养
微小水电	工资,水力发电机组的维护保养

也就是说,电站至少应有一定的收入来满足最基本的运行资金平衡。

④ 可盈利费率　可盈利费率是根据实际运行成本的测算,外加适当的利润率得出的电价。这个电价的水平高低取决于系统采用的可再生能源技术和当地的可再生能源资源、系统的大小和配置、施工条件、管理成本以及期待的利润水平,尤其要考虑当地用户的缴费意愿。

各种电价模式的主要优缺点如表 17.5 所列。

表 17.5　各种电价模式的主要优缺点

电费类别	电费/[元/(kW·h)]	优点	缺点
无偿使用	0	用户使用电,但不承担经济责任; 鼓励使用电	缺乏资金来支持长期运行; 系统不可能持续运行; 由于政府资金有限,项目建设不可能全面推广; 鼓励对政府的依赖性; 可能完全失去对负载增长的控制
补贴性电价	1.00~2.00 (水电除外)	用户的经济负担很轻; 增强"通过支出才能获得服务"的意识; 鼓励使用电	缺乏资金来支持长期运行; 系统不可能按商业模式持续运行; 可能完全失去对负载增长的控制; 政府不能完全实现对所有无电村的通电
基本持平电价	>2.00(具体随不同系统而变化)	电费不是很高; 系统能持续运行	无利,不能吸引外部资金的投入
略有盈余 (按用电量收费)	>2.00	系统能持续运行并获利	电费可能无法被最终用户接受,或超出他们的支付能力
略有盈余 (按服务收费,打包)	相当于2.00或更高	对小负载的社区系统,能实现收支平衡; 避免不必要的单位电费的比较; 避免安装电表,减轻用户负担; 根据用户家里的电器数量,很容易计算电费	难以核算用户的实际负载; 在经济发展时,不利于刺激负载的增长

(3) 按实际所消耗的电量收费或按"服务"收费

在离网电站电费收取的实践中,普遍存在两个不同的收费计量方法,即按实际所消耗的电量收费或按"服务"收费。

① 按实际所消耗的电量收费　按实际所消耗的电量收费就是每家每户安装了电表,收

费的依据就是电表的读数乘以商定的"单价"（元）。由于离网电站的特殊性，电费单价会有一些不同的模式，如"单一电费""分类电费"和"多级收费"。

a."单一电费"。"单一电费"就是所有的用户都按统一的单价收费。

b."分类电费"。"分类电费"是针对不同用户群采用不同的单价收费。这有点类似于电网的居民电、工业电和农业电。

社区供电系统的用户一般可以分为三类：

ⓐ 居民；

ⓑ 各级机构（乡政府、村委会、学校、卫生所、信用社、派出所、边防站等）；

ⓒ 营利性企业（饭店、小百货店、旅馆、修配站等）。

事实上，在上述三类用户中，第二类和第三类用户有较多固定的办公资金或收入。一种尝试的"分类收费"方法是对不同类别的用户采用不同的费率。表 17.6 显示单一电费制和分类电费制的费率比较，用分类收费的方法可以增收。

表 17.6 单一电费制和分类电费制的费率比较

用户分类	数量	用电量/(kW·h/年)	费率/[元/(kW·h)]		总用电量/(kW·h/年)	年收入/(元/年)	
			单一制	分类制		单一制	分类制
居民	300	100	2.00	2.00	30000	60000	60000
非经营性机构	1	730	2.00	2.00	730	1460	1460
公共经营性机构	1	730	2.00	2.50	730	1460	1825
经营性企业	5	1500	2.00	3.00	7500	15000	22500
总计					38960	77920	85785

根据分类费率方案，生产性负载越大，收入就越高。在上面的例子中，分类费率能比同一费率增加 10.1% 的收入。应该指出，对不同类的用户收取不同价的电费是公正的，尤其是当政府把供电系统的投入作为社会福利项目建设时，对商业用户收取比普通住户较高的电费是合理的。这种收费方法将较好地使系统运行做到收支平衡并改善系统的资金流量。

c."多级收费制"。另一种收费的费率方案是"多级费率"。这种方案除了对不同的用户可以实施不同的费率，而且可以在一般的居民用户中按不同的用电量采取多级费率。首先，在"多级费率"方案中，根据当地实际情况，规定一个"基础费率"。这个费率保证了一个家庭的最基本需要，例如照明。比如，每一个月耗电最先的 15kW·h 按每千瓦时电 1 元收取。然后超出 15kW·h 的其他部分按每千瓦时电 2.5 元收取。随着用电量的增加，又可以产生下一个台阶，依此类推。在这种情况下，富有的家庭电器用得越多，用电量自然多，相应的单位电价也越高，付的电费也越多。图 17.6 表明在月耗电相同的情况下，采用单一费率收费和多级费率收费的收入区别。

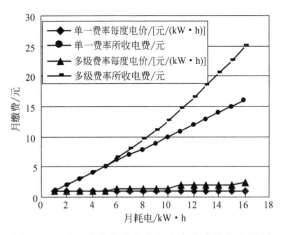

图 17.6 单一费率收费和多级费率收费的收入区别

② 按"服务"收费　所有上面讨论的收费方案，都是按用户实际消耗的电量来计量和收费的。这种按电表计量的收费方法无疑是正确的。但应用到离网电站中时，由于这类系统的特殊性，会产生一些问题。一个问题是在某些地方，没有安装电表。挨家挨户安装电表，不论谁出钱，都要增加系统的初期投入。有了电表后，用户可能不熟悉怎么有效地控制家用电器的用电。另外，读表也是消耗劳动力的。另一个问题是电表计量可能引起人们把离网电站的电价与城市常规电网的电价进行不适当的比较。由于离网电站的前期投入较大，如果没有一个大电网来分摊这一投入，离网电站往往成为一个独立的经济核算单位。这样，为了平衡系统的前期投入和后期管理，如果按单位用电来计算，电费会很高，尤其是系统的额定容量较大而用户一时还消费不了这些电能时。

为了避免这种尴尬的局面，以前许多柴油独立供电系统和一些可再生能源离网独立电站往往采用"套餐服务"的收费方式而不是按用电量收费。许多系统在这种模式下已经有效地运行了好几年，运行者大都为乡/村政府或村委会。例如，对一台家用电器，不管实际用电是多少，按月收费（比如曾经在内蒙古的一些地方，一个 40W 的灯，每天供电 2h，每月收 12 元）。如果把这个灯的费用转换成每千瓦时电的价格，则可能高达 5 元/（kW·h）。显然，如果按每千瓦时电的价格收费，用户几乎肯定是会拒绝的。

当然，这种"套餐服务"的收费方案只适用于大部分家电都按近似方式（功率和使用时间等）在使用。如果负载迅速增长起来，不同的家庭使用不同的电器，那只能按用电量来收费了。因此，最终还是通过安装电表，按用电量收费。

【案例】按服务收费的毛里塔尼亚风电系统

毛里塔尼亚的一个风能村落供电系统采用一种按"点数"向用户收电费的方案，该方案在与用户签订的合同中说明。每个点每月交 450UM（UM，乌吉亚、毛里塔尼亚货币单位），一个灯一个点，每个插座两个点。虽然和城市里的电价相比，这个收费方案的等值电费很高，但很少有人觉得有困难。按这个方案收取电费，每户每月的支出比原来的少了（原来每月 8.46 美金，现在每月 6 美金）。如果我们假设这个风电系统 8 年折旧，全部资金回收，利息 7%，则每年约需回笼 10000 美金。按 100 个用户计算，平均每月只要向每户收得 8.33 美金即可，所以用户得到了持续低价格的实惠。

特点：

① 必须使用节能器具如节能灯，这在服务合同里必须标明和执行；

② 系统由一个企业运作，该企业聘用一个专业的技术管理人；

③ 合同要求任何系统故障必须在 48h 内修复；

④ 对管理、用户和服务方面需详尽、规范地写入合同。

"套餐服务"最适合于普遍使用节能电器的系统。使用节能电器能使相同的电量服务于更多的用户。前面章节中讨论的 RESCO 往往采用的就是"套餐服务"收费方式而不是按用电量收费。实际上，这种服务方式还有以下优点：为用户使用家电提供咨询；为用户排除故障；提供安全用电教育；鼓励提高用电效率，节约用电，尤其是为尚不太熟悉电的用户提供帮助。

套餐服务（打包收费）的优缺点如下。

优点：

① 对小规模的可再生能源系统能做到收支平衡；

② 避免不恰当的电费比较；

③ 避免挨家挨户装电表，减少用户的支出；

④ 方便每户的电费计算；

⑤ 有利于鼓励节能电器的使用。

缺点：

① 难以确定每户的实际负载；

② 不利于刺激家电的使用；

③ 缺乏手段来控制过载。

17.1.4　收取电费的时间

由于可再生能源离网电站服务对象的特殊性：收入低、收入到手的季节性强等因素，往往它不能按城市电网那样按月按时收费，甚至不能收到现金。由此，很多地方就出现了许多灵活的收取电费或者服务费的方法。

（1）按月收取

按月收费是城市里最普遍的收费机制（除了最近几年发展起来的预付电卡机制）。但这个机制也许不适合季节性收获的农牧业地区，所以此机制在社区独立供电系统中很少见，在调研的项目中，没有一个是按月收费的。

（2）一年 1～2 次

大部分社区家庭都从事农业或牧业生产，他们一般一年收获 1～2 次。即使那些生活在村镇里、为当地政府或公共机构工作的人员，如学校教师、邮局职员和卫生所的医生护士，通常也是一年付 1～2 次工资。只有小企业如饭店和零售店，有经常性的收入。所以，一个比较实际的收费时机是在当地居民有了收获（或付工资）后收取电费，一年也是 1～2 次。在无电地区电力建设初期，内蒙古四子王旗的卫境苏木和新疆巴里坤的大红柳峡乡和花儿刺，都是一年收 1 次的；而新疆阿合奇的哈拉布拉克则一年收 2 次。

（3）实物交纳

收取现金对农牧民来说有时是不方便的。他们拥有牲畜等，但不一定有现金。作为一种变通的方法，收费时不是收现金而是收实物（见图 17.7）。收来的实物可以由系统管理者通过其他机构把它们兑换成现金，如通过当地的畜牧站、收购中心和外来的购买者。系统管理者可以选择把牲畜当时就卖了，也可以选择先养一段时间然后再卖。这对最终用户来说提供了许多方便。当然，对系统管理者来说，增加了许多处理这些"实物"的工作量，还需要有一定的经验。

图 17.7　各地物产丰富，有可能作为实物缴纳电费

（4）预付电卡（插卡电表）

用预付电卡而不是按月收电费，现在在城市里越来越普遍了，特别是在新发展的社区。如果卡上预缴的钱用完了，电表自动切断供电，除非再次充值。采用预付电卡，可以节省收电费的人力，也避免了用电而不缴电费的情况。插卡电表（见图 17.8）的价格，随着它的大面积推广使用而降低。可以让农村的零售商店代为电卡充值，零售商店获得一定的报酬。但是不管多低，使用插卡电表总是要增加项目的初期投资。

图 17.8　插卡电表

17.1.5　离网电站管理人员的一般职责

无论是风能独立电站还是太阳能独立电站或互补电站，它的设计都是能完全自动运行的，无须人值守。但是对于负载较大、电站功率严重不足的电站，需要有人按时合闸送电和关闸结束供电，或者按照当时风力/太阳能等资源情况、蓄电池组储电的情况和负载情况，在不能保证向全部负载供电时，负责调度负载；当然也包括记录电站的运行情况，以及必要时和项目建设者等方面的联系。

操作人员的具体职责包括：

① 电站业务管理　建立日常运行和维护、调查、处理的程序记录和备案；建立电站档案管理资料，对相关的技术资料、档案资料进行分类登记、存放、管理和使用。

② 设备管理　日常操作运行管理，设备常规维护保养，排除简单的故障。

③ 用电管理　对用户和负载建立档案，就新用户入网、新负载的增加进行核查管理。

对用户进行安全用电的安全教育和培训，定期检查用户室内布线和电器安全情况，并做好负载事故登记处理制度。

④ 电费管理　要有用电计量办法，计量表的检查和记录，电费标准的规定。

可再生能源电站管理具有很强的政策性和针对性，电站管理者应认真学习和掌握有关政策、法规、标准、规范、规程等。

操作人员的素质和能力对电站的效率、设备的寿命是至关重要的。曾经有个项目，建设了 5 个风/光互补电站，1 个在乡政府，另 4 个在自然村，当地风沙很大。后来人们发现，控制房内经常有人出入的乡政府的那个电站故障最多，而另外 4 个被风沙挡住、连门都打不开的电站几乎没有故障。

17.2　并网型分布式风力发电系统的运行和管理

并网型分布式风力发电系统的结构上要比离网独立电站简单得多，而技术经济方面，国家近期（2018 年）陆续出台政策，阐明了国家对分布式风力发电系统上网的政策。最新的政策是：a. 国家能源局于 2018 年 4 月 3 日发布了《分散式风电项目开发建设暂行管理办法》，管理办法对分散式风电项目建设技术以及上网模式均做出了明确的规定；b. 国家发改委 2016 年 12 月 26 日正式确定并公布新一轮新能源上网标杆电价。

17.2.1 全额上网型

（1）系统技术工程管理方面

对于全额上网的并网型分布式风力发电系统，它只包含风力发电机组和并网控制器两部分，与业主自己的负载没有关系。现在这类系统的自动化程度很高，完全可以无人值守运行。业主只需要按照风力发电机制造商给出的建议做好日常维护和定期保养就行。这也包括在特殊天气过后对风力发电状态进行一次全面的检查而做出的必要的调整。具体的风力发电机系统的保养，包括塔架的维护保养，因不同的系统而异，业主要严格按照设备制造商和系统集成商的要求进行。

（2）系统技术经济管理方面

全额上网的并网型分布式风力发电系统是一种投资行为。经济方面，在我国现有条件下，全额上网电量按照标杆上网电价获得收益。国家发改委 2016 年 12 月 26 日正式确定并公布新一轮新能源上网的标杆电价，价格最终确定为：2018 年 1 月 1 日之后，Ⅰ～Ⅳ类资源区新核准建设的陆上风力发电标杆上网电价分别调整为每千瓦时 0.40 元、0.45 元、0.49元、0.57 元，比 2016～2017 年电价每千瓦时降低 7 分、5 分、5 分、3 分，具体见表 17.7。

表 17.7 全国陆上风力发电标杆电价表 单位：元/(kW·h)（含税）

资源区	2018 年新建陆上风力发电标杆上网电价/元	各资源区所包含的地区
Ⅰ类资源区	0.40	内蒙古自治区除赤峰市、通辽市、兴安盟、呼伦贝尔市以外其他地区；新疆维吾尔自治区乌鲁木齐市、伊犁哈萨克自治州、昌吉回族自治州、克拉玛依市、石河子市
Ⅱ类资源区	0.45	河北省张家口市、承德市；内蒙古自治区赤峰市、通辽市、兴安盟、呼伦贝尔市；甘肃省张掖市、嘉峪关市、酒泉市
Ⅲ类资源区	0.49	吉林省白城市、松原市；黑龙江省鸡西市、双鸭山市、七台河市、绥化市、伊春市、大兴安岭地区；甘肃省除张掖市、嘉峪关市、酒泉市以外其他地区；新疆维吾尔自治区除乌鲁木齐市、伊犁哈萨克自治州、昌吉回族自治州、克拉玛依市、石河子市以外其他地区；宁夏回族自治区
Ⅳ类资源区	0.57	除Ⅰ类、Ⅱ类、Ⅲ类资源区以外的其他地区

17.2.2 自发自用余电上网型

（1）系统技术工程管理方面

自发自用余电上网型（以下简称余电上网型）风力发电系统接入业主自己的用电线路。风力发电系统也是风力发电机组加上并网控制器，只是并网控制器的介入端与全额并网不一样：前者直接接入电网公司的电网，后者接入自己的电表。

和全额上网的风力分布式发电系统一样，余电上网型的风力分布式发电系统的主要设备也是风力发电机组和并网控制器，系统也是高度自动化的。用户最主要的运行管理就是维护自己风力发电系统的正常运行，做好日常维护和定期保养。具体的维护保养需遵照设备制造商和系统集成商的要求。任何不当的维护、疏于管理都将影响系统的运行，亦即系统的发电量，从而影响系统的收益。

（2）系统技术经济管理方面

为了正确地记载风力分布式发电系统究竟发了多少电和用户自己用掉了多少电、有多少余电上网，余电上网型的风力分布式发电系统都配有两个电表，电能表 1 是一个专门记录风力发电系统总共发了多少电的电能表；电能表 2 是一个双向电表，具有双向计量功能，正向计量业主（用户）所用国家电网的电量，反向计量余电馈入国家电网的风电电量。用户所用风能电量＝电能表 1（总发电量）－电能表 2（馈入国家电网的电量）。

用户自己用掉的风力发电电量，以节省电费的方式直接享受电网的销售电价；余电电量单独计算，并以规定的上网电价进行结算。无论是自用部分还是上网部分均享受国家规定的政府财政补贴。2018 年 5 月 31 日，国家发改委发布了最新的《关于 2018 年光伏发电有关事项的通知》，简称"531 新政"。"531 新政"规定，自发文之日起，新投运的光伏电站标杆上网电价每千瓦时统一降低 0.05 元，Ⅰ类、Ⅱ类、Ⅲ类资源区标杆上网电价分别调整为每千瓦时 0.5 元、0.6 元、0.7 元（含税），且新投运的、采用"自发自用、余电上网"模式的分布式光伏发电项目，全电量度电补贴标准降低 0.05 元，即补贴标准调整为每千瓦时 0.32 元（含税）。"531 新政"是针对光伏发电的，而风能一直是以大型风力发电场的形式发展的，目前分布式正在启动阶段，国家尚无明确的风能分布式上网电价补贴政策。

17.2.3 完全自发自用型

对于自发自用后用不完可以上网的，已经在前面的余电上网型中讨论了。余电上网型比全额上网型增加了电表和自用回路，而由于不允许上网，完全自发自用型和余电上网型相比，它堵住了上网回路，增加了储能装置和防馈送装置。

（1）系统技术工程管理方面

和前面两类系统一样，系统必然有风力发电系统。系统增加了储能装置、充电控制器、市电和蓄电池组的电检测、自动切换装置和防反向馈流装置。系统的这一切功能都是自动进行的，无须人为干预。

用户需要做的管理和维护保养，就是遵照风力发电机制造商、储能装置制造商和系统集成商的要求，对风力发电系统和储能装置等进行必要的日常维护和定期保养，尤其是系统中增加了储能装置，系统的投资增加，系统的复杂性比其他两类分布式系统有所提高，用户要注意对储能装置的维护保养。具体可参考本书的相关章节。

（2）系统技术经济管理方面

完全自发自用型在国内很少采用。虽然这类分布式系统能充分利用当地的可再生能源资源，且对电网产生较少的冲击，在欧洲等国家有较多的推广，但是由于国内的市电费率相对较低，而储能装置的投入较大，当风力分布式发电系统加入储能装置后，系统的经济性会变得很差，从商业利益角度来说无利可图，因此很难推广。

在德国，过去几年自发自用电力消费呈上升趋势，2012 年达到 $57 \times 10^9 \text{kW} \cdot \text{h}$，参看图 17.9。除了降低自发自用技术的成本和电力零售率上升外，近年来，政府通过税收和税收减免等间接刺激了自发自用。根据具体的先决条件，消费者可以在 EEG（Renewable Energy Source Act）附加费、电网费、海外责任减免税、特许权税、电费和其他税费上获得减免。因此，自发自用的电消耗要比电网提供的度电低。

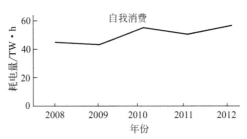

图 17.9　德国过去几年自发自用电力消费趋势❶

　　总之，一般而言，完全自发自用型的推行大概有两种情况，第一种情况，就是不管出于什么原因，电网就是不允许分布式电源向电网馈送电能，这在一些国家出现过。笔者曾经做了一个风能发电机给别墅供电，但是当地电力公司不需要余电上网，因此不得不在系统中安装泄荷装置，使系统实际负载时消耗掉多余的风电。第二种情况，就是当地的电网电价比较高，而风能发电相对较低，加上政府的激励政策，用户安装风能分布式系统有利可图。

---

❶　Germany's Wind and Solar Deployment 1991-2015 Facts and lessons learnt，October 2015。

第18章

风力发电系统的维护保养

由于中小型风力发电机的结构没有标准化，每个企业设计制造的风力发电系统在结构、配置、材料和尺寸等诸多方面不尽相同，关键技术参数也不尽相同，比如额定风速、追风方式、过速保护、刹车方式、塔架形式、风力发电机与塔架配合方式等，没有哪套维护保养的方法是适用于任何风力发电系统的，而风力发电系统的维护保养对系统的正常运行又极其重要，本章仅以一般方法和某些风力发电机为例介绍风力发电系统的维护保养。

18.1 风力发电机维护保养

18.1.1 风力发电机组维护保养的基本原则和要求

风力发电机组是一种在室外自然环境中运转的设备，常年在日晒、雨淋、风沙侵袭、雷电、冰雹以及严寒酷暑条件下工作，因此风力发电机组的日常维护保养工作至关重要，风力发电机组维护保养工作的基本原则和要求如下。

① 风力发电机组的维护和故障处理需有专人负责，负责人员必须接受相关产品生产厂商的培训或技术指导，同时需熟知该风力发电机组的基本原理、性能、特点并掌握维护与故障处理的知识和方法。除此之外，风力发电机组的维护人员还必须接受安全教育和培训。

② 严格遵守设计单位和安装单位有关风力发电机组维护、检修和故障处理的规程，以及机组部件供应商的有关规定。违反维护与故障处理的有关规程和规定，会导致机组运行寿命缩短和系统的运行费用增加，甚至导致系统损坏和事故。

③ 当风力发电机组出现异常情况时，运行维护人员应该按用户手册所规定的步骤采取相应措施，如果通过这些步骤仍然无法排除故障，应把异常现象记录在案并向有关方面（如机组设计者、安装者和设备供应商）通报，以便取得技术支持。

④ 风力及互补电站必须备齐以下资料和物品：风力发电机组完整的运行维护手册和技术资料、维修专用工具、必备零部件及资料。

18.1.2 风力发电机组的维护检查规定和注意事项

风力发电机组的维护检查规定和注意事项如下。

① 风力发电机组的定期维护与检修工作，贯彻以预防为主的原则，必须依照有关标准、规范和设备说明书的要求进行，不得无故漏检或延期。

② 检修工作需制订计划，计划应包括任务内容、参加人员、时间、工具、仪表、备件、材料以及经费预算等。

③ 对机组安全及性能影响大、技术复杂、工作量大、工期长、费用高以及对机组结构或系统有重大改变的重要检修项目，必须向业主公司或上级主管部门提出报告，经批准后方可列入大修计划。

④ 为落实技术责任制，保证检修质量，重要检修项目完成后必须进行质量验收。

⑤ 风力发电机的维修检修应避开大风期，一般应在小于5m/s的风速下进行，尽可能在无风或微风条件下进行。

⑥ 维护与检修项目及时间间隔应根据各设备厂提供的机组使用说明书或有关技术标准和技术规范确定。

⑦ 进行风力发电机组的立机、放倒和大型部件的维护检修等工作前，必须制定安全防范措施并备好安全设备。

⑧ 进行定期维护检修和故障排除后，必须认真做好维护及故障检修记录，将机组、部件以及零部件等的状态、缺欠和可能的隐患等一一记录在案，并按规定存档。

18.1.3 风力发电机的例行巡视和检查

目前国内生产的绝大多数离网型风力发电机组的启停和运转都是自动的，无须人工干预运行。运行维护人员的主要职责是监视风力发电机的系统运行，负责机组的日常维护保养和故障处理。

运行维护人员对风力发电机组运行巡视和检查的时间周期，应依照该机组使用说明书或有关技术标准和技术规范确定。对风力发电机组例行巡视和检查的主要内容如下：

① 观察风力发电机组工作情况，风力机运转是否平稳，机组启动、运行、停止时有无异常声响。

② 经常查看风力发电机地锚、紧固件和拉索（如果有拉索的话）是否损坏或松动。

③ 观察风力发电机偏航、限速和刹车机构在不同的风速段功能是否有效，动作是否异常。

④ 检查液压机构有无漏油迹象，运动部件或轴承的润滑状态是否良好。

⑤ 在不同风速下和一定时间段内观察风力发电机的运转情况，对机组的输出功率和发电量进行分析和比较，如发现异常应及时找出原因。

⑥ 机组运行时，特别是在大风天气下，注意控制柜内电器元件、部件有无烧焦迹象和异常气味，熔断器和空气开关等电气部件温升是否正常。

⑦ 经常查看控制柜内各接线端子和插件有无松动。

⑧ 经常巡视控制柜面板各电气仪表，注意显示值是否正常。

⑨ 注意查看户外电缆和架空线路有无短路或断路的隐患。

⑩ 按照电站管理规定，认真填写相应巡检记录，并一一记录在案。

18.1.4 风力发电机组的定期维护与检修

风力发电机组的定期维护与检修是保证机组安全、提高运行效能、延长使用寿命的重要环节，因此，必须严格执行运行管理规范中有关风力发电机组定期维护与检修的规定。

　　维护与检修分为例行维护保养、定期维护检修和机组大修。根据不同厂家的要求，定期维护检修周期可定为半年、一年和两年。机组大修是指机组运行多年后，主要部件寿命期限已到或出现疲劳损坏的迹象，此时机组必须更换部件的维修项目。

　　不同类型的风力机和不同厂家生产的风力发电机组，其维护保养和检修的内容和时间间隔安排有所不同。因此，机组的具体维护检修项目和内容应以风力发电机组的技术说明书或用户使用手册为依据。

　　风力发电机组安装后应试运行 30 天，一切正常后再观察一定的时间，一般为 3～6 个月，此时，安装者应对系统各部件进行一次必要的调整。在这两次检查之后，对于高质量的风力发电机组，以后每隔 1～2 年以及在极其恶劣的天气之后，应全面检查一次。对于质量较差的风力发电机组，则应缩短上述的检查周期。

　　定期维护检修和故障排除后，填写维修及故障检修记录，并按照规定存档。

18.1.5　风力发电机组的定期维护与检修主要检查项目

　　以我国在中小型风能项目中使用的一些风力发电机组为例，对风力发电机组的定期维护及检查内容简述如下。

　　① 风力发电机组的部件和系统中的其他机械零部件应按照用户手册，定期润滑或添加润滑油，一般每半年或 1 年做 1 次。

　　② 对采用拉索结构的风力发电机组，检查每一处拉索地基，检查所有的紧固件是否拧紧到位，拉索张力是否合适，以及拉索是否有断股，检查拉索附件是否有松动。

　　③ 具有收拢（折尾）装置的风力发电机在收拢风力发电机时，应检查相关装置在拉索迅速松开时，是否会限制尾翼在等待一段最少时间（比如 3s）后再展开。

　　④ 具有收拢装置的风力发电机，收拢风力发电机时应该把发电机短接。爬上塔架时，始终要采用合适的安全措施。

　　⑤ 检查叶片的叶尖是否损坏，叶片轮毂周围是否有裂痕或是否有穿过加强筋的裂痕。

　　⑥ 有导流罩的风力发电机，应拆下导流罩并把它吊起来，检查叶片螺母上的力矩，检查前轴承是否密封和漏油，重新装上导流罩并检查是否牢固。

　　⑦ 打开机舱舱盖，用一根小绳系住舱盖。检查主机座和发电机之间的法兰连接，检查螺栓是否拧紧（必须采用制造商推荐的力矩）。

　　⑧ 检查发电机轴承是否密封，有无漏油。

　　⑨ 检查主机座是否有裂痕。

　　⑩ 有集电环的风力发电机，检查电刷在刷窝里是否移动灵活，检查滑环是否有电火花现象，检查轴承是否漏油到滑环上，检查滑环与电刷接触面之间是否接触良好。

　　⑪ 检查减振器的减振性能是否正常。

　　⑫ 具有收拢装置的风力发电机，应检查其收拢钢缆以及收拢钢缆导管有无断股、卡死现象。

　　⑬ 检查尾翼和销子上是否有裂痕或紧固件是否松动。

　　⑭ 检查运动部件或摩擦部件是否有磨损，如有磨损，是否严重。

　　⑮ 检查所有的紧固件是否拧紧。

　　⑯ 如果塔架属于可以放倒的，放倒塔架，检查电线连接是否牢靠，检查所有紧固件是

否拧紧，检查塔架是否有裂痕，检查拉索附件是否有松动；具有收拢装置的风力发电机，应检查其收拢钢缆是否锁紧。

⑰ 具有收拢装置的风力发电机，应检查其绞车，看收拢钢缆是否打结，检查绞盘有无损坏。

⑱ 检查所有的接地棒和零部件的连接是否可靠。

⑲ 用伏特-欧姆表检查避雷器是否良好。

⑳ 拆开发电机的短接线，检查隔离开关是否可靠。

㉑ 当风力发电机加速时，注意声音，应听不到“哐啷”或“砰砰”等机械声。观察是否有明显的振动，风力发电机运行应非常平稳。

㉒ 检查连线，尤其是所有电器的连线应正确无误。

㉓ 用绝缘电阻表检查风力发电机与控制器间的三相接线，应绝缘良好。

㉔ 用伏特表检查风力发电机交流输出的三相电压，应相同。

㉕ 检查控制器的所有进线和出线连接是否正常。

㉖ 检查控制器线路板有无油污、结块等现象，必要时应清洁线路板。

㉗ 清洁控制器散热片上的灰尘。

㉘ 在第二次年检（以及第一次常规检查）时，应打开机罩和其他遮挡物，以便于检查电刷、滑环和里面的紧固件等。

㉙ 风力发电机的引出电缆为固定连接方式的（没有集电环），需重点关注电缆的缠绕（扭缆）故障，为此，每隔 2～3 个月应检查扭缆程度及方向，并及时解开缠绕的电缆（解缆）。

注意：未经培训和授权的人员，不应擅自拆开机器或打开控制器进行检修。擅自拆开机器或打开控制器有可能导致不必要的设备损坏，还可能由于不当操作而导致设备保修的终止。

18.1.6 风力发电机组的常见故障

（1）常见机械故障

下面列举一些风力发电机组常见的故障和可能原因分析。

① 风力发电机的叶片发出不正常的声响，如：尖锐刺耳的声音，“嗡嗡”声或拍打声。

风力发电机叶片旋转时发出不正常声音的主要原因如下：

a. 有的叶片叶尖部分加装保护层，由于使用环境恶劣或安装过程中损坏，叶片前缘部分保护胶带层损坏；

b. 风力发电机一般在野外使用，旋转的叶片可能会与飞鸟、砂石频繁碰撞，叶片上面会存在异物或较大划伤；

c. 叶片材料有很多种，在高温和酷暑的恶劣条件下，有的叶片材料变硬或变形；

d. 叶片长年地高速旋转，质量不好的叶片片体会扭曲起层。

② 叶片断裂。导致叶片断裂的常见原因是：

a. 叶片制作过程中偷工减料，材料以次充好，导致叶片强度不够；

b. 风力发电机由于某种原因长时间空载，导致风轮长期飞车；

c. 叶片动平衡不好，导致叶片受力不均匀；

d. 叶片安装时固定螺栓拧太紧，叶片产生细小裂纹，长时间旋转导致裂纹加大，最终损坏；

　　e.塔架安装不符合要求，塔身抖动严重，叶片受力异常；

　　f.由于风力发电机是在自然条件下使用的，许多不可抗因素如台风、沙暴会造成叶片损伤断裂。

　　③ 发电机烧毁。导致发电机烧毁的常见原因是：

　　a.设备连接不正确，或者发电机引出线短路；

　　b.发电机内部进入异物，导致相间短路；

　　c.发电机槽绝缘材料不符合标准，长期工作后匝间短路；

　　d.发电机铁损、铜损太大，热传导不良，长期高温工作破坏绝缘；

　　e.发电机转子由于机械故障导致转子扫镗；

　　f.使用不合格的绝缘材料，导致绝缘性能下降。

　　④ 风力发电机的输出电缆线缠断。风力发电机的种类很多，主流产品以水平轴风力发电机为主。有的风力发电机电缆是直接从风力发电机上沿着塔架传输下来的，风力发电机工作时是人工调整方向。如果风力发电机在调整方向时转动次数过多，就会造成输出电缆的缠绕，一不小心，电缆就会缠断。现在，大多数风力发电机已经采用集电环传输的方式，从根本上解决了电缆缠绕断裂的问题。

　　⑤ 风力发电机每转动一周都会发出"砰砰"声或"咔嗒"声，尤其是在低速时。

　　风力发电机每转动一周就发出"砰砰"声或"咔嗒"声的主要原因是：

　　a.发电机导流罩安装不当或者固定导流罩的螺栓松动，导流罩随着风力发电机旋转摆动发出声音；

　　b.风力发电机防护罩安装不当或者固定螺栓松动，防护罩随风力发电机转动而摆动；

　　c.发电机长期工作，轴承损坏或者缺油；

　　d.由于发电机工作时振动比较大，它的外壳端盖固定螺栓容易松动，会随发电机转动发出声音。

　　⑥ 风力发电机发出连续不断的"隆隆"声，这种声音在发电机高速运转时也许会消失。发生这一现象的主要原因是：

　　a.风力发电机输出线可能有短路部位或者相间发生断路情况；

　　b.风力发电机控制器损坏，造成局部短路或断路；

　　c.风力发电机内部故障，造成三相输出电压不平衡；

　　d.转子轴承内部滚柱磨损或油封损坏大量漏油，造成风力发电机工作异常。

　　⑦ 转子转得非常慢。风力发电机的转子转得很慢的常见原因有：

　　a.恶劣的气候条件导致叶片表面结冰，影响叶片平衡，造成转速下降；

　　b.风力发电机机内部发生局部短路，导致转子转速减慢；

　　c.风力发电机输出电缆、充电控制器、负载发生短路，影响转子转速；

　　d.转子轴承发生故障损坏，转子转动受到影响减慢。

　　⑧ 风足够大，但是转子根本不能转动。风力发电机的转子根本不转的常见原因有：

　　a.风力发电机烧毁，转子无法转动；

　　b.风力发电机转子轴承彻底损坏，造成转子不动；

　　c.风力发电机输出端由于输出线缆损伤形成相间短路，导致风力发电机不转动；

　　d.风力发电机输出线全部短路，转子停止转动；

e.风力发电机内部出现机械故障造成风力发电机不转动；

f.风力发电机内部线包烧毁造成风力发电机不转动；

g.风力发电机控制器损坏，负载短路导致风力发电机不工作。

下面将风力发电机组的一些常见机械故障及处理方法列于表18.1。

表 18.1　风力发电机组常见机械故障及处理方法

故障	原因	诊断	处理方法
风力发电机剧烈抖动	①拉索松动； ②尾翼固定螺栓松动； ③定桨距风轮叶片变形； ④定桨距风轮叶片有卡滞现象		①紧固拉索； ②拧紧松动部位； ③更换桨叶； ④拆卸，润滑保养，重新安装
风轮转速明显降低	①发电机多年不润滑不保养； ②发电机轴承损坏； ③风轮叶片损坏		①润滑、保养； ②更换轴承； ③修复或更换叶片
调速调向不灵	①机座回转体内油泥过多； ②机座回转体内有沙土等异物； ③风力发电机曾经倒塔，塔架上端变形		①润滑、保养； ②清除异物，润滑、保养； ③校正塔架上端
异常杂音	①各紧固部位有松动之处； ②发电机轴承部位松动； ③发电机轴承损坏； ④发电机扫镗		①放倒风力发电机，检查并采取相应措施； ②更换轴承，重新安装端盖； ③更换轴承； ④更换或修复轴承部位
折尾拉索破损（具有收拢装置的风力机）		如系折尾拉索过紧，可进行适当调整	参见说明书
风轮不平衡，引起风力机转动时轻微来回摆动，风力机每转动一周都发出"砰砰"或"咔哒"声，尤其是在低速时	①导流罩松动； ②发电机轴承磨损； ③叶片结冰或损坏	①检查导流罩的紧固件是否松动，螺栓孔是否变大； ②检查轴承密封周围是否有过量的润滑脂或密封圈是否损坏； ③有规律的噪声表明轴承滚珠缺油或磨损	①拧紧或调换零件； ②如果导流罩上的螺栓孔变大，则可用环氧树脂胶把 M8 型垫圈粘到螺孔上； ③拆下发电机，调换轴承，之后重新装上发电机
机身有大块油渍	漏油	检查所有含油的部件	修理或调换相关部件

检修人员检修风力发电机时要求在无风或者微风时进行。风力发电机组是利用风力发电的设备，只要叶片在转动，发电机就会有电压输出。检修人员检修时，首先要采用刹车或者短路风力发电机输出端，使风力发电机停止转动；然后再进行室外风力发电机和室内充电控制部分的检修，保证不带电作业。

需要说明的是，把风力发电机交流输出端合在一起来刹车是不行的，这种做法非常容易造成风力发电机烧毁。较为常用的方法是通过电子刹车装置和机械制动装置来制动风力发电机。但是电子刹车装置在风速超过 16m/s 后工作会变得不稳定，可能会造成风力发电机的损坏。机械装置制动是通过改变风力发电机的迎风角度，使风力发电机减小转速。但是，有时这种方法不能彻底使风力发电机制动。

（2）常见电器故障

风力发电机组可能出现的一个故障是跳闸。较常见的跳闸原因有以下几个方面：

a. 输出控制器无法收到正常的蓄电池电压信号，造成控制器跳闸保护；

b. 逆变器受到负载端的干扰，导致逆变器启动自身保护功能，跳闸断开负载；

c. 电站内负载存在很大的冲击，严重影响控制器正常工作造成跳闸保护；

d. 在雷雨天气受雷电影响，控制器受到高电压冲击跳闸保护；

e. 控制器发生故障，不能正常工作会造成跳闸现象；

f. 控制器欠压保护动作电压值设置过高，影响控制器的正常工作，引起异常跳闸。

风力发电机组其他常见电气与系统故障及处理方法见表 18.2。

表 18.2　风力发电机组其他常见电气与系统故障及处理方法

故障	原因	诊断	处理方法
电池电压太高	控制器调节电压值设定得太高	电池过充电,控制器电压表指示出电池电压,将检测值与使用说明书给出值进行对照	与生产厂家售后服务部门联系,了解调压步骤
电池达不到充满电状态	①控制器调节电压值设定得太大；②负载太大	①用比重计检查电池组的密度,再与制造商提供的推荐值进行比较；②拆除最大的负载,如果电池组达到较高充电状态,则可断定为系统负载太大	与生产厂家售后服务部门联系,咨询解决方法
风轮转动,但控制器上表明正常工作的指示灯不亮	控制器电路出现故障	①按使用说明书检查控制器电路板上的电压输出点有无电压输出；②检查电压输入点有无输入电压,此电压应与蓄电池电压相同	测试后请与生产厂家售后服务部门联系,分析故障原因,并咨询解决办法
风轮转动,控制器上表明蓄电池已满的指示灯亮	蓄电池充满	按使用说明书用万用表检查蓄电池电压是否达到最高调节电压,如属于正常情况,无须处理	与生产厂家售后服务部门联系,处理故障

18.1.7　运行环境对风力发电机组的影响

（1）长时间恶劣天气

风力发电机是室外使用的发电设备，恶劣的天气，比如台风，对它的正常工作有非常不利的影响。

首先，长时间的大风恶劣气候可能会动摇塔架，导致地基受损和相关拉索附件松动。因此在经历长时间恶劣天气后非常有必要对风力发电机基础和塔架及相关附件进行例行检查。

其次，恶劣的天气对发电机的机身也会造成损坏，应该及时进行全面检查，如果有必要，需要卸下导流罩和防护罩，仔细检查叶片、主机架、尾翼、塔架配合等部分。

再次，恶劣的气候还可能造成传输电缆、充电控制器以及相关保险和开关的损坏。如果发现设备出现以上故障，应该及时维修并做全面保养。

（2）恶劣的工作环境

对于分布式并网系统，周围都有各种障碍物，如建筑物、树木、围墙等；而对于离网分布式，那些自然条件较好的地区一般都已经实现了国家电网供电，只有那些自然条件非常恶劣、电网无法延伸到的地区才会使用离网独立风能发电系统。

风力发电机是在室外使用的设备，所以它必须能够经受大风、暴雨、暴雪、雷电、高温（能承受高温 50℃以上）、低温（−30℃以上）、高湿（湿度 100％）、高度盐雾腐蚀、沙尘暴和高海拔（3000～4000m 甚至更高）等恶劣自然环境的考验。图 18.1 就是在南极中山站安装运行的 10kW 风力发电机组。

图 18.1 南极中山站安装运行的 10kW 风力发电机（摄影：党官廷）

一些安装风力发电机的地区是无电地区，甚至无人值守；另外，有些无电地区的居民，生活条件比较差，受教育的程度较低，基本上没有维护保养风力发电机的能力和技能。恶劣的自然环境、道路的不通畅、用户方的不协调等，导致厂家对设备的维护保养、巡查点检也是障碍多多。风力发电机的恶劣工作环境对设备厂家提出了非常高的要求，即要求其生产的风力发电机必须具有非常高的可靠性，可以适应各种恶劣环境。

（3）极端低温

我国的北方地区和高海拔地区的冬季漫长且会经历极端低温，极端低温会造成风力发电机轴承润滑脂凝固，影响风力发电机叶片的启动和转动速度。对于整体化设计的风力发电机，极端低温会影响到它的部分零件的动作时间，造成风力发电机整体动作滞后，影响发电效率。

（4）盐雾的影响

在沿海和海岛，盐雾是风力发电机必须要面对的主要问题。盐雾最主要的危害是对风力发电机设备的腐蚀：

① 盐雾会腐蚀风力发电机的塔架及相关的连接附件，造成倒塔事故；

② 盐雾会腐蚀传输电缆的接头，影响电缆的导电性，造成接触不良；

③ 盐雾会腐蚀风力发电机的滑环输出接点，造成接触不良；

④ 盐雾会腐蚀控制设备的电气元件，损坏控制设备。

因此，在沿海和海岛工作的风力发电机要面对高度潮湿、盐雾腐蚀、海上风暴等诸多问题，所采用的风力发电机组必须有特殊的处理。对于腐蚀，应该对风力发电机所有部分进行防腐处理，使用热镀锌加工工艺和刷防锈漆或者直接使用不锈钢材料；对于潮湿，要在制作中加强密封处理工艺和添加密封保护部件；对于海上风暴，要求有直接有效的方法解决问题，除了加大风力发电机组各个部分的强度，还要采取针对大风设计的暴风折尾功能。

18.2 蓄电池维护保养

18.2.1 蓄电池的一般维护

蓄电池是可再生能源发电系统中的核心设备之一，蓄电池的状态将直接影响到发电系统的运行质量和寿命，应对蓄电池进行定期检查和维护，最重要的事情是应该尽量避免蓄电池的过充电和过放电。

蓄电池的日常管理和维护应遵循以下原则（有些检查内容仅针对开口电池）。

（1）日常检查与维护

操作人员每天或每班应检查下列项目：

a. 室内的温度、通风和照明，清除灰尘，保持室内整洁；

b. 清除蓄电池外壳和帽上渗漏的电解液；

c. 电解液液面的高度，如有必要应加蒸馏水或电解液；

d. 检查电解液的密度和蓄电池的电压与温度，如有必要，调整电解液的密度；

e. 检查连接，定期在接线柱上添加凡士林油；

f. 检查放电和充电电流，记录蓄电池的工作状态；

g. 检查和处理不合格的蓄电池；

h. 检查各种工具、仪表是否完整。

（2）月检查与维护

蓄电池组的月例行检查应包括：

a. 每个蓄电池的电压及电解液密度；

b. 每个蓄电池电解液的液面高度；

c. 极板的颜色和形状有无异常；

d. 沉淀物的厚度；

e. 检查蓄电池间的连接；

f. 蓄电池绝缘是否良好。

检查结果应记录在蓄电池运行记录簿中。

18.2.2　常见故障

（1）开口电池亏液

根据开口电池的工作原理，开口电池工作是通过化学反应完成的。开口电池工作一段时间后就会亏液，应及时补充液体，保持电池正常工作。添加的液体应是没有重金属离子和矿物质的蒸馏水，因为添加有金属杂质的水会造成化学反应不平衡，从而降低电池的性能。

（2）各铅酸电池的 pH 值不一致

铅酸电池在充电或均充后，测量电解液密度与规定值有明显差距时，应将其调整到正常值范围。用配置好的硫酸溶液或纯水，添加到铅酸电池里，混合后其电解液密度将恢复到正常值范围。在调整电解液密度的工作中，对添加硫酸溶液要特别慎重，必须确定电解液密度明显偏低，电解液确实流失了，才能进行。否则，添加硫酸溶液将使电解液的浓度加大，导致电池自放电增加，极板硫酸盐化加重，反而会缩短电池寿命。

（3）蓄电池组的端电压达不到要求

蓄电池组的端电压总是达不到要求的常见原因是：

a. 系统中电池组的配置不合理，电池组容量可能偏小，放电率偏大；

b. 电池组中可能有失效的电池未能及时发现和处理；

c. 电池组内部或外部有短路，可能导致电压偏低；

d.电池组中有落后蓄电池未能及时纠正，造成反极；

e.电池组内有接触不良问题。

① 蓄电池组电压值太高　蓄电池组电压值太高的常见原因是：

a.系统的充电控制设备可能发生故障，造成电池组过充电，排查系统找到故障设备，进行维修；

b.因为电池组长时间使用导致各个电池的性能可能产生差异，所以要进行均衡充电，均衡充电过程中电池组电压会很高，等到均衡充电结束后，电池得到有效恢复，关掉该功能；

c.系统内部设备充电范围调整不合理，导致电池组电压值太高，调整设备的设置电压范围，使其合理。

② 用万用表检测蓄电池组的电压正常，但一接上负载就亏电　这种现象的常见原因是：

a.由于人员使用不当，经常过充电、过放电造成电池容量损失严重，这种情况下接入负载电池组的电压会迅速下降，甚至马上亏电不能使用；

b.系统配置不合理，负载过大、电池组小，接入负载电池要大放电率工作，电池电压下降很快导致亏电；

c.电池组中有个别失效电池，整体容量缩小导致接入负载后就亏电；

d.电池组整体老化，接入负载就会亏电。

③ 串并联的蓄电池组中发现若干电池损坏　在蓄电池组中发现损坏电池，应该及时更换，不然会造成整个蓄电池组的损坏。更换方法如下：

a.在串并联蓄电池组中给损坏蓄电池做标记；

b.断开负载的连线，并在连接段做好绝缘处理；

c.把每一条串联支路断开；

d.使用合适工具断开损坏电池的连接部分，取下电池；

e.安装新电池后恢复蓄电池组的连接；

f.最好做一次均衡充电。

需要指出的是：废旧电池不能随便丢弃。废旧电池内含有大量的重金属以及废酸、废碱等电解质溶液，如果随意丢弃会破坏水源，侵蚀庄稼和土地，对我们的生存环境产生巨大的威胁。因此，对废旧电池的收集与处置非常重要，如果处置不当，可能对生态环境和人类健康造成严重危害。随意丢弃废旧电池不仅污染环境，也是一种资源浪费。现在，处理废电池的方法主要有三种：热处理、湿处理和真空处理，这三种方法都能比较有效地回收利用废电池中的宝贵资源。有些地方用填埋焚烧等方式处理废电池，这些方法不仅不能回收废电池中的宝贵资源，还会造成环境污染，不值得提倡。

④ 阀控电池爆炸起火　阀控电池在充电、放电过程中，水被分解，产生大量的氢气和氧气，若不及时放出，遇到火花，蓄电池就会爆炸起火。

主要原因如下：

a.蓄电池控制阀失效，不能保证内部产生的气体及时排放出去；

b.蓄电池内部连接和电桩上的连接不牢固，产生电火花；

c.在蓄电池附近有明火，造成爆炸起火；

d.蓄电池外部电桩上有异物，短路产生火花。

18.3　光伏阵列的维护保养

光伏阵列也需要进行日常的维护保养。本书主要讨论风能系统，对光伏阵列不做过多的详细展开，这里只是罗列一下最基本的维护保养要求。读者如需要，可以参阅光伏系统的著作。

18.3.1　对光伏阵列的维护保养

(1) 光伏方阵

① 光伏组件表面应保持清洁；定期清洁光伏电池，特别是恶劣天气比如沙尘暴产生以后。定期对光伏电站组件进行清洗和检查，能明显提高光伏发电系统的效率。如果不注意清洁光伏板组件，有泥点污点，就容易产生热斑效应。所谓热斑效应，就是光伏板组件的串联电路上有部分被遮蔽，其发电量下降，会消耗其他部分产生的电能，成为一个负载。热斑效应会导致光伏板电池组件损坏甚至烧毁。

② 应在辐照度低于 $200\mathrm{W/m^2}$ 的情况下清洁光伏组件，不宜使用与组件温差较大的液体清洗组件。

③ 严禁在风力大于 4 级、大雨或大雪的气象条件下清洗光伏组件。

④ 光伏组件应定期检查，若发现下列问题应立即调整或更换光伏组件：

a. 光伏组件存在玻璃破碎、背板灼焦、明显的颜色变化；

b. 光伏组件中存在与组件边缘或任何电路之间形成连通通道的气泡；

c. 光伏组件接线盒变形、扭曲、开裂或烧毁，接线端子无法良好连接。

⑤ 使用金属边框的光伏组件，边框必须牢固接地。

⑥ 在无阴影遮挡条件下工作时，在太阳辐照度为 $500\mathrm{W/m^2}$ 以上、风速不大于 $2\mathrm{m/s}$ 的条件下，同一光伏组件外表面（电池正上方区域）温度差异小于 $20\,℃$。

⑦ 所有螺栓、焊缝和支架连接应牢固可靠。

⑧ 支架表面的防腐涂层不应出现开裂和脱落现象，否则应及时补刷。

(2) 直流汇流箱、直流配电柜

① 直流汇流箱不得存在变形、锈蚀、漏水、积灰现象，箱体外表面的安全警示标识应完整无破损，箱体上的防水锁启闭应灵活；

② 直流汇流箱内各个接线端子不应出现松动、锈蚀现象；

③ 直流输出母线的正极对地、负极对地的绝缘电阻应大于 $2\mathrm{M\Omega}$；

④ 直流汇流箱内防雷器应有效；

⑤ 直流配电柜不得存在变形、锈蚀、漏水、积灰现象，箱体外表面的安全警示标识应完整无破损，箱体上的防水锁开启应灵活；

⑥ 直流配电柜内各个接线端子不应出现松动、锈蚀现象；

⑦ 各部件之间的连接应稳定可靠；

⑧ 直流配电柜内的直流断路器动作应灵活，性能应稳定可靠；

⑨ 直流母线输出侧配置的防雷器应有效。

18.3.2 光伏组件的巡检周期

对于不同规模大小的太阳能光伏阵列，一般的巡查周期见表 18.3。但是在恶劣天气比如沙尘暴以后，一定要进行一次巡查，以排除各种可能的损害或故障。

表 18.3 巡查周期表

分类	巡检周期
小型光伏系统 50kW$_p$ 以下	1 次/天
	1 次/周
	1 次/月
	1 次/季
	1 次/半年
	1 次/年
中型光伏系统 50~1000kW$_p$	1 次/天
	1 次/周
	1 次/月
	1 次/季
	1 次/半年
	1 次/年

注：1. 逆变器的电能质量和保护功能，正常情况下每 2 年检测 1 次，由具有专业资质的人员进行。

2. 巡检时应填写相应的记录表格。

3. 运行不正常或遇自然灾害时应立即检查。

18.4 充电控制器和逆变器

充电控制器、逆变器通常十分可靠，可以使用多年。有时因设计不好，电子元器件经过长期运行可能会被损坏，雷击也可能导致元器件损坏。

（1）控制器

① 控制器各接线端子不得出现松动、锈蚀现象；

② 控制器与其他设备的连线是否牢固；

③ 控制器的接地连线是否牢固；

④ 控制器内电路板上的元器件有无虚焊现象，有无损坏元器件；

⑤ 控制器内的高压直流熔丝的规格是否符合设计规定；

⑥ 直流输出母线的正极对地、负极对地、正负极之间的绝缘电阻应大于 2MΩ。

（2）逆变器

① 逆变器与其他设备的连线是否牢固；

② 逆变器的接地连线是否牢固；

③ 逆变器内电路板上的元器件有无虚焊现象，有无损坏元器件；

④ 逆变器结构和电气连接应保持完整，不应存在锈蚀、积灰等现象，散热环境应良好，逆变器运行时不应有较大振动和异常噪声；

⑤ 逆变器中模块、电抗器、变压器的散热器风扇根据温度自行启动和停止的功能应正

常，散热风扇运行时不应有较大振动及异常噪声，如有异常情况应断电检查；

⑥ 定期将交流输出侧（网侧）断路器断开一次，逆变器应立即停止向电网馈电；

⑦ 逆变器中直流母线电容温度过高或超过使用年限，应及时更换。

18.5 防雷与接地

风力发电系统或者互补系统另一个可能的电气故障就是遭遇雷击。在雷雨季到来前或雷雨过后，应检查方阵汇流盒以及各设备内安装的防雷保护器是否失效。应定期测量防雷接地装置的接地电阻值是否满足设计要求，各设备部件与接地系统是否连接可靠，系统中各部件与接地系统的连接是否可靠，电缆金属外皮与接地系统的连接是否可靠，防雷保护器是否失效。

有时没听见雷声，但发现风力发电机被雷击了。这种没有听到声音的雷击是由感应雷造成的。当雷云来临时，地面上的一切物体，尤其是风力发电机，由于静电感应，都聚集起大量与雷电极性相反的束缚电荷，在雷云对地或对另一雷云闪击放电后，云中的电荷就变成了自由电荷，从而产生出很高的静电电压（感应电压），其过电压幅值可达到几万伏到几十万伏，这种过电压往往会造成风力发电机损坏。另一种情况是，在雷电闪击时，由于雷电流的变化率大而在雷电流的通道附近形成了一个很强的感应电磁场，对风力发电机产生影响，导致损坏。在系统的维护保养中，应：

① 检查电站所有接地系统的连接是否可靠；

② 光伏组件、支架、电缆金属铠装与屋面金属接地网格的连接是否可靠；

③ 电站各主要部件与防雷系统共用接地线的接地电阻是否符合相关规定；

④ 电站中所有设备接地线与防雷系统之间的过电压保护装置功能是否有效，其接地电阻是否符合相关规定；

⑤ 风力发电机组、光伏阵列和各控制器的防雷保护器是否有效，并在雷雨季节到来之前、雷雨过后及时检查。

18.6 柴油发电机的维护保养

柴油发电机的正确保养，特别是预防性的保养是最经济的保养，是延长柴油发电机使用寿命和降低使用成本的关键。首先必须做好柴油发电机使用过程中的日报工作，根据所反映的情况，及时做好必要的调整和修理，并参照柴油发电机使用维护说明书的内容、特殊工作情况及使用经验，制定出不同的保养日程表。

具体柴油发电机的日常维护保养大致有以下几点：

① 清洁柴油机及附属设备外表。用干布或浸柴油的干抹布揩去机身、涡轮增压器、汽缸盖罩壳、空气滤清器等表面上的油渍、水和尘埃；擦净或用压缩空气吹净充电发电机、散热器、风扇等表面上的尘埃。

② 启动发电机组前，检查发电机组燃油、机油量，冷却用水量。保证柴油能够运行一定的时间（比如24h）；检查油底壳中的机油平面，油面应达到机油标尺上的刻线标记，不足时应加到规定量；检查水箱水位，不够加满。

③ 检查"三漏"（漏水、漏油、漏气）情况。消除油、水管路接头等密封面的漏油、漏

水现象；消除进排气管、汽缸盖垫片处及涡轮增压器的漏气现象。

④ 启动电瓶：每 50h 检查电瓶一次，电瓶电解液高出极板 10~15mm，不足时加蒸馏水补齐，用比重计读值 1.28（25℃）。电瓶电压保持 24V 以上。

⑤ 检查柴油机各附件的安装情况，包括各附件安装的稳固程度，地脚螺栓及与工作机械相连接的牢靠性。

⑥ 检查各仪表。观察读数是否正常，否则应及时修理或更换。

⑦ 在发电机组运行 250h 后，要进行以下的一系列保养：

a. 机油滤清器和燃油滤清器：这两个滤清器必须更换，保证其性能处于最佳状态，具体更换时间参照发电机组运行记录；

b. 清洗水箱一次；

c. 拆下空气滤清器，清洁吹除灰尘清洗，烘干后再装上，工作 500h 后，更换空气滤清器；

d. 必须更换机油，机油级别越高品质越好；

e. 必须更换冷却水，换水时必须加防锈液；

f. 检查及调整气门间隙；

g. 需对涡轮增压器壳体清洗。

⑧ 每 400h 检查 1 次三角皮带。检查方法是在两皮带轮中间，用拇指按下皮带，皮带中部下垂度为 25mm 左右为正常；超过则表明三角皮带已磨损，需要更换。若是两根中有一根损坏需两根一起换新。

⑨ 每运转 1200h，更换燃油喷油器。

⑩ 断路器、电缆连接点。一年 1 次，拆开发电机侧板，对断路器各固定螺栓紧固。电源输出端与电缆线线耳锁合螺栓进行紧固。

⑪ 中修。每运转 3000h，进行中修，具体检查内容有：a. 吊缸头，对缸头清洁；b. 进行气阀清洁研磨；c. 喷油器换新；d. 供油定时检查调整；e. 曲轴拐挡差测量；f. 缸套磨损测定。

⑫ 大修。每运转 6000h，进行大修，具体检修内容：a. 中修的检修内容；b. 取出活塞，连杆，活塞清洁，活塞环槽测量，更换活塞环；c. 曲轴磨损量测量、曲轴轴承检查；d. 冷却系统清洁。

更详细的柴油发电机维护保养读者可以参看有关具体型号的柴油发电机的使用说明书和厂家的要求。

18.7　DAS 的维护保养

DAS 或者 SCADA 系统的日常与定期维护。

(1) 日常巡检内容

查看运行日志，向管理人员了解系统运行情况：

① 检查电源是否正常；

② 查看显示，各参数显示应与实际情况相符；

③ 查看报警画面、报警记录和声光报警装置，一旦报警，查明原因，排除故障；

④ 定期进行 1 次报警回路试验，检查操作按钮、指示灯和显示仪表的工作情况；

⑤ 检查打印机或记录仪的工作情况；

⑥ 检查控制房的电源、风扇等的工作情况；

⑦ 检查控制柜的温度和湿度，带有冷却风扇的控制柜，风扇应工作正常，异常的应立即更换；

⑧ 各种滤网应清洁完好，并按要求及时更换；

⑨ 接线应完好，如果发现露线，应查明原因，并及时恢复到正常状态；

⑩ 有完整的系统运行记录。

（2）周巡检内容

① 现场盘柜检查：

a. 外观清洁、照明正常、密封完整、管路和阀门无泄漏；

b. 接线完好，无松动和脱接；

c. 如有加热器，在温度较低的时候加热器应工作正常；

d. 防雨措施良好。

② 执行机构检查：

a. 各种执行机构外观清洁，无松动和损伤；

b. 电源及外接连线正常。

③ 现场设备检查。

（3）定期维护

一般每 6 个月进行 1 次数据采集系统的综合误差抽检，包括各种传感器的标定和校准。抽检合格率指标可以作为系统测量设备延长或缩短校准周期的参考依据。

第19章

风力发电系统的安全

可再生能源供电系统，无论是集中供电系统（电站）还是户用系统，都是一个发电的机电系统，因此始终要考虑一切和机械以及"电"有关的安全问题。无论可再生能源供电系统的规模是大是小，工作时都包含许多电的、非电的潜在危险。因此，在可再生能源供电系统工作的任何人的头脑里，安全必须是最重要的。这一章的内容为从事可再生能源供电系统工作的人员以及可能接触到可再生能源供电系统的人，包括户用系统家庭中的成员，提供重要的和必要的安全知识。

19.1 概述

安全意识应该贯穿于整个系统的设计、安装、运行和维护中。要认真考虑人身安全、设备安全、电力系统安全、消防安全等安全问题。应充分建立安全的工作程序，并在所有工作场所贯彻执行。

主承包商应确保组织工作计划和任务的安全性，为工人、设备和系统提供安全的工作条件。

如工程涉及两个或两个以上单位或人员，主承建商须确保符合安全规定，并任命一名有资质的协调员，沟通协调有关工程的实施，特别是在提升或放下风力发电机时。

不应在下列情况下竖立、放下或维护风力发电系统：

① 晚上；

② 雷雨天；

③ 沙尘天；

④ 风速超过发电制造商规定的允许提升风力发电机的上限风速；

⑤ 其他自然灾害（如发生地震、滑坡等）。

19.2 人身安全

（1）贯彻安全培训和规章制度

所有工作在风力发电系统或者互补系统的人员都应当接受专业的培训以能胜任现场工

作，能够识别相关有风险的工作，能认识到任何伤害的早期症状和体征及其对人员或设备的潜在影响，并经培训能采用具体的控制措施，包括适当的工作程序、机械设备和个人防护设备。

(2) 基本原则

风力和太阳能发电系统在安装、检查和维护保养中应注意的安全事项有：

① 系统安装人员应仔细阅读并熟悉风力发电机制造商和风力发电系统设计人员提供和特别要求的安全内容；

② 所有不直接参与安装的人员都应远离该区域；

③ 在塔上或附近的所有人都应佩戴安全帽；

④ 不应在电力线路附近安装塔架，这可能会造成伤害或死亡；

⑤ 塔架不应建在其他线路附近，如通信线路、电话线等，以免发生意外；

⑥ 使用适当的安全设备攀登塔架；

⑦ 在塔上工作时，必须使用安全带和工具带；

⑧ 攀爬塔架时不要随身携带工具或零件；

⑨ 尽量减少塔上的工作量；

⑩ 永远不要站在正在安装塔架的人的正下方；

⑪ 除非在交流发电机短路、叶片几乎不旋转时，否则不要在风力发电机旋转时攀爬塔架；

⑫ 在任何出现或可能出现恶劣天气的情况下，远离塔架；

⑬ 现场应提供电击、烧伤、酸溅急救的器具和用品。

上述条款是从事可再生能源供电系统工程的人员应该遵守的安全行为规范，照此执行将会减少潜在的危险和事故。

(3) 现场安全须知

① 现场不安全因素　可再生能源供电系统的发电设备绝大多数是在户外、野外施工。人们用手或动力工具劳动时，更多的是同金属和电气线路接触。此外，还要从事与蓄电池有关的工作，因此有可能引起人身的外伤、灼伤、触电等。

在可再生能源供电系统施工现场遇到的伤害和危险，主要有太阳的暴晒、蛇虫叮咬、撞击、扭伤、坠落、烫伤和电击等等。在电气系统施工中，最容易发生的是触电。避免电击的最好方法是，任何时候都要牢记测量两个导线之间的电压和导线对地的电压。此外，如果不是要求非常准确的测量，可以使用 AC/DC 钳形电流表测量线路里的电流，这样可以避免经常使带电导线开路，从而减少触电的危险。

② 现场工作安全要求　对工作不正常的可再生能源供电系统进行故障检修是必要的。在去现场前的准备阶段和实际工作时，都必须关注安全问题。在进入施工现场前应对照安全程序列表，对建议和推荐的安全设备进行检查，在安全装备使用前，应确认处于良好状态。

进入可再生能源供电系统现场的一般注意事项有：

a. 必须有工作伙伴（绝不可一人单独工作）；

b. 了解安全规范、安全设备和紧急情况处理程序；

c. 禁止佩戴金银或宝石等饰物；

d. 携带安全事项核查对照表；

e. 明确安全设备（如消防器材等）的位置，检查备用状态是否良好；

f.清除影响工作的场地障碍物，保持场地的整洁有序；

g.定期巡视可再生能源供电系统场地，在日志上记录出现的危险情况并拍照；

h.备好安全头盔、眼睛防护用品 、安装用手套；

i.保持手的干燥，必要时须戴手套；

j.在可再生能源供电系统现场工作的任何人都必须熟悉急救知识，熟悉急救设备的使用；

k.参加可再生能源供电系统安装和维修的人员，应学会人工呼吸方法。

19.3 设备安全

国家制定的多项安全生产方针和规范，对于确保电力生产的安全是非常重要的。这些规范和标准为电气安全提出了建议和指导，例如关于电子设备安全和电子设备安全试验的国家标准，以及来自行业组织机构的规范、标准等。

(1) 风力发电机组

① 设备和系统设计采用故障安全模式。

② 所选择的小型风力发电机应符合 IEC 61400-2 Ed3 标准的要求。

③ 客户制作的塔架应符合风力发电机制造商要求的技术规格。

④ 风力发电机支撑结构（包括钢丝绳）应适当接地，以减少雷击造成的破坏（见 IEC 61400-2 Ed3）。为了有效地接地，很重要的一点是在潮湿的土壤中放置接地棒。

⑤ 风力发电机及其他设备的所有保护特性应处于良好的功能状态。

(2) 系统电流和电压

当设计可再生能源供电系统时，应考虑下列事项：

① 使用开路电压作为可再生能源供电系统电源回路的标称电压；

② 系统最高直流电压应低于 600V；

③ 导线和过流保护装置，应至少能通过可再生能源供电系统短路电流的 125%；

④ 可再生能源供电系统回路，逆变器和蓄电池电路应具有过流保护；

⑤ 在系统线路的任何断开点，都必须设有工作电压和短路电流的明显标记。

(3) 布线和断开要求

① 电气布线要一致，导体须有颜色的约定，断开电路要有明确的要求和规定。可再生能源供电系统中直流布线惯例是：接地线是白色，正极性导线是红色，负极性导线是蓝色（负极性被确定为 PV 系统的中性点）。

② 如果电缆可能被暴晒，应使用抗紫外线的绝缘电缆。

③ 接线盒置于明显位置。

④ 接线器须接零、接地，以防电击：

a.提供断开可再生能源供电系统中电路的方法和安全隔离措施；

b.对由逆变器引出的不接地导体，须有断开措施；

c.熔断器两端应能够从电源断开；

d.开关应当容易触摸到和有明显的标志。

(4) 接地

任何电气系统接地的目的，是避免由于不安全的电流通过人体或物体，可能导致的设备损坏、人身伤害甚至死亡。此外，在低压线路还存在着由于闪电、自然的或人为的接地故障，以及由于线路瞬变引起的高电压。正确的接地和过流保护可以防止和减少由于接地故障引起的损害。

重视和识别设备接地导体和接地系统导体的差别：

① 在大于 50V 的可再生能源供电系统中，金属导体都必须接地。在直流三线系统里，中心抽头的中性线也必须接地。

② 建立独立的接地点，以防止在不同的接地线之间流过危险的故障电流；给远离负载的方阵就地设置单独的接地，可以很好地防止雷击。

③ 所有露天设备或暴露的金属导体都应接地。

④ 设备接地导体须用裸线或绿色导线。

⑤ 设备接地导体截面要足够大，以流过大的电流。

(5) 柴油发电机

① 设备

a. 移动式发电机，使用前必须将底架停放在平稳的基础上，运转时不准移动。

b. 发电机在运转时，即使未加励磁，亦应认为带有电压。禁止在旋转着的发电机引出线上工作及用手触及转子或进行清扫。运转中的发电机不得使用帆布等物遮盖。

c. 发电机经检修后必须仔细检查转子及定子槽间有无工具、材料及其他杂物，以免运转时损坏发电机。

d. 机房内一切电器设备必须可靠接地。

e. 机房内禁止堆放杂物和易燃、易爆物品，除值班人员外，未经许可，禁止其他人员进入。

f. 房内应设有必要的消防器材，发生火灾事故时应立即停止送电，关闭发电机，并用二氧化碳灭火器扑救。

② 环境管理

a. 定期打扫卫生，保持发电机房四周环境的清洁卫生。

b. 机房钥匙不得随意配制，无关人员不得随意借用钥匙。

c. 各类工具必须妥善保管，借用工具必须办理手续。

d. 保持发电机柴油燃烧良好运行状态，充分利用热能，减少燃油的消耗。

e. 严禁随处乱堆乱放固体废物，应及时收集装袋，送专业单位进行处理。按照固体废物处理管理制度处理。

f. 不得随意挪动发电机房内的消防设施，发现消防设施损坏或泄漏应及时通知有关责任部门。

g. 确需动火作业时，需办理动火申请手续，经相关部门同意后方可施工。施工前应尽可能清除易燃品，做好监护；施工后应认真检查，确认无火种后方可离开。

h. 发现火警必须及时报告，按照消防紧急应变计划进行处理，同时尽全力与消防人员共同扑灭火灾。

i. 运行过程中若发现有漏油现象，应立即查找泄漏点，并进行处理，同时应迅速切断电源，紧急停炉，向上级汇报。在有爆炸危险的场所进行修理时，必须使用防爆工具或采取有效措施严防事故发生。具体按消防紧急应变计划进行处理。

（6）蓄电池组

① 蓄电池操作用橡胶手套；

② 蓄电池操作用防酸围裙；

③ 废旧蓄电池不能随便丢弃，应按环保要求进行回收处理；

④ 注意设备安全和防偷盗；

⑤ 可再生能源供电系统的发电设备都在野外，如风力发电机和太阳能光伏阵列，设计时应考虑必要的围栏（见图 19.1），以防止外人或牲畜进入，造成人员财产损失；

⑥ 可再生能源的发电设备，尤其是太阳能电池板和蓄电池，可能会被偷盗，电站建设者要采取切实措施保障设备安全；

⑦ 接地线被盗的情况也时有发生，应将接地线安装牢固，防止偷窃，并定期检查，一旦发现被盗，要立即采取补救措施；

⑧ 围栏/控制房都必须有清晰醒目的安全标识，如"小心！有电！"等等。

图 19.1　太阳能光伏阵列的围栏

19.4　系统安全

应执行 IEC 62257-5 标准中对安全的要求。

（1）系统安全

① 安装前请仔细阅读系统安装说明书，并准备好辅助设备、工装和了解工作程序。

② 系统应具有操作"停止"功能，应至少设计两种"停止"系统运行的方法。

③ 电缆和导线的选择应同时满足三个要求：电流承载能力、电压降和电缆强度。

a. 电流承载能力。设计的电流承载能力应保证所选导体不发热，是额定电流承载能力和最大容量。所选电缆的承载能力应满足 IEC 60287 系列的要求。

请参阅设备制造商手册中为线路推荐的电缆和管路尺寸。风力发电机制造商建议在风力发电机和控制器之间安装三相交流断路开关，这将在线路、控制器或负载短路时保护交流发电机。

b. 电压降。电压降不得超过国家标准的工程设计要求所允许的系统额定电压的百分比。

c. 电缆强度。选择线材直径时应保证线材的强度，将风力发电机连接到控制室的电缆应避免任何人类活动和动物的破坏，比如使用地下铠装电缆。

（2）可再生能源供电系统输出

在可再生能源供电系统中的发电设备被连接到负载、蓄电池和逆变器前，应该保证：

① 单相逆变器不连接到三相负载；

② 逆变器的交流输出必须依照供电系统的要求接地；

③ 必须设置断路器、带熔断器的开关，必要时能够断开可再生能源供电系统的输出；

④ 系统中蓄电池组电压超过 50V 时，电池组必须接地，以防止意外触电；

⑤ 蓄电池必须使用充电控制器；

⑥ 蓄电池房应有良好的通风和防火、灭火的设施和措施，以及相应的规章制度；

⑦ 蓄电池必须使用充电控制器；

⑧ 蓄电池房内不得有明火；

⑨ 柴油机房应有良好的通风和防火、灭火的设施和措施，以及相应的规章制度，不应在蓄电池房和柴油机房设立办公点。

（3）极端气候下的保护

在海洋环境下工作的风力发电机组和风力发电系统应考虑雷电、台风的影响和其耐腐蚀性。

风力发电机组和风力发电系统在极冷、极热、极沙条件下运行时应具有特殊设计，以应对这些环境条件的挑战。

（4）高海拔

风力发电机组和风力发电系统在高海拔地区运行时，根据整个系统中使用的电子元器件，应采用一套降容因子 K_i。

$$P_i = PK_i \tag{19.1}$$

式中，P_i 为电子元器件处于高海拔（> 2000m 即 2km）时的等效能力；P 为正常条件下电子元器件的额定容量。

对于风力发电系统中的低压电气元件，K_i 可计算为：

$$K_i = H^{-0.025} \Delta H \tag{19.2}$$

式中，H 为安装风力发电系统的海拔高度，km；ΔH 为设备安装海拔高度与 2000m（2km）的高度差。

（5）防止触电和火灾

为防止触电，应遵守 IEC 61140 和国家相关标准的要求；应提供消防设备（至少是一个沙箱，最好是灭火器）；房间的门应向外打开，并安装防恐慌装置；电池室内禁止吸烟，禁止有明火；电池室应与控制室等其他房间隔离，空气良好流通；电池室不得有人居住。

19.5　安全标识和警示

（1）标识和符号

所有标识和符号应符合 ISO 3864-1-2011 和国家的有关规定。

在所有需要提示安全和警示的地方都有明显的标识和警示符号。

（2）设备标识

所有电气设备应根据 IEC 的标识要求或适用的地方标准和规定进行标识。标识应使用当地语言或使用适当的当地警告标识。

（3）要求的标识

所有标识应：

① 符合 IEC 或相应的国家规定；

② 是不可磨灭的；

③ 除相关条款另有规定外，字迹至少可从 0.8m 处辨认；

④ 在有关设备上的各种标识和符号应在设备使用寿命内保持清晰可辨；

⑤ 被经营者、使用者理解。

（4）标识

① 风力发电机和其他各种主要设备的标识　应在可见位置显示标有制造商名称、设备型号、额定年能量、额定声级和额定功率等字样的标识。关于小型风力发电机的标识标签，请参见本书第 15 章。

② 断路器的标识　风力发电机的主开关应附有一个醒目位置的标识，上面写着"风力发电机主开关"。其他断路器也要有鲜明的标识以便需要时快速定位。

第20章

可再生能源发电的成本与经济性

做任何项目，除了考虑它的社会效益，还要考虑它的经济效益。如果没有经济效益，任何项目都不可能持续发展。大多数可再生能源，如风能、太阳能、海洋能等，都是自然界客观存在的，可以无偿利用，但是利用这些一次能源来发电则是需要有所投入的。这些系统建设时的投入、后期的运维和期待的回报构成了可再生能源发电系统的成本，决定了使用这些能源的价格。本章主要分析分布式发电和离网发电的建设成本和运行成本（不讨论大型风力发电场和大型光伏电站）。

20.1 可再生能源发电成本的基本构成

可再生能源是自然界客观存在的，可以无偿利用，但是使用这些能源来发电，初期投入和后期运行管理维护保养两大部分构成了可再生能源寿命期内的总投入。

初期投入的内容随一次能源形式的不同以及利用方式的不同，所包含的内容也有所不同。并网分布式发电，无论是风电还是光伏，它的系统设备比较简单，初期投入主要包括两大方面：项目前期准备和系统投资。项目前期准备包括项目设计和项目备案。系统投资包括：a. 场地租赁（如果场地不是自己的）；b. 三大硬件设备，发电设备部分的风力发电机或者光伏阵列，并网控制部分的并网逆变器和电表，传输部分的电缆，以及其他如安装、调整和电网接入等。而它的运维，在当前高度自动化的情况下，如果设备没有本身设计和制造中的问题（如贪图低价、以次充好等），系统在运行过程中应没有太多的管理和维护费用需要投入。但是离网电站的情况就要复杂得多，不仅前期的准备工作复杂，系统结构复杂，运输安装条件差，而且由于是独立封闭的系统，为了保证所有的负荷都能覆盖，系统实际的发电能力总是要设计得比需要的最大负荷高，而系统不会一直工作在最大负荷状态，从而造成系统设计容量的浪费，也就是系统的一部分经济投入是无效的。表20.1列出了离网电站初期投入可能包含的要素。为了便于比较分析，表中也列出了电网延伸和独立柴油发电的初期投入构成。

后期运行管理维护保养的构成也随各种一次能源形式的不同而有所不同，举例如表20.2所示。

表 20.1 离网电站初期投入可能包含的要素

系统/方案	项目准备	发电设备				初期投入					储能/逆变器/其他电控	备件	土建/机房/地基
		水力发电机	风力发电机	柴油发电机	太阳能电池	变电站	高压线	低压线	进户线	安装			
电网延伸	√					√	√	√	√	√			
微小水电系统	√	√				√	√	√	√	√			√
柴油独立发电系统	√			√		√		√	√	√			√
风能发电系统	√		√					√	√	√	√		√
风/柴混合发电系统	√		√	√				√	√	√	√		
光伏发电系统	√				√			√	√	√	√		√

表 20.2 离网电站管理和运维方面的投入

系统	抄表（或预售卡）	管理人员工资	日常管理费用（工具、报表、通信费用等）	线损	线路维护	变压器等设备维护保养更新	发电机组的维护保养	部件更换	辅料	蓄电池组的保养与更换	电控设备维护保养
电网延伸	√	√	√	√	√	√					
微小水电系统		√	√	√	√		√	√	√		
柴油独立发电系统		√	√	√	√		√	√	√		
风能发电系统		√	√	√	√		√	√	√	√	√
风/柴混合发电系统		√	√	√	√		√	√	√	√	√
光伏发电系统		√	√	√				√		√	√

可以看出，无论是初期投入还是后期运维，独立电站的投入都要比分布式并网高很多。而且，离网电站的经济性还在很大程度上受到项目规模大小的影响。项目规模越大，附近区域内相似项目越多，系统经济性就越好；反之亦然。

下面以举例形式分析可再生能源分布式并网和分布式离网的经济性。

20.2　分布式并网发电经济分析

20.2.1　国外风能并网分布式项目实例分析

下面以某风力发电机制造企业在欧洲某国建设的风能分布式项目为例，分析全额并网式风能发电的系统经济性。

当地风资源、系统配置和资金概况如表 20.3、表 20.4 所示。

表 20.3　风资源和系统配置概况

风力发电机	FD23-60/36m
额定功率/kW	59.9
年平均风速/(m/s)	6.3
等效时间(至少)/(h/年)	2777
预期发电量/kW·h	166351

表 20.4　资金概况

优惠/%	0
费用年增长率/%	2
上网电价(FiT)	2.0 元(0.268 欧元)
FiT 年限/年	20
自有股权资金/%	20
贷款利率/%	4
贷款期/年	18

分布式并网风能系统的初期投资情况如表 20.5、图 20.1 所示。

表 20.5　分布式并网风能系统的初期投资

项目	人民币/元
风力发电机价格	1404000
安装与验收	78000
其他花费	—
包装运输	39000
管理与工程费用	312000
许可与其他技术费用	226200
电气和土建、道路、平整土地等	283530
电网连接费用	75270
系统初投资	2418000

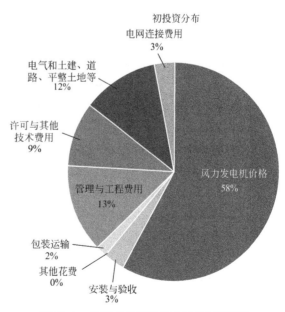

图 20.1　分布式并网风能系统的初期投资

从图表中可以看出，系统初期投资中，最大的是风力发电机，占 58%；然后是管理和工程费用，占 13%；电气和土建、道路、平整土地等占 12%；这前三项就占据前期投资的 83%。

项目设备、运输和安装投资 152.1 万元人民币（合 19.5 万欧元），加上其他管理、工程、许可、电力、土建和并网等费用 89.7 万元（约合 11.5 万欧元），合计人民币 241.8 万元（约合 31 万欧元），自有资金 20%，贷款 80%，贷款期 18 年，项目建成后享受 0.268 欧元/(kW·h) 的上网电价，20 年。

在分析这个风能并网分布式系统的经济效益前，先引入几个经济性评价的指标：偿债备付率（DSCR）、净现值（NPV）、内部收益率（IRR）、投资回报率（ROI）和净资产收益率（ROE）。

(1) 偿债备付率

偿债备付率（debt service coverage ratio，DSCR）又称偿债覆盖率，是指项目在借款偿还期内，各年可用于还本付息的资金与当期应还本付息金额的比值。其表达式为：

$$偿债备付率 = 可用于还本付息的资金/当期应还本付息的金额 × 100\%$$

$$可用于还本付息的资金 = 息税前利润加折旧和摊销 - 企业所得税$$

偿债备付率一般应不宜低于 1.3。

(2) 净现值

净现值（net present value，NPV）是指特定方案未来现金流入量的现值和未来现金流出量的现值之间的差额。

$$NPV = \sum (CI - CO)/(1 + i)^t \tag{20.1}$$

式中，CI 为未来现金流入量的现值；CO 为未来现金流出量的现值；t 为第 t 年（$t = 0$，$1, \cdots, n$）。净现值大于零则方案可行，且净现值越大，方案越优，投资效益越好。

(3) 内部收益率

内部收益率（internal rate of return，IRR）就是资金流入现值总额与资金流出现值总额相等、净现值等于零时的折现率。如果不使用电子计算机，内部收益率要用若干个折现率进行试算，直至找到净现值等于零或接近于零的那个折现率。内部收益率是一项投资渴望达到的报酬率，是能使投资项目净现值等于零时的折现率。它是一项投资期待达到的报酬率，该指标越大越好。一般情况下，内部收益率大于等于基准收益率时，该项目是可行的。投资项目各年现金流量的折现值之和为项目的净现值，净现值为零时的折现率就是项目的内部收益率。

(4) 投资回报率

投资回报率（return on investment，ROI）是指通过投资而应返回的价值，即企业从一项投资活动中得到的经济回报。其计算公式如下：

$$投资回报率(ROI) = 年利润或年均利润/投资总额 × 100\%$$

从公式可以看出，企业可以通过降低销售成本，提高利润率；提高资产利用效率来提高投资回报率。投资回报率（ROI）往往具有时效性，回报通常是基于某些特定年份。

(5) 净资产收益率

净资产收益率（rate of return on common stockholders' equity，ROE），净资产收益率又称股东权益报酬率/净值报酬率/权益报酬率/权益利润率/净资产利润率，是净利润与平均股东权益的百分比，是公司税后利润除以净资产（即所有者权益）得到的百分比率，见下式。

$$净资产收益率 = 税后利润/所有者权益$$

该指标反映股东权益的收益水平，用以衡量公司运用自有资本的效率。指标值越高，说明投资带来的收益越高。该指标体现了自有资本获得净收益的能力。

一般来说，负债增加会导致净资产收益率的上升。

基于上述一系列条件和实际情况，这个风能分布式并网项目的现金流如图 20.2 和图 20.3 所示。图 20.2 是分布式并网风能系统税前现金流，图 20.3 是分布式并网风能系统税后现金流。

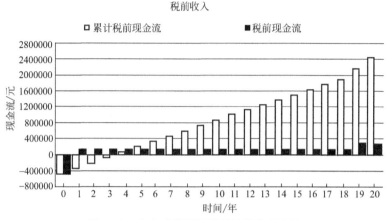

图 20.2　分布式并网风能系统税前现金流

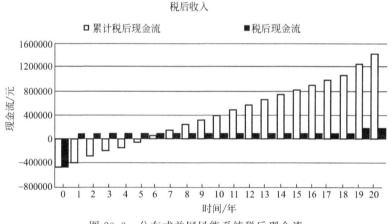

图 20.3　分布式并网风能系统税后现金流

按税后现金流分析，这个项目在第 6 年收回投资，且项目各项技术经济指标如表 20.6 所示。

表 20.6　项目各项技术经济指标

偿债备付率 DSCR（min.）	1.44%	内部收益率 IRR	17.08%
偿债备付率 DSCR（med.）	1.55%	ROI（1°年）	12.06%
净现值 NPV/元	525987	ROE（1°年）	18.64%

显然项目在经济上可行，投资是有利可图的。

上述分析的只是一个案例，实际每个项目的经济可行性和盈亏情况取决于系统中每一个因素：项目前期开发费用、系统设计费用、设备价格、设备的运输和安装费用、各项土建施工费用、许可和并网费用、自有资金比例、财务费用、贷款利率、贷款期、运维费用等等，特别重要的是上网电价（FiT），毫无疑义，上网电价越高，项目的经济性就越好。这些因素都因项目而异，因地而异，因各国各地的支持政策而异，每个项目都要具体分析以判断其可靠性。

20.2.2 国内风能并网分布式项目实例分析

再举一个基于国内情况的例子。假设基本情况见表 20.7～表 20.9。

表 20.7 风资源和系统配置概况

风力发电机	数值
额定功率/kW	30
年平均风速/(m/s)	6.5
等效时间/(h/年)	2846
预期发电量/kW·h	85932

表 20.8 资金概况

优惠/%	0
费用年增长率/%	2
上网电价(FiT)/元	0.47
FiT 年限/年	20
自有股权资金/%	100

表 20.9 分布式并网风能系统初期投资

项目	人民币/元	项目	人民币/元
风力发电机价格	390000	许可与其他技术费用	0
安装与验收	12000	电气和土建、道路、平整土地等	45000
其他花费	—	电网连接费用	1000
包装运输	8000	系统初投资	471000
管理与工程费用	15000		

基于上述一系列条件和实际情况，这个分布式并网风能系统的现金流如图 20.4 所示。

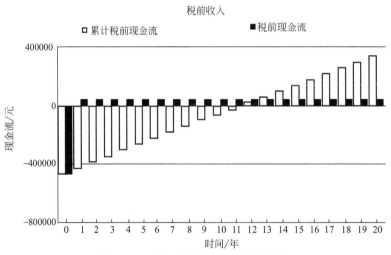

图 20.4 分布式并网风能系统现金流

这里对这类小系统未考虑：融资贷款，税收问题，同时去 FiT 较高的Ⅲ类地区。即使如此，项目要在 15 年以后才能有所收益。其根本原因是目前我国大风电发展很快，规模化生产使得成本大幅度下降，从以前的每千瓦 10000 元人民币甚至更高，下降到目前的 4000 元左右，但是由于种种原因，中小型风力发电机的生产成本居高不下，而上网电价补贴不断下降，导致中小型风能分布式的经济性较差。历年风能上网电价的变化如表 20.10 所示。

表 20.10　历年风能上网电价的变化　　　　　　　　　　　单位：元

	I	II	III	IV
2009 年 8 月 1 日	0.51	0.54	0.58	0.61
2015 年 1 月 1 日	0.49	0.52	0.56	0.61
2016 年 1 月 1 日	0.47	0.5	0.54	0.6
2018 年 1 月 1 日	0.40	0.45	0.49	0.57

如果按 2009 年的 0.58 元/(kW·h) 技术，情况就好多了。

20.3　分布式离网发电经济分析

20.3.1　风/光互补独立集中供电系统经济分析案例

现以风/光互补独立发电站为例，分析离网系统的经济性。

系统的各技术经济参数假设如下：风力发电机系统采用两套 10kW 的风力发电机，塔架高度 18m，当地年平均风速 6m/s；太阳能光伏 30kWp，近期光伏电池价格大幅下降，在撰写本章时 7000 元/kWp；系统最大日负荷 180kW·h，直流效率 0.67（即从蓄电池组到最终负载的效率），考虑 1.5 天储能，系统需要 270kW·h 的蓄电池组，另外蓄电池每 4 年更换一次；逆变器 40kV·A。系统利用率 95%，也就是说，对于离网独立系统，系统"能"发出来的电不可能全部被利用，比如到了半夜，风很大，能发电，但是大家都睡觉了，几乎没有负载，如果这时蓄电池组满了，发出来的电是不能被利用的。年维护费用占总投资的3%，兼职操作人员工资或费用 500 元/月。系统技术经济基本信息见表 20.11。

表 20.11　系统技术经济基本信息

风力发电系统	单位	数量
10kW 风力发电机台数	套	2.0
风力发电机	元/台	76150
塔架（含地基附件，无鼠笼）	元/套	30700
塔架高度	m	18
充电控制器	元/台	17280
连接附件（含电缆）	元/套	0
风力地基（含控制房）	元/套	10000
项目点年平均风速	m/s	6.0
海拔高度	m	100
风力发电机寿命	年	15
光伏系统		
光伏装机容量	kWp	30
单位价格（系统价）	元/kWp	7000
地基	元/kWp	400
每千瓦平均年等效发电时间	小时	1400
寿命	年	20
运输安装		

续表

风力发电系统	单位	数量
运输费用	元/次	3000
安装费用	元/次	10000
储能		
系统最大日用电量	kW·h	180
直流利用效益	%	67
日需要直流容量	kW·h	270
蓄电池储电容量	kW·h	405
蓄电池单价(含运输)	元/(kW·h)	800
蓄电池储电天数	天	1.5
蓄电池寿命	年	5
逆变器		
逆变器数量	台	1
逆变器单位价格	元/(kV·A)	800
逆变器容量	kV·A	40
其他		
供电系统预期寿命	年	15
系统效率	%	95%
年维护费用(蓄电池除外)	占总投资的%	1%
兼职操作人员工资或费用	元/月	500
电价	元/(kW·h)	1.40

理论上说，影响系统经济性的因素还有很多，比如财务费用、是否有贷款、贷款比例和利率、光伏的衰减率等等。另外，可再生能源的理论发电量是基于资源的平均情况计算出来的，实际发电量会随着时间资源情况而变化，而系统设计时，发电量是根据系统最大用电量再加上今后的负荷增长率设计的，系统启用时不会达到满负荷，可再生能源独立集中发电系统不可能100%利用系统能发出的电，于是，按系统理论发电量计算收入是偏高的；另外，可再生能源独立集中供电系统大多位于欠发达地区，有不少贫困户，缴费有困难；再加上偷电的现象时有发生，凡此种种都没在经济分析模型中考虑。

这个50kW的风/光互补独立供电系统总初期投入为859260元。假设系统运行寿命15年，再假设，每5年更换1次蓄电池组，需更换蓄电池组2次，每次花费32.4万元（考虑了蓄电池的价格变动）；再考虑一个兼职管理人员，工资每月500元。其他每年的设备维护保养费用为设备总投入的1%（不含蓄电池更换）。这里没考虑电网建设的费用，也没有考虑新建控制房和蓄电池房等的费用。根据以上这些假设，笔者建立了一个简单的数学模型来分析度电成本。

系统模拟计算结果如表20.12所示。

表 20.12　系统模拟计算结果

初期投资	单位	数量
风力发电机系统	元	268260
光伏系统	元	222.000
逆变器	元	32000

续表

初期投资	单位	数量
柴油发电机	元	0
蓄电池	元	324000
运输安装费用	元	13000
初期投资小计	元	859260
蓄电池容量	kW·h	405
更换蓄电池次数	次	2
更换蓄电池的投入	元	648000
后续设备费用小计	元	648000
寿命期设备总投入	元	1507260
发电量		
风力发电机系统平均日发电量	kW·h	114.4
光伏系统平均日发电量	kW·h	115.1
年累计发电量	kW·h	83739
年实际用电量	kW·h	79552
运行维护保养		
年维护保养费用	元/年	8593
年人工费用	元/年	6000
年维护保养小计(未含蓄电池更换)	元/年	14593
综合结果		
系统计划使用年数	年	15
至使用期末累计设备投入(含更新)	元	1494260
至使用期末累计总费用(含所有费用)	元	1713149
在该使用期内度电成本	元/(kW·h)	1.436
在该使用期内净回报	元	409

系统初投资 859260 元，更换两次蓄电池组，费用 648000 元，寿命期设备总投入 1507260 元，寿命期人员和其他维护费用 218895 元，累计寿命期投入为 1713149 元。系统年累计发电量 83739kW·h；按 95％利用率计算年实际用电量 79552kW·h。

度电成本是考核可再生能源发电系统经济性的一个重要指标，可按下式计算：

度电成本＝系统寿命期总投入/系统寿命期总售电量

注意：

① 分子为系统寿命期总投入，应包含从电站规划到寿命期结束期间的所有费用。

② 分母为系统寿命期总售电量，这里指的是实际能收取电费的电量，而不是系统的理论计算发电量。当实际能收取电费的电量不可测或者未知时，应采用最合理的估计（占总发电量的百分比）。

上述系统一年实际用电量 79552kW·h，15 年将发电 1193280 度（kW·h）。则：

每度电（kW·h）的成本＝1713149 元/1193280kW·h≈1.436 元/kW·h。

也就是说，对于这个风光互补电站，每度电要收取 1.44 元，电站才能维持基本平衡。

以上是简单情形的成本和度电成本分析。除了上面提到的一些没有考虑的因素外，也没有考虑土地使用的费用，管理人员工资增加的可能性，等等。所以可再生能源独立集中供电系统目前在世界各国都是由政府或国际机构援助的，极少有完全商业化投资运行的。如果收取的电费每千瓦时低于这个数，甚至不收电费，则政府就要源源不断地补贴资金，尤其是用于蓄电池的更换，现在有的早期项目蓄电池已经到了需要更换的时间。为了堵塞某些漏洞，项目安装管理企业在电池上印上了二维码，以确保需要更换的蓄电池就是当初安装的蓄电池，而不是被一个旧电池顶替。

如果要考虑资金平衡，电费的标准确定应能保证收来的电费能满足系统的最起码的资金平衡要求。下面按优先等级列出项目日常运行时各项资金平衡中应考虑的方面：

① 操作管理人员工资；

② 燃料和润滑油消耗（如果系统中有柴油发电机作后备）；

③ 日常运行和维护；

④ 蓄电池组的更换和柴油发电机组配件；

⑤ 其他管理费用；

⑥ 可能的税收；

⑦ 投资的还本付息；

⑧ 利润。

人们往往把可再生能源社区独立发电系统看成是一种社会福利项目而不是一个可持续运行的经济活动。系统的可靠性越高，系统可生存的时间越长。但不管多么可靠的系统，只要不收电费，早晚会由于没有维修资金而崩溃。进一步，由于已有的系统在建成后仍然依赖政府资金的不断投入，建设其他新系统将受到严重的制约。

20.3.2 各种无电地区通电方案的简单分析比较

可再生能源离网独立电站在寿命期（从投资建设到寿命结束）的资金投入，包括初期投入和后期运行管理维护保养两大部分。

图 20.5 给出了一个 80 户的村庄采用不同通电方式的初期投入和运行管理成本的示例。

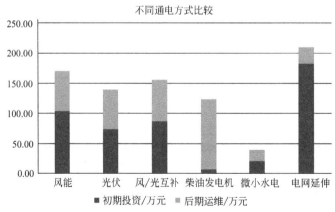

图 20.5 村庄采用不同通电方式的初期投入和运行管理成本示例

从图中可以看出，各种通电方案的初期投资和后期运行管理的投入是不一样的。这里没有考虑初期投入时是否有贷款，也没有考虑税收及如果是商业化运作时的利润。如果考虑这些，则总投入就更高。知道了电站的初期投入，再估算寿命期内为满足负荷需求所发出的电量，就可以计算出每种通电方案所导致的度电成本。这里的投入没有把建设局域电网算进，只是建立了发电站的初投资和后期维护保养的投入。

各种通电方案投资和运行的度电成本参考如表 20.13 所示。

表 20.13　各种通电方案投资和运行的度电成本

序号	通电方案	度电成本/元
1	风能独立发电系统	1.4~1.6
2	太阳能光伏独立发电系统	1.1~1.2
3	风/光互补发电系统(取决于风/光的比例)	1.2~1.4
4	柴油独立发电系统	1.1~1.5
5	微型水电	0.3~0.5
6	延伸电网	1.6~2.0

有几点需要特别说明：

① 风能发电的度电成本很大程度上取决于当地的风力资源。资源越好，度电成本越低。

② 太阳能发电的度电成本很大程度上取决于当地的太阳能资源。资源越好，度电成本越低。但是位于北半球的中国，冬天的太阳能资源一定不如夏天。设计太阳能发电系统，为了保证在资源最差的月份能满足负载需求，电站的功率配置一定要考虑到资源最差时的资源，并根据负荷特性来决定太阳能阵列的倾角和电站的装机容量。

③ 风/光互补系统的度电成本取决于当地的风力资源和太阳能资源。

④ 柴油发电没有考虑油价上涨的因素，另外，柴油发电和柴油运输的条件和距离密切相关。

⑤ 微小水电的度电成本取决于当地的水力资源和耗电量。

⑥ 电网电的单价虽然各地略有不同，但基本都在 0.45~0.60 元/(kW·h) 的范围。这里的度电成本 1.6~2.0 元/(kW·h)，是指如下情况：该村原来没有电网，为了供电，特地延伸了 30km 的电网线。同时，又根据中国农村家庭一般的用电水平来估算用电量，在此基础上计算所得的度电成本。我国政府明确提出了"同网同价"的供电收费原则。在"同网同价"的前提下，通过延伸电网来为这样的地区供电，电力公司是赔的。

根据图 20.4 和表 20.9 的分析结果，我们来讨论可再生能源离网发电的经济性。

首先，采用可再生能源作离网发电的先决条件是当地有可利用的可再生能源资源。在风资源优良的地区可以采用风力发电，在太阳能光照条件好的地区可以采用太阳能光伏发电。如果同时具备两种或两种以上的可再生能源资源，且两者具有互补性，则采用互补系统是一种更好的选择。

在有水力资源的地区，微水电和小水电是目前所有无电地区电力建设方案中投入最少的。需要注意的是，有些小溪小河会出现季节性枯水而影响发电，如有可能，发展风/水互补系统或者水/光互补系统是不错的选择。

对偏远的无电地区延伸电网，虽然投入较多，但是一劳永逸，尤其是对有生产性负荷的地区。电网延伸能对当地发展生产、脱贫致富带来深远的影响。

参 考 文 献

[1]　贾根良. 第三次工业革命：来自世界经济史的长期透视. 学习与探索，2014（9）（总第 230 期）.

[2]　Karl Mallon，等. 气候变化解决方案，WWF2050 展望. 北京：中国环境科学出版社，2007.

[3]　WWF. WWF 2050 气候方案展望. 北京：中国环境科学出版社，2007，11.

[4]　IPCC. 气候变化 2014 综合报告.

[5]　Schellnhuber H J，Cramer W，Nakicenovic N，Wigley T，Yohe G. 避免气候变化的威胁. 剑桥：剑桥大学出版社，2006：392.

[6]　气候变化对增长和发展的影响. 斯特恩回顾，2006：56-167.

[7]　杨新兴. 二氧化碳不是气候变化的罪魁祸首. 科学前沿，2016，10（1）.

[8]　马双忱，等. 化石燃料成因新解. 保定：华北电力大学.

[9]　苗森，等. 2014 年全球主要化石能源供给格局浅析，现代商业 www. xdsyzzs. com 发布，2015-10-24.

[10]　中国环境投资联盟研究中心整理自新华网报道，世界各国是怎么摆脱雾霾的，2014-02-24.

[11]　风能信息周刊，第 268 期.

[12]　Vaughn Nelson. Wind Energy-Renwable Energy and the eEnvironment，Taylor & Francis Group，LLC.

[13]　AWEA Standard 9. 1-2009，AWEA Small Wind Turbine Performance and Safety Standard.

[14]　IEC 61400-2 Ed3，2013：Wind Turbines-Part 2：Small Wind turbines.

[15]　中投顾问. 2016—2020 年中国水电行业投资分析及前景预测报告，2016-7-19.

[16]　翟永辉，都志杰，等. 世界和我国小型风力发电产业现状、市场和趋势与我国小型风力发电产业发展路线图和政策建议研究. 中国小型风力发电产业发展战略研究课题组，2010，4.

[17]　世界银行. State of Electricity Access Report，2017.

[18]　Thomas Weiss，et al. Facilitating energy storage to allow high penetration of intermittent renewable energy，D2. 1 Report summarizing the current Status，Role and Costs of Energy Storage Technologies.

[19]　Haisheng Chen，et al. Progress in electrical energy storage system：A critical review. Progress in Natural Science，2009，19（3）：291-312.

[20]　Hussein Ibrahim，Adrian Ilinca. Techno-Economic Analysis of Different Energy Storage Technologies，http：//dx. doi. org/10. 5772/52220.

[21]　陈海生. 主要储能系统技术经济性分析. 工程热物理纵横，2012-10-22.

[22]　储能技术之二（各种储能技术参数对比），2013-5-7，https：//bbs. hcbbs. com/thread-1183802-1-1. html.

[23]　2017 年储能主要技术路线现状及前景分析，2017-04-13.

[24]　Thu-Trang Nguyen，Viktoria Martin，Anders Malmquist，Carlos A S Silva. A review on technology maturity of small scale energy storage technologics，Renew. Energy Environ，Sustain，2，36（2017）.

[25]　汪建文. 不同屋顶类型建筑物群的屋顶流场湍流特征研究（一）、（二）. 呼和浩特：内蒙古工业大学.

[26]　DL/T 5729—2016 配电网规划设计技术导则.

[27]　国家电网《关于分布式电源并网服务管理规则》的通知，2016-6-3.

[28]　汪建文. 实体篱笆尾迹区湍流特征和速度场分析. 呼和浩特：内蒙古工业大学.

[29]　Ray Byrne. Irish case studies overview，IEA Wind Task 27，Dublin，April 2017.

[30]　Jason Fields，Heidi Tinnesand，Ian Baring-Gould，NREL. Distributed Wind Resource Assessment：State of the Industry.

[31]　NREL/DOE，Small Wind Guidebook.

[32]　Vaughn Nelson. Wind Energy and Wind Turbines，Alternative Energy Institute，West Texas A&M University，May 2002.

[33]　IEC 62257 标准系列.

[34]　GB/T 25382—2010 离网型风光互补发电系统　运行验收规范.

[35]　光伏电站的运行和维护手册，2017-7-19.